普通高等教育“十三五”精品教材

U0861959

工程制图

（非机械类）（第3版）

杨素君　何俊杰
李　斌　徐　蔚　主编

天津大学出版社
TIANJIN UNIVERSITY PRESS

内容提要

本书共10章，主要内容包括：制图的基本知识、正投影法基础、立体表面的交线、组合体、轴测图、机件常用的表达方法、标准件和常用件、零件图、装配图和计算机绘图。

本书与《工程制图习题集》(非机械类)(第3版)配套使用。内容通俗易懂，简明扼要，适用于高等工科院校非机械类各专业，也可供职业大学生及自学考试人员参考。

图书在版编目（CIP）数据

工程制图：非机械类 / 杨素君等主编. —3版. —天津：天津大学出版社，2016.8（2022.8重印）

ISBN 978-7-5618-5584-3

Ⅰ. ①工… Ⅱ. ①杨… Ⅲ. ①工程制图－高等学校－教材 Ⅳ. ①TB23

中国版本图书馆CIP数据核字（2016）第152170号

出版发行 天津大学出版社

地　　址 天津市卫津路92号天津大学内（邮编：300072）

电　　话 发行部：022-27403647

网　　址 publish. tju. edu. cn

印　　刷 天津泰宇印务有限公司

经　　销 全国各地新华书店

开　　本 185mm×260mm

印　　张 17

字　　数 424千

版　　次 2016年8月第3版

印　　次 2022年8月第7次

定　　价 42.00元

前　言

本书是根据教育部“画法几何及机械制图课程指导委员会”对非机械类工程制图课程的教学要求，总结作者多年的教学经验，并参考了国内外同类教材编写的。

本书的编写坚持以整体优化为原则，对教学内容进行改革和调整，以利于学生对相关知识的掌握和综合能力的培养。本教材与《工程制图习题集》配套使用，适用于高等工科院校各专业，也可供职业大学及自学考试人员使用。

本书内容简明扼要，通俗易懂，突出实用性和先进性。

(1) 以“图示”为主，重点突出投影的基本理论、体的表达方法及工程图样绘制和阅读。基本理论部分，通过大量的例题，突出了分析和解决问题的思路及方法。

(2) 本书既有基本理论，又有较多的绘图实践，目的是培养学生的空间想象能力、创新能力和图示动手能力。学生通过本课程的学习，达到能阅读和绘制简单机械图样的目的。

(3) 本书实例丰富，图文并茂，力求把传统的工程制图与新技术相结合，并融入作者长期积累的教学经验。全书采用最新颁布的《技术制图》和《机械制图》国家标准。

(4) 计算机绘图内容，介绍了 AutoCAD 2016 软件二维绘图命令的使用方法。

本书由杨素君、何俊杰、李斌、徐蔚主编，孙占木教授主审。参加编写的人员还有马梦兰、杨嫱、刘英平、陈晓霞、董玲。

由于编者水平有限，书中难免有些疏漏，敬请读者批评指正。

编者

2016 年 6 月

目　　录

绪　　论

1　本课程的地位和研究对象

工程制图是研究绘制和阅读工程图样的一门学科。

工程图样是按一定的投影方法和技术规定，将物体的结构形状、尺寸大小、技术要求正确地表达在图纸上的技术语言，如图0－1所示的零件图。在现代工业生产中，设计、制造、检验及使用各种机器设备，都离不开工程图样。因此，工程图样是工业生产中的重要技术文件，是技术交流不可缺少的工具，也被称为“工程界的语言”。每位工程技术人员都必须掌握这一技术语言。

目前，机械、电子、通信、建筑、纺织、化工、工业设计等专业，都开设了这门主干课程，主要为后续课程、生产实习、课程设计和毕业设计打下一定的基础。

2　本课程的主要任务

本课程主要研究绘制和阅读工程图样的基本理论和方法，目的是培养学生具有绘制和阅读工程图样的能力。主要任务如下：

①学习并掌握正投影的基本理论和方法；

②培养绘制和阅读工程图样的能力；

③培养空间想象和空间分析能力；

④学习计算机绘图的基本知识，培养运用绘图软件绘制工程图样的基本能力；

⑤培养认真负责的工作态度和严谨细致的工作作风。

此外，还要重视对自学能力和审美能力的培养。

3　本课程的学习方法

本课程是一门既有系统理论，又有较强实践性的技术基础课，只有通过绘制和阅读一定数量的图样，才能掌握它的全部内容。

1)认真地听课和自学　通过听课和自学，掌握正投影的理论，学会用形体分析及线面分析的方法绘制和阅读工程图样。

2)独立认真地完成作业　在完成作业的过程中，要独立思考，严格遵守《技术制图》及《机械制图》国家标准中的有关规定，正确使用制图仪器和工具，采用正确的作图方法，做到投影正确、图线分明、图面整洁、布置美观。养成严肃认真、一丝不苟的工作态度。

3)重视图、物之间的投影对应关系　本课程以图示为主，因此，在具体的绘图和读图过程中，要多画、多读、多想，不断地由物画图、由图想物，反复进行投影分析，逐步提高空间想象和分析能力。

4)掌握绘图软件的使用方法　熟练使用 AutoCAD 的绘图命令、编辑命令，掌握作图技巧，绘出正确的工程 CAD 图样。

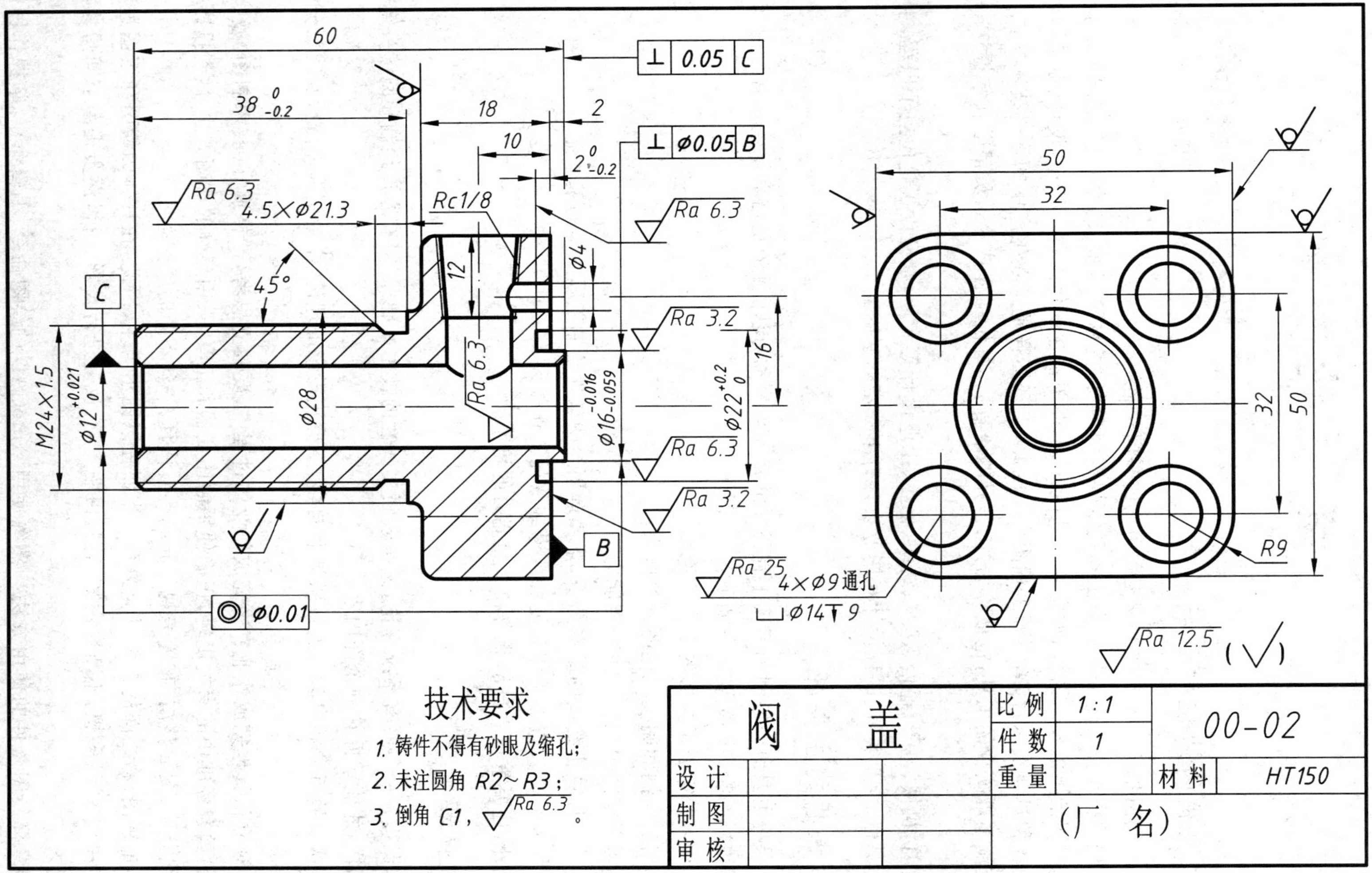
60
38 0 -0.2
18
2
10
2 0 -0.2
⊥ 0.05 C
⊥ Ø0.05 B
Ra 6.3
4.5×Ø21.3
Rc1/8
45°
12
Ø4
Ra 3.2
16
Ra 6.3
Ø28
Ø16 -0.016 -0.059
Ø22 +0.2 0
M24×1.5
Ø12 +0.021 0
C
B
Ra 6.3
Ra 3.2
◎ Ø0.01
50
32
R9
Ra 25
4×Ø9通孔
⌴Ø14↧9
Ra 12.5 (√)
技术要求
1. 铸件不得有砂眼及缩孔；
2. 未注圆角 R2～R3；
3. 倒角 C1，Ra 6.3 。
阀 盖
比例 1:1
件数 1
重量
00-02
材料 HT150
设计
制图
审核
(厂 名)
图 0—1

第1章　制图的基本知识

图样是工程界进行技术交流的“语言”，是现代工业生产中不可缺少的技术资料。因此，对图样的画法、尺寸注法等都必须做出统一的规定。我国国家质量技术监督局依据国际标准组织制定并颁布了《技术制图》和《机械制图》国家标准，简称“国标”，代号为“GB”。每个工程技术人员在绘制图样时都必须严格遵守这些规定。

本章主要介绍国家标准《技术制图》和《机械制图》中的图纸幅面及格式、比例、字体、图线、尺寸注法中的部分内容；绘图工具和仪器的使用及几何图形绘制的方法和技能。

1.1　制图的基本规定

1.1.1　图纸幅面尺寸、格式(GB/T 14689—2008)与标题栏

标准编号的含义，例（GB/T 14689—2008）

2008：标准颁布的年号，表示2008年颁布的标准

14689：标准颁布的顺序号

GB/T：标准代号（GB）为国标两字汉语拼音字头，T为“推荐标准”推字的汉语拼音字头

1. 图纸幅面尺寸

图纸幅面指图纸宽度与长度组成的图面。绘制图样时，应优先采用表1—1规定的基本幅面尺寸。必要时，允许按规定加长幅面。

表1—1　基本幅面尺寸

幅面代号	A0	A1	A2	A3	A4
$B\times L$	841×1 189	594×841	420×594	297×420	210×297
e	20		10		
c	10			5	
a	25				

注：表中字母代表的含义如图1—1和图1—2所示。

2. 图框格式

无论图纸是否装订，在图纸上必须画出图框，其格式分为不留装订边和留有装订边两种，但同一产品的图样只能采用一种图框格式。

需要装订的图样，其图框格式如图1—1所示。一般采用A4幅面图纸竖装，A3幅面图纸横装。

不需要装订的图样，其图框格式如图1—2所示。

3. 标题栏

每张图纸都必须画出标题栏。标题栏位于图纸的右下角，如图1—1和图1—2所示。标

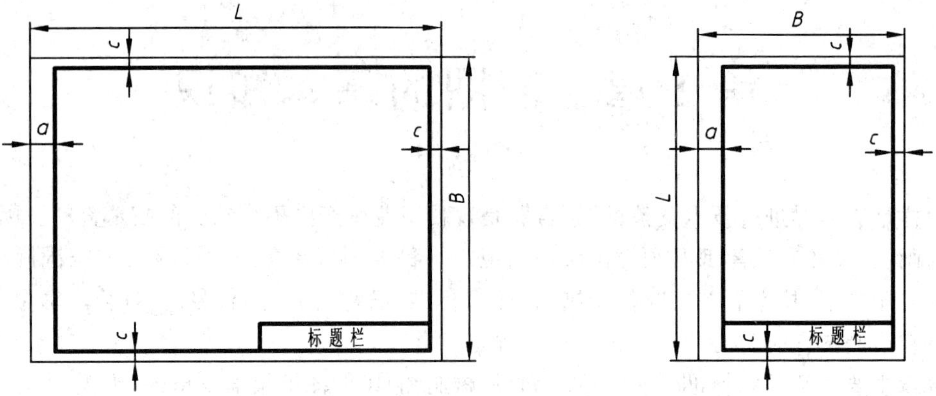

图 1—1　需要装订的图框格式

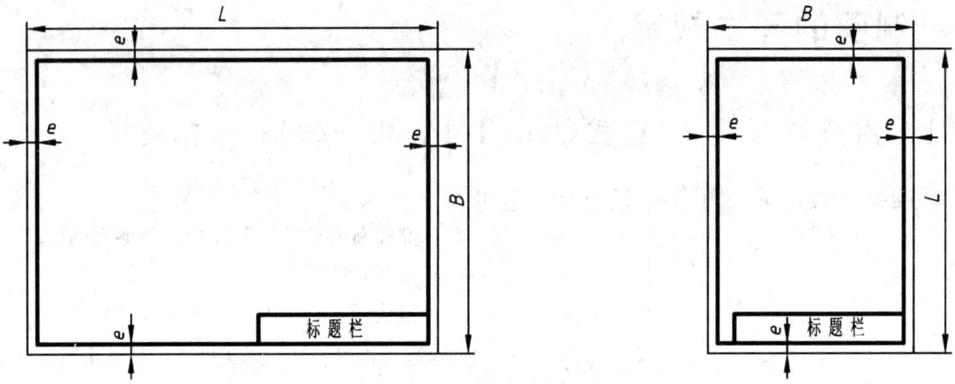

图 1—2　不需要装订的图框格式

题栏中的文字方向为看图方向。

国标(GB/T 10609.1—2008)对标题栏的内容、格式及尺寸作了规定,如图 1—3 所示。学校的制图作业可采用图 1—4 所示的简化格式。图 1—4 中“A”的格式如图 1—5 所示。

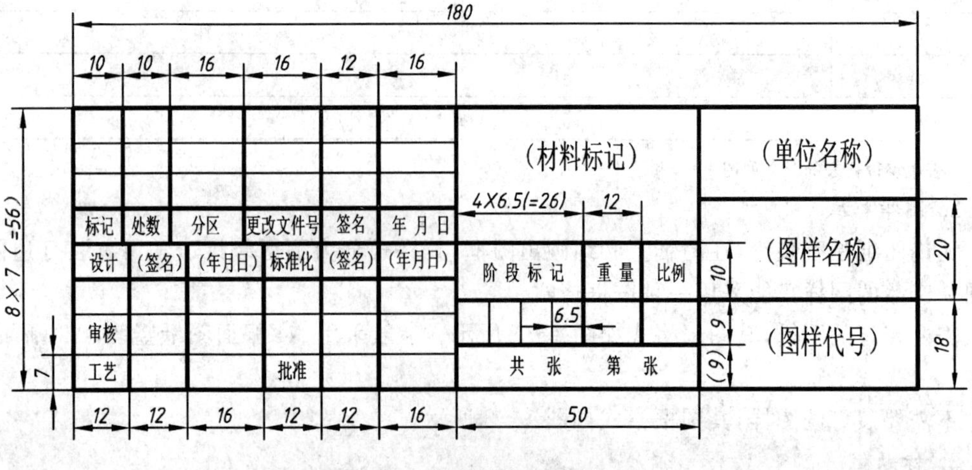

图 1—3　标题栏的内容及格式

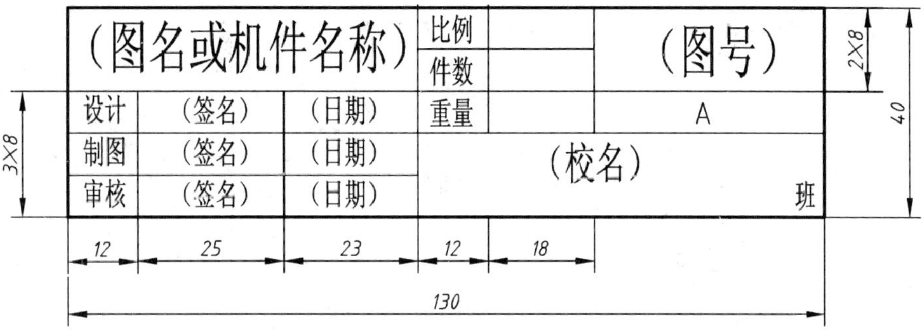

图 1—4　制图作业中标题栏简化格式

零件图　　　　装配图

图 1—5　标题栏中“A”的格式

1.1.2　比例(GB/T 14690—1993)

图样的比例是指图形与其实物相应要素的线性尺寸之比。绘制图样时，一般应从表 1—2 规定的系列中选取适当的比例。绘制同一机件的各个视图应采用相同的比例，并在标题栏的比例一栏中填写。当某个视图需要采用不同的比例时，必须另行标注。一般在视图名称的下方或右侧标注不同的比例，如$\frac{\text{I}}{2:1}$。

表 1—2　绘图的比例

种类	比　例	
	优先选取	允许选取
原值比例	1∶1	
放大比例	2∶1　5∶1　1×10^n∶1 2×10^n∶1　5×10^n∶1	2.5∶1　4∶1 2.5×10^n∶1　4×10^n∶1
缩小比例	1∶2　1∶5　1∶1×10^n 1∶2×10^n　1∶5×10^n	1∶1.5　1∶2.5　1∶3　1∶4　1∶6 1∶1.5×10^n　1∶2.5×10^n　1∶3×10^n　1∶4×10^n　1∶6×10^n

注：n 为正整数。

图样无论是放大或缩小画出，标注尺寸时，均应按机件的实际尺寸标注，与绘图的比例无关。图 1—6 为同一五角星采用不同的比例画出的图形。

1.1.3　字体(GB/T 14691—1993)

标准规定，图样中书写的字体必须做到：字体工整、笔画清楚、间隔均匀、排列整齐。

字体的号数，即字体的高度，用 h 表示。字高分为 1.8，2.5，3.5，5，7，10，14，20 mm。如需要书写更大的字，其字体高度应按 1∶$\sqrt{2}$的比率递增。

1. **汉字**

图中的汉字应写成长仿宋体，并采用国家正式公布推行的简化字。汉字的高度不应小于 3.5 mm，其字宽一般为 $h/\sqrt{2}$(约 0.7h)。

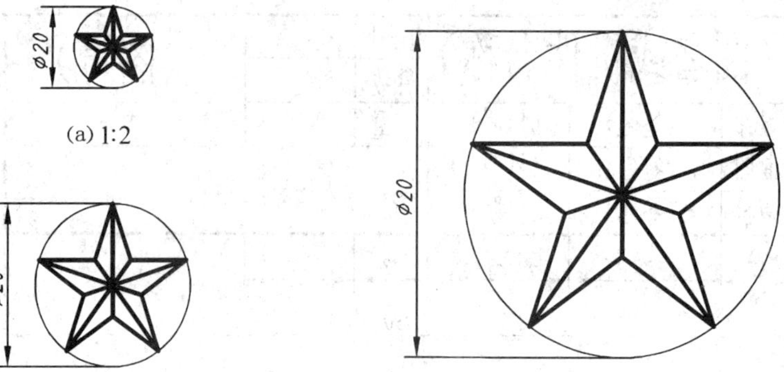

(a) 1:2　　(b) 1:1　　(c) 2:1

图 1－6　用不同比例画出的图形

长仿宋体汉字的书写要领是：横平竖直、注意起落、结构匀称、填满方格。

2. 数字和字母

数字和字母分 A 型和 B 型。A 型字体的笔画宽度 d 为字高 h 的 1/14；B 型字体的笔画宽度 d 为字高 h 的 1/10。

数字和字母均可写成斜体或直体，斜体字字头向右倾斜，与水平线成 75°。在同一张图上，只允许选用一种形式的字体。

汉字、数字和字母书写示例如图 1－7 所示。

1.1.4　图线及其画法(GB/T 4457.4—2002)

1. 图线型式及应用

绘制图样时，应采用表 1－3 中规定的各种图线。

表 1－3　常用的图线及应用

图线名称	图线型式	主要应用
粗实线		可见的轮廓线，宽度为 d
细实线		尺寸线，尺寸界线，剖面线，引出线
波浪线		断裂处的边界线，视图和剖视图的分界线
双折线		断裂处的边界线
细虚线	12d　3d	不可见的轮廓线
粗虚线		允许表面处理的表示线
细点画线	0.5d　24d　3d	轴线，对称中心线，分度圆(线)
粗点画线		限定范围表示线
细双点画线	24d　10d	假想投影轮廓线，相邻辅助零件的轮廓线

10号字

字体工整　笔画清楚　间隔均匀　排列整齐

7号字

横 平 竖 直　注 意 起 落　结 构 均 匀　填 满 方 格

5号字

技 术 制 图 机 械 电 子 汽 车 土 木 建 筑 纺 织 服 装 比 例 材 料 铸 造 圆 角

A型斜体数字和字母

ABCDEFGHIJKLMNO

PQRSTUVWXYZΦ

abcdefghijklmnop

qrstuvwxyz 1234567890

A型直体数字和字母

ABCDEFGHIJ abcdefghijk

1234567890 Φ50H7 R20 60°

图 1—7　字体书写示例

在机械制图中，通常采用粗、细两种线宽，表中除粗实线、粗虚线、粗点画线外，其他均为细线，其比例关系为 2∶1。粗线宽度（d）应按图的大小和复杂程度在 0.13，0.18，0.25，0.35，0.5，0.7，1.0，1.4，2.0（单位为 mm）中选择。粗线宽度优先采用 0.5，0.7。各种图线在图形上的应用如图 1－8 所示。

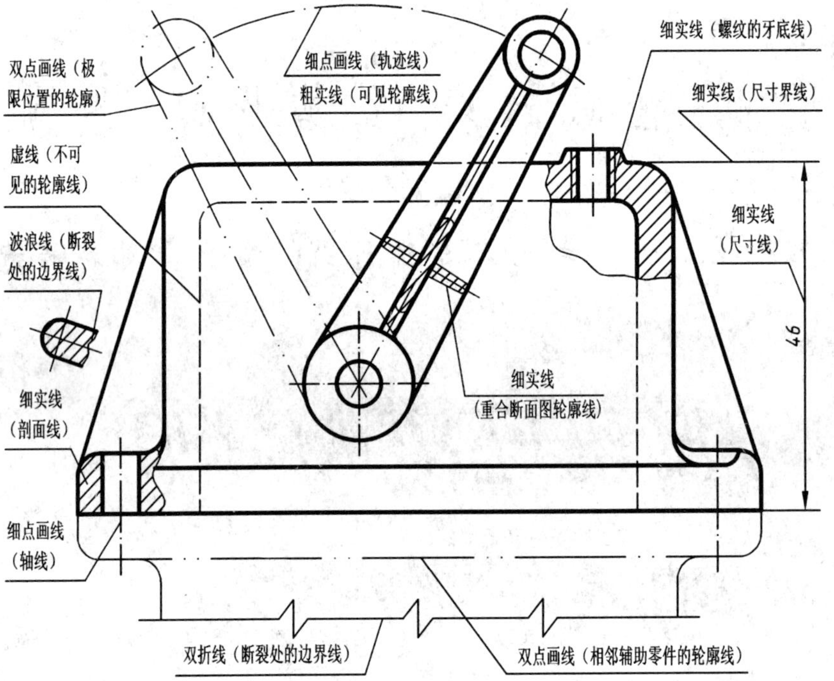

图 1－8　图线应用举例

2. 图线的画法

图 1－9 所示为各种图线相交、相接的画法，规定如下。

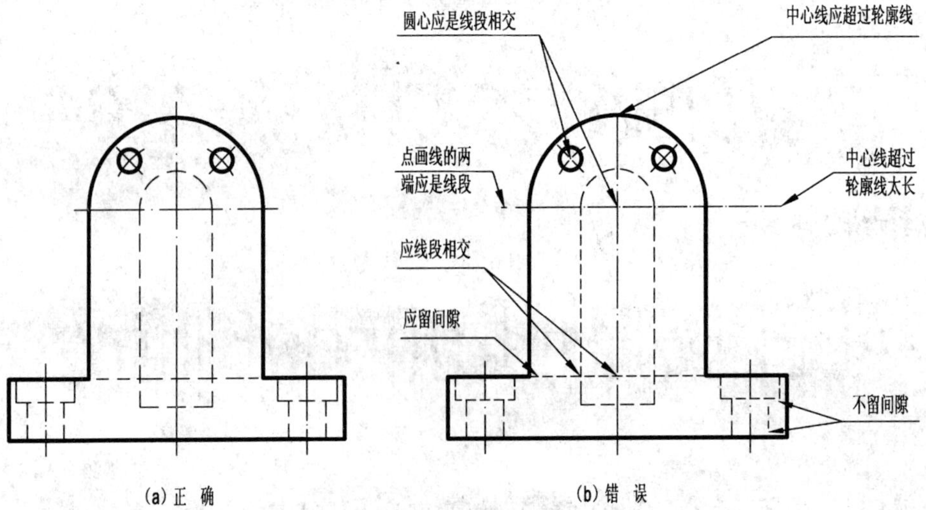

图 1－9　图线的画法

①同一张图样中，相同线型的宽度应一致。

②虚线、点画线和双点画线的线段长度和间隔应各自大致相等。当图线互相重叠时，应按

粗实线、虚线、点画线的顺序只画前面的一种。

③绘制圆的对称中心线时，圆心应为线段的交点。且对称中心线的两端应超出圆弧 2～5 mm。当点画线或双点画线较短时，可用细实线代替。

④点画线和双点画线的首尾应是线段而不是点。它们彼此相交以及与其他图线相交处都应是线段，而不应是间隔。

⑤虚线与其他图线相交处，不留空隙。但当虚线是粗实线的延长线时，相接处应留出间隙。

⑥两平行线之间的距离应不小于粗实线的两倍宽度，其最小距离不得小于 0.7 mm。

1.1.5 尺寸注法(GB/T 16675.2—2012、GB/T 4458.4—2003)

图形只能表达机件的结构形状，而机件的大小则由标注的尺寸确定。标注尺寸是一项极为重要的工作，必须认真细致，一丝不苟。国家标准对尺寸标注的基本方法作了一系列的规定，绘图时必须严格遵守这些规定。

1. 基本规则

①机件的真实大小应以图样上标注尺寸数值为依据，与图形的大小及绘图的准确度无关。

②图样中的尺寸以 mm 为单位时，不需标注单位符号(或名称)；若采用其他单位时，则应注明单位符号。

③机件的每一个尺寸，一般只标注一次，并应标注在反映该结构最清晰的图形上。

④图样中所注尺寸为机件最后完工的尺寸，否则应另加说明。

2. 尺寸的组成要素

一个完整的尺寸由尺寸界线、尺寸线、尺寸数字三部分组成，如图 1－10 所示。

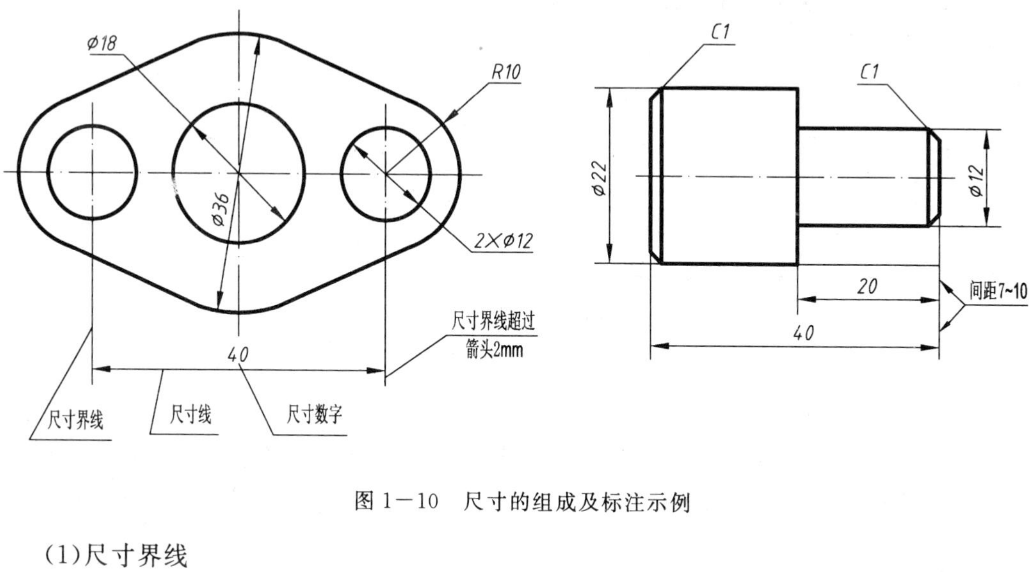

图 1－10 尺寸的组成及标注示例

(1)尺寸界线

尺寸界线用来表示所注尺寸的范围，用细实线绘制，并应由图形的轮廓线、轴线或对称中心线处引出，也可直接利用它们作为尺寸界线。尺寸界线超出尺寸线终端 2～3 mm。尺寸界线一般应与尺寸线垂直，必要时允许倾斜。

(2)尺寸线

尺寸线用来表示所注尺寸的方向，用细实线绘制，且不能用任何图线代替，一般也不得与其他图线重合或画在其延长线上。标注线性尺寸时，尺寸线必须与所标注的线段平行。当一处有几条相互平行的尺寸线时，大尺寸要注在小尺寸的外面，以避免尺寸线与尺寸界线相交，如图 1－10 所示。

尺寸线的终端有两种形式：箭头和斜线（斜线用细实线画），如图 1－11 所示。同一图样只能采用一种尺寸线终端。机械工程图样上的尺寸线终端一般采用箭头。

(3)尺寸数字

尺寸数字用来表示机件的真实大小，一般应注写在尺寸线的上方，也允许注写在尺寸线的中断处。尺寸数字不能被任何图线所穿过，当无法避免时，必须将图线断开，如图 1－12 所示。

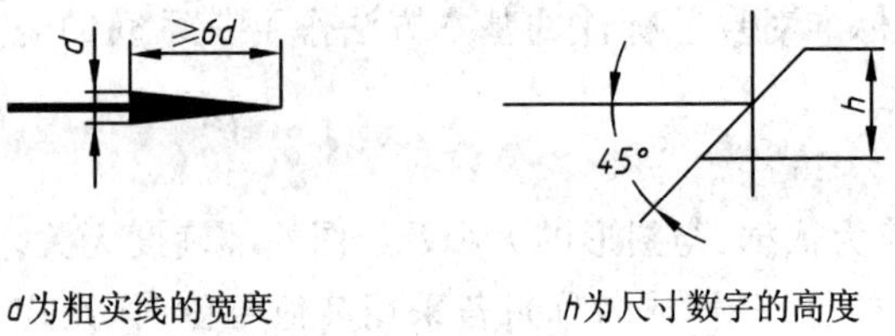

图 1－11　尺寸线终端的形式

图 1－12　尺寸数字断开各类图线

3. 基本标注方法

(1)线性尺寸

线性尺寸数字的方向一般应按图 1－13(a)所示方向注写。水平方向数字字头向上，垂直方向字头向左，倾斜方向的尺寸数字字头趋于朝上。要尽可能避免在图示 30°范围内标注尺寸，当无法避免时，应引出标注，如图 1－13(b)所示。

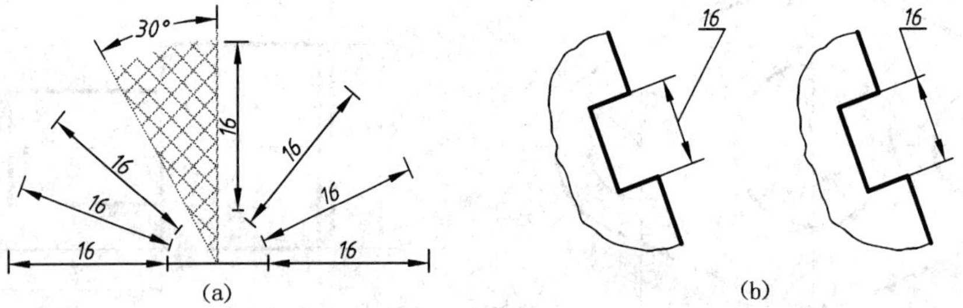

图 1－13　线性尺寸数字的方向

(2)角度尺寸

标注角度尺寸时，尺寸界线应沿径向引出，尺寸线是以该角的顶点为圆心的圆弧，角度数字一律注写成水平方向，一般注写在尺寸线的中断处，也可注写在尺寸线上方、外边或引出标注，如图 1－14 所示。

(3)直径尺寸

标注直径尺寸时，应在尺寸数字前加注符号“ϕ”，如图 1－15 所示。

(4)圆弧半径尺寸

标注圆弧半径尺寸时，应在尺寸数字前加注符号“R”，尺寸线箭头必须注在圆弧上，如图

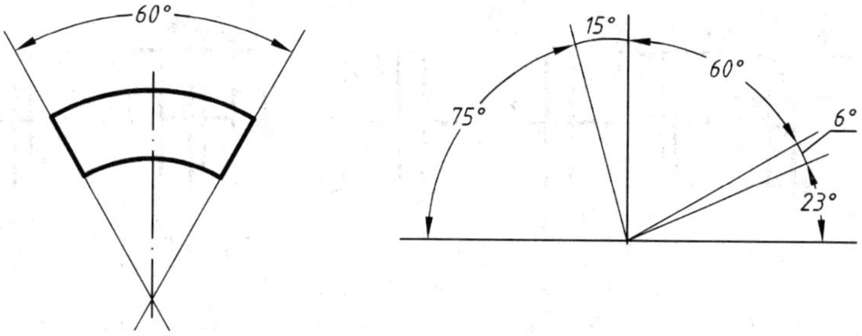

图 1—14　角度尺寸标注

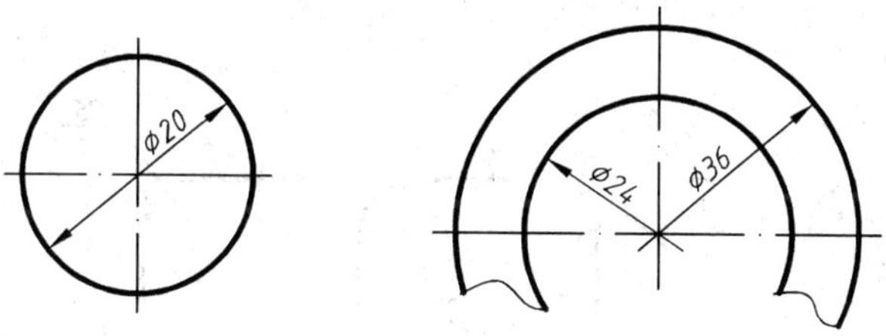

图 1—15　直径尺寸标注

1—16所示。

若圆弧大于半圆时，应标注直径尺寸，圆弧小于或等于 180°时，应标注半径尺寸。

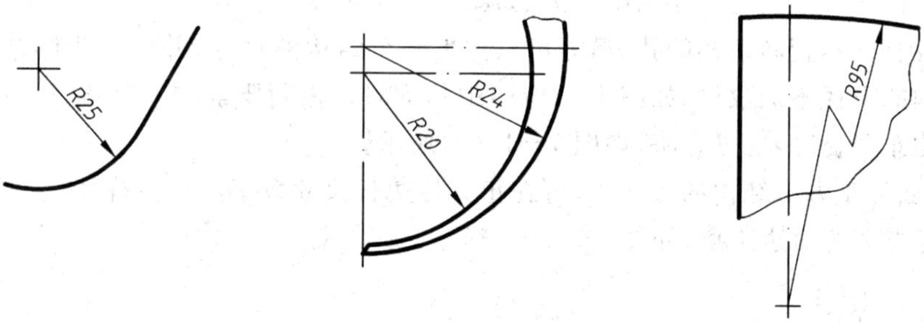

图 1—16　半径尺寸标注

(5)球面尺寸

标注球面直径和半径尺寸时，应在符号“*φ*”或“*R*”前加注符号“*S*”，如图 1—17 所示。

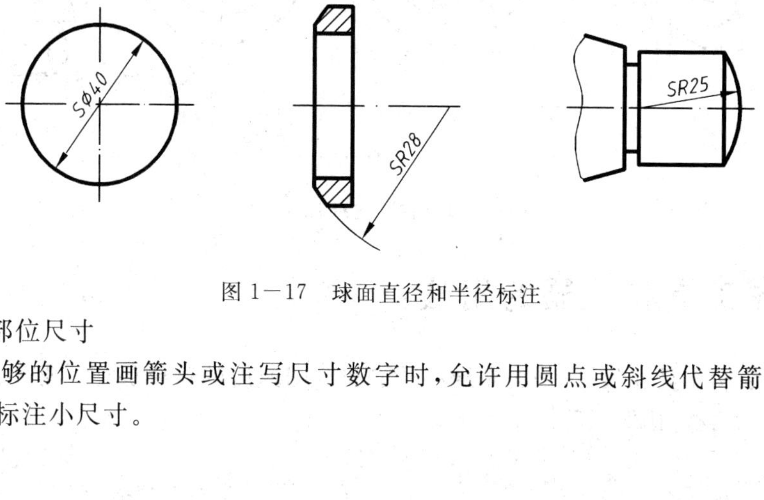

图 1—17　球面直径和半径标注

(6)狭小部位尺寸

在没有足够的位置画箭头或注写尺寸数字时，允许用圆点或斜线代替箭头，可按如图 1—18 的形式标注小尺寸。

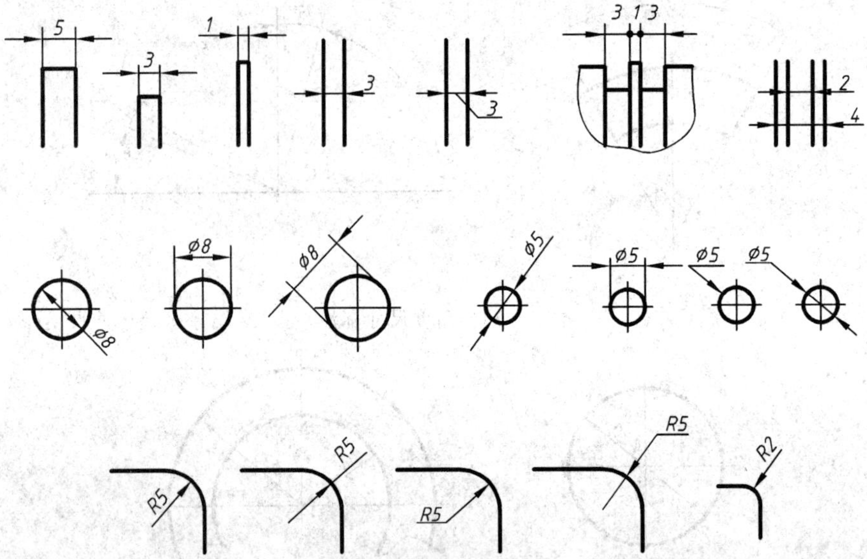

图 1－18　小尺寸标注

(7)其他标注方法

当对称机件的图形只画出一半或略大于一半时，尺寸线应略超过对称中心线或断裂处的边界线，此时仅在尺寸线的一端画出箭头，如图 1－19(a)所示。

在同一图形中，相同结构的孔、槽等可只注出一个结构的尺寸，并标出相同结构要素的数量(相同结构的半径不加数量，如图 1－19(a)中的 $R6$)。相同要素均匀分布时，可注出均布符号"EQS"，均布明显时，也可省略，如图 1－19(b)所示。

标注剖面为正方形结构的尺寸时，可在正方形边长尺寸数字前加注符号"□"或用"$B\times B$"注出，B 为正方形的对边距离，如图 1－19(c)所示。

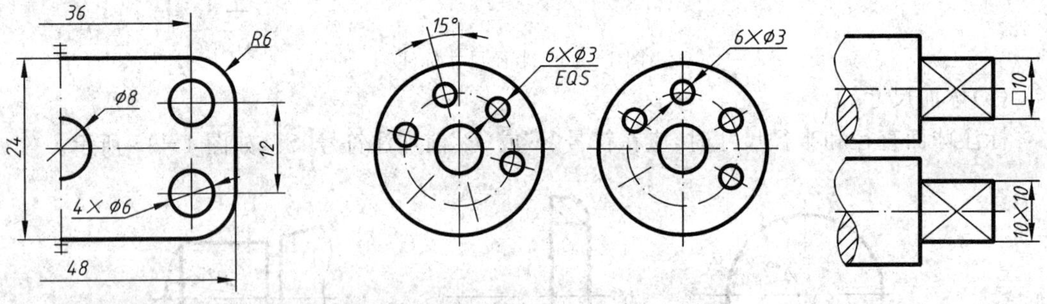

(a)　(b)　(c)

图 1－19　其他标注

1.2　绘图工具和仪器的用法

正确使用绘图工具和仪器，是提高绘图质量和绘图速度的重要保证。常用的绘图工具有图板、丁字尺、三角板、比例尺等。

1.2.1　图板、丁字尺和三角板的用法

1. 图板和丁字尺

画图时，需将图纸平铺在图板上。图板的表面应平整，左右两导边应平直。图纸可用胶带纸固定在图板上，如图 1－20(a)所示。

丁字尺由尺头和尺身相互垂直固定在一起，主要用来画水平线，或作为三角板移动的导边。使用时，用左手扶住尺头，将尺头的内侧边紧贴在图板工作边上。画水平线时铅笔沿尺身的工作边自左向右移动，如图 1－20(b)所示。

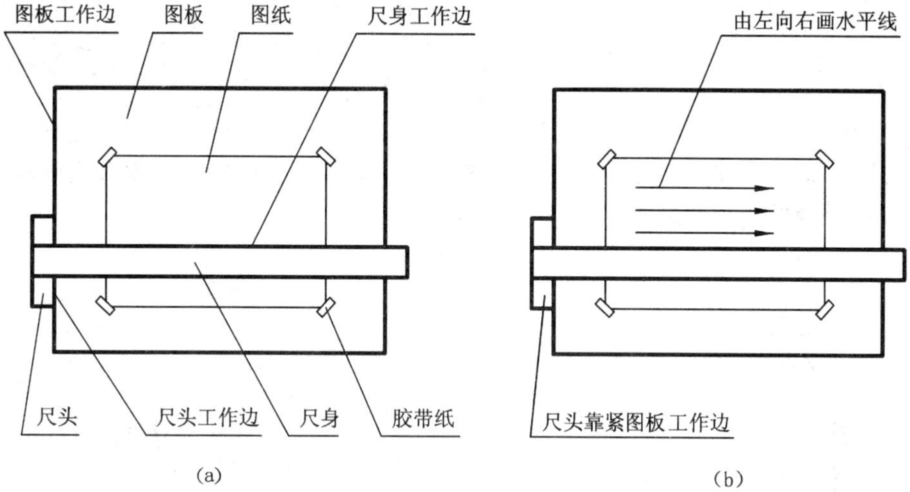

图 1－20　图板和丁字尺的使用

2. 三角板

一副三角板有两块，45°和 30°、60°角的各一块。三角板经常与丁字尺配合使用，按自下向上的顺序画垂直线和 15°倍角的斜线，如图 1－21 所示。

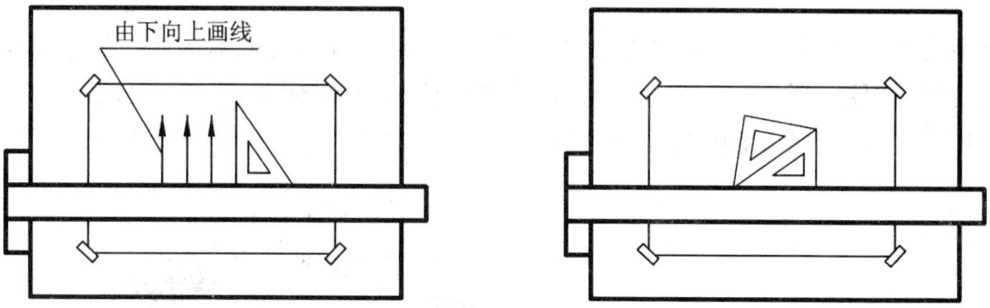

图 1－21　三角板和丁字尺的联合使用

1.2.2　绘图仪器

盒装的绘图仪器有 3 件、5 件、7 件……用得最多的是圆规和分规，如图 1－22 所示。

圆规是用来画圆和圆弧的工具。圆规的钢针有两种不同的针尖，带台阶的尖端是画圆或圆弧时定心用的。使用圆规时，应先调整针脚，使针尖略长于铅芯。画图时应按顺时针方向平稳转动圆规，用力要均匀，并稍向前倾斜，此时圆规两脚均与纸面垂直，如图 1－23 所示；画大圆时，可接上延长杆后使用。

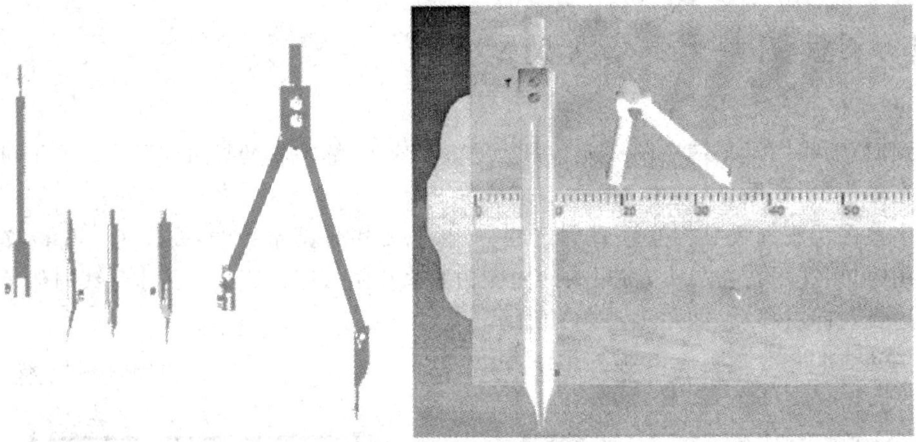

图 1－22　绘图仪器

分规是量取尺寸、截取线段和等分线段的工具。分规两腿的针尖合拢后应能对齐，如图 1－22所示。分规的使用方法如图 1－24 所示。

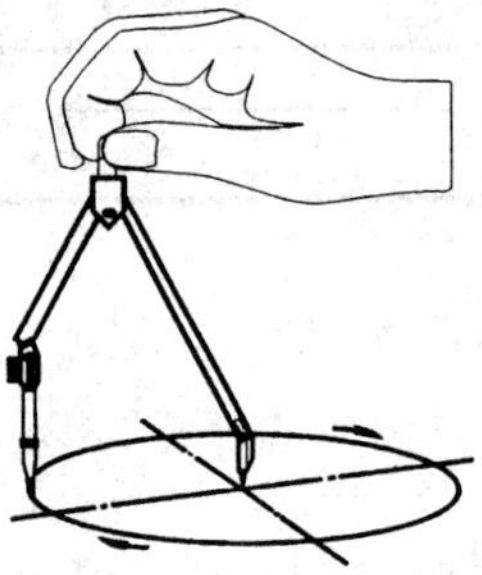

图 1－23　圆规的用法

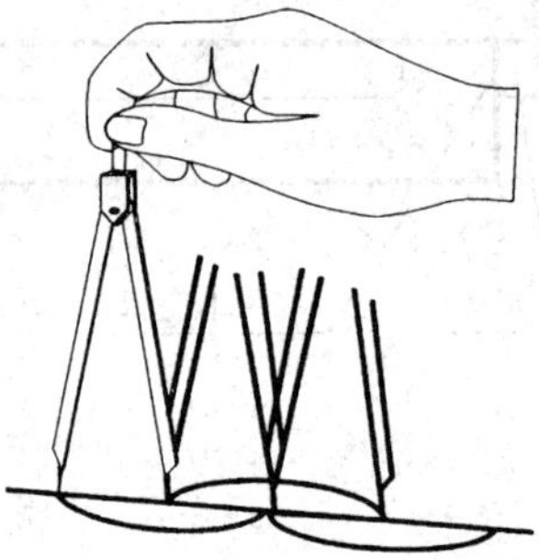

图 1－24　分规的用法

1.2.3　铅笔

绘图铅笔铅芯的软硬程度用字母 B 和 H 表示。B 前面的数值越大，铅芯越软；H 前面的数值越大，铅芯越硬。通常打底稿时选用 H 或 2H 铅芯，写字时选用 H 或 HB 铅芯，加深图线时选用 HB 或 B 铅芯，加深圆弧时，圆规用铅芯选用 B 或 2B。铅芯最好削成图 1－25 所示的形式。

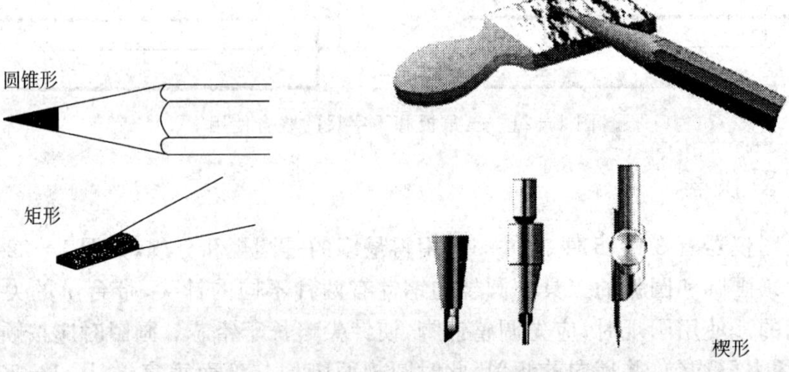

图 1－25　铅芯修磨方法和形状

削铅笔时应从无标记的一端开始，以便保留标记，识别铅芯硬度。铅芯露出长度一般以6～8 mm 为宜。

1.3 几何作图

在绘制机件的图样时，经常遇到正多边形、圆弧连接、锥度和斜度等几何作图问题。因此，熟练地掌握几何作图的基本方法，是绘制好机械图的基础。下面介绍几种常见几何图形的作图方法。

1.3.1 正多边形

1. 正六边形的画法

图 1－26(a)是根据正六边形的对角线长度作图。因对角线长度就是其外接圆的直径 D，且六边形的边长就是这个外接圆的半径，因此，用圆的半径在外接圆上直接截取各顶点，即可画出正六边形。

正六边形也可以利用丁字尺与 30°～60°三角板配合画出，如图 1－26(b)所示。

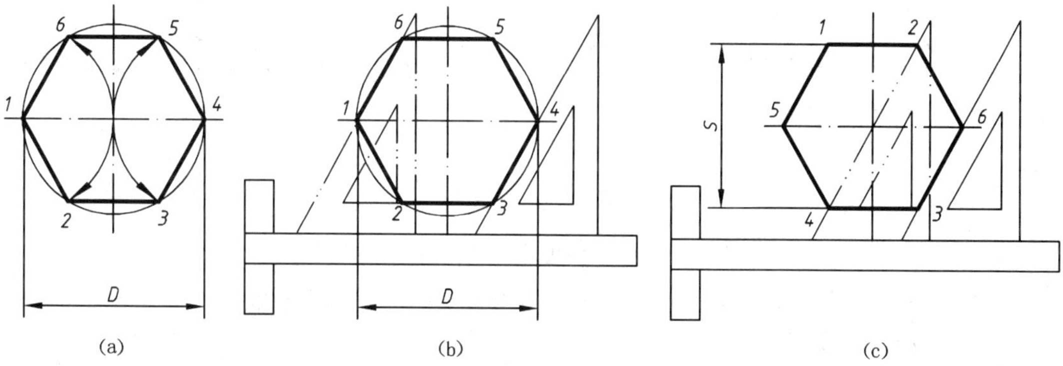

图 1－26　正六边形的画法

图 1－26(c)是根据对边距离 S 作图。先从正六边形的中心画出对称中心线，根据对边距离 S 作出水平对边，并用 30°～60°三角板配合丁字尺，在对边上得到正六边形的四个顶点，画出正六边形。

2. 正五边形的画法

五等分圆周可用分规试分，也可按下述方法等分。

作水平半径 ob 的中点 e，如图 1－27(a)所示；以 e 为圆心、ce 为半径画弧，交水平中心线 oa 于 f，如图 1－27(b)所示；以 cf 为边长，即可作出圆内接正五边形，如图 1－27(c)所示。

1.3.2 斜度和锥度

1. 斜度

斜度是指一直线(或平面)对另一直线(或平面)的倾斜程度。斜度的大小用二直线(或平面)间夹角的正切值来表示，即 AC 直线的斜度为：$\tan\alpha = H/L$，如图 1－28(a)所示。斜度通常写成 1∶n 的形式。斜度符号按图 1－28(b)所示的方法绘制，符号的线宽为 $h/10$(h 为尺寸

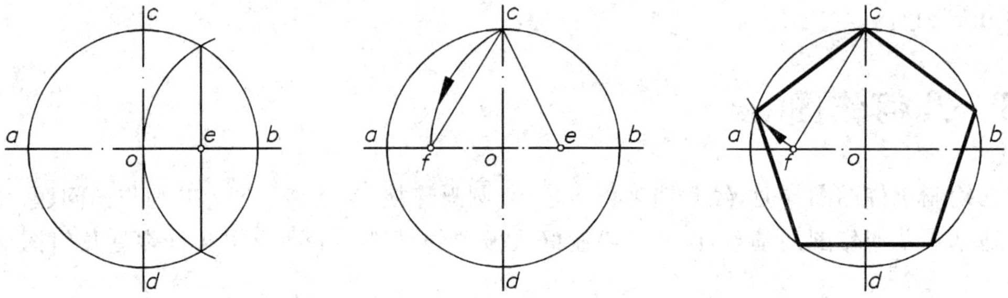

(a) (b) (c)

图 1－27 已知外接圆画正五边形的方法

数字的字高)。在图样上斜度的标注方法为斜度符号加上斜度的大小("∠1∶n"的形式)表示，如图 1－28(c)所示。必须注意:符号斜线的倾斜方向应与图中所画斜度方向一致。

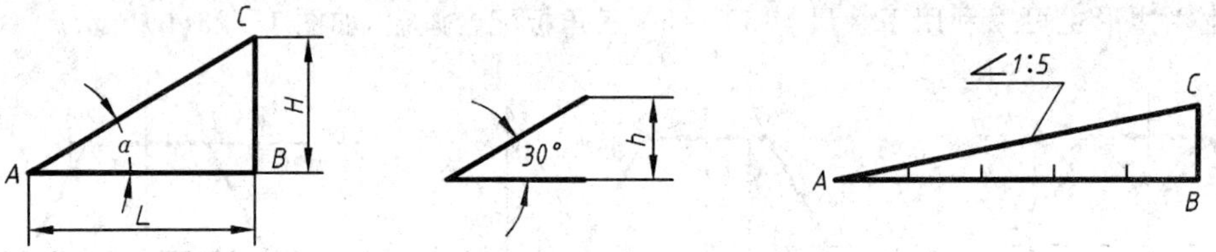

(a) (b) (c)

图 1－28 斜度的定义、符号、画法及其标注

画法:已知一直线 AC 对另一直线 AB 的斜度为 1∶5,求作该直线。

作图步骤如下(图 1－28(c)):

①将已知线段 AB 分为五等份;

②过点 B 作 AB 的垂线 BC,并使 $BC=\frac{1}{5}AB$;

③连 AC 即为所求直线。

2. 锥度

锥度是指正圆锥底圆直径与其高度之比。正圆台的锥度则为两底圆直径之差与其高度之比。在图 1－29(a)中,锥度 $C=\frac{D}{L}=\frac{D-d}{l}=2\tan\alpha$,$\alpha$ 为半锥角。锥度通常也写成 1∶n 的形式。锥度符号按图 1－29(b)所示的方法绘制,符号的线宽为 $h/10$(h 为尺寸数字的字高)。在图样上锥度也采用锥度符号加上锥度的大小表示,锥度符号应对称地配置在基准线上,符号的方向应与锥度方向一致,基准线要与圆锥的轴线平行,其标注和画图方法如图 1－29(c)所示。

1.3.3 圆弧连接

绘图时,经常需要用已知半径的圆弧光滑连接(即相切连接)直线或圆弧,这种作图称为圆弧连接。这段已知半径的圆弧称为连接弧。图 1－30 为拨叉的圆弧连接平面图。画图时,

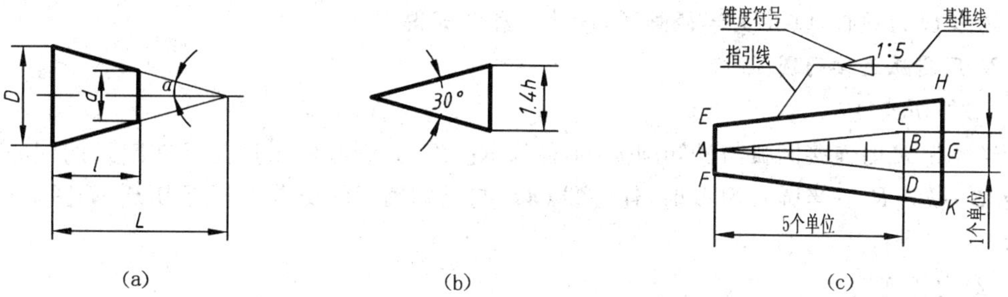

图 1－29　锥度的定义、符号、画法及其标注

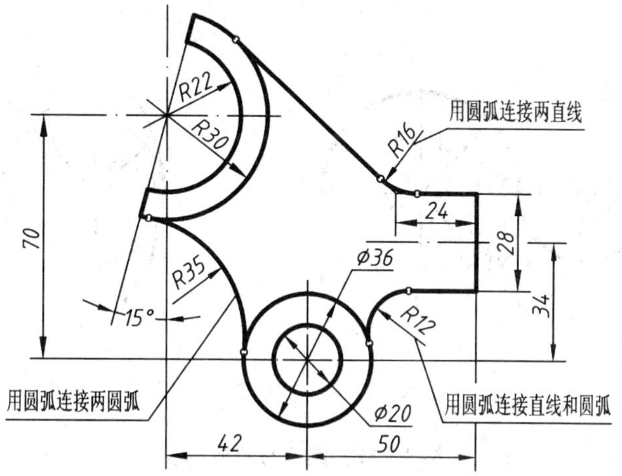

图 1－30　拨叉的平面图

为了保证相切连接，必须准确地作出连接弧的圆心和切点。下面介绍圆弧连接的基本作图方法。

1. 用圆弧连接两直线

根据平面几何可知：与已知直线相切的圆弧，其圆心的轨迹是一条与已知直线平行的直线，且两平行线距离为半径 R。图 1－31(a)表示已知半径为 R 的圆弧和两直线Ⅰ、Ⅱ的位置，作图步骤如下。

①求圆心。以 R 为距离分别作两已知直线Ⅰ和Ⅱ的平行线，交点 O 即为连接弧的圆心，如图 1－31(b)所示。

②求切点。过 O 作两已知直线Ⅰ和Ⅱ的垂线，垂足点 1 和 2 即为切点，如图 1－31(c)所示。

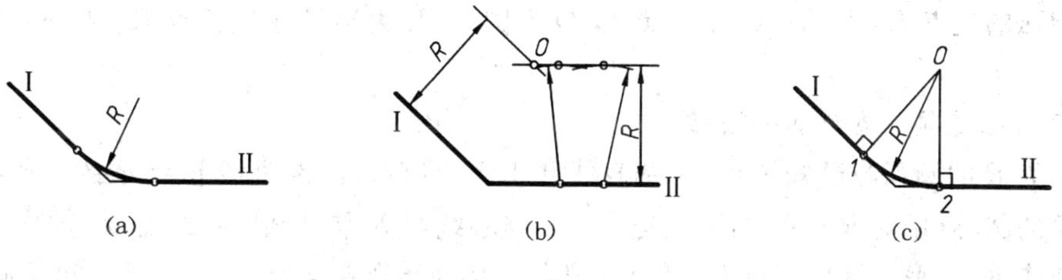

图 1－31　用圆弧连接两已知直线

③以 O 为圆心，以 R 为半径画弧，连接 1 和 2 即得。

2. 用圆弧连接两圆弧

(1)外切连接

半径为 R 的连接圆弧与已知圆弧（半径为 R_1）外切，圆心的轨迹是已知圆弧的同心圆，其半径 $R_2=R+R_1$。当圆心为 O 时，连心线 OO_1 与已知圆弧的交点 K 就是切点，如图 1－32(a)所示。

(2)内切连接

半径为 R 的连接圆弧与已知圆弧（半径为 R_1）内切，圆心的轨迹是已知圆弧的同心圆，其半径 $R_2=|R-R_1|$。连接弧的圆心为 O 时，连心线 OO_1 与已知圆弧的交点 K 就是切点，如图 1－32(b)所示。

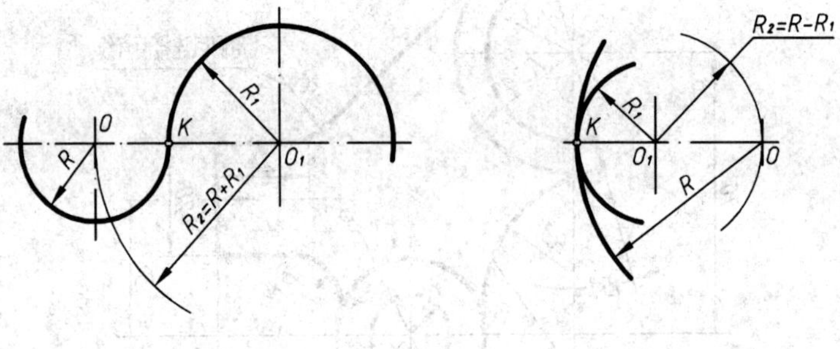

(a) (b)

图 1－32 圆弧与圆弧连接

(3)作图方法

①外切连接画法。用半径为 R 的圆弧外切连接半径为 R_1 和 R_2 的两已知圆弧，如图 1－33(a)所示。从图中可看出，确定连接圆弧的圆心 O 的方法是分别以 O_1 和 O_2 为圆心，以 $R+R_1$ 和 $R+R_2$ 为半径画弧，两弧的交点即为圆心 O；连心线 OO_1 和 OO_2 与两已知圆弧的交点 K_1 和 K_2 即为切点；以 O 为圆心，R 为半径在连接点 K_1 和 K_2 间画弧即可。

②内切连接画法。用半径为 R 的圆弧内切连接半径为 R_1 和 R_2 的两已知圆弧，如图 1－33(b)所示。从图中可看出，确定连接圆弧的圆心 O 的方法是分别以 O_1 和 O_2 为圆心，以 $|R-R_1|$ 和 $|R-R_2|$ 为半径画弧，两弧的交点即为圆心 O；连心线 OO_1 和 OO_2 与两已知圆弧的交点 K_1 和 K_2 即为切点；以 O 为圆心，R 为半径在连接点 K_1 和 K_2 间画弧即可。

③内、外切连接画法。用半径为 R 的圆弧外切连接半径为 R_1 和内切连接半径为 R_2 的两已知圆弧，如图 1－33(c)所示。从图中可看出，确定连接圆弧的圆心 O 的方法是分别以 O_1 和 O_2 为圆心，以 $R+R_1$ 和 $|R-R_2|$ 为半径画弧，两弧的交点即为圆心 O；连心线 OO_1 和 OO_2 与两已知圆弧的交点 K_1 和 K_2 即为切点；以 O 为圆心，R 为半径在连接点 K_1 和 K_2 间画弧即可。

3. 用圆弧连接一直线和一圆弧

半径为 R 的圆弧与已知圆弧 R_1 和直线Ⅱ相切，圆心 O 在距直线Ⅱ为 R 的平行线和距离已知圆弧的圆心 O_1 为 $R+R_1$ 的圆弧交点上。连心线 OO_1 与已知圆弧的交点为切点 K_1，由 O 向直线Ⅱ作垂线，垂足就是切点 K_2，以 O 为圆心，R 为半径在连接点 K_1 和 K_2 间画弧即可，如图 1－33(d)所示。

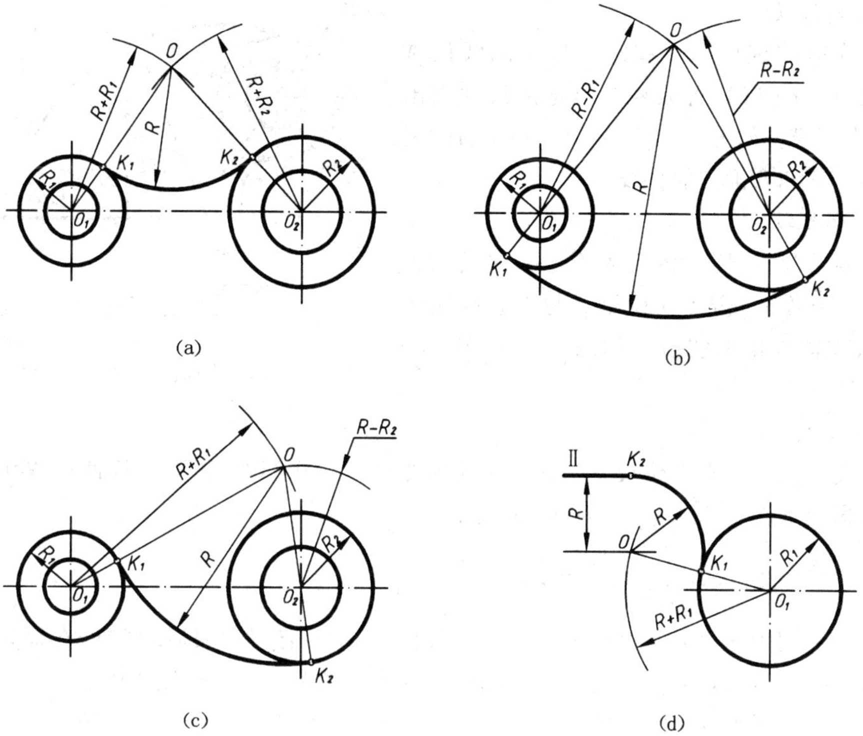

图 1－33　圆弧连接画法

1.4　平面图形的画法

平面图形通常是由各种直线、圆或圆弧组成的。画图时，应先对平面图形的尺寸和线段进行分析，在此基础上确定正确的画图步骤。

1.4.1　平面图形的尺寸分析

1. 基准

标注定位尺寸的起点称为基准。通常将图形的对称线、大圆的中心线和重要的轮廓线作为基准。如图 1－34 所示，过圆心的垂直中心线和平面图形下部的水平轮廓线即为水平方向和垂直方向的尺寸基准。

2. 定形尺寸

确定平面图形上线段形状和大小的尺寸称为定形尺寸，如直线的长度、圆的半径与直径的尺寸等。如图 1－34 所示，ϕ10、ϕ20 和 8 为定形尺寸。

3. 定位尺寸

确定平面图形上线段间的相对位置的尺寸称为定位尺寸，如直线的位置、圆心的位置尺寸等。如图 1－34 所示，20 和 6 为定位尺寸。

1.4.2　平面图形的线段分析

根据图形中所注的尺寸和线段间的连接关系，通常把平面图形中的线段分为以下三类。

1. 已知线段

具有完整的定形尺寸和定位尺寸的线段称为已知线段。作图时,可以根据给定的尺寸画出圆、圆弧或直线。如图 1－34 中 ϕ10、ϕ20 的圆及尺寸 20、6、55 和 8 确定的直线。

2. 中间线段

只有定形尺寸,而定位尺寸不全的线段称为中间线段。作图时,需要根据给定与相邻线段的连接关系才能画出的线段。如图 1－34 中 R36 的圆弧。

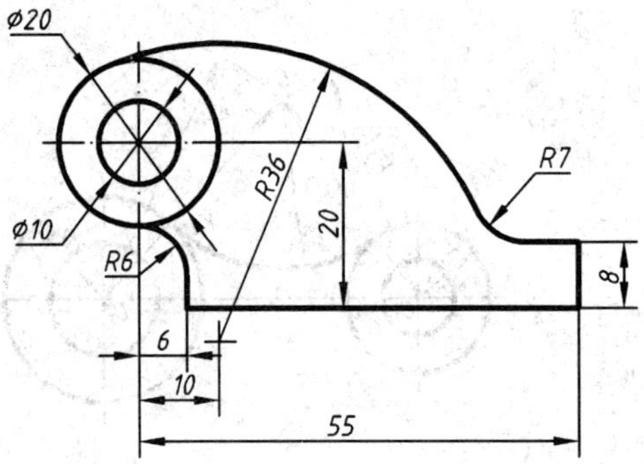

图 1－34　平面图形的尺寸与线段分析

3. 连接线段

只有定形尺寸没有定位尺寸的线段称为连接线段。作图时,需要根据两个连接关系才能画出此线段。如图 1－34 中 R6 和 R7 的圆弧。

1.4.3　平面图形的画图步骤

通过平面图形的尺寸和线段分析,可以得出如下结论:绘制平面图形时,必须先画出已知线段,再画中间线段,最后画连接线段。图 1－35 表示图 1－34 的作图步骤。

①分析平面图形的尺寸及线段。

②画出图形的基准线及定位线,如图 1－35(a)所示。

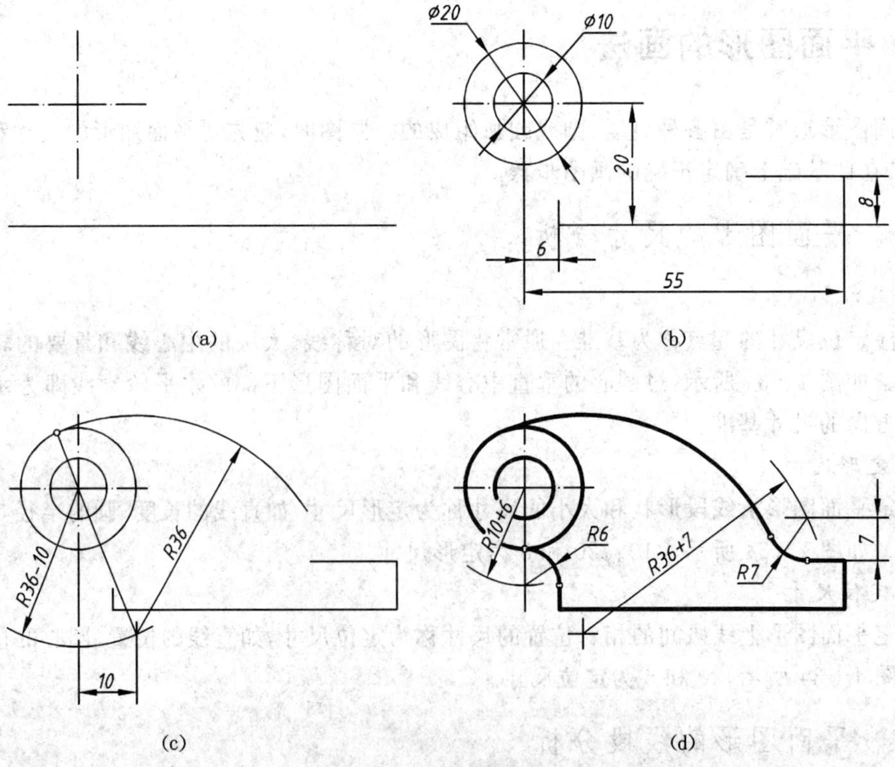

图 1－35　平面图形的画图步骤

③画出各已知线段，如图 1－35(b)所示。

④画出各中间线段，如图 1－35(c)所示。

⑤画出各连接线段，如图 1－35(d)所示。

1.4.4 常见平面图形的尺寸标注

平面图形中标注的尺寸必须能唯一确定图形的大小。应遵守国家标准的有关规定，并做到不遗漏，不重复，其步骤为：

①选择尺寸基准；

②注出定形尺寸；

③注出定位尺寸。

常见平面图形的尺寸标注示例如图 1－36 所示。

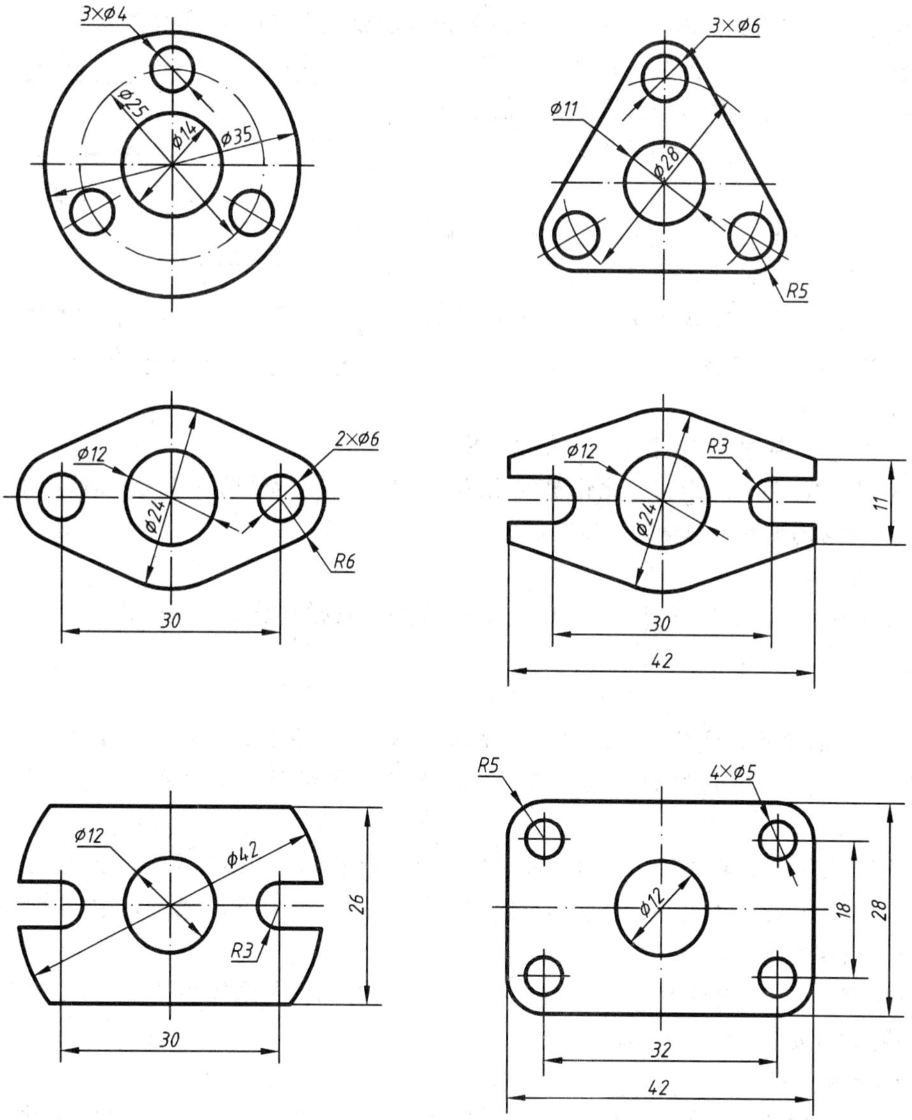

图 1－36　平面图形的尺寸标注示例

1.5 绘图的步骤和方法

1.5.1 用绘图仪器画图

1. 准备工作

绘图前应准备好必要的绘图仪器和工具，并擦拭干净。清理好桌面，熟悉和了解所画图样的内容及要求。

2. 确定图幅

根据图形的大小和复杂程度选定比例，确定图纸幅面。

3. 固定图纸及布局

①图纸要用透明胶带固定。下部空出的距离要能放置丁字尺，以便操作。

②确定各视图在图框中的位置。布局应匀称、美观，并考虑到标题栏及标注尺寸的位置，一般按图 1－37 所示的位置布置视图。

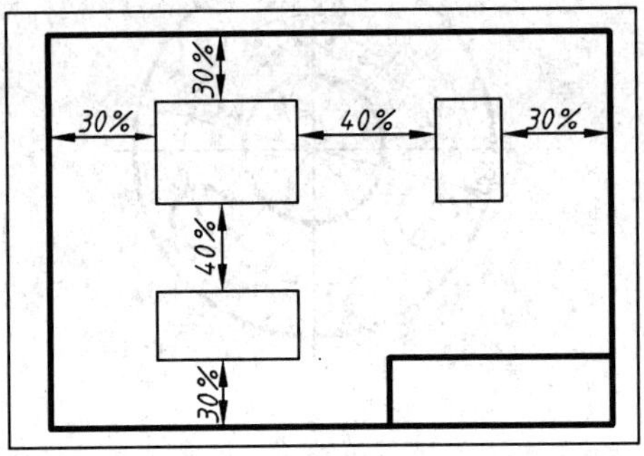

图 1－37　图形布局

4. 画底稿

用 H 或 2H 铅笔画出图框和标题栏轮廓后，画图形的对称中心线、中心线和主要轮廓线。底稿线要细，但应清晰。底稿画好后应仔细校核，改正错误并擦去多余的图线。

5. 加深图形

加深图形时，常用 H 铅笔描各种细线，用 HB 或 B 铅笔描粗线，圆规的铅芯应比铅笔的铅芯软一级。应按先细后粗、先曲后直、由上到下、由左到右、所有图形同时描深的原则描图。

6. 注写文本

画尺寸界线、尺寸线及箭头，注写尺寸数字，填写标题栏及技术要求等。

1.5.2 徒手画草图

以目测估计图形与实物的比例，按一定画法要求徒手（或部分使用绘图仪器）绘制的图称为草图。在设计或现场测绘时，都要徒手绘制草图，所以徒手绘制草图是一项基本的技能。

1. 画直线

徒手画直线时，常将小手指靠着纸面，以保证线条画得直。图纸不必固定，因此可以随意转动图纸，使欲画的直线正好是顺手的方向，如图 1－38 所示。在画线过程中，眼睛要注意线段的终点，以保证直线画得平直，方向准确。

当画 30°、45°、60°常见的角度时，可根据两直角边的比例关系定出两端点，连接两点即为所画的角度线，如图 1－39 所示。

2. 画圆和曲线

徒手画圆、椭圆和圆角等曲线时，往往需要通过目测先描出一些点或一些辅助线，以便于作图。画圆时，应先作两条互相垂直的中心线，定出圆心。画小圆时，可按半径先在中心线上

图 1－38　徒手画直线

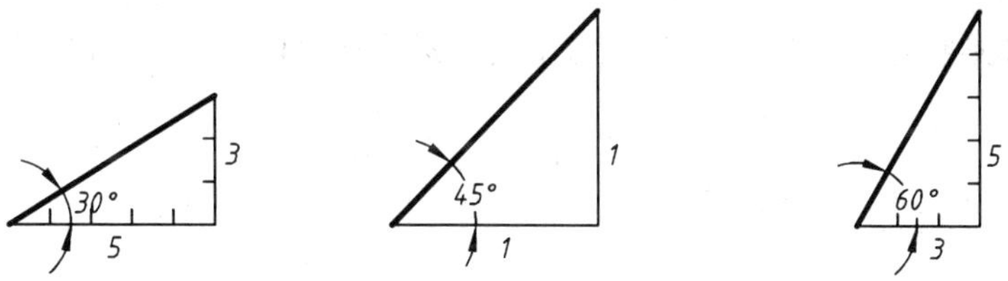

图 1－39　徒手画 30°、45°和 60°斜线

截取四点，然后分四段逐步连接成圆，如图 1－40(a)所示。画大圆时，除中心线上的四个点外，还可通过圆心画两条与水平线成 45°的斜线，按半径在斜线上也定出四个点，分八段画出，如图 1－40(b)所示。

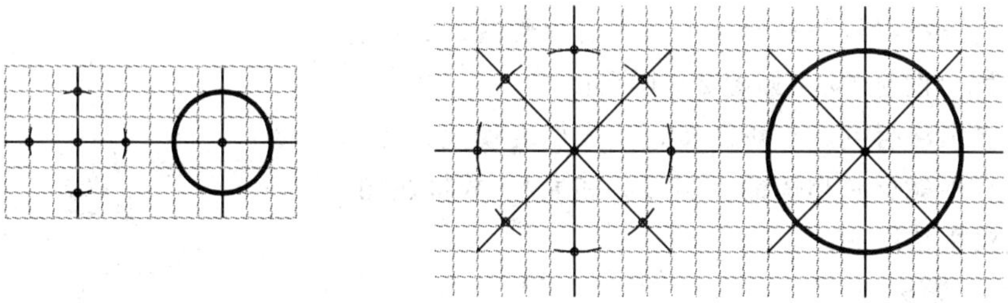

(a)　　(b)

图 1－40　徒手画圆

3. 用方格纸绘制草图

在方格纸上徒手画草图，可以提高作图速度和质量。画图时，尽量使图形中的直线与方格纸上的线条重合，这样不但容易画好图线，也便于控制图形的大小和投影关系。

徒手完成的草图要求：图线粗细分明，基本上保持物体各部分的比例关系，标注尺寸准确、齐全，字体工整，图面整洁。

1.5.3　计算机绘图

利用成熟的计算机绘图软件绘制工程图样，可以画出整齐美观的图形，极大地提高了绘图效率。熟练地应用计算机绘图软件，是现代化设计技能的需要。本书第 10 章介绍了目前较流行的 AutoCAD 绘图软件常用命令的使用方法。

第2章　正投影法基础

工程图样是按照正投影原理绘制的，掌握并熟练应用正投影法的基本原理是绘图和读图的基础。

2.1　投影方法概述

当太阳或灯光照射物体时，在地面或墙上会出现物体的影子，投影方法就是从这一自然现象抽象出来的。

2.1.1　投影法的基本概念

1. 投影法

将投射线通过物体向选定平面投射，并在该平面上得到图形的方法称为投影法。所得图形称为投影，选定的平面称为投影面。

2. 投影法的分类

根据投射线的类型，投影法分为中心投影法和平行投影法两种。

(1)中心投影法

由一点发出投射线的投影法称为中心投影法。其中，投射线的交点称为投射中心，如图2－1所示。

用中心投影法得到的投影图接近于人们的视觉映像，直观性强。但它不能反映物体的真实形状和大小，故机械图样不采用这种投影法绘制。

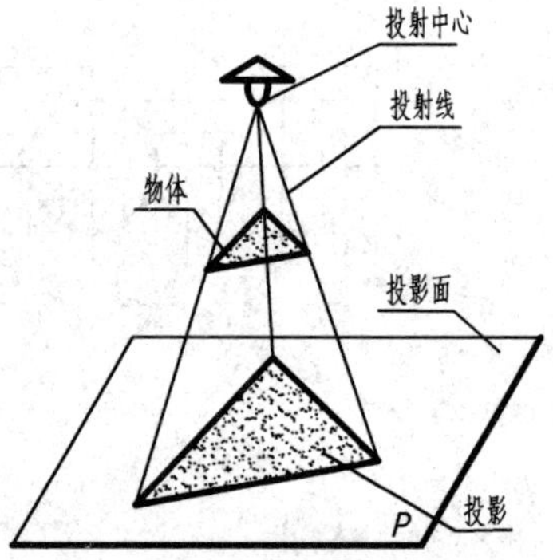

图2－1　中心投影法

(2)平行投影法

如果把中心投影法中的投射中心移至无穷远处，则各投射线互相平行，这种投影法称为平行投影法，如图2－2所示。

按投射线与投影面是否垂直，平行投影法又分为斜投影法和正投影法两种：

①斜投影法——投射线倾斜于投影面的平行投影法，如图2－2(a)所示；

②正投影法——投射线垂直于投影面的平行投影法，根据正投影法得到的图形称为正投影(正投影图)，如图2－2(b)所示。

由于正投影大小与物体和投影面之间的距离无关，度量性较好，工程图样多采用正投影法绘制。

2.1.2　正投影法的投影特性

由于物体上的直线或平面与投影面的相对位置不同，所得到的正投影图有下列不同的性质。

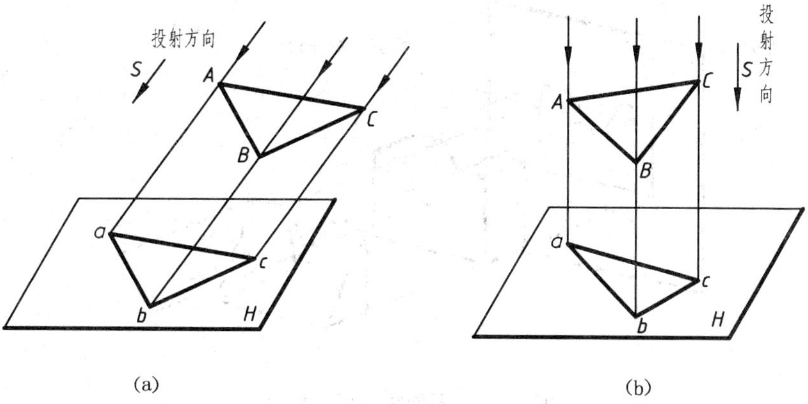

图 2—2　平行投影法

(1)实形性　当直线或平面与投影面平行时,其投影反映直线的实长或平面的实形。这种投影特性叫实形性,如图 2—3(a)所示。

(2)积聚性　当直线或平面与投影面垂直时,其直线的投影积聚为一点,平面的投影积聚成一条直线。这种投影特性叫积聚性,如图 2—3(b)所示。

(3)类似性　当直线或平面与投影面倾斜时,其直线的投影长度缩短,平面的投影成为一个与原形类似的图形。这种投影特性叫类似性,如图 2—3(c)所示。

机械图样采用正投影法绘制,使所绘图形既反映物体的真实形状和大小,又简单易画。本书将正投影简称为投影。

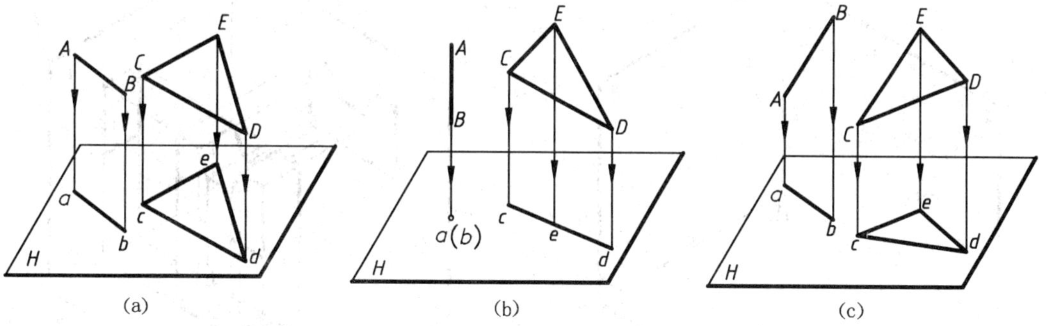

图 2—3　正投影法的投影特性

2.2　三视图

物体在一个投影面上的投影不能完全表示其形状,如图 2—4 所示。形状不同的两物体,它们在投影面上的投影却完全相同。因此,为了确切表达物体的整体形状,在机械图样中常采用多面投影来表示物体的形状。

2.2.1　三视图的形成

采用互相垂直的三个投影面建立一个三投影面体系,如图 2—5 所示。正立位置的平面称

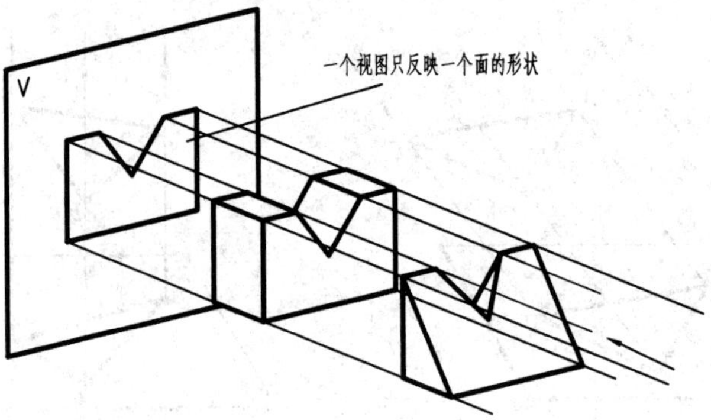

图 2—4　不同物体投影相同

为正面投影面，简称正面，用 V 表示；水平位置的平面称为水平投影面，简称水平面，用 H 表示；侧立位置的平面称为侧面投影面，简称侧面，用 W 表示。三个互相垂直的投影面之间的交线称为投影轴，正面(V)与水平面(H)的交线称为 X 轴；水平面(H)与侧面(W)的交线称为 Y 轴；正面(V)与侧面(W)的交线称为 Z 轴。X、Y、Z 三轴的交点为原点，用 O 表示。

把物体放在所建立的三个投影面中间，按正投影的方法分别向各投影面投射。由前向后投射，在正面投影面上得到的图形称为主视图；由上向下投射，在 H 面上得到的投影称为俯视图；由左向右投射，在 W 面上得到的投影称为左视图，如图 2—6 所示。

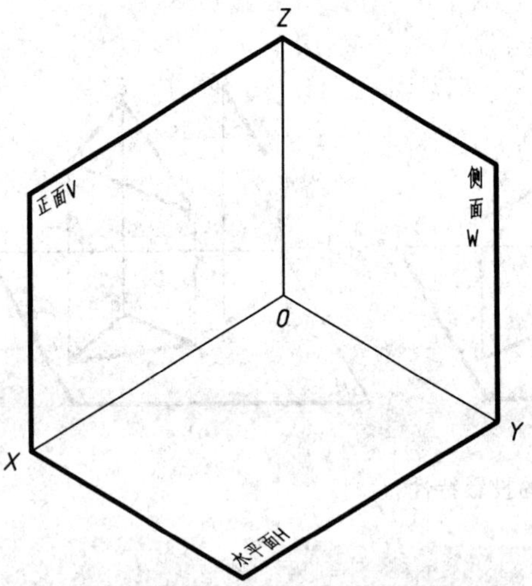

图 2—5　三投影面体系

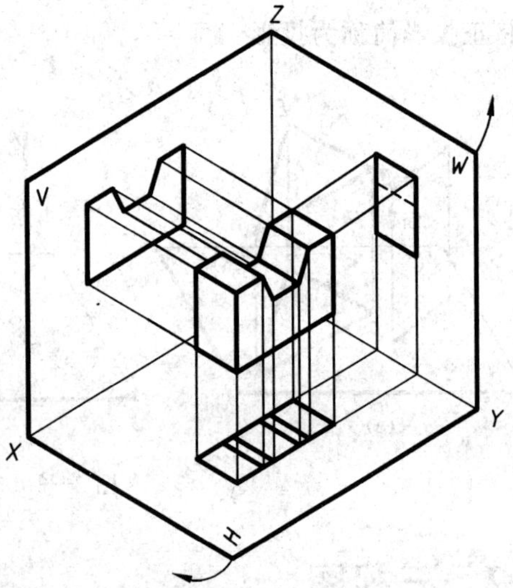

图 2—6　三视图的形成

为了画图方便，需将互相垂直的三个投影面展开成为一个平面，通常把这三个视图统称为三视图。国家标准规定，正面投影面不动，将水平投影面绕 OX 轴向下旋转 90°，侧面投影面绕 OZ 轴向右旋转 90°，分别与正面投影面重合，如图 2—7 所示。展开后 OY 轴随 H 面和 W 面被分为两处。在投影图上通常不画出投影面的边界，只画出其投影轴，如图 2—7(a)所示。在画物体的三视图时，投影轴也可省略，如图 2—7(b)所示。

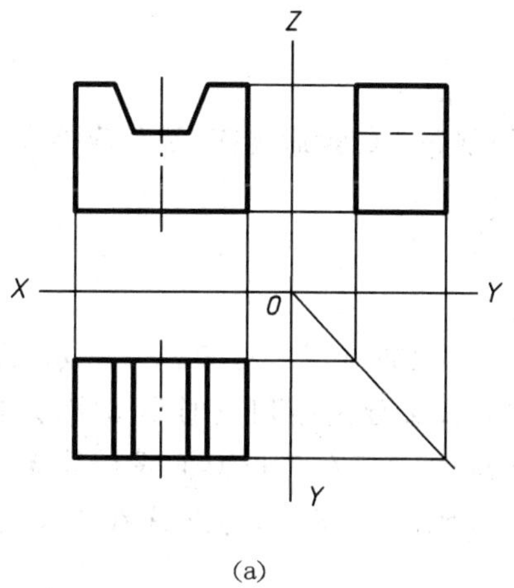

图 2－7　三视图的展开

2.2.2　三视图的投影规律

图 2－8(a)表示物体与三视图的对应关系及投影规律，由图可知，主视图反映物体上、下、左、右四个方位，反映物体高度和长度方向的特征；俯视图反映物体前、后、左、右四个方位，反映物体长度和宽度方向的特征；左视图反映物体上、下、前、后四个方位，反映物体高度和宽度方向的特征。由此得出三视图的投影规律如下：

主视图和俯视图长度相等且对正；

主视图和左视图高度相等且平齐；

俯视图和左视图宽度相等且对应。

简言之，长对正、高平齐、宽相等(图 2－8(c))。无论是整个物体，还是它的局部，都应符合“三等”关系。

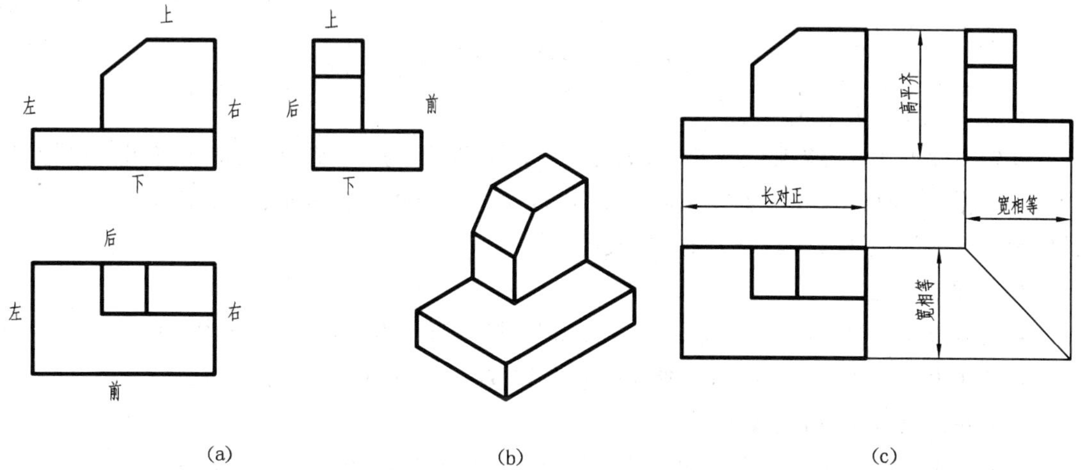

图 2－8　物体与三视图的对应关系及投影规律

2.3 点的投影

点是构成物体表面的最基本的几何元素，掌握点的投影规律，是正确绘制三视图的基础。

2.3.1 点的投影

1. 立体上点的三面投影

立体上点的三面投影如图 2－9(a)所示，空间的点用大写字母 A 表示，点的水平投影用相应的小写字母 a 表示，点的正面投影和侧面投影分别用相应的小写字母加一撇和两撇表示，点及其投影用空心的小圆圈表示。将空间点 A 放在三投影面投影体系中，过点 A 分别向三个投影面作垂线（即投射线），得到三个垂足 a、a'、a''，即为点 A 在 H 面、V 面和 W 面上的投影。

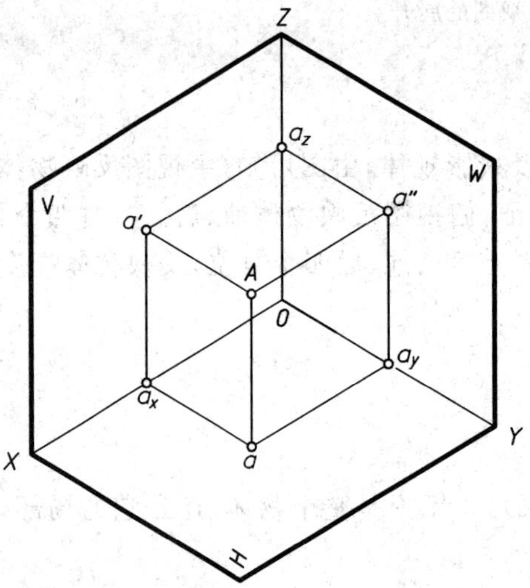

(a)

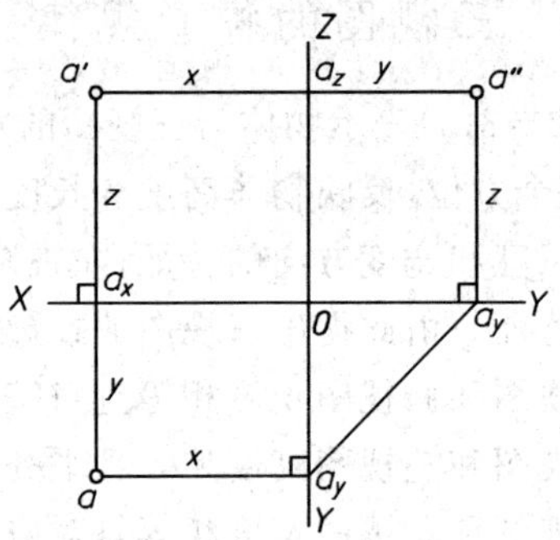

(b)

图 2－9　点的三面投影图

2. 点的投影和坐标的关系

确定空间点的位置需要三个坐标，如图 2－9(b)所示。点 A 到 W 面的距离用 x 坐标表示；点 A 到 V 面的距离用 y 坐标表示；点 A 到 H 面的距离用 z 坐标表示。若用坐标值确定点的空间位置，可书写成 $A(x_A, y_A, z_A)$形式。

3. 点的投影规律

点的投影同样遵守长对正、高平齐、宽相等的规律，表示为：（以图 2－9 为例）

点的正面投影和水平投影的连线垂直于 X 轴，即 $a'a \perp OX$ 轴，$a'a_z = a\,a_y = x_A$；

点的正面投影和侧面投影的连线垂直于 Z 轴，即 $a'a'' \perp OZ$ 轴，$a'a_x = a''a_y = z_A$；

点的水平投影到 X 轴的距离等于侧面投影到 Z 轴的距离，即 $a\,a_x = a''a_z = y_A$。

也可画 45°斜线，即过 a 的水平线与 a''的铅垂线的交点，由左上向右下画与水平线成 45°的斜线。

根据点的投影规律，可由点的三个坐标值画出其三面投影，也可根据点的两面投影作出第三面投影。

[例 2—1] 已知空间点 $A(30,20,40)$，求作它的三面投影图。

[解] ①作出投影轴，定出原点 O。

②在 X 轴上自原点 O 向左量 30 mm，作 OX 轴的垂线，如图 2—10(a)所示。

③在垂线上，自 X 轴向下量 20 mm 得 a 点，再自 X 轴向上量 40 mm 得 a' 点，如图 2—10(b)所示。

④根据点的投影规律求出 a'' 点，如图 2—10(c)所示，即完成 A 点的三面投影。

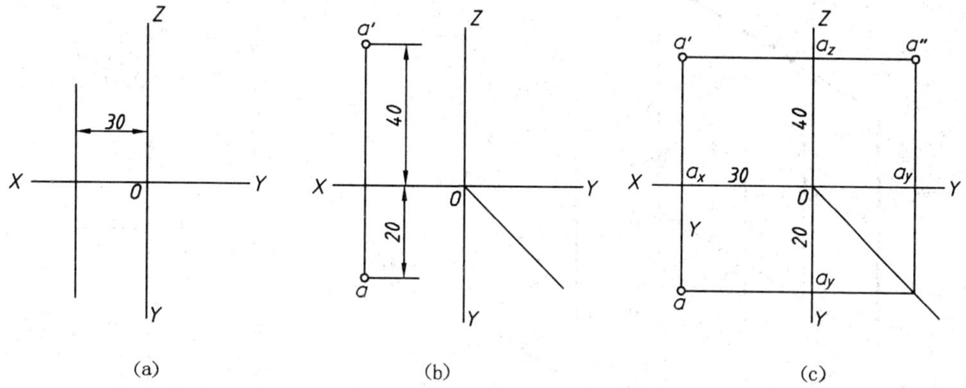

图 2—10 由点的坐标作三面投影

2.3.2 两点的相对位置及重影点

1. 两点的相对位置

空间两点的相对位置是指空间两个点的上下、左右、前后关系，也可以由它们的坐标大小来确定。

如图 2—11(a)所示，已知 A、B 两点的三面投影，它们的相对位置如下：

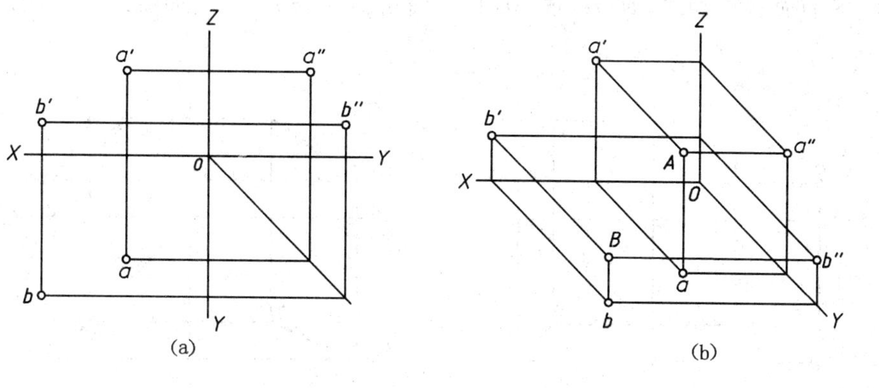

图 2—11 两点的相对位置

x 坐标值大的在左；y 坐标值大的在前；z 坐标值大的在上。从图 2—11(b)可以判断，A 点在 B 点的右后上方，B 点在 A 点的左前下方。

2. 重影点

当空间两点位于投影面的同一条投射线上时，这两点在该投影面上的投影重合，这两点称为对该投影面的重影点。

在图 2－12 中，点 A 位于点 B 的正上方，对 H 面的投影重合，成为对 H 面的重影点。A 点在 B 点之上，投影 a 可见，投影 b 不可见，对于不可见的投影要加上括号，b 以(b)表示。而点 C、D 则是对 V 面的重影点。C 点在 D 点正前方，c' 点可见，d' 点不可见，d' 以(d')表示。对于 W 面的重影点，可用 x 坐标值的大小来判断，x 坐标值大的可见，x 坐标值小的不可见。图 2－12(a)为立体图，图 2－12(b)为投影图。

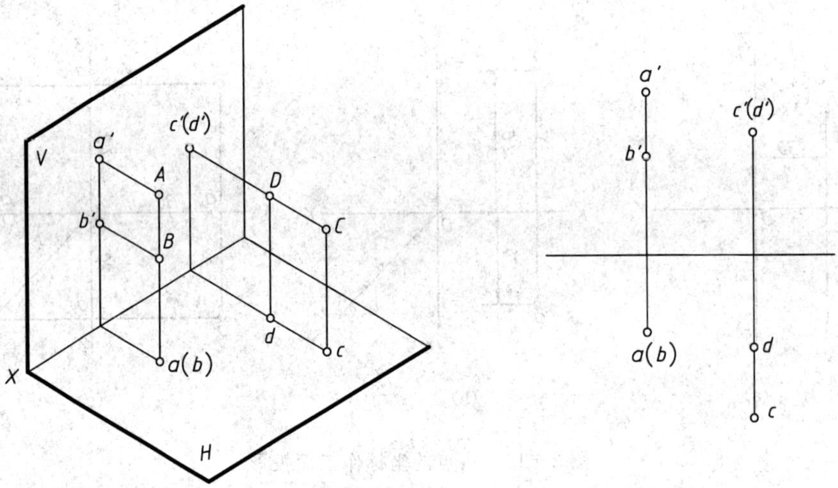

图 2－12　重影点

2.4　直线的投影

两点确定一条直线，将两点的同名投影用直线连接，就得到直线的同名投影。

求作线段 AB 的投影时，可分别作出 A、B 两端点的投影(a, a', a'')、(b, b', b'')如图 2－13(a)所示。将同面投影连线，即得线段 AB 的三面投影 ab、$a'b'$、$a''b''$，如图2－13(b)所示。

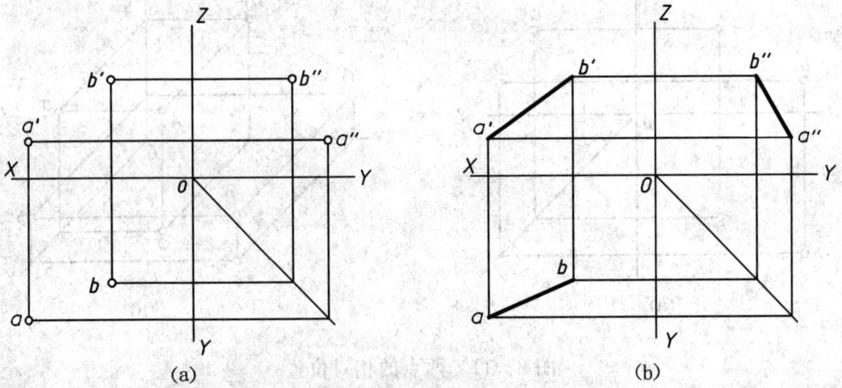

图 2－13　直线的投影

2.4.1 各种位置直线的投影

在三面投影体系中，直线对投影面的相对位置有一般位置直线、投影面的平行线和投影面的垂直线三种位置直线，后两种直线统称为特殊位置直线。

1. 投影面平行线

只平行于一个投影面，而倾斜于另两个投影面的直线，称为投影面的平行线。只平行于 V 面的直线称为正平线；只平行于 H 面的直线称为水平线；只平行于 W 面的直线称为侧平线。

投影面平行线的图例见表 2－1。

表 2－1 投影面平行线

名称	水平线	正平线	侧平线
立体图	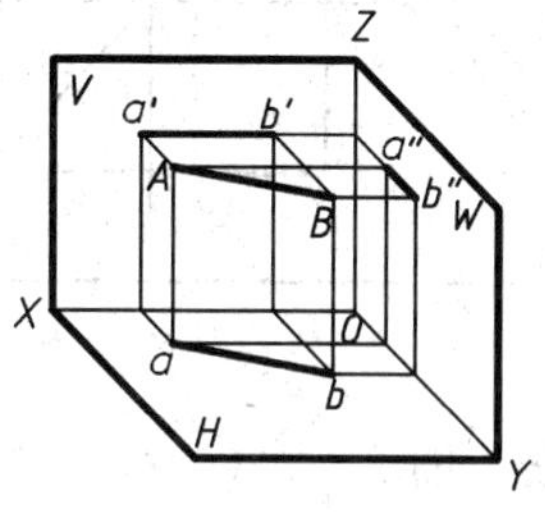	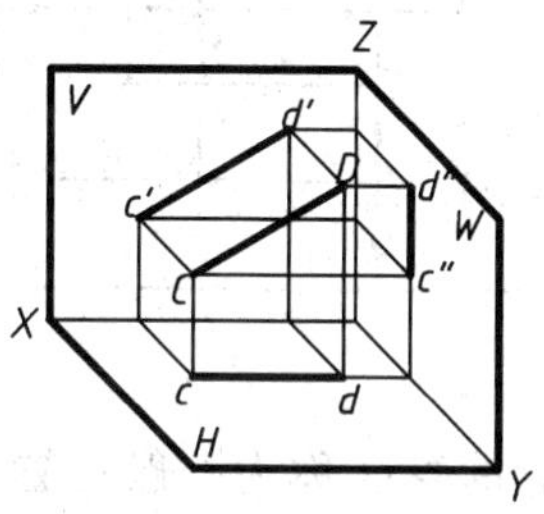	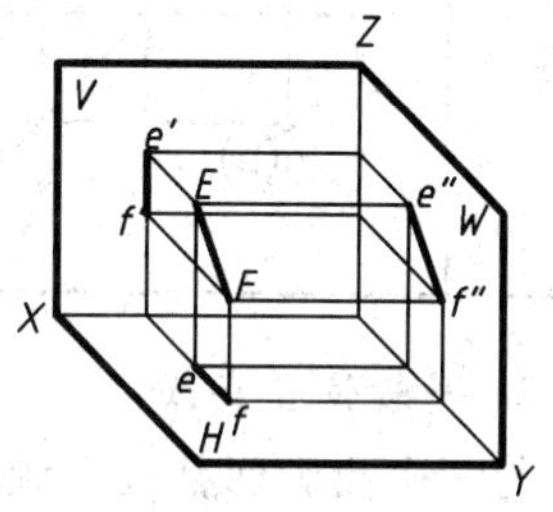
投影图	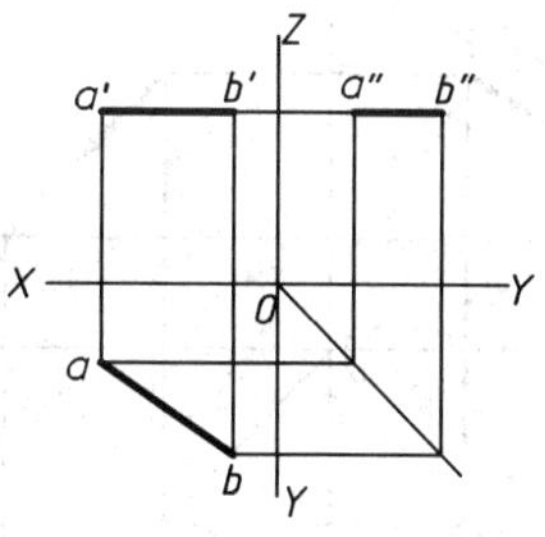	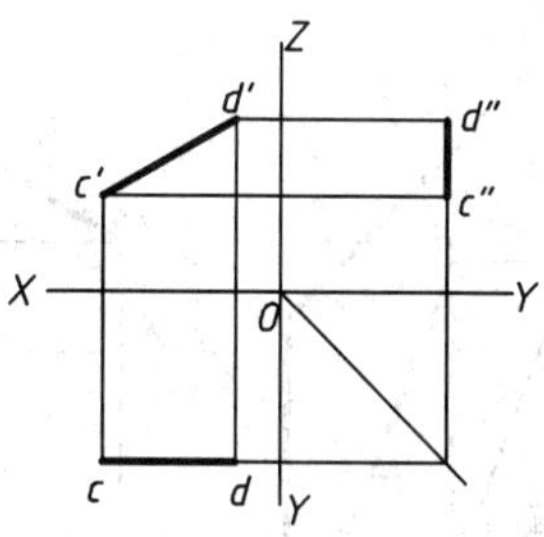	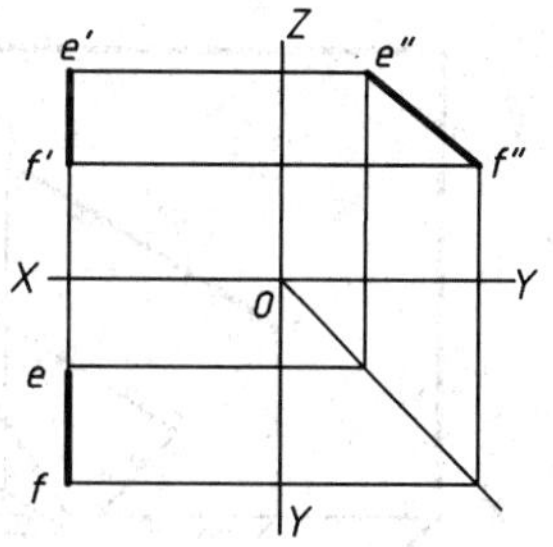

由表 2－1 可知，投影面平行线的投影特性是：投影面的平行线在它们所平行的那个投影面上的投影倾斜于投影轴，反映直线的实长，直线的另外两面投影平行于相应的投影轴，且投影长度变短。

2. 投影面垂直线

垂直于一个投影面，而与另外两个投影面平行的直线称为投影面垂直线。它在三面投影体系中也有三种位置：垂直于 V 面的直线称为正垂线；垂直于 H 面的直线称为铅垂线；垂直于 W 面的直线称为侧垂线。

投影面垂直线的图例见表 2－2。

由表 2－2 可知投影面垂直线的投影特性是：直线在所垂直的那个投影面上的投影积聚成为一个点，在其他两投影面上的投影都反映直线实长，且垂直于相应投影轴。

因此，在三面投影中，若有一个投影积聚成一点，则它一定是该投影面的垂直线。

表 2—2　投影面垂直线

名称	铅垂线	正垂线	侧垂线
立体图	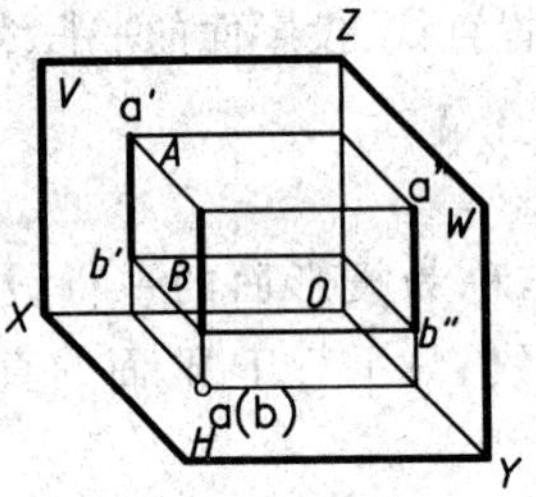	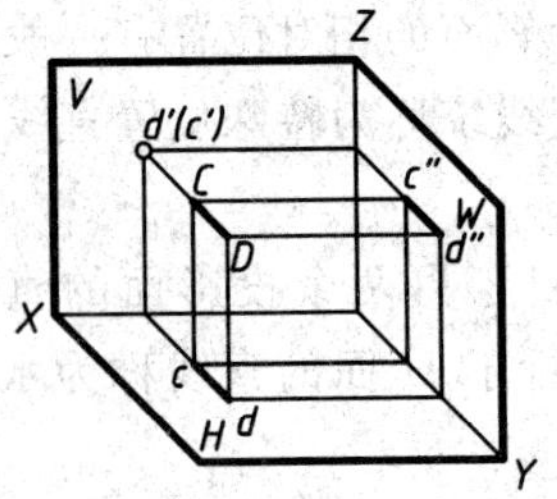	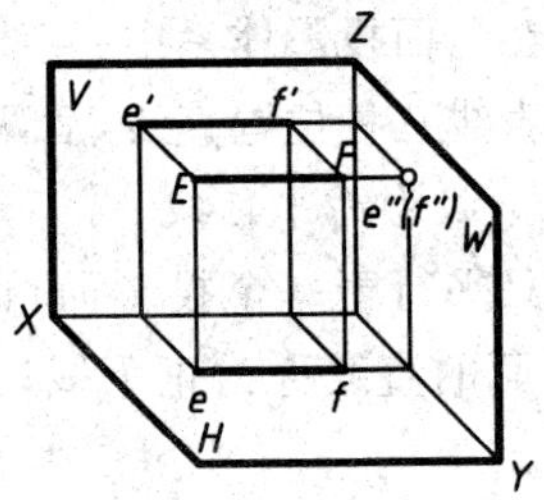
投影图	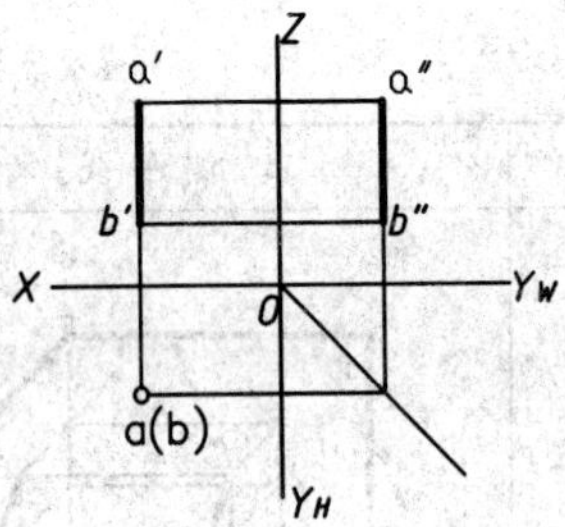	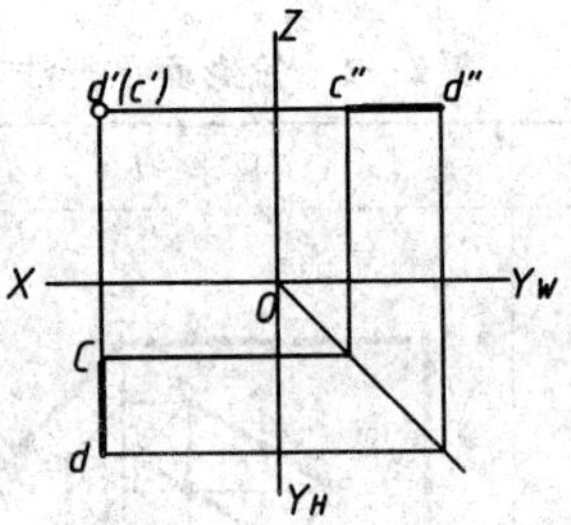	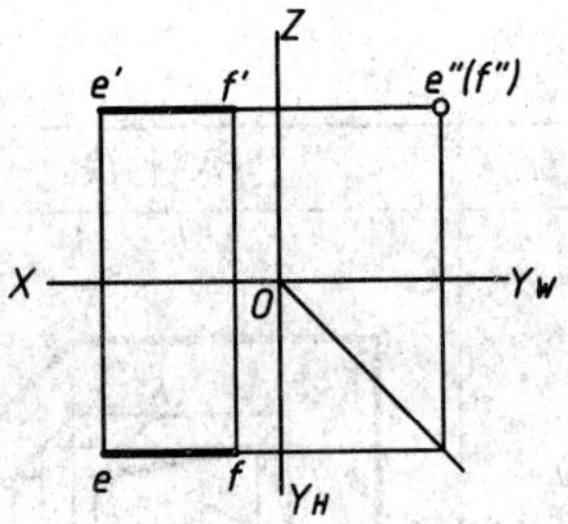

3. 一般位置直线

与三个投影面都处于倾斜位置的直线称为一般位置直线。图 2—14(a)所示的 *CD* 线即为一般位置直线。

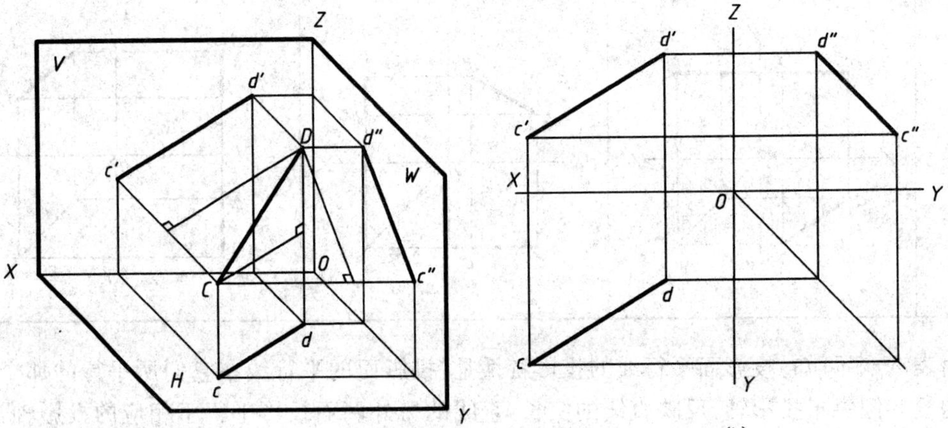

(a)　　(b)

图 2—14　一般位置直线

由图可知，一般位置直线的投影特性是：直线的三面投影都与投影轴倾斜；三个投影都小于真实长度；各个投影与投影轴的夹角都不反映直线与投影面夹角的真实大小，如图 2—14(b)所示。

2.4.2　直线上点的投影

1)从属性　若点在直线上，则点的投影必在直线的同名投影上，如图 2—15 所示。

若点的投影有一个不在直线的同名投影上，则该点必不在此直线上，如图 2—16 所示。

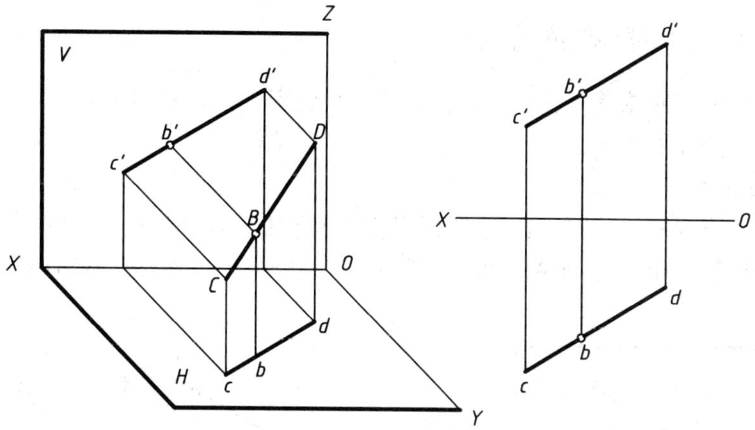

图 2－15　直线上点的投影

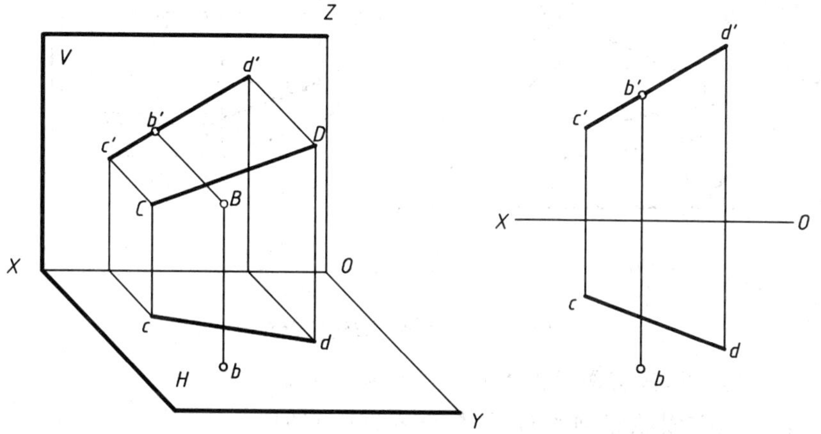

图 2－16　不在直线上的点的投影

2)定比性　由于投射线互相平行，直线上的点分割线段之比等于其投影长度之比。如图 2－17 所示，直线 AB 上 K 点把 AB 分为 AK 和 KB 两段，则有 $AK:KB=ak:kb=a'k':k'b'=a''k'':k''b''$。

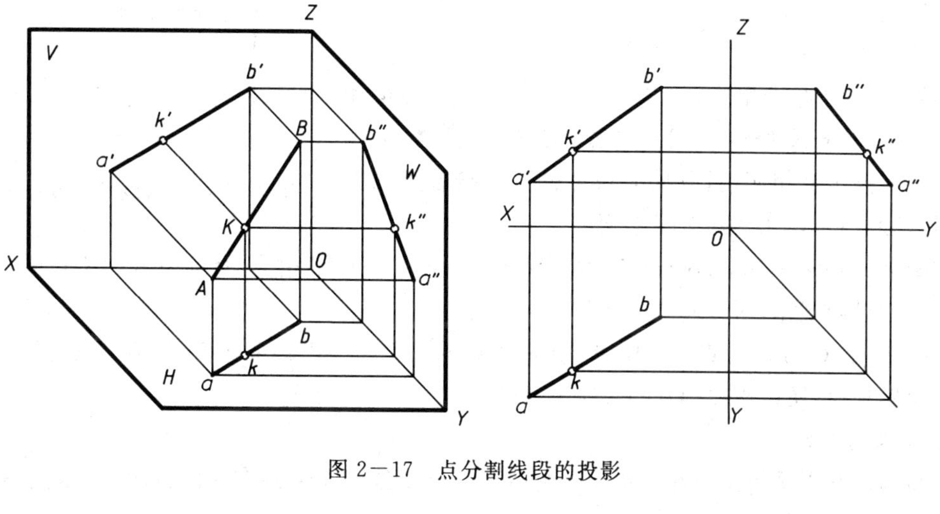

图 2－17　点分割线段的投影

2.4.3 两直线的相对位置

空间两直线的相对位置有平行、相交、交叉三种情况。前两种位置的直线为共面直线，后一种位置的直线为异面直线。

1. 平行两直线

如果空间两直线平行，则各组同名投影必定互相平行，如图 2－18(a)所示；反之，如果两直线的同名投影都互相平行，则两直线在空间一定互相平行，如图 2－18(b)所示。

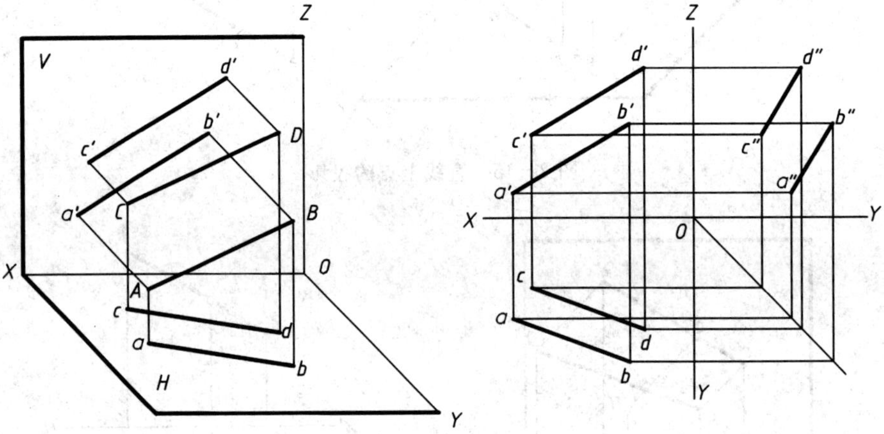

(a) (b)

图 2－18 两平行直线的投影

对于一般位置直线，只有两组投影就可以判断它们是否平行；如果两直线都是投影面平行线时，则需判断它们反映实长的投影是否互相平行。

AB 和 *CD* 两直线都是侧平线，在 *V* 面和 *H* 面上的同名投影都互相平行，但不反映实长，如图 2－19 所示，故不能就此判定它们为平行两直线。求出 *W* 面投影可看出，这是不平行的两条侧平线。

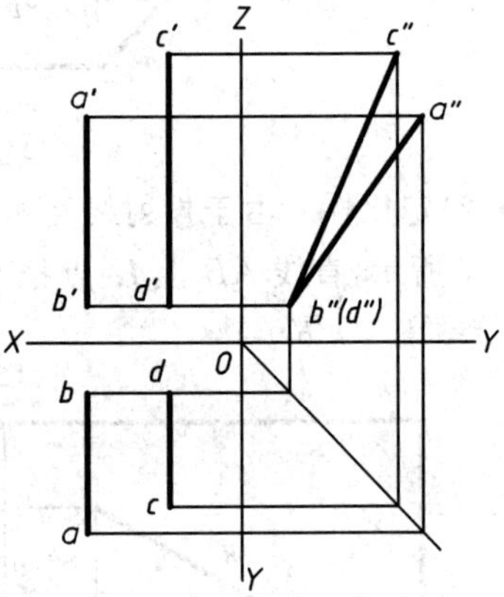

图 2－19 两直线不平行的投影

2. 相交两直线

如果空间两直线相交，则它们的同名投影也必定相交，而且交点的投影符合空间点的投影规律。反之，若两直线的同名投影都相交，且各同名投影的交点符合点的投影规律，则此两直线在空间必定相交。

如图 2－20(a)所示，*AB* 与 *CD* 两直线的三组同名投影都相交，交点为 *K*。*K* 点的投影符合同一点的投影规律，所以直线 *AB* 与 *CD* 相交。

如图 2－20(b)所示，直线 *AB* 和 *CD* 两直线的三组同名投影虽都相交，但交点的投影不符合点的投影规律，所以直线 *AB* 与 *CD* 不相交。

3. 交叉两直线

空间两条既不平行又不相交的直线称为交叉两直线。交叉两直线的各面投影既不符合平

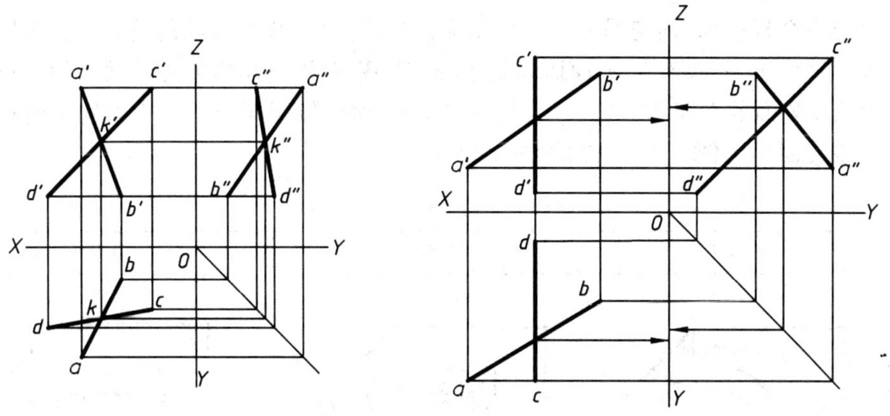

(a) (b)

图 2－20　判断两直线的相对位置

行两直线的投影，又不符合相交两直线的投影规律，如图 2－20(b)所示。

交叉两直线的同名投影可能有一对或两对互相平行，但不会出现三对同名投影互相平行的情况。交叉两直线可能有一对、两对或三对同名投影相交，但交点的投影不符合一点的投影规律。

2.5　平面的投影

2.5.1　平面的表示法

平面的空间位置可由下列各组几何元素的投影确定：不在同一直线上的三个点；直线及线外一点；两平行直线；两相交直线；平面图形。如图 2－21 所示。

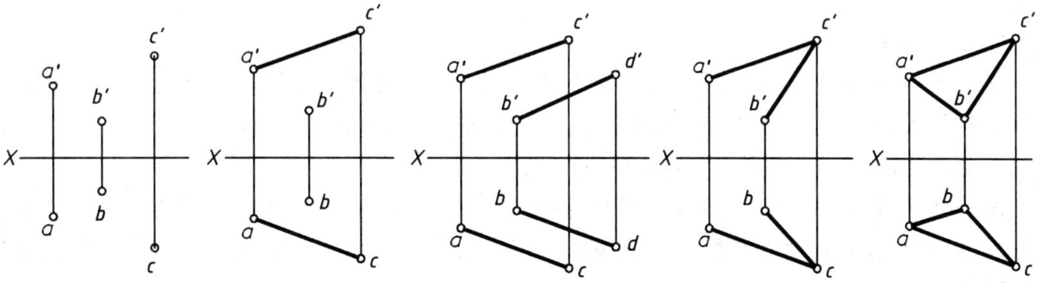

图 2－21　平面的表示法

2.5.2　各种位置平面的投影

空间平面在三投影面体系中对投影面的相对位置可以分为三种情况：投影面的垂直面；投影面的平行面和一般位置平面。其中，投影面的垂直面和投影面的平行面称为特殊位置平面。

1. 投影面的垂直面

只垂直于一个投影面，而与另外两个投影面倾斜的平面，称投影面的垂直面。投影面的垂直面可分为三种位置：只垂直于 V 面而倾斜于 H 面、W 面的平面称为正垂面；只垂直于 H 面而倾斜于 V 面、W 面的平面称为铅垂面；只垂直于 W 面而倾斜于 V 面、H 面的平面称为侧垂面。投影面垂直面的图例见表 2－3。

表 2—3　投影面垂直面的投影

名称	正垂面	铅垂面	侧垂面
立体图	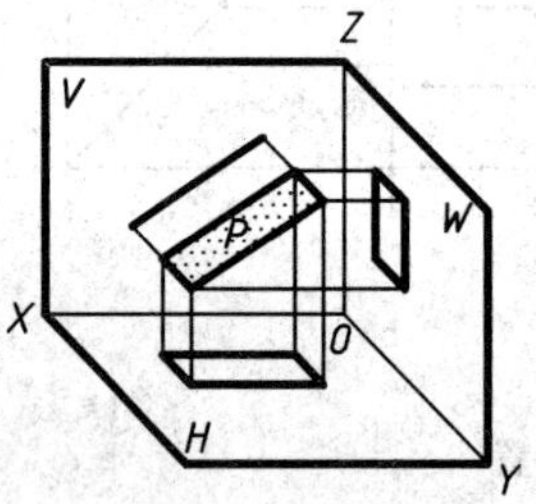	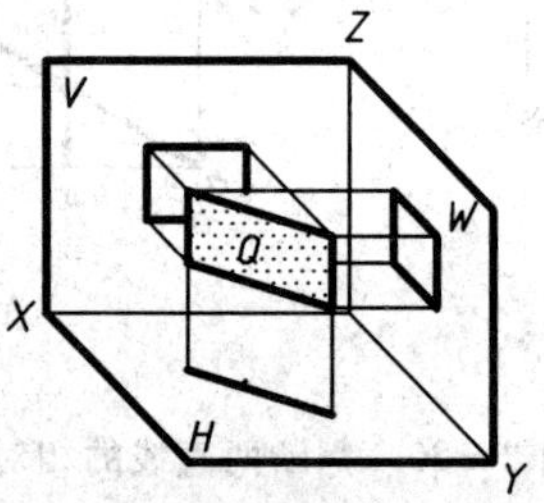	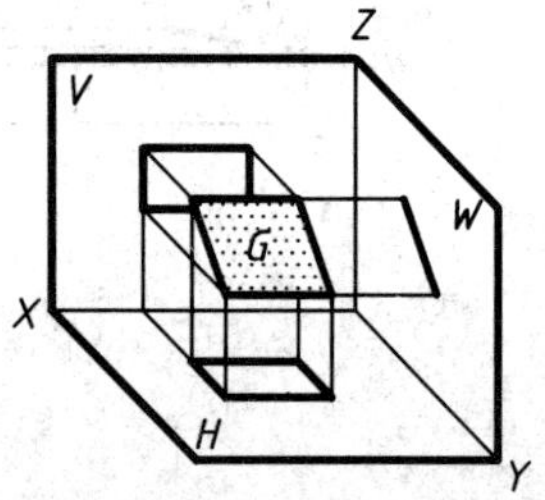
投影图	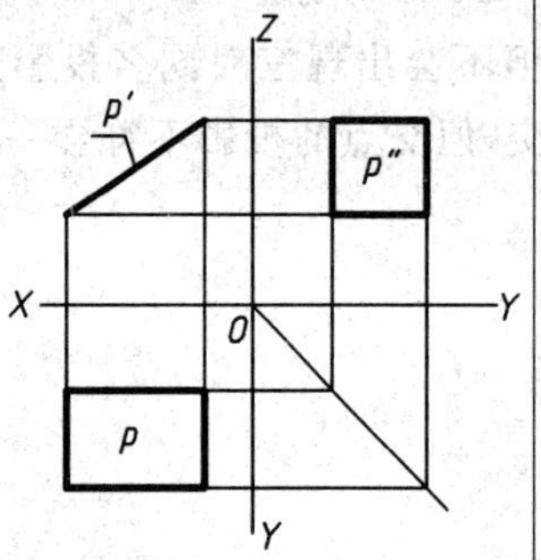	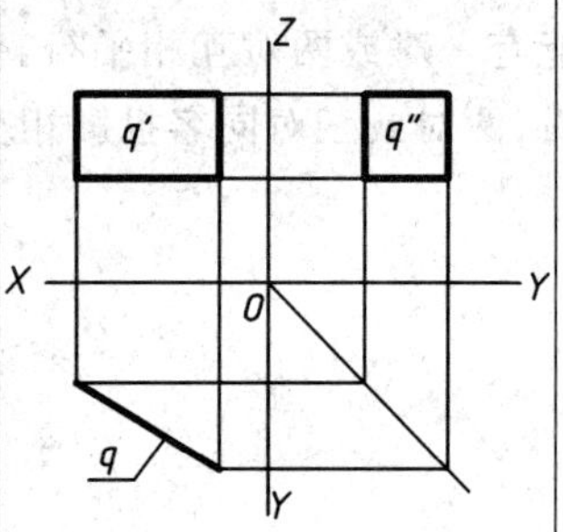	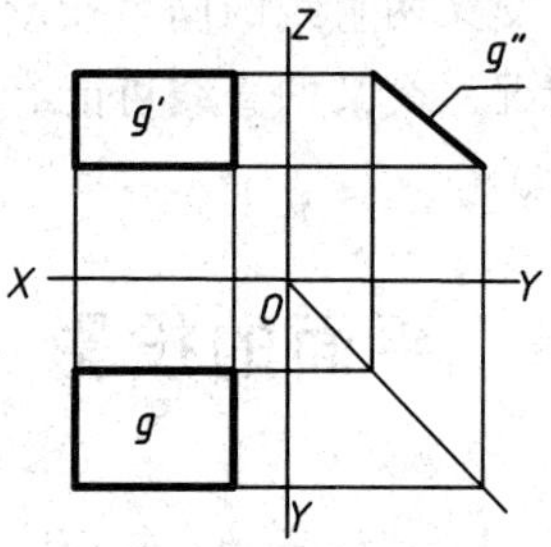

由表 2－3 可知，投影面垂直面的投影特性是：平面垂直于哪个投影面，则在该投影面上的投影积聚为直线，在其他两个投影面上的投影均为缩小的类似形。简单记忆为两面一斜线。

2. 投影面的平行面

平行于投影面（必与另外两个投影面垂直）的平面，称投影面的平行面。投影面的平行面也有三种位置，即平行于 V 面的平面称为正平面；平行于 H 面的平面称为水平面；平行于 W 面的平面称为侧平面。投影面平行面的图例见表 2－4。

由表 2－4 可知，投影面平行面的投影特性是：平面平行于哪个投影面，则在该投影面上的投影反映实形，在其他两个投影面上的投影均积聚为平行于相应投影轴的直线。简单记忆为一面两直线。

3. 一般位置平面

对三个投影面都处于倾斜位置的平面，称为一般位置平面。由于一般位置平面倾斜于各投影面，故它的各个投影都不反映实形，并且没有积聚性，同时也不能反映平面对投影面的倾角，如图 2－22 所示。

一般位置平面投影特性是：三个投影面上的投影均为原平面图形的类似形，都不反映实形。

表 2—4　投影面平行面的投影

名称	正平面	水平面	侧平面
立体图	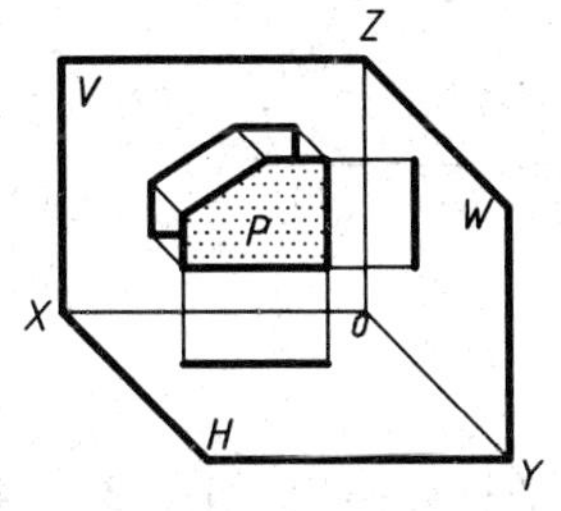	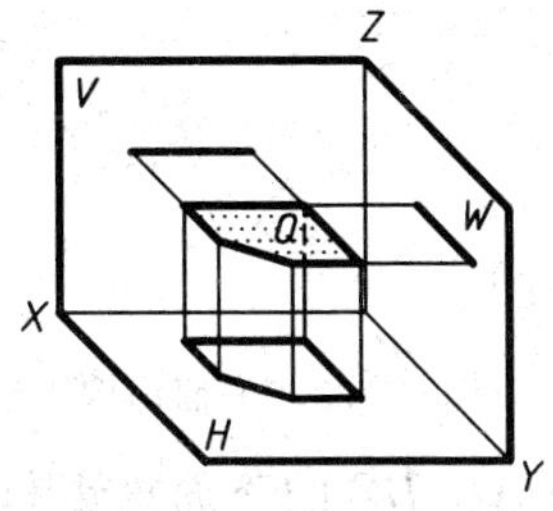	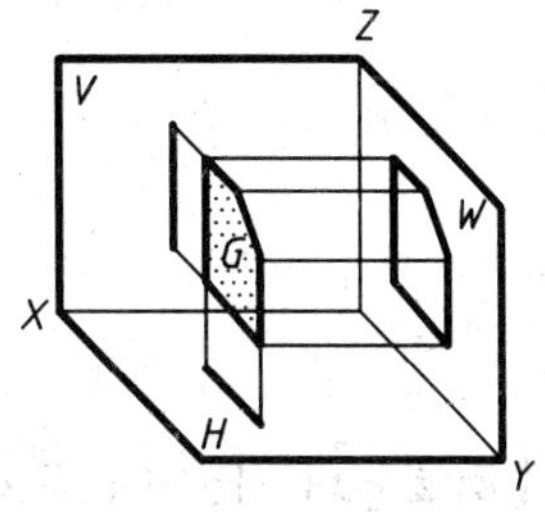
投影图	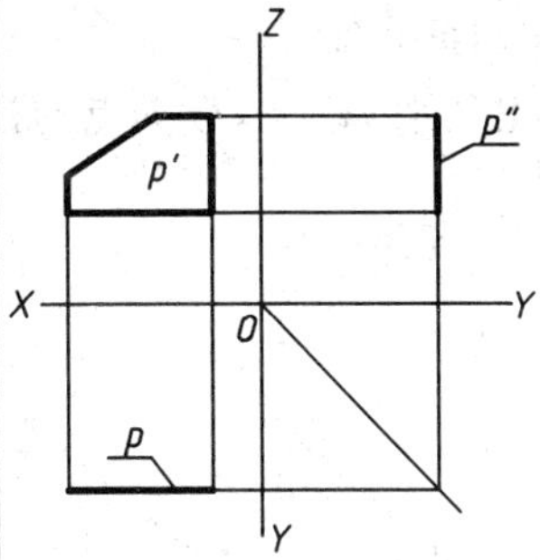	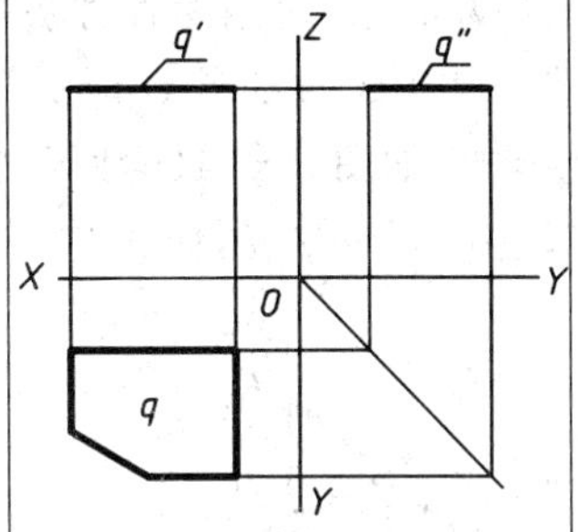	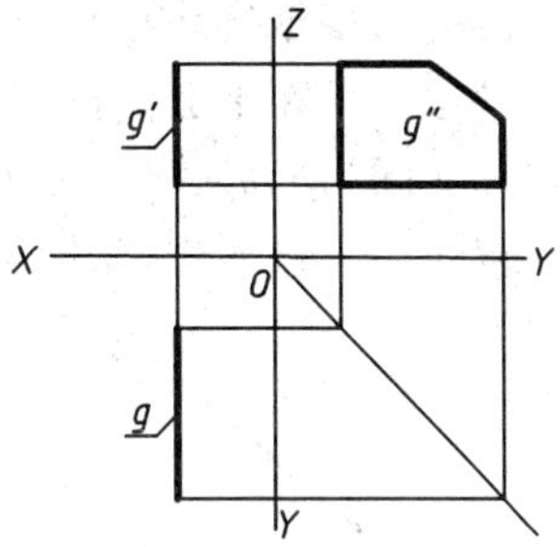

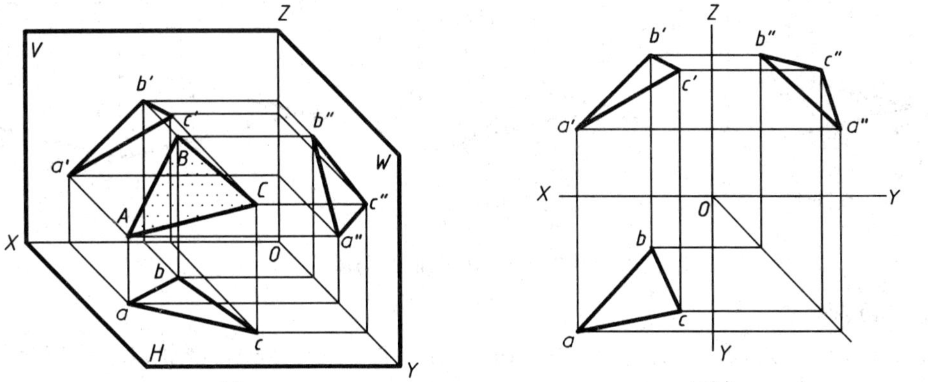

(a)　(b)

图 2—22　一般位置平面

2.5.3　平面内的点和直线

任何平面图形都可由线段或点按照一定形式构成。如果能在平面内任意作出一系列点和直线段，就可以在该平面内作出各种平面图形。

1. 平面内取直线

从立体几何可知，直线在平面上的条件是：

①若一直线过平面上的两点，则此直线必在该平面内，如图 2—23(a)所示；

②若一直线过平面上的一点，且平行于该平面上的另一直线，则此直线也在该平面内，如图 2—23(b)所示。

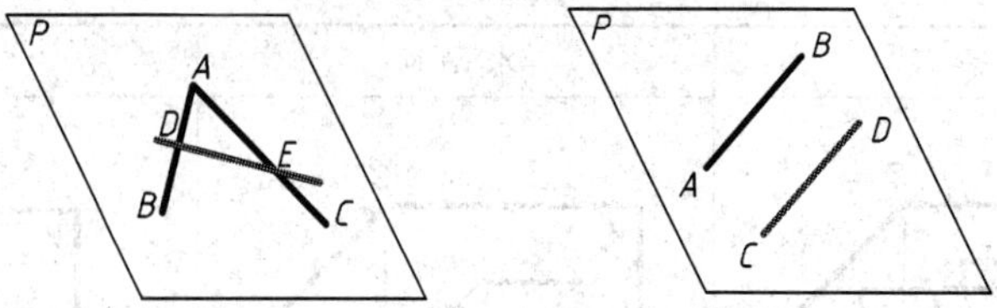

(a)　　　　　　　(b)

图 2－23　平面内取直线

［例 2－2］　已知平面由直线 AB、BC 的正面投影和水平投影确定，如图 2－24(a)所示。试在平面内任意作一条直线。

［解］　根据直线在平面上的判断方法，可用两种方法求出此直线。

解法一　在平面的已知线段 AB、BC 的投影 $a'b'$、$b'c'$ 上任取 m'、n'，根据点的投影规律，求出 m 和 n，连 $m'n'$ 和 mn，即为所求，如图 2－24(b)所示。

解法二　过 c' 作 $c'd' /\!/ a'b'$，过 c 作 $cd /\!/ ab$，如图 2－24(c)所示。

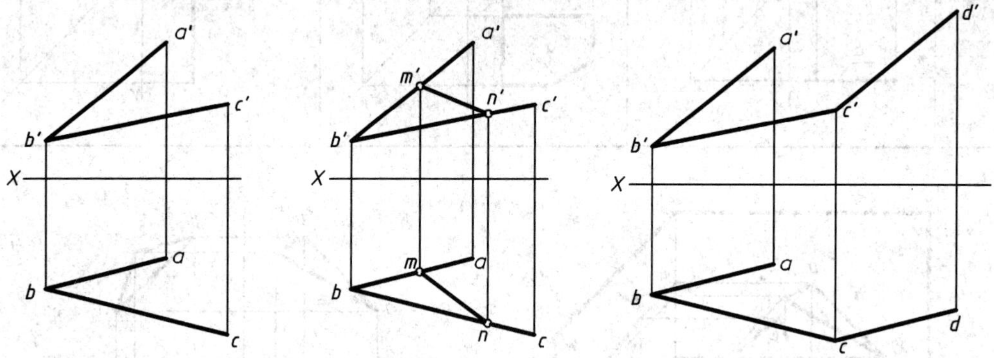

(a)　　　　　　　(b)　　　　　　　(c)

图 2－24　在平面内取直线

2. 平面内取点

从立体几何可知，点在平面上的条件是：点在平面内的直线上，则此点必位于该平面内。所以要在平面上取点，应先在平面内取直线作为辅助线，然后再在该直线上取点。

［例 2－3］　点 K 在平面 ABC 上，已知点 K 的正面投影 k'，求点 K 的水平投影 k，投影如图 2－25(a)所示。

［解］　已知点 K 在平面 ABC 上，那么点 K 的各面投影必在该平面某直线的同面投影上。因此，需过点 K 作一辅助线，如图 2－25(b)所示，连接 $b'k'$ 并延长交 $a'c'$ 于点 m'，求出点 m，并连接 bm，则点 k 在直线 bm 上，由点 k' 求得点 k。

［例 2－4］　已知四边形 $ABCD$ 的正面投影 $a'b'c'd'$ 及两边 AB 和 BC 的水平投影 ab 和 bc，试完成四边形的水平投影，如图 2－26(a)所示。

［解］　由于 $ABCD$ 是平面，则其对角线必相交。连接 $a'c'$ 及 $b'd'$，得交点 k'；连接 ac，在 ac 上求出点 k，并连接 bk；过 d' 作垂线交 bk 于点 d，连接 ad、dc 即为四边形的水平投影，如图 2－26(b)所示。

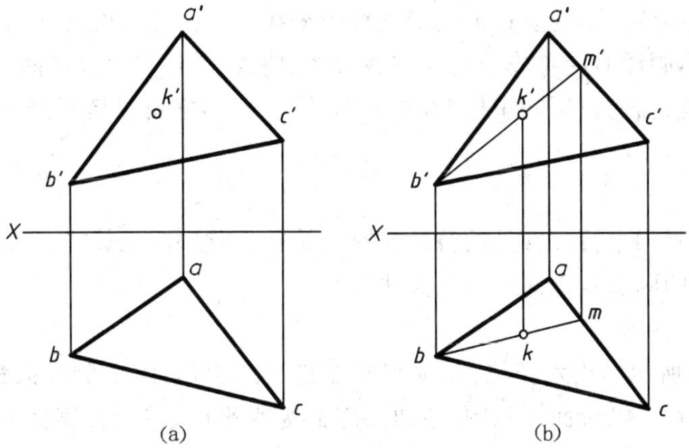

图 2—25　在平面上作辅助线取点

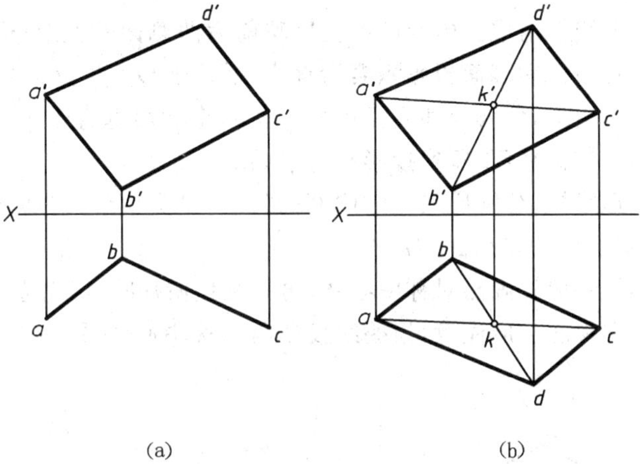

图 2—26　作四边形的水平投影

2.6　基本立体的三视图

常见的基本立体有平面立体和曲面立体两种。表面都是平面的立体，称为平面立体，常见的有棱柱、棱锥。由曲面或曲面和平面围成的立体，称为曲面立体。常见的曲面立体是回转体，主要有圆柱、圆锥、球和环等，如图 2—27 所示。

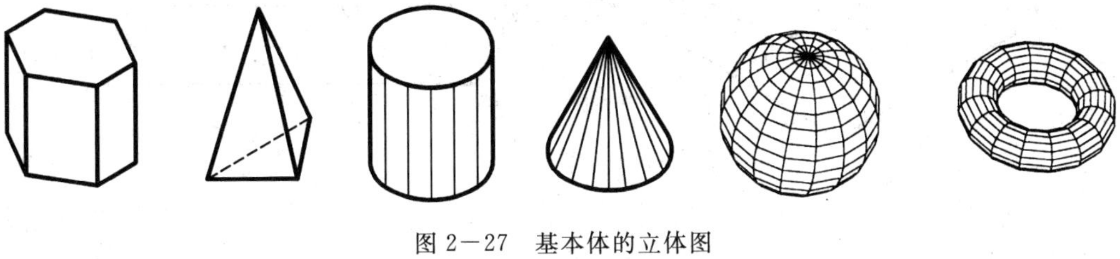

图 2—27　基本体的立体图

2.6.1　平面基本体

平面立体的每个表面都是多边形，画平面立体的视图就是画出围成平面立体的各个多边形的投影。相邻表面多边形与多边形的交线称为棱线。平面立体的三视图就是各棱面与棱线的投影集合。因此，画图时应首先分析立体各表面、棱线、各顶点对投影面的相对位置，运用前面所学的有关点、线、面的投影知识作图，并判别其可见性，把可见棱线画成粗实线，不可见棱线画成虚线。

1. 棱柱

棱柱体的棱线互相平行。常见的棱柱体有三棱柱、四棱柱、五棱柱、六棱柱等，现以六棱柱为例说明其三视图的画法及表面上取点方法。

(1)棱柱体的三视图

如图 2－28(a)所示的正六棱柱，其顶和底面是正六边形，六个侧棱面都是矩形并垂直于顶和底面。将其放在三投影面体系中，使顶和底面为水平面，前后两侧面为正平面，其余四个侧面为铅垂面，所有侧棱线为铅垂线。

图 2－28(b)为正六棱柱的三视图。

主视图由三个矩形线框组成。中间的线框反映前后两侧面的实形；旁边两线框反映其余四侧面的投影，是类似形；顶和底面投影积聚为直线，平行于 OX 轴。

俯视图是一个正六边形，反映顶和底面的实形。六个侧面垂直于 H 面，其投影都积聚为直线，其中前、后两侧面为正平面，积聚投影平行于 OX 轴。

左视图是两个矩形线框，分别反映四个侧面的投影，是类似形；前后两侧面、顶、底面的投影均积聚为直线，分别平行于 OZ 轴、OY 轴。

作图方法：作图时，一般先画出对称中心线，再画棱柱俯视图(正六边形)；然后根据投影规律画出它的主视图和左视图。应注意，当棱线投影与对称中心线重合时，应画成粗实线，如图 2－28(b)所示。

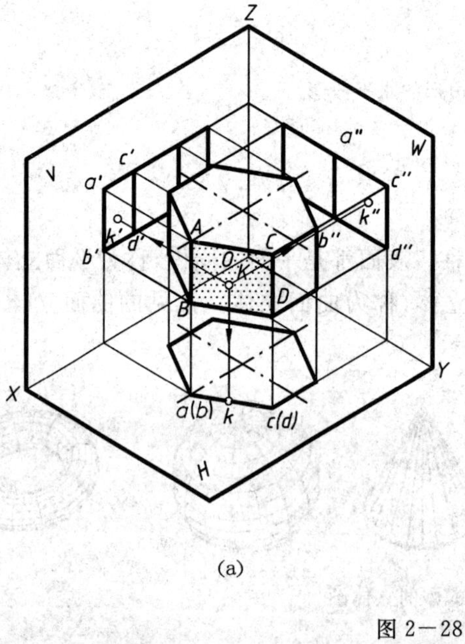

(a)

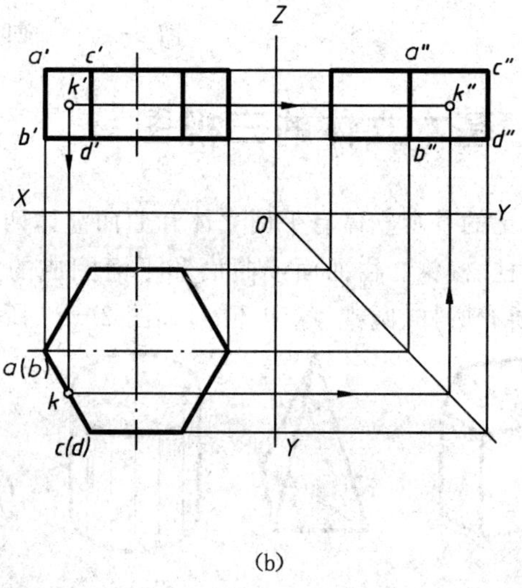

(b)

图 2－28　六棱柱

(2)棱柱体表面上取点

在棱柱表面上取点的原理和方法与在平面上取点相同。其投影一定位于立体表面的同面投影上。图 2－28 中正六棱柱的表面都处于特殊位置，其表面上点的投影均可利用平面投影的积聚性作图。如已知 $ABCD$ 棱面上点 K 的正面投影 k'，求出它的水平投影 k 和侧面投影 k''。作图方法是：因棱面 $ABCD$ 为铅垂面，其水平投影 $abcd$ 具有积聚性，所以点 K 的水平投影 k 必在 $abcd$ 这条直线上。根据 k' 和 k 的投影，利用“三等”关系即可求出 k''。作图时，由已知点找未知点应按箭头指示的方向进行，如图 2－28(b)所示。

2. 棱锥

在平面立体中，若底面是多边形，各棱面是具有公共顶点的三角形，这样的平面立体称为棱锥体。常见的棱锥体有三棱锥和四棱锥。现以正三棱锥为例说明其三视图的画法及表面上取点方法。

(1)棱锥的三视图

图 2－29(a)为一正三棱锥 $S-ABC$，其底面为一正三角形 ABC，三个侧面都是等腰三角形。高为锥顶 S 到 $\triangle ABC$ 的距离。将其放在三投影面体系中，使其底面为水平面，侧面 $\triangle SAC$ 为侧垂面，侧棱线 SB 为侧平线。图 2－29(b)为正三棱锥的三视图。

主视图由一个大三角形线框包含两个三角形线框组成，反映三个侧面的类似形投影；底面 $\triangle ABC$ 的投影积聚为直线并平行于 OX 轴。

俯视图由一个大的等边三角形包含三个小的等腰三角形组成，分别反映底面 $\triangle ABC$ 的实形及三个侧面的类似形投影。

左视图是一个三角形线框，反映两侧面 $\triangle SAB$ 与 $\triangle SBC$ 的类似形投影，侧面 SAC 的投影积聚为直线；底面 $\triangle ABC$ 的投影积聚为直线并平行于 OY 轴，其中点 A 与点 C 为侧面投影的重影点。

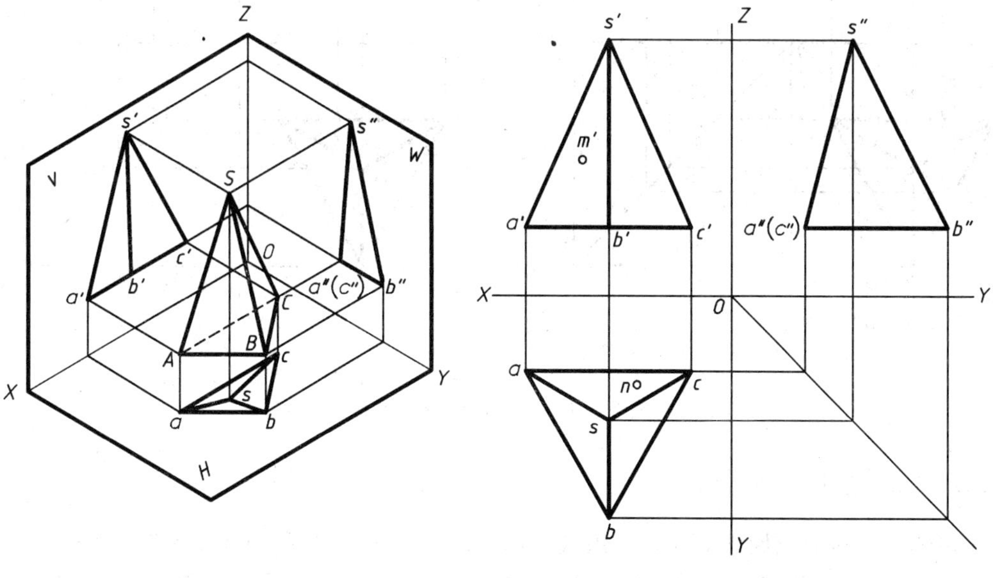

(a)　　　　(b)

图 2－29　正三棱锥与三视图

作图方法：综合以上分析，画棱锥三视图时，应先画出底面 $\triangle ABC$ 和顶点 S 的三个投影，然后自三棱锥顶点 S 向底面 A、B、C 各点的同面投影分别连线，即得三棱锥的三视图。

(2)棱锥表面上取点

如图 2－29(b)所示，已知正三棱锥 $S-ABC$ 表面上点 M 的正面投影 m'，点 N 的水平投影 n，求 M、N 这两点的其余投影。

①求点 M。由于点 M 所在的平面△SAB 是一般位置平面，其投影没有积聚性，所以欲求点 M 的其他投影，必须先在△SAB 平面上作辅助线。连接锥顶 S 与点 M 并延长交 AB 于点 D(即辅助线 SD)。具体作图方法是：连接线段 $s'm'$，并延长交 $a'b'$ 于点 d'，过点 d'，向下作铅直线与 ab 相交得 d，连接 sd，即为直线 SD 的水平投影。过 m' 向下作铅直线与 sd 交于点 m，即得点 M 的水平投影 m。同理，可根据已知的 d、d'，求得 d''，连接 $s''d''$ 即为直线 SD 的侧面投影，过 m' 作水平线与 $s''d''$ 相交，即得点 M 的侧面投影 m''，如图 2－30(a)所示。若不作出 $s''d''$，根据高平齐、宽相等投影规律，直接由 m 和 m' 也可求得 m''，两种方法所得结果是一致的。由于点 M 所属棱面△SAB 在 H 面和 W 面上的投影都是可见的，所以 m 和 m'' 也是可见的。

②求点 N。根据点 N 的水平投影 n 的位置及可见性，可知点 N 在正三棱锥 $S-ABC$ 的侧面 SAC 上，且平面 SAC 的侧面投影有积聚性，可利用积聚性求出 n''，再由 n 和 n'' 求出 n'。由于点 N 所属棱面△SAC 的 V 面投影看不见，所以 n' 为不可见，如图 2－30(b)所示。

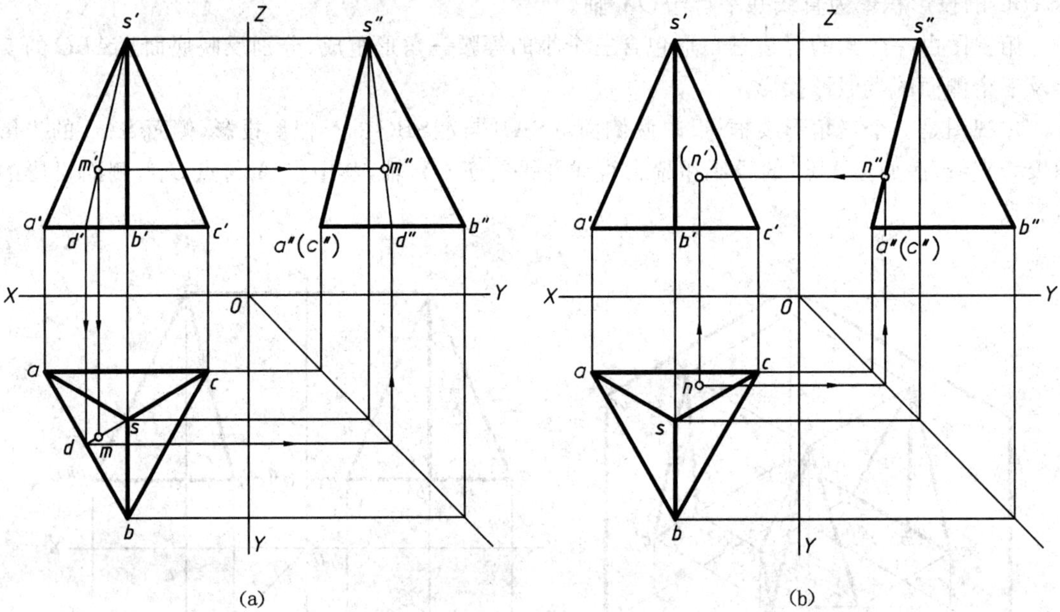

图 2－30　正三棱锥表面取点

2.6.2　回转体

回转体由回转面或回转面与平面组成。回转面是由一根动线(曲线或直线)绕一固定轴线旋转一周形成的曲面，该动线称为母线，母线在回转面上的任意位置称为素线。常见的回转体有圆柱、圆锥、球、环等。

1. 圆柱

圆柱表面由圆柱面和顶、底圆形平面组成。圆柱面可看作是以直线为母线绕与其平行的轴线旋转一周形成的曲面。圆柱面和垂直于轴的上、下底面围成圆柱体，简称圆柱，如图

2－31(a)所示。

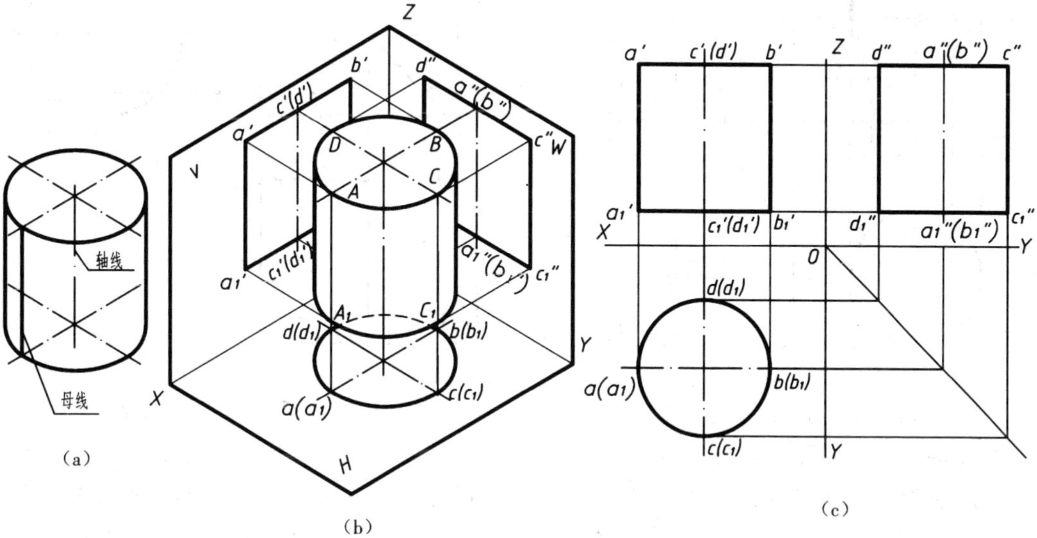

图 2－31　圆柱的形成和三面投影图

(1)圆柱的三视图

将一圆柱体放入三投影面体系中，使轴线垂直于 H 面，如图 2－31(b)所示。其三视图如图 2－31(c)所示。

主视图是一矩形线框，其上下边反映圆柱上、下底面的积聚投影，左、右边是圆柱面的最左、最右素线的投影。

俯视图为一圆，反映上下底面的实形，并且是圆柱回转面上所有素线的积聚投影。

左视图是一矩形线框，其各边分别代表上、下底面的积聚投影与圆柱面的最前、最后素线的投影。主、左视图的四条素线是特殊素线，称为转向轮廓素线，是圆柱面在相应投射方向上可见与不可见部分的分界线。

作图方法：画圆柱的三视图时，一般先画中心线和轴线，再画圆的投影，并根据投影规律和圆柱的高度完成其他两个视图。

(2)圆柱表面上取点和取线

圆柱面上点的投影，可利用投影的积聚性来作图。如图 2－32 所示，已知圆柱面上 M 点与 N 点的 V 面投影 m'与(n')，求 M、N 两点的其他两面投影。

由于 m'位于圆柱面的前半柱面的左边，所以 M 点的 H 面投影 m 必积聚在俯视图中前半个圆的左半部分圆周上。再由 m 和 m'求出 m''。

因为(n')为不可见，所以点 N 位于圆柱面的后半部分的右边，点 N 的 H 面投影 n 积聚在俯视图中后半个圆的右半部分圆周上。同理再由 n 和(n')可求出(n'')。

圆柱面上求线的投影，如图 2－33 所示。已知圆柱面上曲线 AC 的正面投影 $a'c'$，求其他两投影并判别可见性。

作图方法：首先在 $a'c'$上适当取若干点，例如除端点 a'、c'两点外，中间选取 b'点，再按图 2－32求 M 点的作图方法，分别求出 A、B、C 三个点的侧面和水平投影，依次光滑连接各点的同面投影，得到曲线的水平投影 abc，其侧面投影与圆重合。

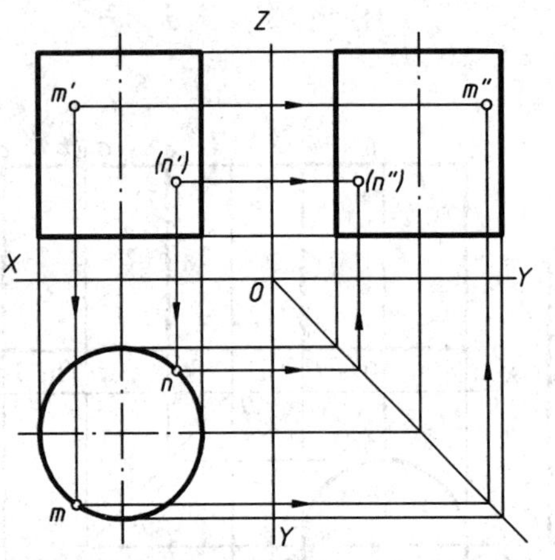

图 2－32　圆柱的表面取点

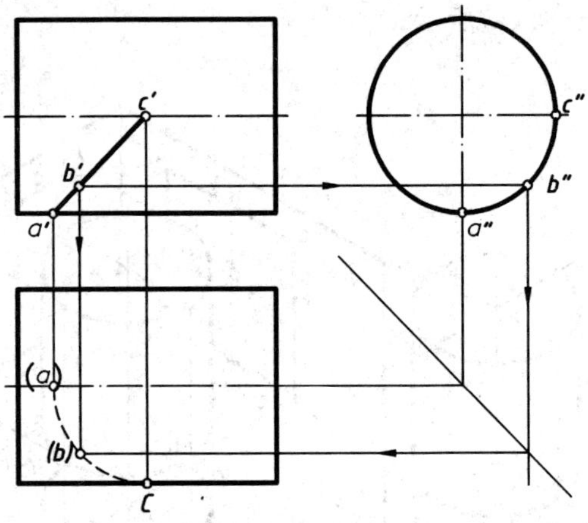

图 2－33　圆柱的表面取线

在连接各点的同面投影时，应当注意其可见性。可见点之间的投影用粗实线连接，不可见点之间的投影用虚线连接。可见点与不可见点之间的投影也用虚线连接。分析曲线的空间情况可以看出，点 A 在圆柱的正面投射轮廓线上，其水平投影必在轴线的水平投影上，且点 A 在下半个柱面上，(a)不可见，点 C 在圆柱的水平投射轮廓线上，是曲线水平投影可见与不可见的分界点。曲线 ABC 位于下半圆柱面上，其水平投影 abc 不可见，用虚线连接。

2. 圆锥

以直线为母线，绕与它相交的轴线回转一周形成的曲面为圆锥面。圆锥面和垂直于轴线的底面围成圆锥体，简称圆锥，如图 2－34(a)所示。图 2－34(b)为圆锥体放入三面投影体系中的投影。图 2－34(c)为圆锥的三视图。

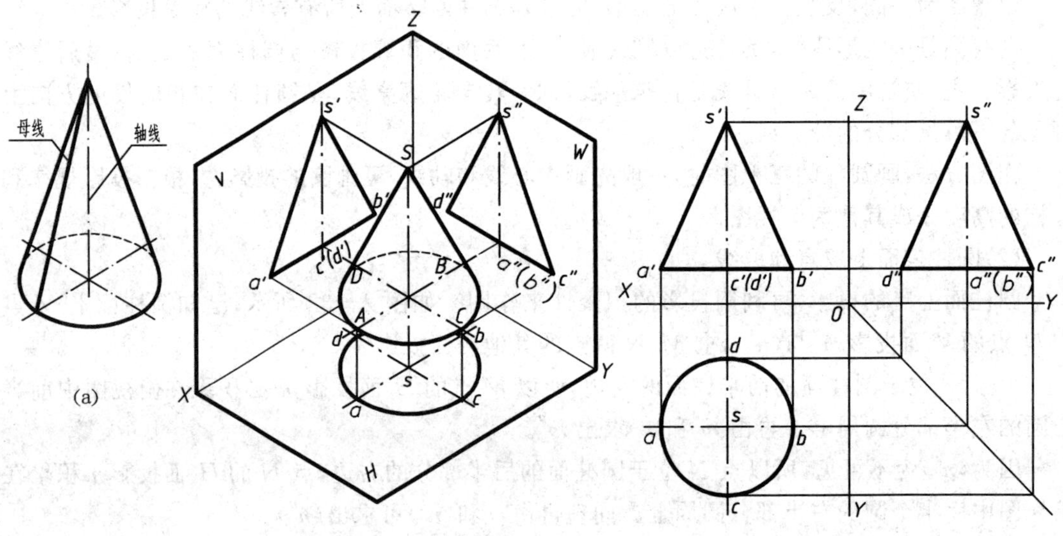

(a)　(b)　(c)

图 2－34　圆锥的形成和三面投影图

(1)圆锥的三视图

主视图是个等腰三角形线框，其下边为圆锥底面的积聚性投影。主视图中三角形的左、右边分别表示圆锥的最左、最右素线(由前向后的转向轮廓线)SA、SB 的投影,它们是圆锥面在主视图投射方向可见与不可见部分的分界线。

俯视图是一个圆,反映圆锥底面的实形,同时也表示圆锥面的投影。

左视图的三角形的两边分别表示圆锥面最前、最后素线(由左向右的转向轮廓线)SC、SD 的投影,它们是圆锥面在左视图投射方向上可见与不可见部分的分界线。

作图方法:画圆锥的投影时,首先画出中心线和轴线,其次画出圆的投影,再根据圆锥高度画出其他两个投影。

(2)圆锥表面取点

圆锥表面取点的方法有两种:辅助素线法和辅助圆法。

如图 2－35(b)所示,已知圆锥面上点 M 的正面投影 m',求 M 点的水平面投影 m 和侧面投影 m''。由于圆锥面的三个投影都没有积聚性,因此其表面取点需要先作适当的辅助线。

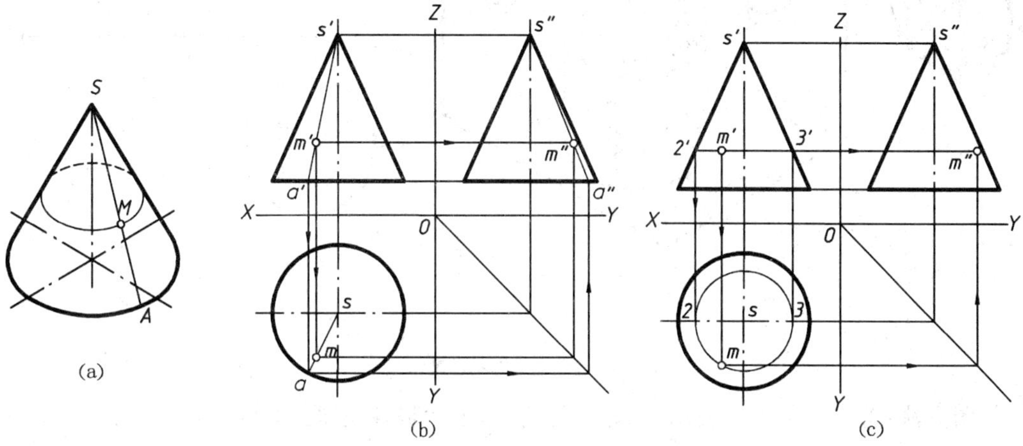

图 2－35　圆锥表面取点

①辅助素线法。如图 2－35(b)所示,过锥顶 S 和锥面上 M 点作一辅助素线 SA,作出其正面投影 $s'a'$和水平投影 sa,就可求出点 M 的水平投影 m,然后由 m、m'求得 m''。

②辅助圆法。过点 M 的正面投影 m',作水平线 $2'3'$,使它平行于底面的正面投影。$2'3'$即是纬圆的正面投影,其长度等于辅助圆的直径。再由 $2'$得 2,在水平投影上,以 s 为圆心,$s2$ 为半径画圆,得圆的水平投影。圆的侧面投影由“高平齐”得到。

在辅助圆上求点的同面投影。由 m'在圆的水平投影的前半圆上求得 m,由 m'和 m 求得侧面投影 m''。最后,判别可见性。点 M 在左前锥面上,这部分锥面的水平投影和侧面投影都可见,因此 m、m''均可见。

3. 球

球体由球面围成,球面可以看成是由一圆母线绕其轴线旋转而成。如图 2－36(a)所示。

(1)球的三视图

球的三个视图都是与球直径相等的圆,它们分别是球的三个投射方向上的转向轮廓线的投影,也是球面上平行于三个投影面的最大圆的投影。

主视图是球面上平行于正面的大圆 A 的投影，它是球面在正面投射方向上可见与不可见部分的分界线，前半球面可见，后半球面不可见。大圆 A 的水平投影 a 和侧面投影 a''在相应的对称中心线上，画点画线。

俯视图是球面上平行于水平面的大圆 B 的投影。

左视图是球面上平行于侧面的大圆 C 的投影。

球平行于水平面和侧面的大圆 B 和 C 的三面投影如图 2－36(c)所示。

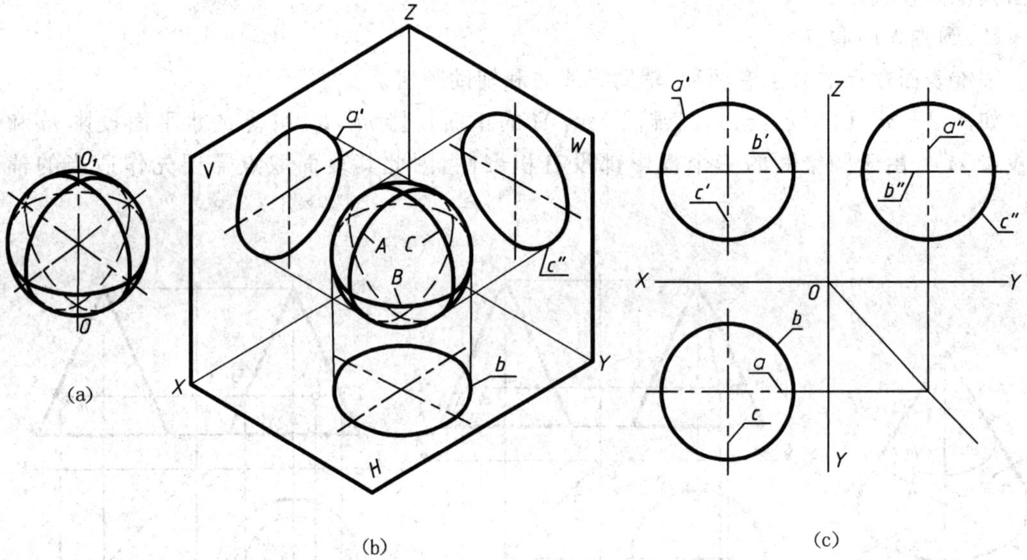

图 2－36　圆球的投影

作图方法：首先画出中心线，确定球心的位置，也就是各视图圆心的位置，再画出三个与球直径相等的圆，如图 2－36(c)所示。

(2)球表面上取点和线

球的三个投影均无积聚性，因此，在球面上取点，除转向轮廓线上的点可直接求出外，其余的点用辅助圆法作图并判别可见性。

球表面上点的投影 如图 2－37 所示，若已知球表面上一点 M 的正面投影 m'，求其水平投影 m 和侧面投影 m''。

根据 m'的位置和可见性，可知点 M 位于前半球面的左上部位。为找出点 M 的水平投影 m，可过点 M 作一水平辅助圆求解。作图步骤如下：

①过点 M 已知的正面投影 m' 作水平线，此水平线即为水平辅助圆的正面投影，线段长度等于辅助圆直径；

②在俯视图上，以球心的投影为圆心，上述线段长的一半为半径画圆，即为水平辅助圆的水平投影；

③由 m' 作 X 轴垂线，在辅助圆的水平投影的前半圆周上求得 m，再由 m'、m 求得侧面投影 m''。

判别可见性：点 M 在左、上、前球面上，这部分球面的水平投影及侧面投影都可见，因此，m、m''可见。如图 2－37(a)所示。

过点 M 的正平辅助圆求 m、m''作图，如图 2－37(b)所示。过点 M 的侧平辅助圆求 m、m''作图，方法与前者相同。

图 2－37(c)给出了根据球面上点 N 和 K 的水平投影 n 和(k)，求出 n'、n''和 k'、k''的作图过程。

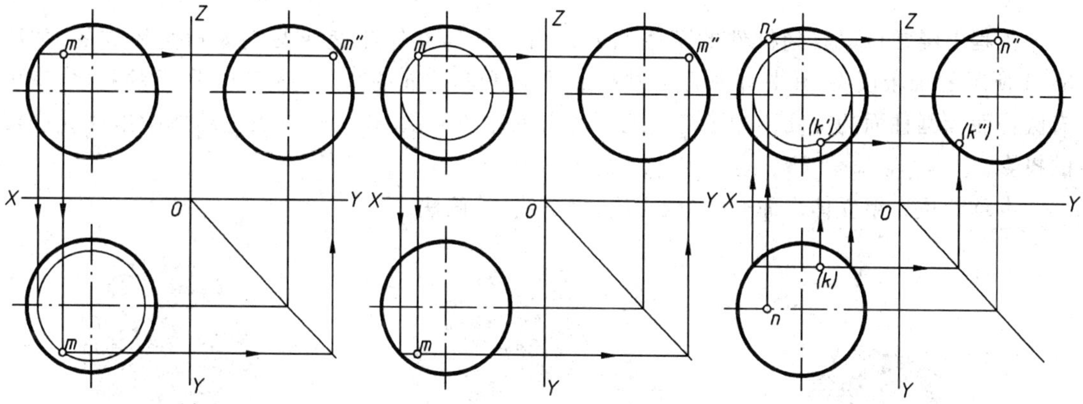

图 2－37　球面取点

第 3 章　立体表面的交线

工程上经常可以看到机件的某些部分是由平面与立体相交或两立体相交形成的，如图 3－1 所示的铣床顶尖，其中有平面与圆锥面、平面和圆柱面的交线；图 3－2 所示的阀体，其中有圆柱面和圆柱面的交线。为了清晰地表达出机件的形状，画图时应当正确地画出这些交线的投影。

本章着重介绍立体表面交线（截交线、相贯线）的画法。

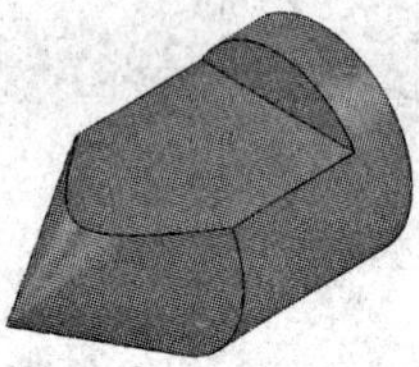

图 3－1　顶尖

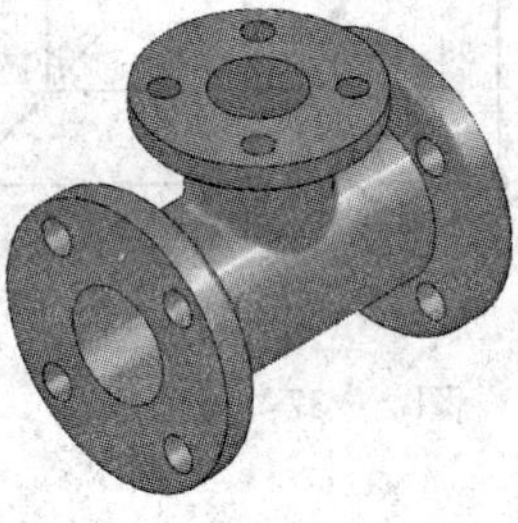

图 3－2　阀体

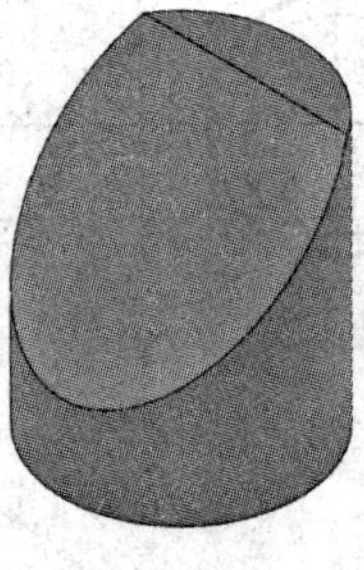

图 3－3　平面与立体相交

3.1　立体表面的截交线

平面与立体相交，即立体被平面截切，所产生的表面交线称为截交线，该平面称为截平面，如图 3－3 所示。

截交线的性质如下：

①截交线是截平面和立体表面的共有线，截交线上的点是它们的共有点，既在截平面上，又在立体表面上；

②截交线一般是由直线、曲线或直线和曲线围成的封闭的平面图形；

③截交线的形状取决于被截立体的形状及截平面与立体的相对位置，截交线投影的形状取决于截平面与投影面的相对位置。

3.1.1　平面与平面立体相交

平面与平面立体表面相交产生的截交线是由直线围成的平面多边形，多边形的边是截平面与平面立体表面的交线，多边形的端点是截平面与平面立体棱线的交点。因此，求截交线的过程就是求截平面与平面立体表面的交线或求截平面与平面立体上棱线的交点的过程。

［**例 3－1**］　求正四棱锥被平面 P 截切后的正面投影和水平投影，如图 3－4(b)所示。

［**解**］①分析：如图 3－4(a)立体图所示，正四棱锥被侧垂面 P 截切。截平面分别和正四棱锥四个棱线相交，产生四个交点，截交线为四边形，可通过求截平面和棱线的交点得到。

截平面是侧垂面，所以截交线在侧面投影中积聚成一条直线，在正面投影和水平投影中为两个类似的四边形。

②作图步骤如下：

a. 在左视图中求出截平面和正四棱锥四条棱线的交点 1″、2″、3″、4″点；

b. 按投影规律求出四个交点的水平投影和正面投影；

c. 将四个交点的同名投影依次连接得到截交线的水平投影和正面投影，其形状为两个类似形（四边形），如图 3－4(c)所示；

d. 整理正四棱锥的轮廓，判断截交线和轮廓的可见性；

e. 检查并加深图线，完成全图，如图 3－4(d)所示。

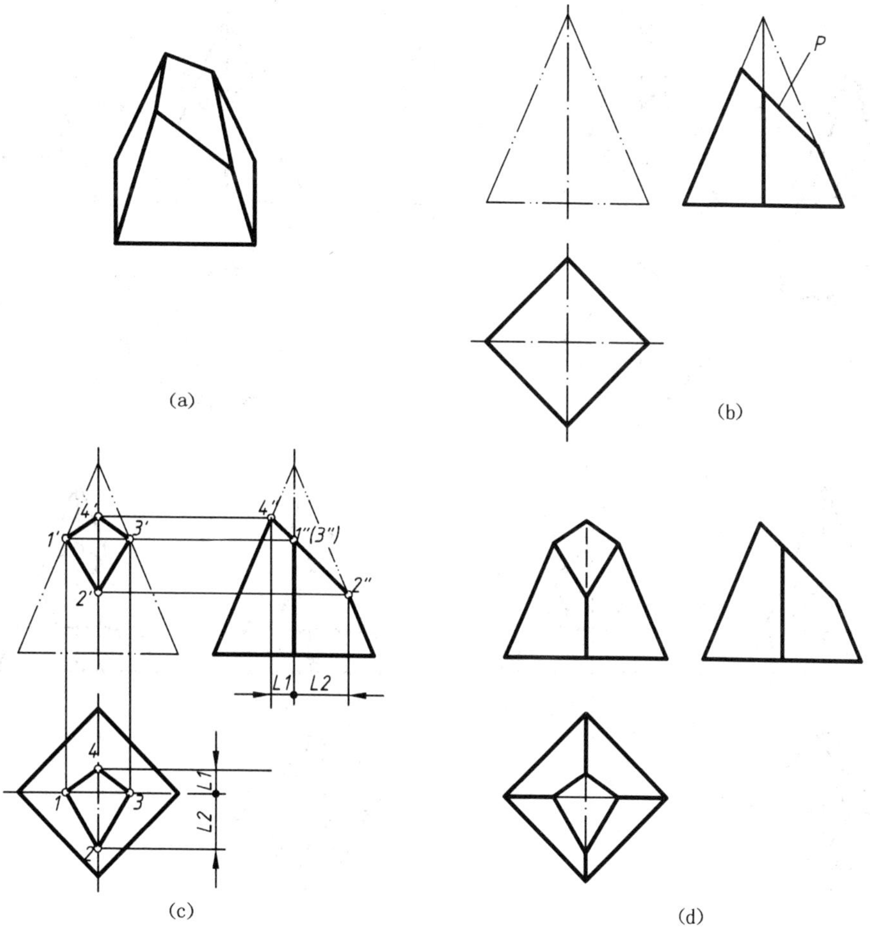

图 3－4　正四棱锥被侧垂面截切后的三面投影

［**例 3－2**］　求四棱锥被两个平面截切后的水平和侧面投影，如图 3－5(b)所示。

［**解**］①分析：如图 3－5(a)立体图所示，正四棱锥被一水平面 P 和正垂面 Q 截切掉一部分。其中截平面 P 与立体相交产生的截交线平行于四棱锥对应底边，截平面 Q 和 P 分别和棱锥前、后、左三条棱线相交产生三个交点，两个截平面相交产生一条交线，所以截平面 P、Q 产生的截交线都为五边形。

②作图步骤如下：

a. 在主视图中标出截交线的交点 1′、2′、3′、4′、5′、6′、7′、8′点；

b. 求截平面 *P* 与正四棱锥棱线交点的水平投影 1、2、3 点和侧面投影 1″、2″、3″点；

c. 求截平面 *Q* 与正四棱锥棱线交点的水平投影 6、7、8 点和侧面投影 6″、7″、8″点，如图 3－5(c)所示；

d. 利用表面取点法求两截平面相交的两个交点的水平投影 4、5 点和侧面投影 4″、5″点；

e. 依次连接各个同名交点，得到其截交线的水平和侧面投影，如图 3－5(d)所示；

f. 整理四棱锥的轮廓，判断截交线和轮廓的可见性；

g. 检查并加深图线，完成全图，如图 3－5(e)所示。

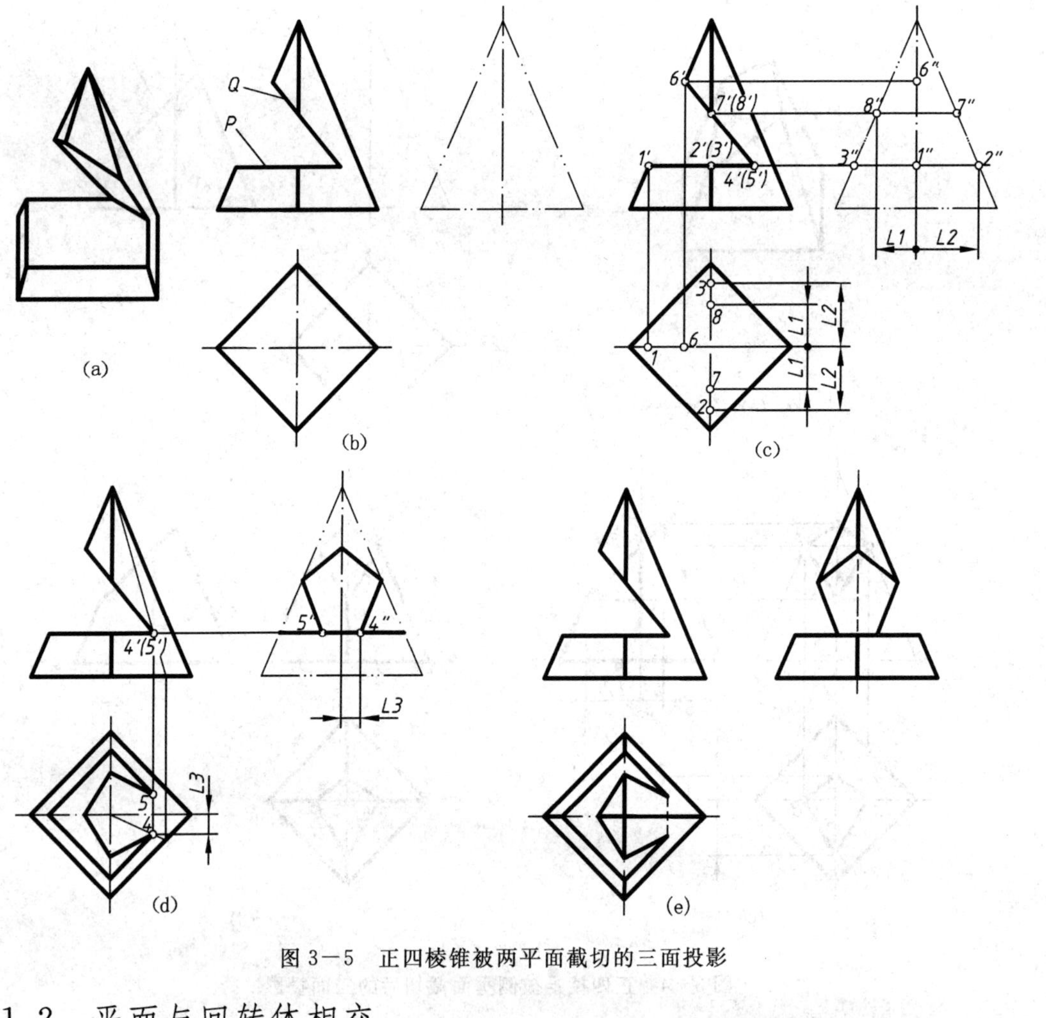

图 3－5　正四棱锥被两平面截切的三面投影

3.1.2　平面与回转体相交

平面截切回转体产生的截交线一般是由曲线、曲线与直线或直线组成的封闭的平面图形，其形状由回转体的形状及截平面和回转立体的相对位置决定。

1. 平面与圆柱相交

截平面与圆柱轴线的相对位置不同，其截交线有三种情况，如表 3－1 所示。

表 3—1　圆柱截交线

截平面位置	平行于圆柱轴线	垂直于圆柱轴线	倾斜于圆柱轴线
截交线形状	矩形	圆	椭圆
轴测图	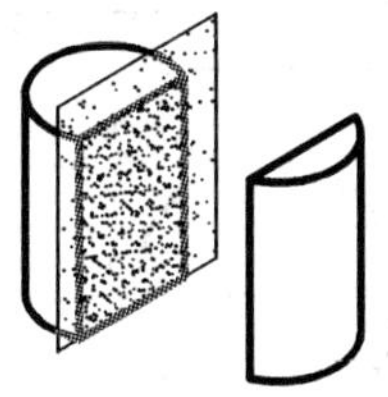	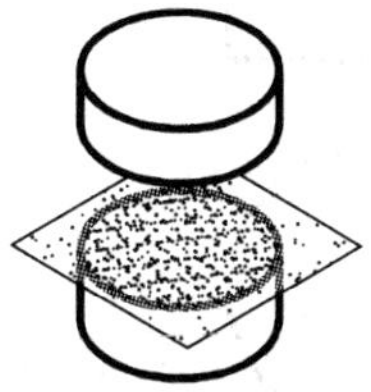	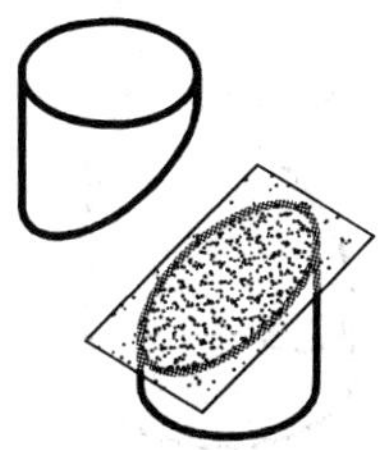
投影图	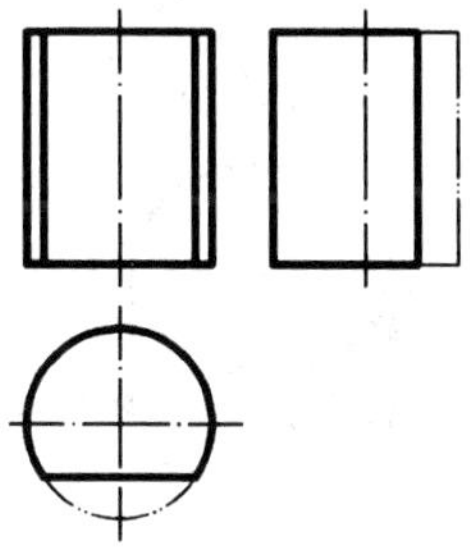	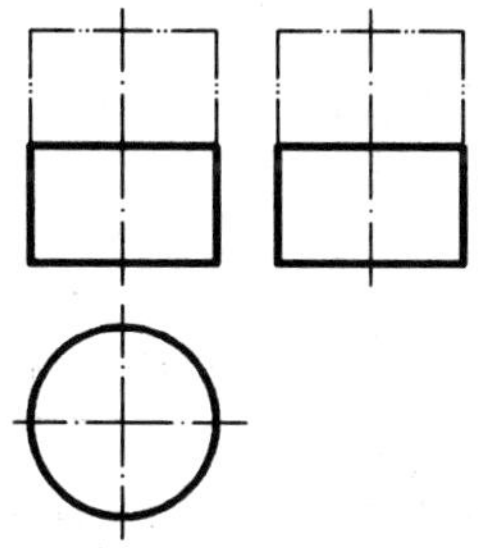	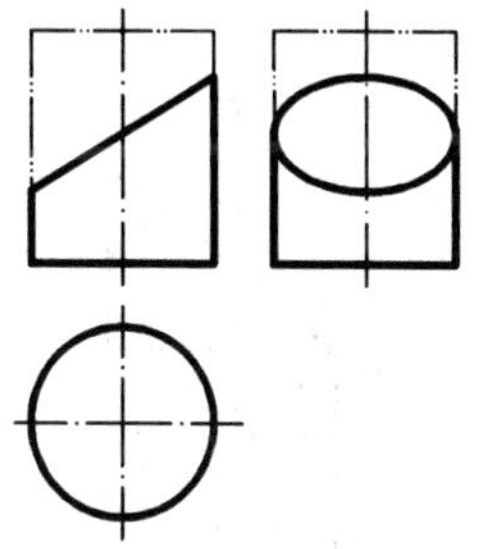

[例 3—3]　求圆柱被正垂面截切后的侧面投影,如图 3—6(b)所示。

[解] ①分析:如图 3—6(a)立体图所示,截平面 P 为正垂面,倾斜于圆柱轴线,截交线为椭圆。截交线属于截平面 P,因此其正面投影积聚成直线。该截交线又属于圆柱表面,因此其水平投影和圆柱体的水平投影重合为同一圆。截平面倾斜于侧面投影面,其截交线投影为椭圆,根据投影规律利用圆柱表面取点法,求出椭圆上的 8 个点,画出椭圆的侧面投影。

②作图步骤如下:

a. 作出完整圆柱的侧面投影;

b. 求出截交线的四个特殊点,即椭圆长、短轴的四个端点Ⅰ、Ⅱ、Ⅲ、Ⅳ,也是圆柱表面的最左、最右、最前和最后的轮廓素线上的点,根据表面取点法求出其水平投影 1、2、3、4,正面投影 1′、2′、3′、4′和侧面投影 1″、2″、3″、4″,如图 3—6(c)所示;

c. 求出中间点,为使作图简便,在四个特殊点之间的适当位置取四个中间点Ⅴ、Ⅵ、Ⅶ、Ⅷ,利用圆柱表面和截平面的积聚性投影和表面取点的方法求出其水平投影 5、6、7、8,正面投影 5′、6′、7′、8′和侧面投影 5″、6″、7″、8″,如图 3—6(d)所示;

d. 按照截交线在水平投影的顺序依次光滑连接八个点,得到截交线的侧面投影;

e. 整理圆柱轮廓线的侧面投影,判断可见性;

f. 检查并加深图线,完成全图,如图 3—6(e)所示。

当截平面与圆柱轴线倾斜角度发生变化时,其侧面投影上的椭圆的形状也随之变化,当角度为 45°时,其侧面投影为圆,如图 3—7 所示。

[例 3—4]　求开槽圆柱的侧面投影,如图3—8(b)所示。

[解] ①分析:如图 3—8(a)立体图所示,在圆柱上端中间处开一个矩形槽,该槽由两个侧平面和一个水平面组成,其中两个侧平面和圆柱的轴线相平行,产生的截交线均为两条相互平

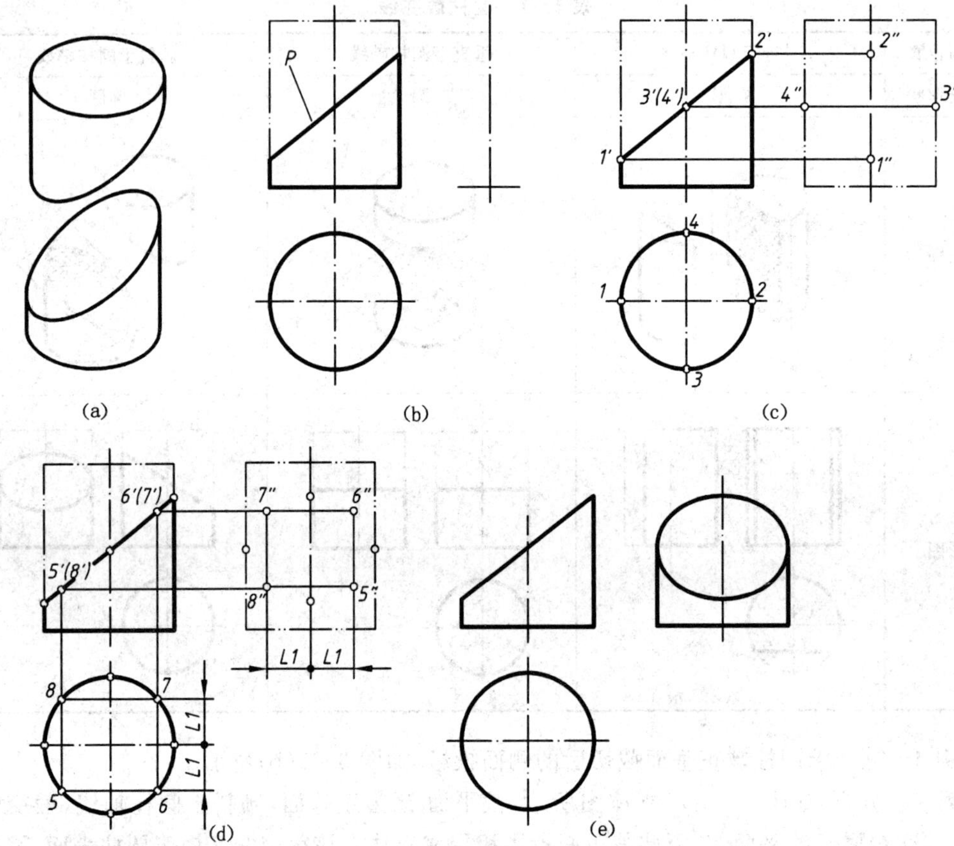

图 3－6　圆柱被正垂面截切后的三面投影

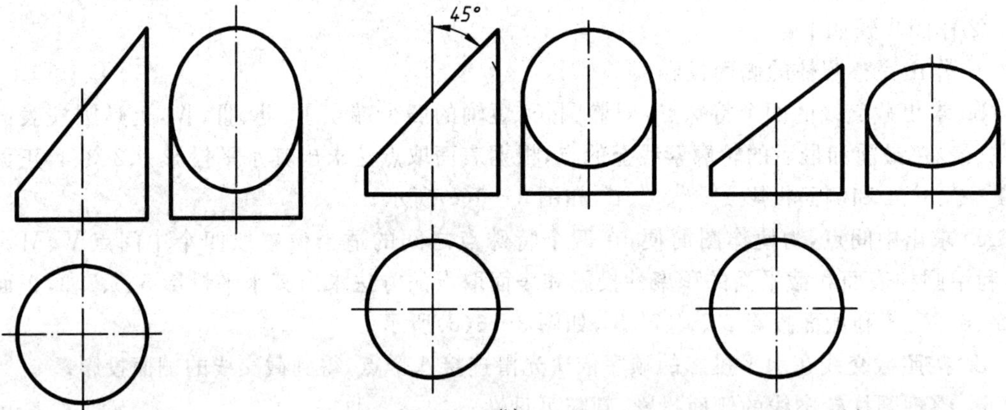

图 3－7　截平面倾斜角度对截交线投影的影响

行的直线；水平面垂直于圆柱轴线，产生的截交线为前后两段圆弧。

②作图步骤如下。

a. 画出圆柱被截切前完整的侧面投影。

b. 求两侧平面截切圆柱的交线。两侧平面左右对称，其侧面投影重合，因此只需求一个侧平面产生的交线。如图 3－8(c)所示，利用投影规律和圆柱表面水平投影的积聚性求出截交线的侧面投影直线 1″2″和直线 3″4″。

c. 求水平面截切圆柱的交线。该截交线为前后两段圆弧，其水平投影反映实形，其侧面投影积聚为两小段直线，如图 3－8(d)所示。

d. 求三个截平面之间的交线。三个截平面产生的两条交线均为正垂线，其侧面投影不可见，应画成虚线。

e. 整理轮廓。圆柱最前、最后轮廓素线被矩形槽截掉一部分，如图3－8(e)所示。

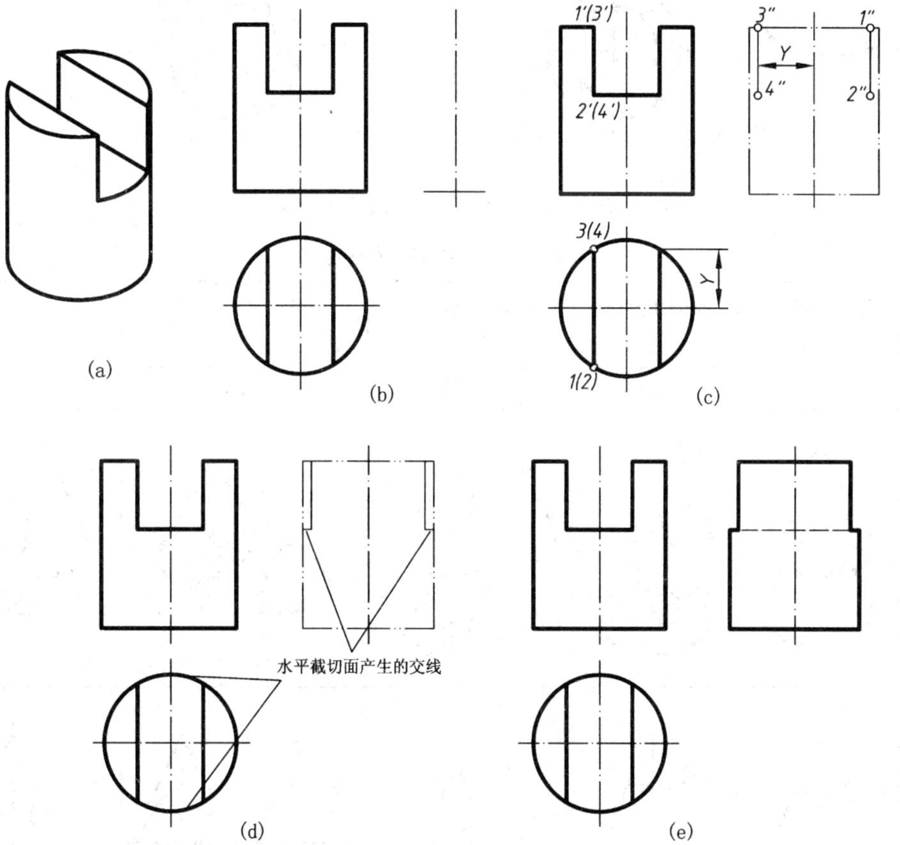

图 3－8　开槽圆柱的三面投影

［**例 3－5**］　求开槽空心圆柱的侧面投影，如图 3－9(b)所示。

［**解**］①分析：该立体是在上题立体的基础上作出一个与圆柱同轴的圆柱孔，如图 3－9(a)立体图所示。求该立体的截交线是在上题求开槽实心圆柱截交线的基础上，以同样方法求三个截平面和圆柱孔表面的截交线，其交线的侧面投影均为虚线，注意截平面间的交线投影中间应断开。

②作图步骤略，作图结果如图 3－9(c)所示。

2. 平面与圆锥相交

截平面与圆锥轴线的相对位置不同，其截交线有五种不同情况，如表 3－2 所示。

［**例 3－6**］　求圆锥被正垂面截切后的水平和侧面投影，如图 3－10(b)所示。

［**解**］①分析：如图 3－10(a)立体图所示，正垂面 P 与圆锥轴线倾斜($\theta>\alpha$)，其截交线为椭

圆，其正面投影积聚为一条直线，水平和侧面投影为两个椭圆。

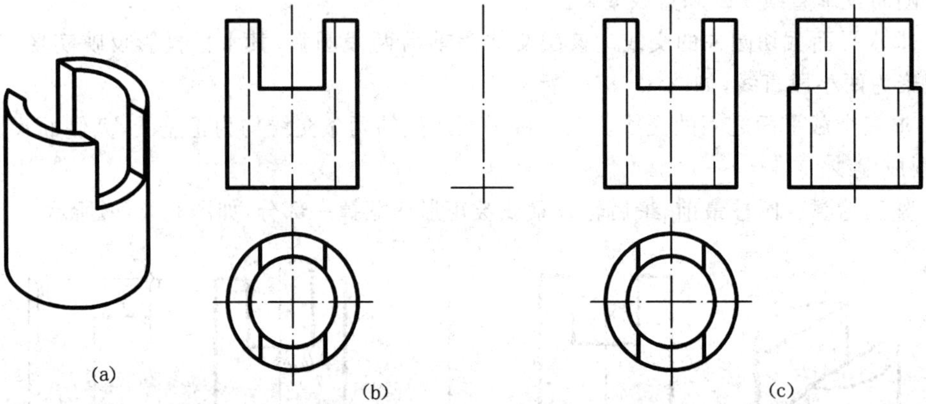

图 3－9　开槽空心圆柱的三面投影

表 3－2　圆锥面截交线

截平面位置	垂直于轴线	倾斜于轴线 $\theta>\alpha$	倾斜于轴线 $\theta=\alpha$	平行或倾斜于轴线 $\theta=0$ 或 $\theta<\alpha$	过锥顶
形状	圆	椭圆	抛物线	双曲线	两直线
轴测图	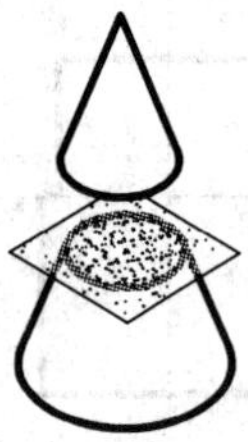		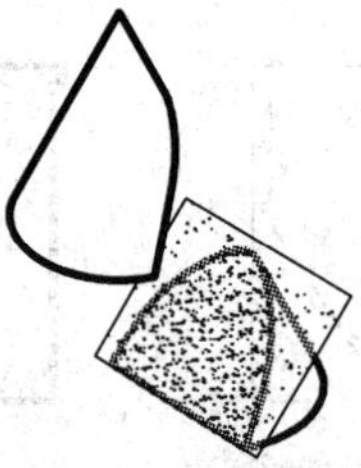	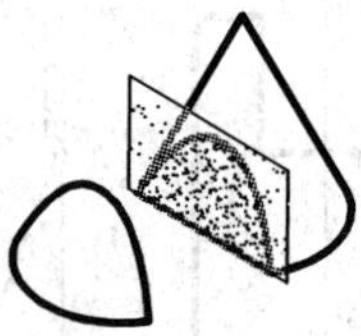	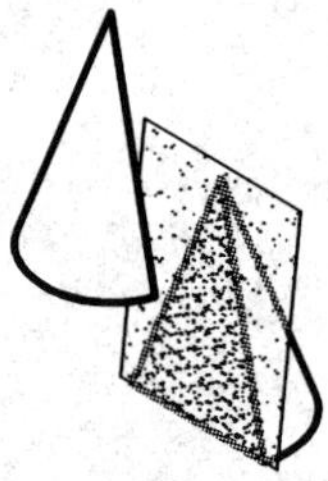
投影图	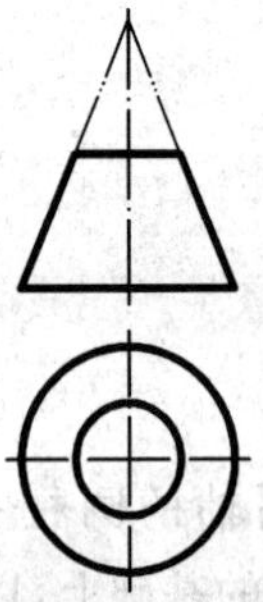	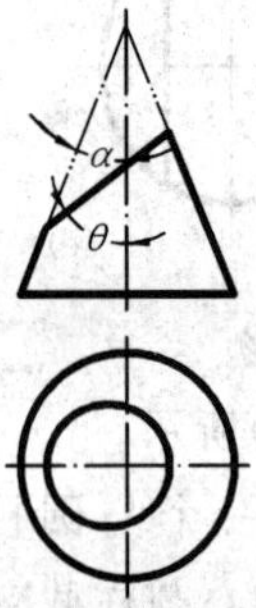	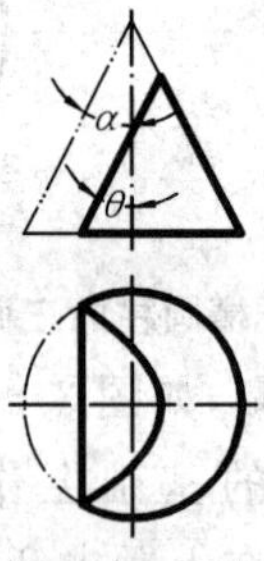	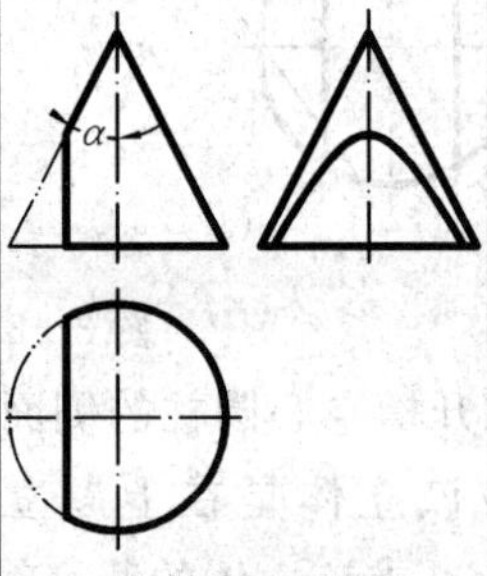	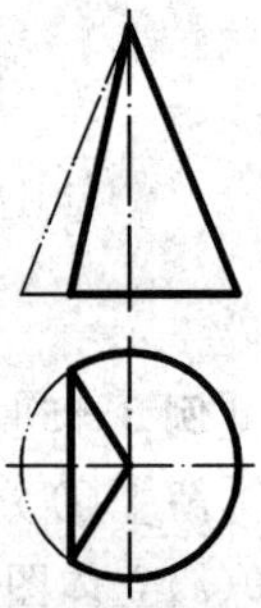

②作图步骤如下。

a. 画出完整圆锥的侧面投影，求椭圆长轴两个端点Ⅰ、Ⅱ在投影面的投影 1′、2′，1、2 和 1″、2″。

b. 求椭圆短轴两个端点Ⅲ、Ⅳ点投影。在正面投影面中由 1′、2′点中间位置求出 3′、4′点，利用辅助圆法求出其水平投影 3、4 点和侧面投影 3″、4″点，如图 3－10(c)所示。

c. 求圆锥侧面投影轮廓线上的点Ⅴ、Ⅵ的投影 5、6，5′、6′和 5″、6″。

d. 求中间点的投影，在正面投影面中找到两个中间点 7′、8′点，利用圆锥辅助圆法求出其水平投影和侧面投影，如图 3－10(d)所示。

e. 按顺序光滑连接八个点，求出椭圆的水平和侧面投影。

f. 整理加深图线，注意圆锥侧面轮廓线只画到 5″点和 6″点，完成的投影如图 3－10(e)所示。

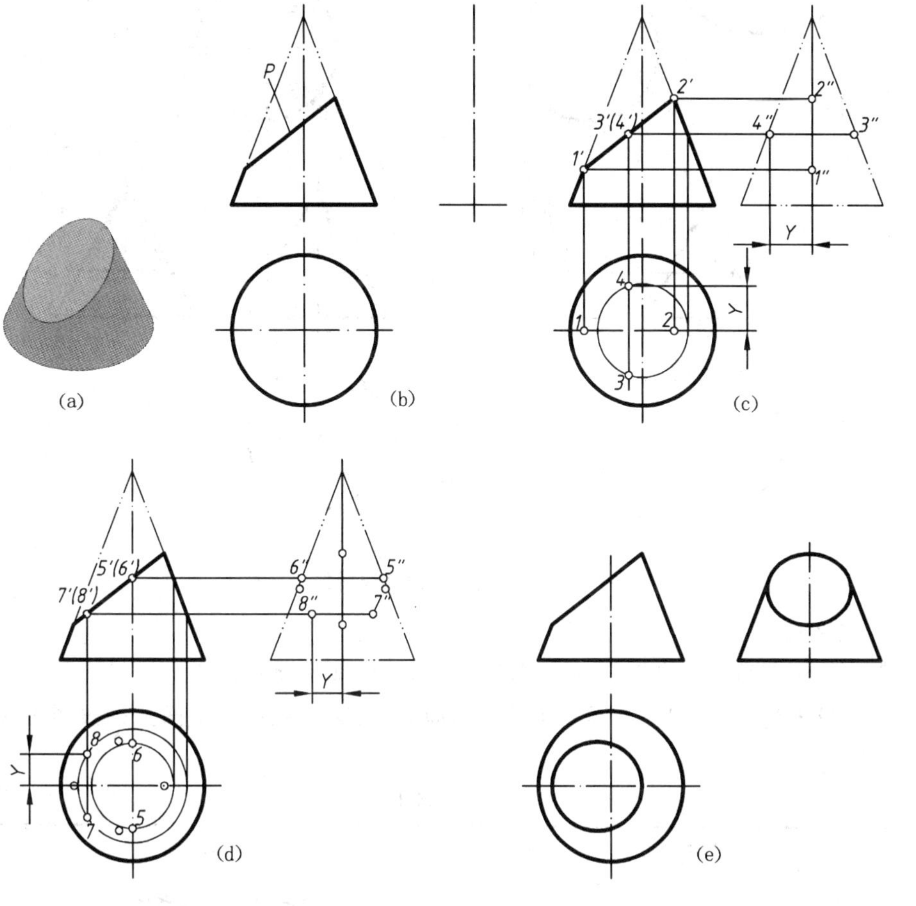

图 3－10　圆锥被正垂面截切后的三面投影

［**例 3－7**］　求圆锥被两平面截切后的水平投影和侧面投影，如图 3－11(b)所示。

［**解**］①分析：如图 3－11(a)立体图所示，截平面 P 为垂直于圆锥轴线的水平面，其截交线为一段圆弧，其水平投影反映实形，侧面和正面投影为直线；截平面 Q 为过圆锥锥顶的正垂面，截交线为两条相交直线。

②作图步骤如下：

a. 画出完整圆锥的投影；

b. 求截平面 P 产生截交线的水平和侧面投影，如图 3－11(c)所示；

c. 求截平面 Q 产生截交线的水平和侧面投影，水平投影为直线 $s1$ 和 $s2$，侧面投影为直线 $s''1''$ 和 $s''2''$，如图 3－11(d)所示；

d. 求两截平面交线的投影，水平投影为直线 12，侧面投影为与直线 1″2″重合的直线；

e. 整理轮廓，检查并加深图线，完成全图，如图 3－11(e)所示。

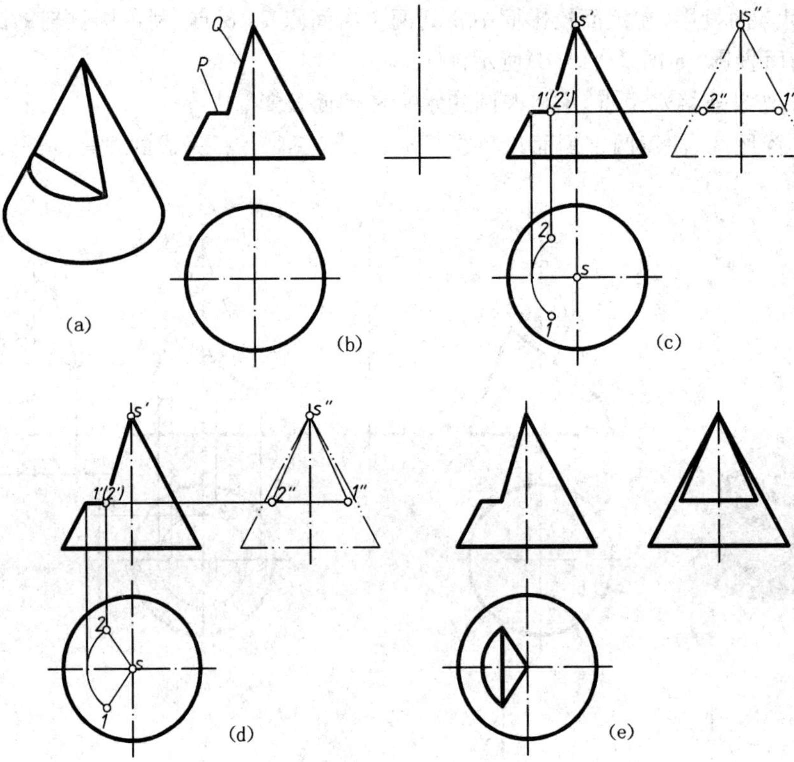

图 3－11　圆锥被两平面截切后的三面投影

3. 平面与球相交

平面与球相交的截交线只有一种形状——圆。当截平面平行于某一投影面时，截交线在该投影面的投影为圆，当截平面倾斜于某投影面时，截交线在该投影面上的投影为椭圆，见表3－3。

表 3－3　球截交线

截平面为投影的平行面	截平面为投影的垂直面
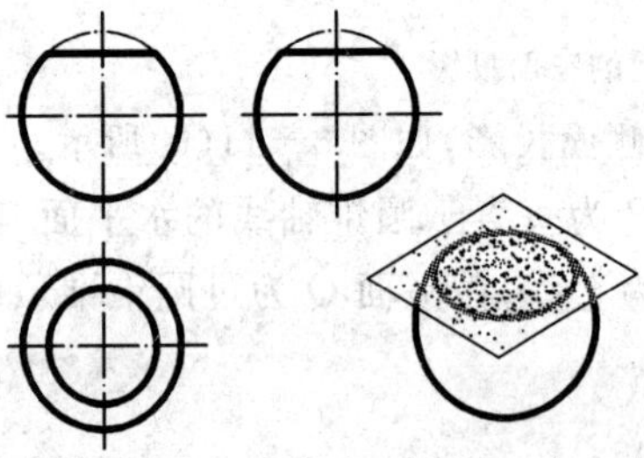	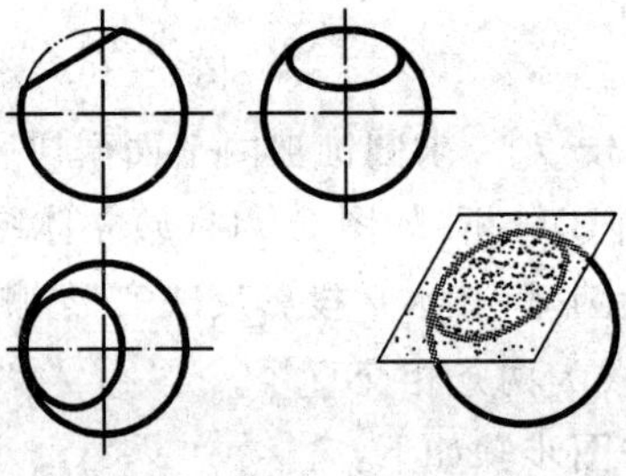

［**例 3－8**］　求正垂面 P 截切球后的投影，如图 3－12(b)所示。

［**解**］①分析：如图 3－12(a)立体图所示，截平面 P 垂直于正面投影面，倾斜于另外两投影面，其截交线的正面投影为直线，水平和侧面投影为椭圆。

②作图步骤如下。

a. 画出完整球的侧面投影，求椭圆长、短轴的四个端点。在主视图中找到 $1'$ 点和 $2'$ 点，此两点为椭圆短轴的两个端点，求出它们的水平和侧面投影。在 1′点和 2′点之间的中点处找到 3′点和 4′点两个重影点，此两点为椭圆长轴两个端点，通过辅助圆法找到两点的水平和侧面投影，如图 3－12(c)所示。

b. 求椭圆在球面轮廓线上的点。截平面 P 和球面水平投影的转向轮廓线相交于 5′点和 6′点，与侧面投影转向轮廓线相交于 7′点和 8′点，利用球面取点法求出水平和侧面投影，如图 3－12(d)所示。

c. 求适当数量的中间点，图中未作出。

d. 光滑连接各点，求出椭圆。注意由于截平面将球面切去了一部分，因此，在水平投影中球的转向轮廓线只画出 5 点和 6 点的右边部分，在侧面投影中球的转向轮廓线只画 7″点和 8″点的下面部分，如图 3－12(e)所示。

e. 检查并加深图线，完成全图。

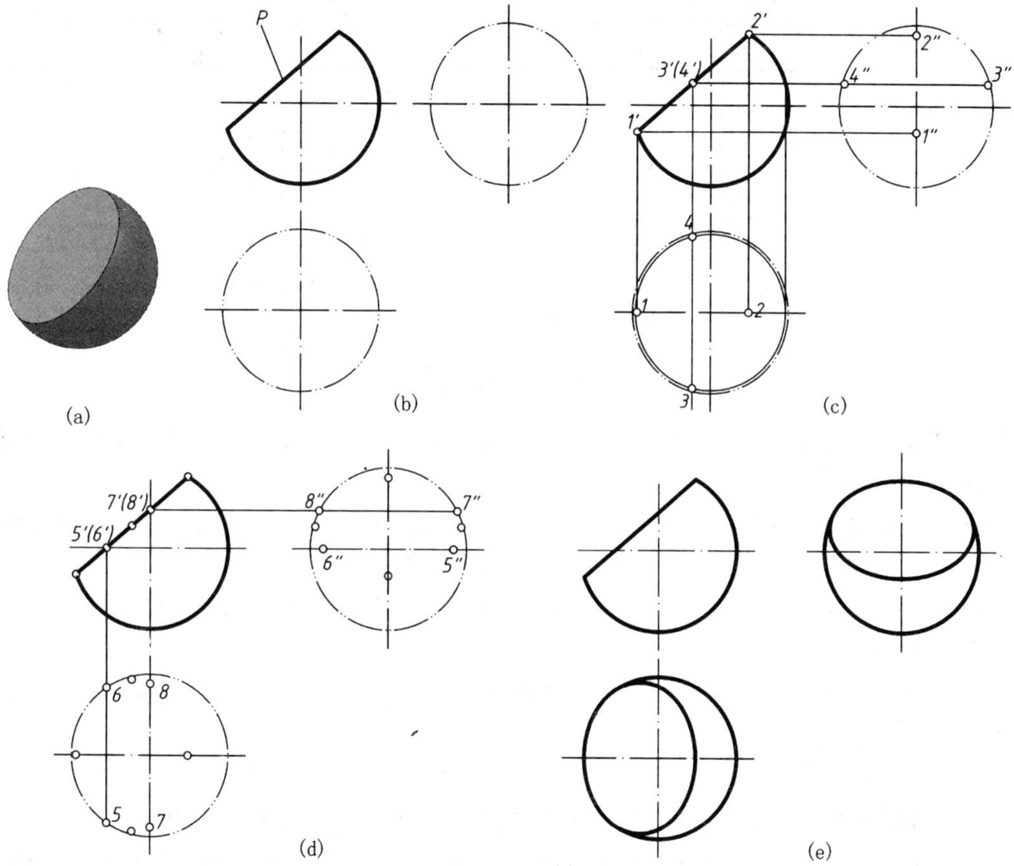

图 3－12　球被正垂面截切的三面投影

［例 3－9］　求上部开有矩形通槽的半球的侧面和水平投影，如图 3－13(b)所示。

［解］①分析：如图 3－13(a)所示，通槽是由两侧平面和一个水平面截切而成，两个侧平面 P 和半球的截交线是两段圆弧，其侧面投影反映实形；水平面 Q 与球面的截交线是前后两段圆弧，其水平投影反映实形。

②作图步骤如下。

a. 画出完整半球的侧面投影和水平投影，求两侧平面 P 截切球产生的截交线投影。

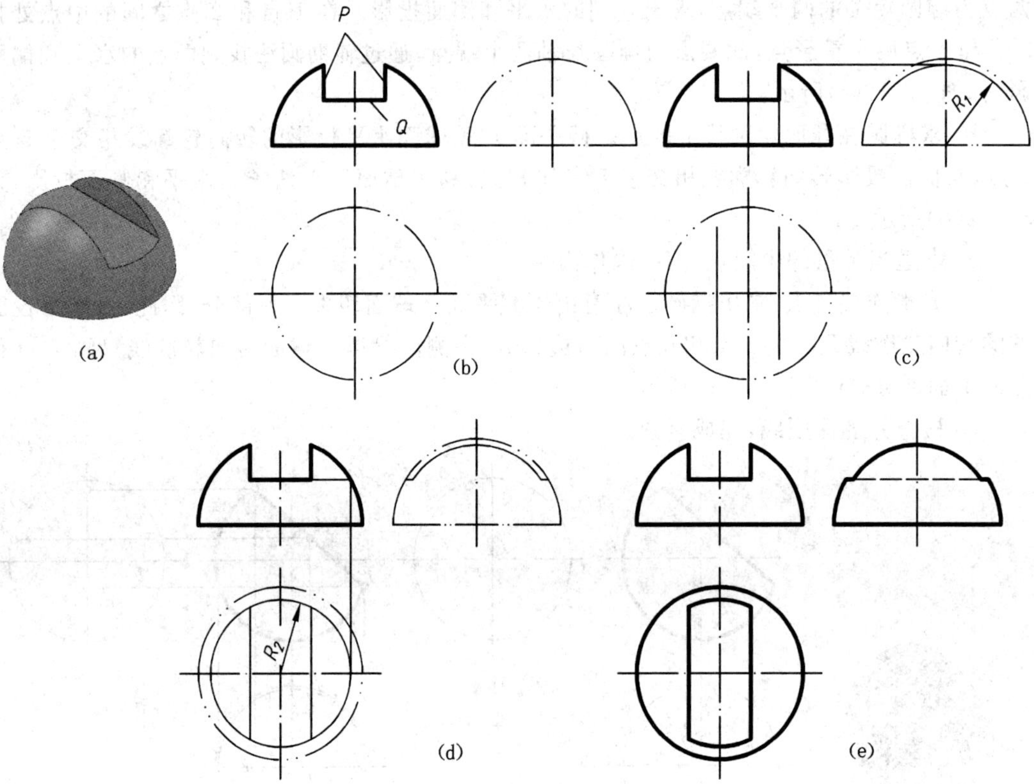

图 3－13　上部开有通槽球的三面投影

如图 3－13(c)所示，其水平投影积聚为左右两条直线，侧面投影为两重合的圆弧，圆弧半径为 R_1。

b. 求水平截面 Q 截切球产生的截交线投影。如图 3－13(d)所示，其水平投影为反映实形的两段圆弧，半径为 R_2，其侧面投影积聚为两小段直线。

c. 求平面 P 和 Q 之间的交线投影。该交线的水平投影与截交线的水平投影重合，其侧面投影为一段虚线。

d. 整理轮廓，擦去侧面投影中半球上部被截切掉的部分轮廓投影，加深图线并完成全图。如图 3－13(e)所示。

4. 截切组合体

组合体是由几个简单的基本几何体组成的立体。当平面与组合体相交时，其截交线是由截平面与各个基本体的截交线组合而成的平面图形。为了快速准确绘出组合体的截交线，首先必须对该组合体进行分析，弄清各个基本形体被截切后产生的截交线形状，然后逐一画图。

［**例 3－10**］　求组合体被截切后的水平投影，如图 3－14(b)所示。

［**解**］①分析：组合体由半球和圆柱叠加组成，其中半球被水平面 P 截切，产生截交线为平行于水平投影面的圆弧；圆柱被水平面 P 和侧平面 Q 截切，产生截交线分别为两条平行直线和一段圆弧。

②作图步骤如下：

a. 作平面 P 截切半球的截交线，其水平投影为圆弧；

b. 作平面 P 截切圆柱的截交线，其水平投影为平行于轴线的两条平行直线；

c. 作平面 Q 截切圆柱的截交线，其侧面投影为圆弧，水平投影积聚为直线段；

d. 求半球底面和圆柱左端面的交线，在 a、b 点之间为虚线，如图 3－14(c)所示；

e. 整理加深图线。

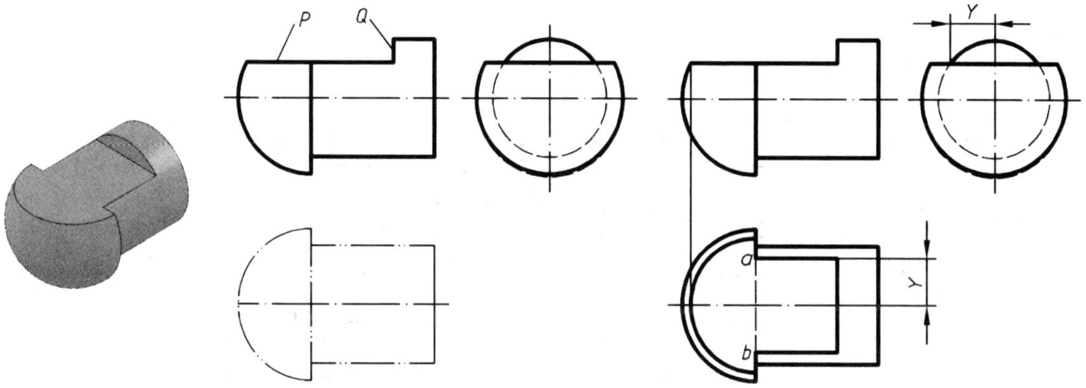

(a) (b) (c)

图 3－14 组合体被截切后的三面投影

3.2 立体表面的相贯线

两立体相交，在其表面产生的交线称为相贯线。立体相交分为三种情况，图 3－15(a)为两个平面立体相交，图(b)为平面立体和回转体相交，图(c)为两回转体相交。本章重点介绍后面两种相贯线。

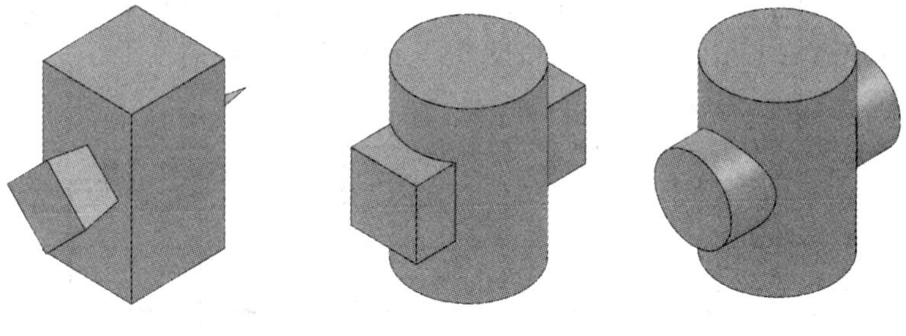

(a) (b) (c)

图 3－15 相贯立体

相贯线的性质如下：

①相贯线一般是封闭的空间折线(通常由直线和曲线组成)或空间曲线；

②相贯线是相交两立体表面的共有线，相贯线上的点是两立体表面的共有点。

3.2.1 平面立体与回转体相交

相贯线是由若干段平面曲线或直线组成的空间折线，每一段是平面立体的棱面与回转体表面的交线。求交线的实质是求各棱面与回转面的截交线。

[**例 3－11**] 求四棱柱与圆柱体相交产生相贯线的正面投影，如图 3－16(b)所示。

[**解**] ①分析：如图 3－16(a)立体图所示，相贯线是由四棱柱四个侧棱面和圆柱表面的交线围成的空间折线，其中前、后两个侧棱面和圆柱交线为两段与圆柱轴线平行的直线，在正面投影中前后重合，左、右两个侧棱面和圆柱交线为两段圆弧，正面投影积聚为两小段直线。

②作图步骤略，作图结果如图 3－16(c)所示。

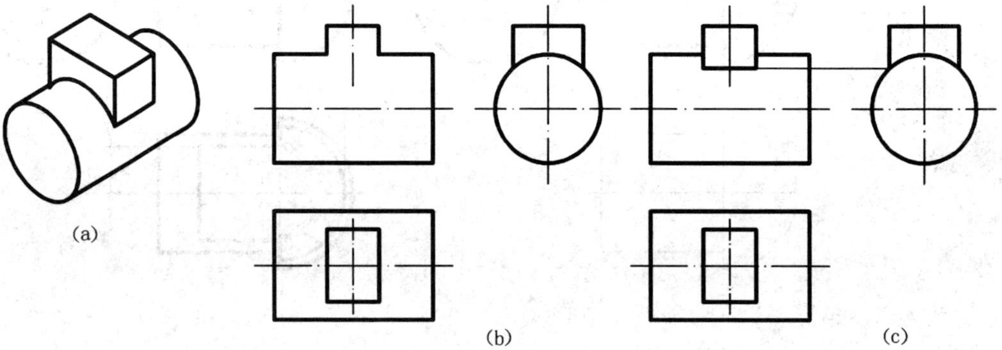

图 3－16　四棱柱与圆柱体相贯的三面投影

3.2.2　回转体与回转体相交

两回转体相交产生的相贯线一般是封闭的空间曲线，曲线上的点是两立体表面共有点，因此求相贯线投影时，一般先作出两立体表面的若干共有点投影，再连成相贯线投影。

求相贯线上共有点的常用方法有利用积聚性表面取点法和辅助平面法。

1. 利用积聚性表面取点法求相贯线

该方法是利用圆柱表面具有积聚性的特点，确定两圆柱表面上若干共有点的已知投影，然后利用圆柱表面取点法求出各个点的未知投影，从而画出相贯线的投影。

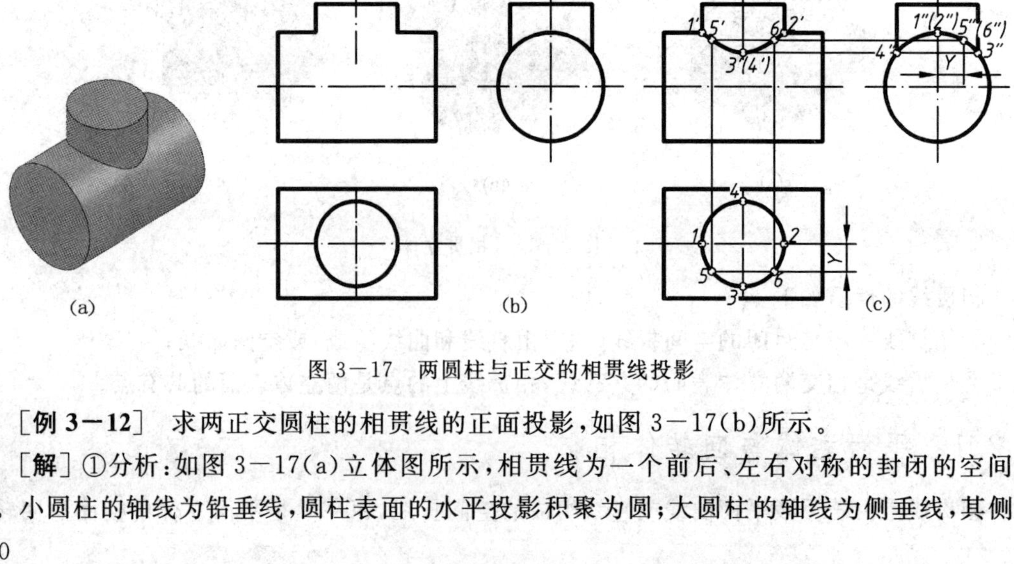

图 3－17　两圆柱与正交的相贯线投影

[**例 3－12**] 求两正交圆柱的相贯线的正面投影，如图 3－17(b)所示。

[**解**] ①分析：如图 3－17(a)立体图所示，相贯线为一个前后、左右对称的封闭的空间曲线。小圆柱的轴线为铅垂线，圆柱表面的水平投影积聚为圆；大圆柱的轴线为侧垂线，其侧面

投影积聚为一个圆。因为相贯线具有共有性，所以相贯线的水平投影一定积聚在小圆柱的水平投影圆上，侧面投影积聚在大圆柱的侧面投影圆上，在正面投影中相贯线为弯曲的曲线，可通过取若干点画出相贯线的正面投影。

②作图步骤如下。

a. 求相贯线特殊点。先求出相贯线两个最高点，即为最左点Ⅰ和最右点Ⅱ，求相贯线两个最低点，即为最前点Ⅲ和最后点Ⅳ，该两点在主视图中为前后重影点。

b. 求适当数量的中间点。在左视图中，找到两个重影点 5″、6″点，通过“宽相等”对应到小圆柱积聚的俯视图中，找到 5、6 点，再通过“长对正”和“高平齐”求出点的正面投影 5′、6′点。

c. 顺次光滑连接 1′、5′、3′、6′、2′点，作出相贯线正面投影，如图 3－17(c)所示。

在零件上最常见的情况是两个圆柱正交相贯，它们的相贯线一般有三种形式，如表 3－4 所示。

表 3－4　两圆柱相贯的常见情况

	两圆柱外表面相交	圆柱外表面和圆柱内表面相交	两圆柱内表面相交
立体图	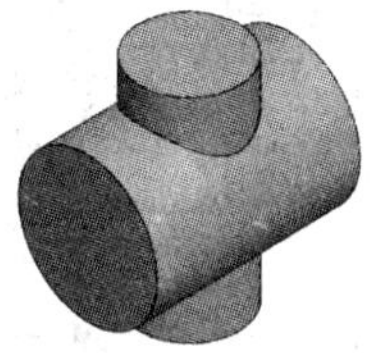	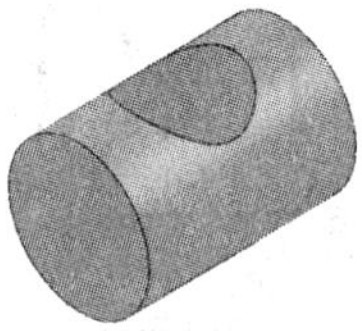	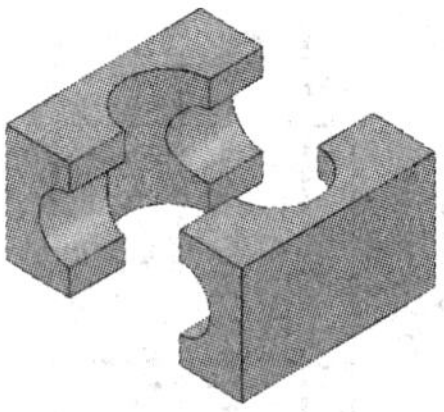
投影图	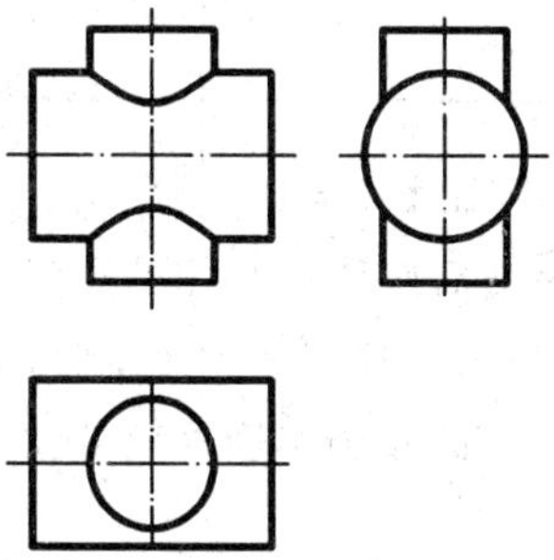	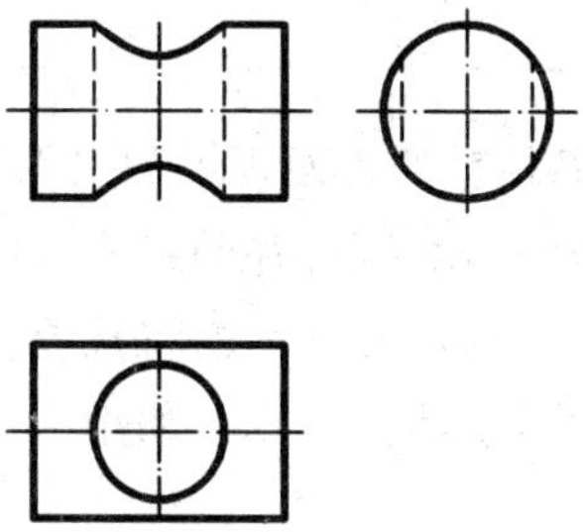	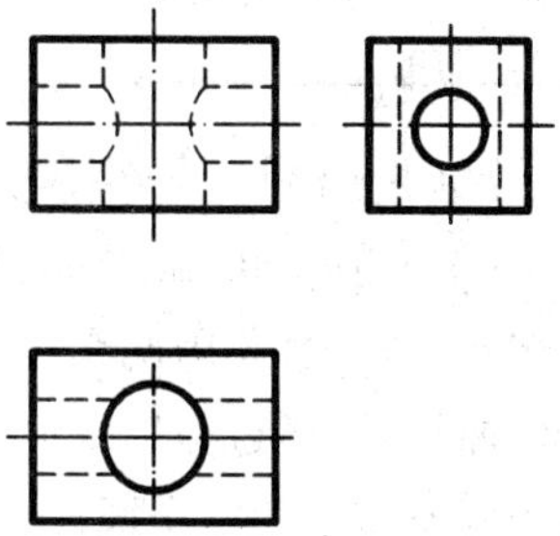

两圆柱相贯有两圆柱外表面相交，相贯线为粗实线；有圆柱外表面和圆柱内表面相交，相贯线为粗实线；有两圆柱内表面相交，相贯线为虚线。圆柱的虚实变化并不影响相贯线的形状，只要相交两圆柱的直径和轴线的相对位置一致，相贯线的形状、性质和作图方法完全相同，不同的只是相贯线的可见性。

当两圆柱垂直相交时，若相对位置不变，只改变两圆柱直径的相对大小，则相贯线也会随之改变，如表 3－5 所示。

可以看出相贯线的弯曲规律为：相贯线以两圆柱轮廓交点为起止点，向大圆柱轴线方向弯曲。

2. 利用辅助平面法求相贯线

求两曲面立体的相贯线时，可以用与两个曲面立体都相交的辅助平面切割这两个立体，得到两组截交线，其交点是辅助平面和两曲面立体表面的三面共有点，即为相贯线上的点，该方法称为辅助平面法。为了便于作图，应选择产生简单易画的截交线的辅助平面，如产生直线或圆的辅助平面，一般选择一个投影面的平行面作为辅助平面。

表 3—5　两圆柱直径相对大小变化对相贯线的影响

	水平圆柱大于 直立圆柱	两圆柱直径相同	直立圆柱大于水平圆柱
立体图	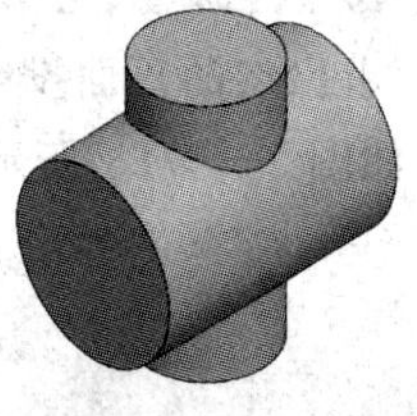	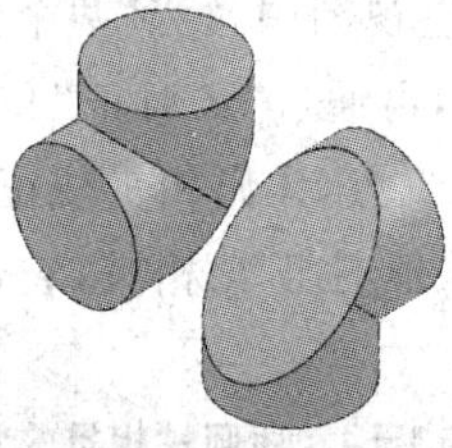	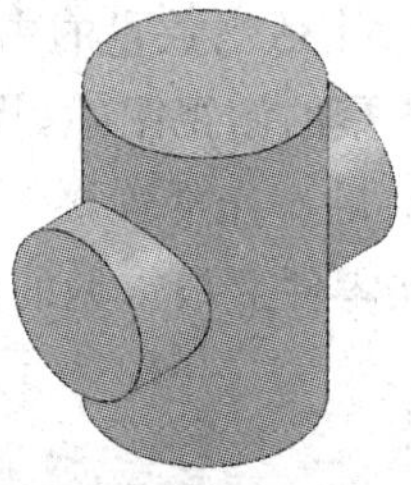
投影图	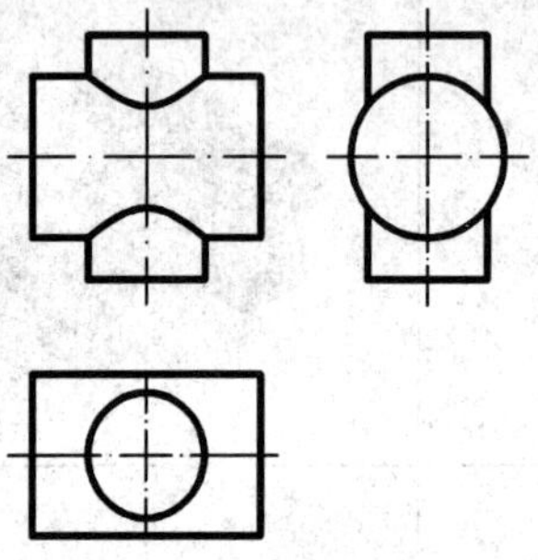	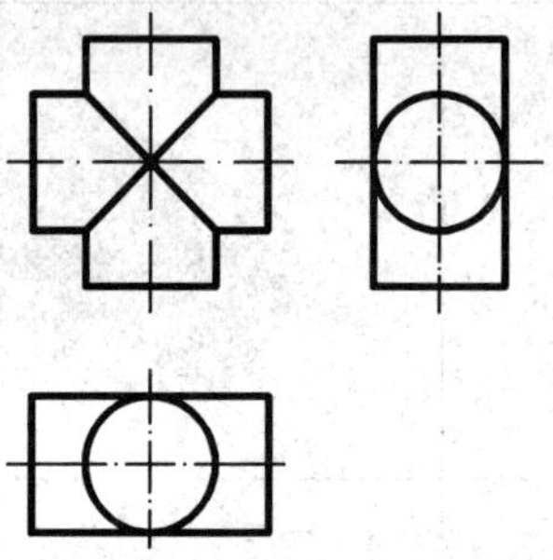	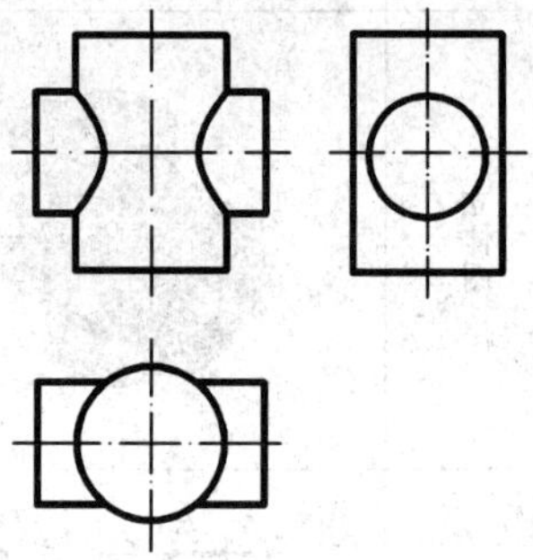

［**例 3—13**］　求圆柱与圆锥相贯的正面投影和水平投影，如图 3－18(b)所示。

［**解**］①分析：如图 3－18(a)所示，圆柱和圆锥相贯线为前后对称的封闭的空间曲线，该曲线属于圆柱表面，因此在左视图中与圆柱表面的积聚投影圆重合，在正面和水平投影面中是弯曲的曲线，可通过辅助平面法求相贯线上的点。如用一个水平面作为辅助平面截切立体，截交线为两条直线和一个圆。

②作图步骤如下：

a. 求相贯线的最高点Ⅰ和最低点Ⅱ；

b. 求相贯线的最前点Ⅲ和最后点Ⅳ，用过圆柱轴线的水平辅助面 P 截切立体，在俯视图中产生两条直线和一个圆，交点为 3、4 点，如图 3－18(c)所示；

c. 在左视图中，过锥顶向圆柱轮廓作切线，两切点为 $5''$、$6''$点，通过素线法求出 $5'$、$6'$点和 5、6 点；

d. 求相贯线的中间点，在圆柱下半部分适当位置用水平辅助面 P 截切立体，求出一般点Ⅶ、Ⅷ点的投影，如图 3－18(d)所示。

e. 依次光滑连接各点，相贯线的正面投影前后重合，前半个相贯线可见，水平投影以 3、4 点为分界点，以左部分不可见，以右部分可见，如图 3－18(e)所示；

f. 整理加深图线，注意圆锥的底圆被圆柱挡住的部分不可见，应画成虚线。

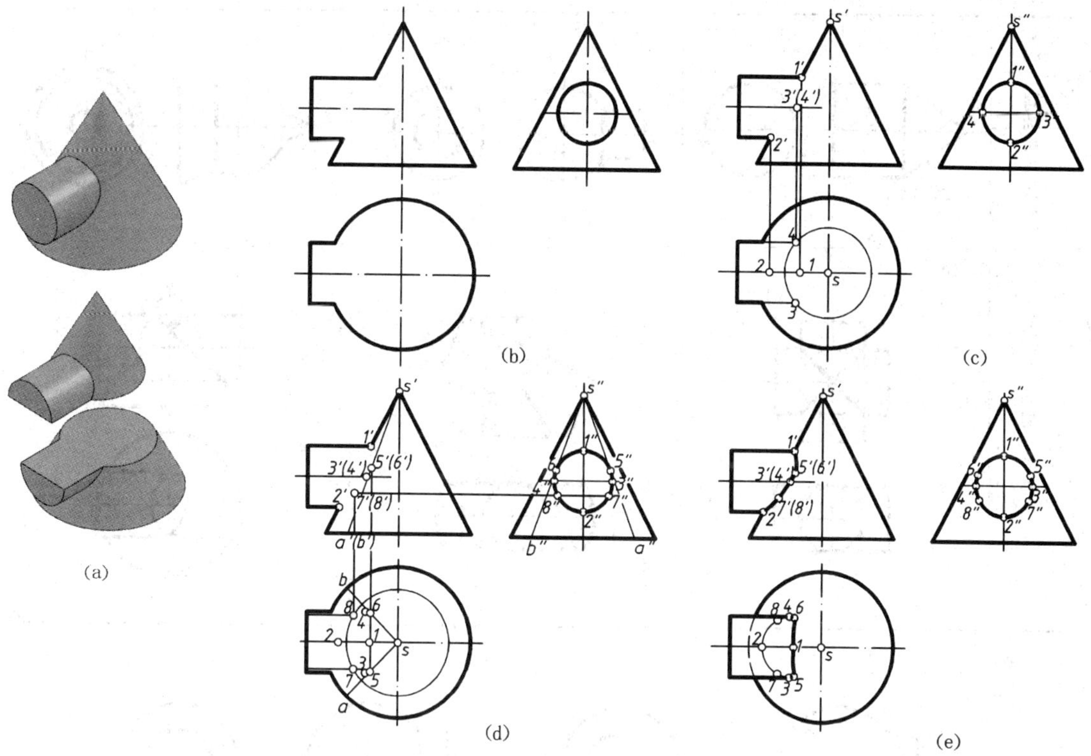

图 3－18　圆柱与圆锥的相贯线投影

3. 相贯线的特殊情况

两个回转体相贯的相贯线，一般情况下是封闭的空间曲线，特殊情况下是平面曲线或直线，如表 3－6 所示。

①两回转体具有公共的回转轴线时，相贯线是垂直于轴线的圆。

②两回转体同切于一个球时，相贯线是平面曲线。

3.2.3　多个立体相交

在实际应用中，常会出现两个以上的立体相交，其表面形成的交线称为组合相贯线。求组合相贯线时，应首先分析组合体由哪些基本体组成以及彼此之间的相对位置关系，然后分别求出这些基本体的相贯线，并依次将其连接。

［**例 3－14**］　求组合体相贯线的正面投影，如图 3－19(a)所示。

［**解**］　如图 3－19(a)立体图所示，该组合回转体由Ⅰ、Ⅱ、Ⅲ三部分组成，其中形体Ⅰ由圆柱和半球组成，形体Ⅱ为圆柱，形体Ⅲ由半圆柱和长方体组成。形体Ⅱ的上半个圆柱和形体Ⅰ的半球是同轴相贯，相贯线的正面投影和水平投影为直线；形体Ⅱ的下半个圆柱和形体Ⅰ的圆柱相贯，相贯线为半个弯曲的曲线；形体Ⅲ的半圆柱体和形体Ⅰ的圆柱体相贯，相贯线也为半个弯曲的曲线；形体Ⅲ的长方体和形体Ⅰ的圆柱相贯，相贯线是直线，作图结果如图 3－19(b)所示。

表 3—6　特殊相贯

同轴相贯	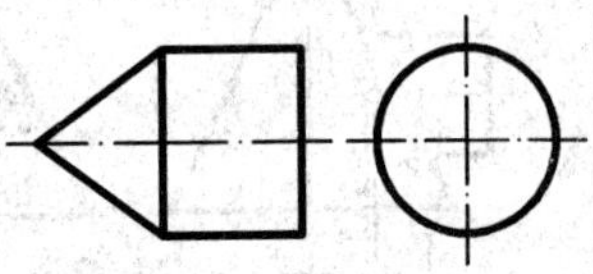	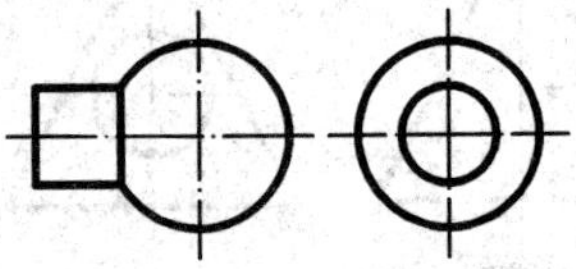	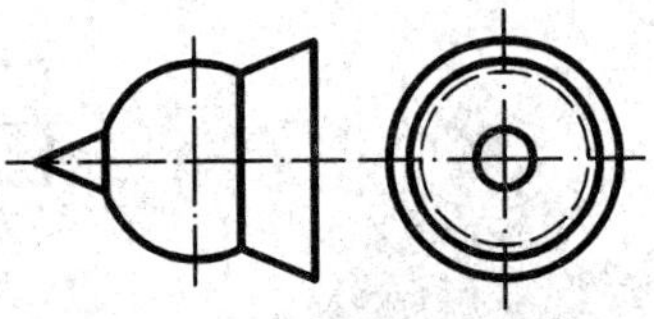
同切一个球	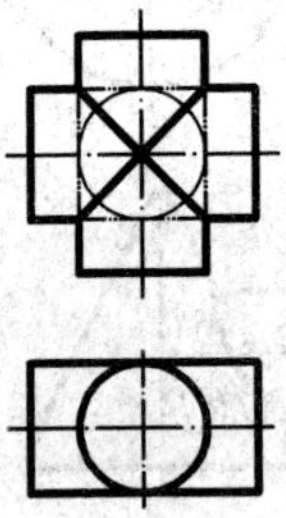	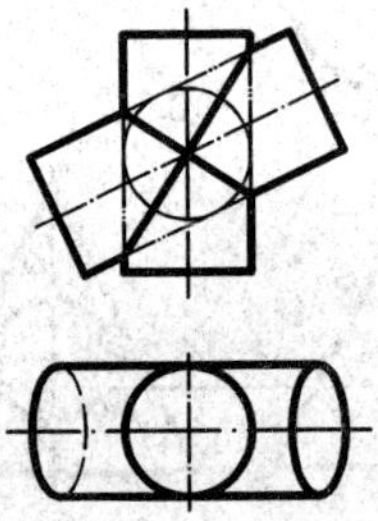	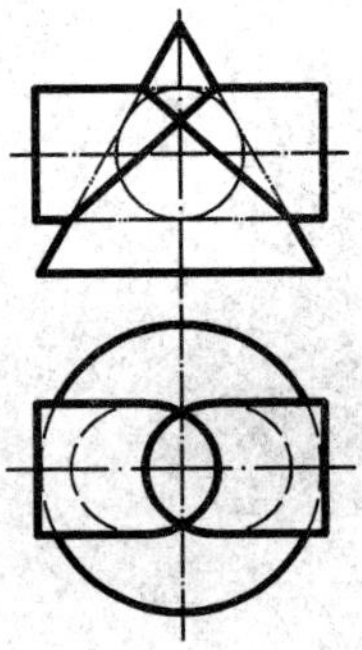

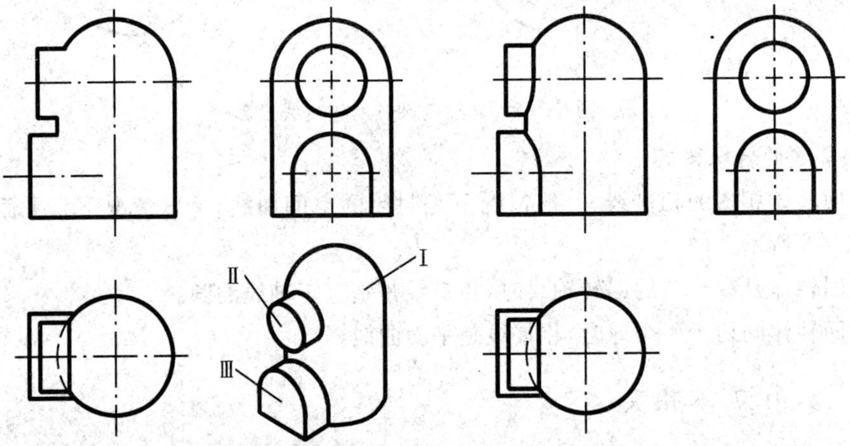

(a)　(b)

图 3—19　多体相贯的相贯线投影

第4章 组 合 体

4.1 概述

组合体是由两个或两个以上的基本形体按一定方式组合而成的物体。本章主要学习组合体画图和读图的基本方法,以及组合体的尺寸标注。

4.1.1 组合体分类

组合体的组成方式分为叠加式和挖切式。叠加式组合体如同积木堆积,如图 4－1(a)所示;挖切式组合体包括挖切和穿孔,如图 4－1(b)所示;在实际的机器零件形状中最常见的是综合式,如图 4－1(c)所示。

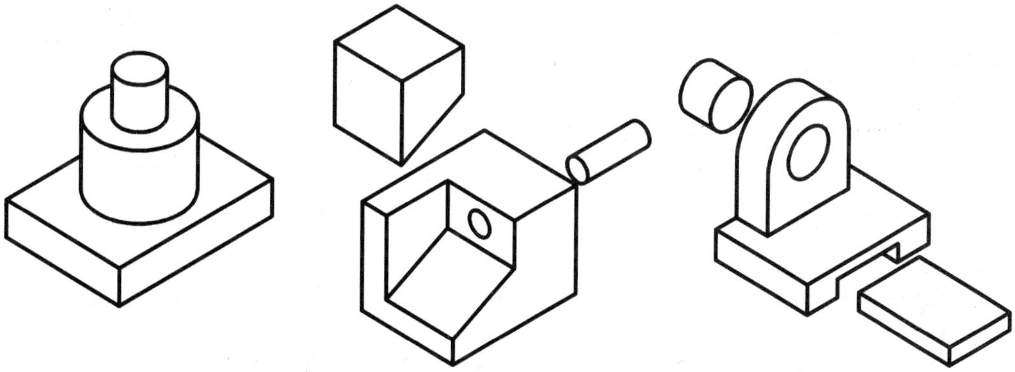

(a) (b) (c)

图 4－1 组合体的组合方式

1. 叠加式

按各个基本形体表面接触的不同方式,叠加式又可细分为堆积、相交和相切等。

(1)堆积

堆积是指两个基本形体以平面相互接触。堆积方式又存在平齐叠加(图 4－2(a))和不平齐叠加(图 4－2(b))两种情况。需要注意:当两形体表面平齐时,相应视图中间无分界线,当两形体表面不平齐时,视图中存在分界线。

(2)相交

两基本形体之间如以平面和曲面截交或以曲面和曲面相贯形式出现时称为相交,如图 4－3所示。注意相交处画出交线。

(3)相切

两基本形体之间如以平面与曲面或曲面与曲面光滑过渡连接时,称为相切,如图 4－4 所示。注意:两形体表面相切,平面与曲面光滑过渡,因此在视图中相切处不应画线。

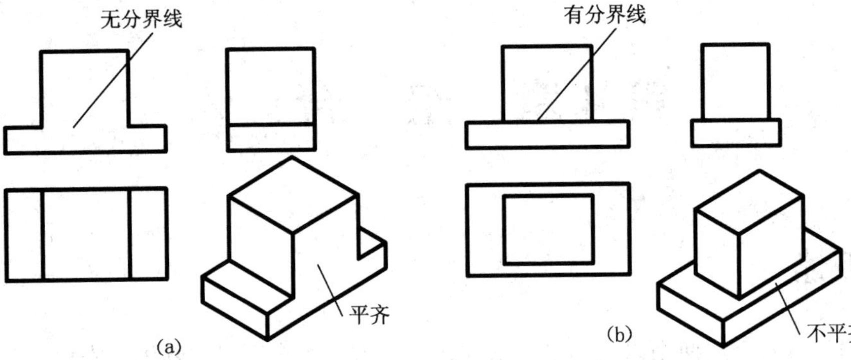

图 4－2　组合体的叠加形式

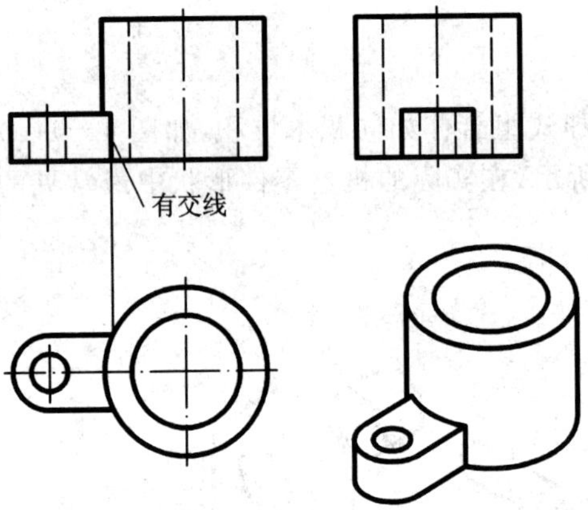

图 4－3　两形体表面相交

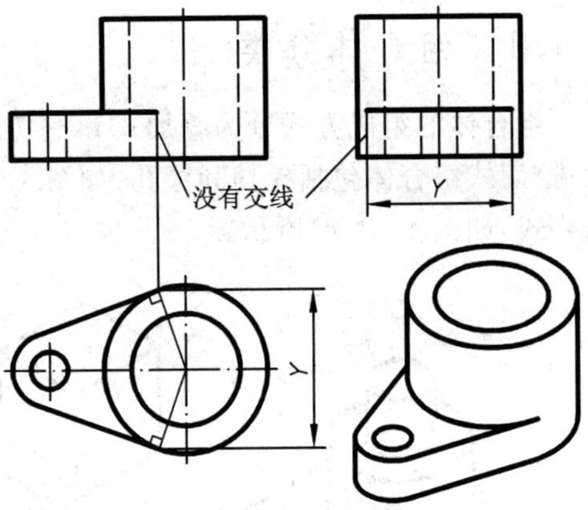

图 4－4　两形体表面相切

2. 挖切式

对于挖切式形体，在绘制其投影时，一般先画出其完整形体的投影，再画挖切部分，如图4－5所示。

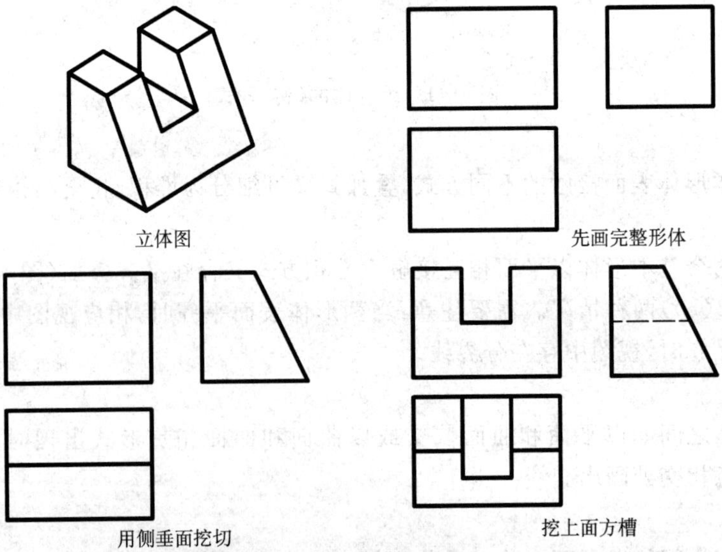

图 4－5　挖切式组合体

4.1.2 形体分析法

由上述几个例子可以看出，复杂组合体都是由若干基本形体叠加或挖切得到的，因此在画图、读图和标注尺寸之前，可先将组合体分解成若干基本形体，分析各个基本形体的形状、组合方式和相对位置，从而产生对整个形体的完整概念。这种将复杂组合体分解为若干简单基本形体的分析方法称为形体分析法，它是在画图、读图和尺寸标注时常用的方法。

如图 4—6 所示，该组合体由底板、圆柱体和两个肋板四部分组成，其中圆柱体与底板以叠加方式中心对齐，两个肋板和圆柱体相交，对称叠放在圆柱体左右两侧，底板为圆柱体，被前后对称地切去两部分，圆柱体和底板中心被挖去一个圆柱孔。

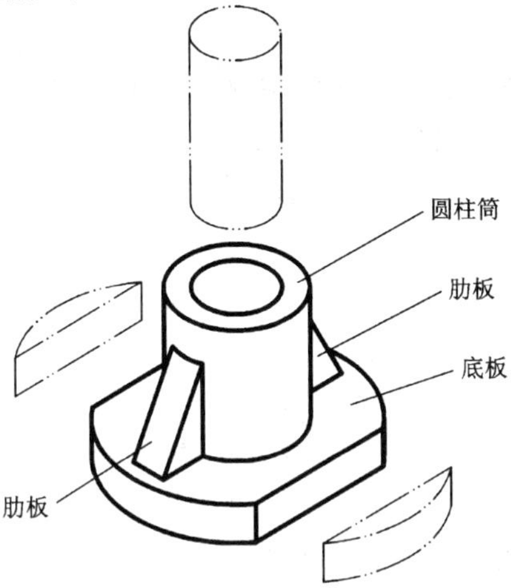

图 4—6　形体分析

4.2 画组合体的三面投影

下面以图 4—7 轴承座为例说明画组合体三视图的方法和步骤。

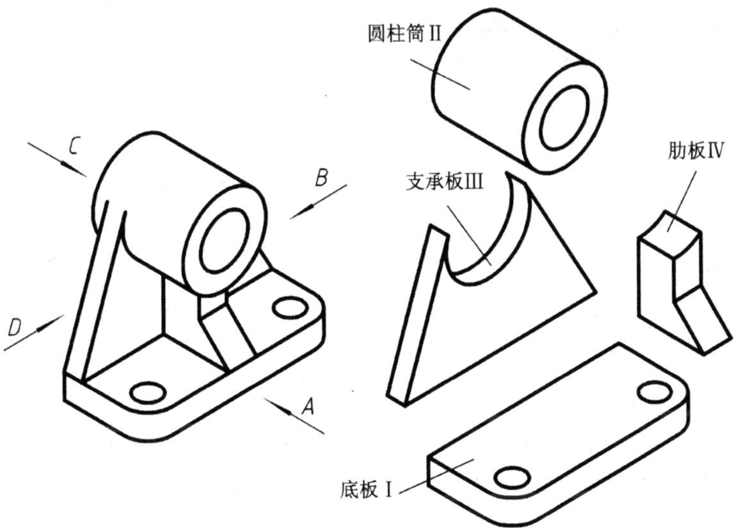

图 4—7　轴承座的形体分析

4.2.1 形体分析

画图前，要对所画的物体进行形体分析，将它分解成几个基本形体，弄清楚各个基本形体的形状和结构特点及表面之间的相互位置关系，明确组合形式。该轴承座由底板 I、圆柱筒 II、支承板 III 和肋板 IV 四部分组成。圆柱筒位于底板正上方，后端面以底板后面为基准向后突出；支承板和底板后面平齐叠加，左右两侧面与圆柱筒表面相切；肋板放在圆柱筒下面和底板的上面，起加强支撑作用，左、右两侧面和圆柱筒表面相交，肋板后面和底面分别与支承板前面和底板上面接触；底板为带有两个小圆柱孔前部有两圆角的四棱柱。

4.2.2 选择主视图

在三个视图中，主视图通常反映形体的主要形状特征，是最主要的视图。选择主视图时，应首先将物体摆平放正，使物体自然放置，主视图投射方向的合理选择，应遵循下列原则：

①组合体的主要平面(或轴线)平行或垂直于投影面；

②主视图应较多地反映组合体各部分的形状特征和组合关系；

③在三个视图中应尽量减少虚线。

在图4－7中有 A、B、C 和 D 四个投射方向，分别得到四个主视图，如图 4－8 所示。A 向视图能够反映空心圆柱体和支承板的形状特征，以及各部分组合方式，较合理；B 向视图能够反映肋板形状特征和各部分相对位置及组合方式，较为合理；C 向视图中虚线较多，不合理；D 向作为主视图，使得侧面视图虚线较多。比较四个投射方向，A 向和 B 向都较合理，考虑到图幅的合理利用，选择 A 向作为主视图的投射方向最为恰当。

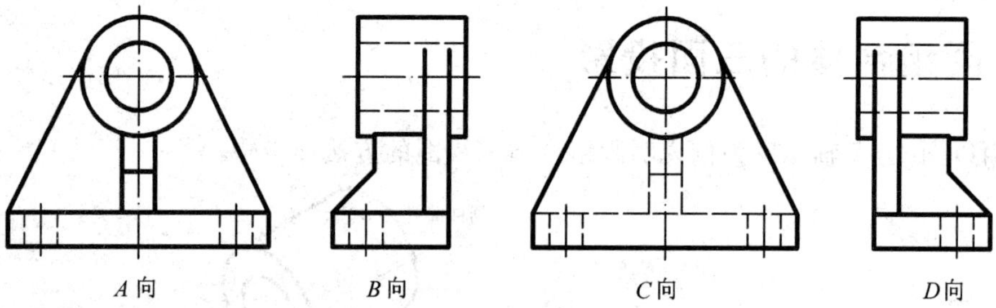

图 4－8　不同投射方向主视图比较

4.2.3 画图步骤

1. 选比例，定图幅

根据组合体的大小确定绘图比例和图纸幅面，一般尽量采用标准比例和标准图幅，绘图比例优先采用 1∶1。

2. 布置视图，画基准线

布置视图时，要使三个视图在图纸中位置均衡，视图间空隙恰当，并考虑到尺寸的标注。画出长、宽、高三个方向的绘图基线，如图 4－9(a)所示。通常以对称平面、回转轴和重要平面作为绘图基线。该轴承座的长度方向左右对称，以对称平面作为基线，宽度方向以底板(支承板)后面作为基线，高度方向以底板底面作为基线。

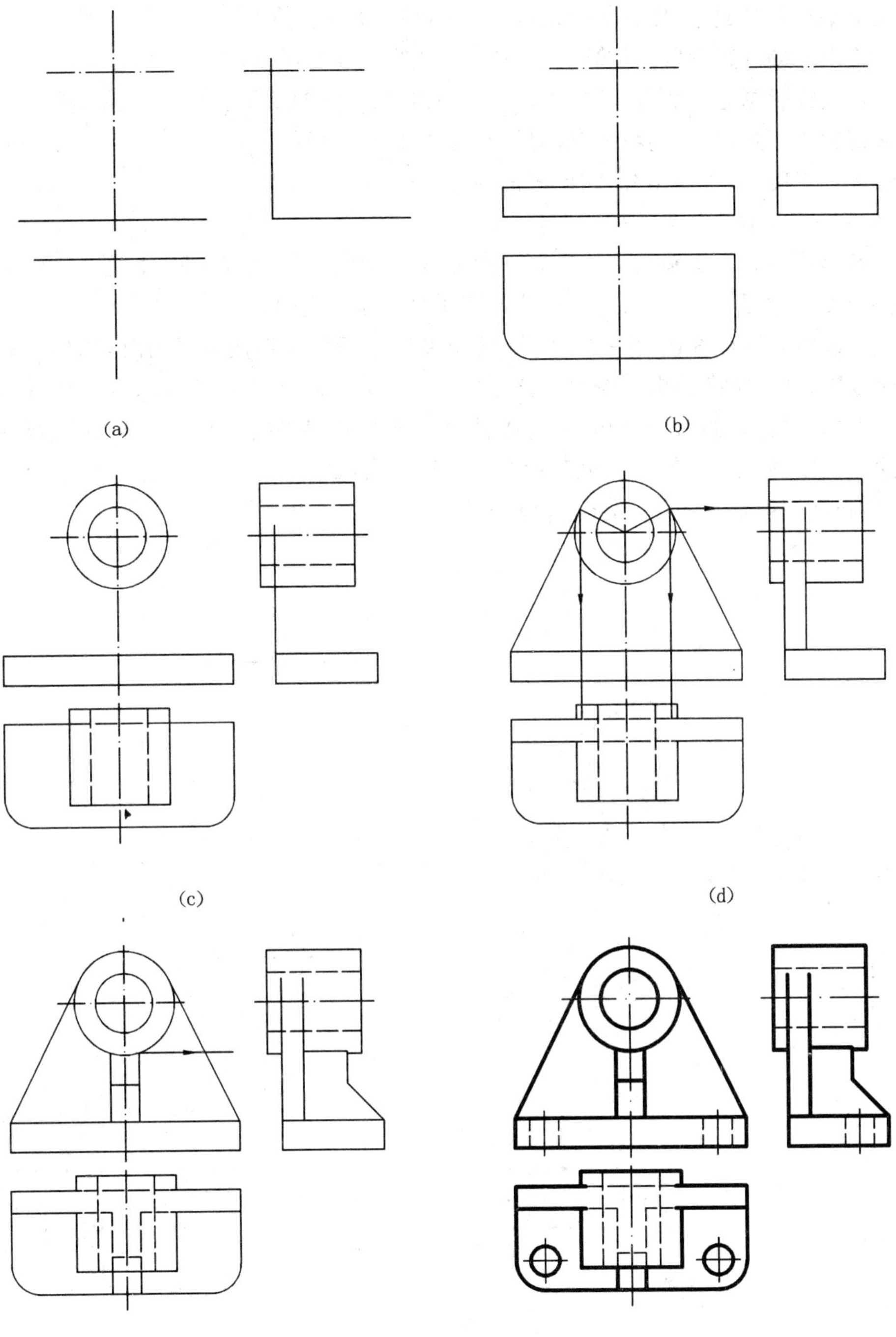

(a) (b) (c) (d) (e) (f)

图 4—9　画轴承座三视图的作图步骤

3. 画底稿

画组合体时，应按形体分析法，逐一画出各个基本形体。先画主要形体，后画次要形体；先画总体，后画局部，每个基本体应从最能反映该形体形状特征的视图入手，三个视图配合起来一起画。

①从水平投影画起，画底板的三面投影，如图 4－9(b)所示。

②从正面投影画起，画圆柱筒的三面投影，如图 4－9(c)所示。

③从正面投影画起，画支承板的三面投影，如图 4－9(d)所示。

④从正面投影画起，画肋板的三面投影，如图 4－9(e)所示。

⑤画底板安装孔，整理图线，完成底稿。

4. 检查加深图线

注意各形体之间相切和相交的表面过渡关系。加深图线，完成全图，如图 4－9(f)所示。

[例 4－1] 画出图 4－10(a)所示的挖切式组合体三视图。

[解] 该组合体可看成由一个长方体被挖去三个部分而形成。画图时，先画出完整立方体的三面投影，再按顺序画出被挖切部分的投影。首先画立体三视图，如图 4－10(b)；然后画截掉形体Ⅰ的三视图，如图 4－10(c)；再画截掉形体Ⅱ的三视图，如图 4－10(d)；接着画截掉形体Ⅲ的三视图，如图 4－10(e)；最后检查并加深图线，如图 4－10(f)所示。画被挖切部分投影时，应先画具有积聚性的投影，再画其他投影。

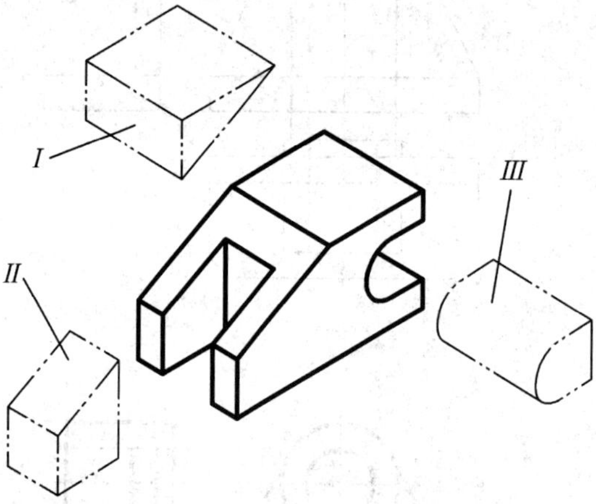

(a)

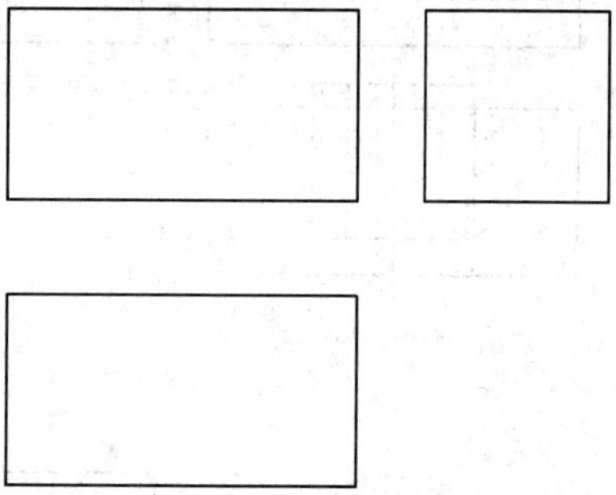
(b)

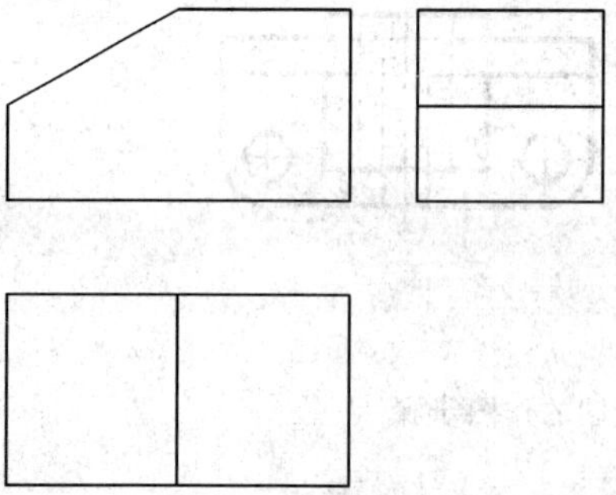
(c)

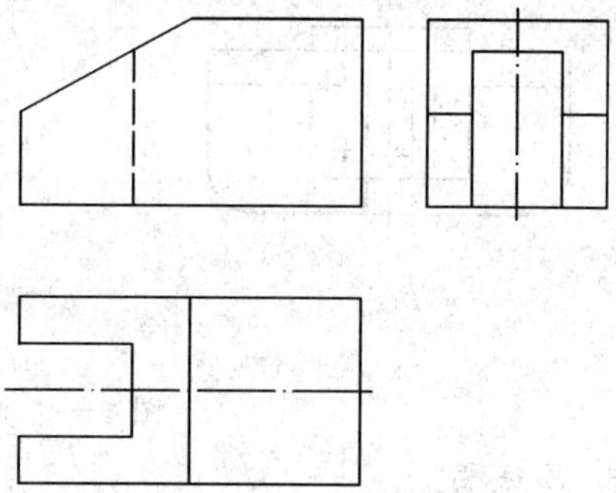
(d)

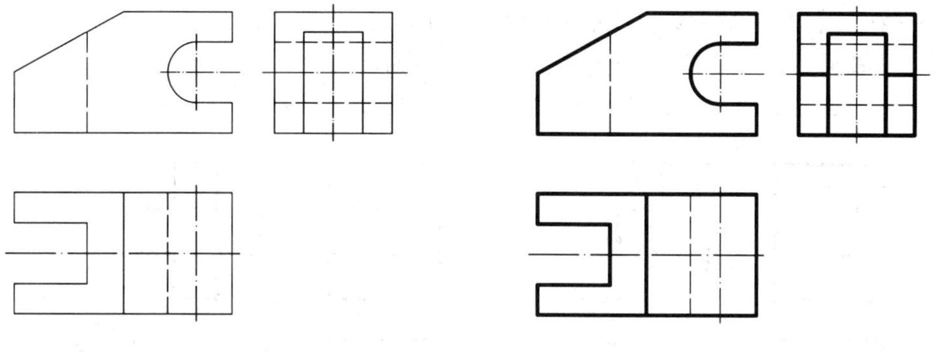

(e)画截掉形体III的三视图　　(f)检查、加深

图 4－10　挖切组合体三视图的作图步骤

4.3 组合体的读图

前面讲到组合体画图是将空间形体按投影方法表达在图纸上，是一种从空间立体到平面图形的过程，即由物到图。组合体读图是画图的逆过程，是通过正投影规律由平面图形想象出它的空间立体结构形状，即由图到物的过程。两者相比较，读图过程比较困难，需要在掌握读图的基本要领和方法的基础上，培养空间思维和空间想象能力，多实践，才能不断提高读图能力。

4.3.1 读图的基本要领

1. 将各个视图联系起来看

一般情况下，一个视图不能确定物体的形状(图 4－11)，有时虽有两个视图也不能确定物体形状(图 4－12)，物体的主、俯视图都相同，但左视图不同，便得到了不同的形体。因此，读图时要把几个视图联系起来进行分析，才能弄清物体的空间形状。

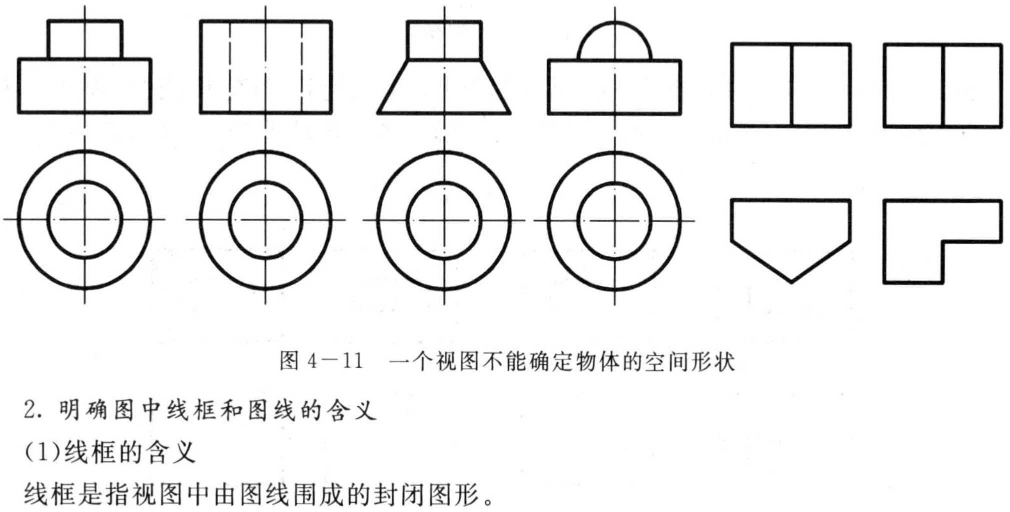

图 4－11　一个视图不能确定物体的空间形状

2. 明确图中线框和图线的含义

(1)线框的含义

线框是指视图中由图线围成的封闭图形。

一个线框可能表示以下含义：

①一个平面(图 4－13(a)),线框 I 表示底板前表面;
②一个曲面(图 4－13(a)),线框 II 表示圆柱表面;
③一个平面与曲面的相切连接,如图 4－13(b)所示。

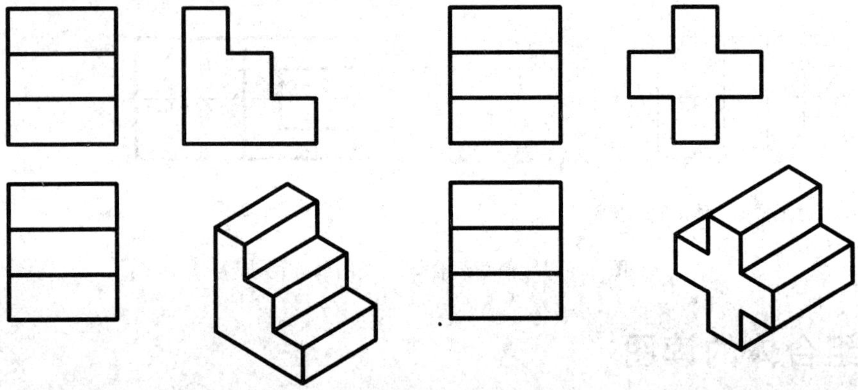

图 4－12　两个视图不能确定物体的空间形状

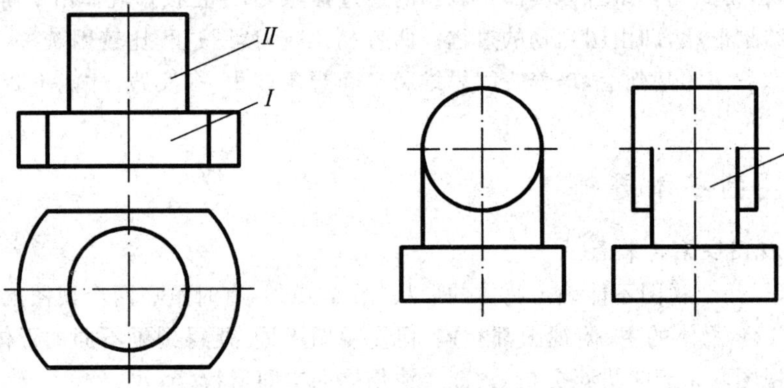

(a)　　(b)

图 4－13　线框含义

如果视图中出现大线框包容小线框,可表示凸出、凹下、通孔、斜孔等不同位置关系,如图 4－14 所示;如果视图中出现两相邻的封闭线框,可表示两平面错开或两平面相交,如图 4－15 所示。

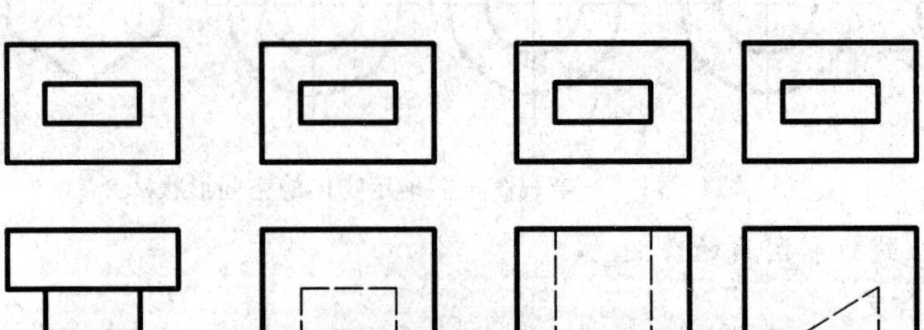

图 4－14　大线框套小线框的含义

(2)图线的含义

视图中的图线可能表示以下含义：

①表示回转体的转向轮廓线，如图 4－16 图线 I 所示；

②一个平面的积聚投影，如图 4－16 图线 II 所示；

③两表面的交线，如图 4－16 图线 III 所示。

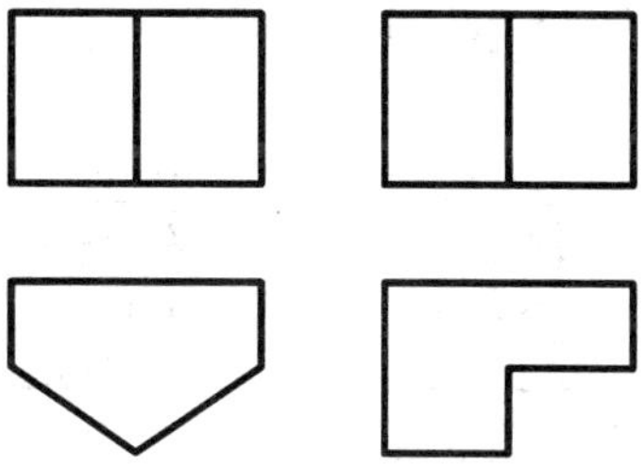

图 4－15　相邻两线框的含义

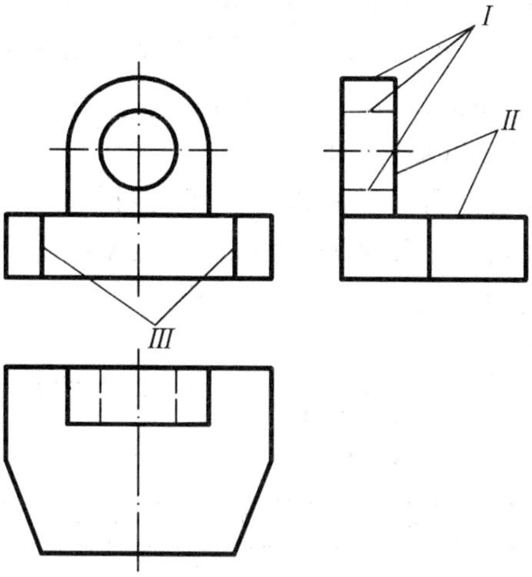

图 4－16　图线含义

3. 要善于抓住特征视图

特征视图分为形状特征视图和位置特征视图。

形状特征视图是指最能反映物体形状特征的视图，如图 4－12 所示的两个左视图即为形状特征视图。

位置特征视图是指最能反映物体各部分相对位置关系的视图，如图 4－17 所示。两个左视图为位置特征视图，该图可确定 I 和 II 部分为凸出还是凹进。

因此，看图时要从反映特征较多的视图入手，抓住形状特征视图和位置特征视图。

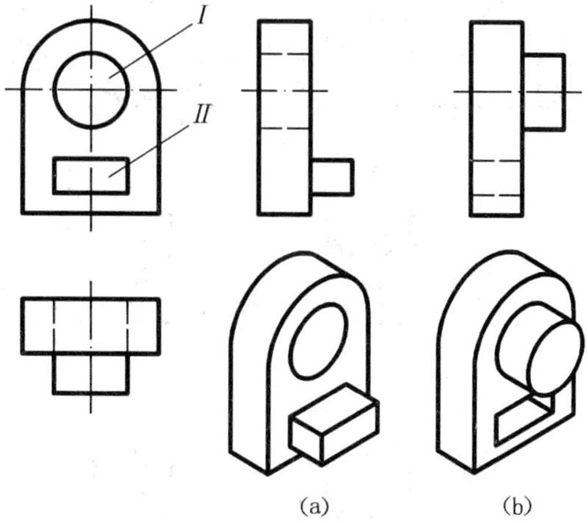

图 4－17　位置特征视图

4.3.2　读图的方法和步骤

读图的基本方法为形体分析法，有时用线面分析法作为辅助读图方法。

形体分析法是根据视图的特点和投影关系，把视图分解为若干部分，然后一部分一部分地想象出它们的形状和相对位置关系，最后综合归纳想象出物体的空间形状。线面分析法是分析视图中的图线和线框，对照投影关系想象出空间的线或面的形状和位置。在读图时，对于叠加式组合体以形体分析法为主，对于挖切式组合体和复杂组合体不易读懂的部分，常采用线面分析法来确定挖切情况，帮助想象物体的空间形状。

1. 形体分析法

下面以图 4－18 为例，说明形体分析法的看图方法和步骤。

(1)概括了解

首先总观三个视图，初步认识物体各组成部分的投影关系和大致的轮廓形状。由图 4－18 可以看出主视图为形状特征视图，物体左低右高，前后对称。

(2)分解形体，对投影

从主视图入手将物体分解成四部分，分别找到每一部分的三面投影，想象出空间形状，如图 4－19(a)～(d)所示。

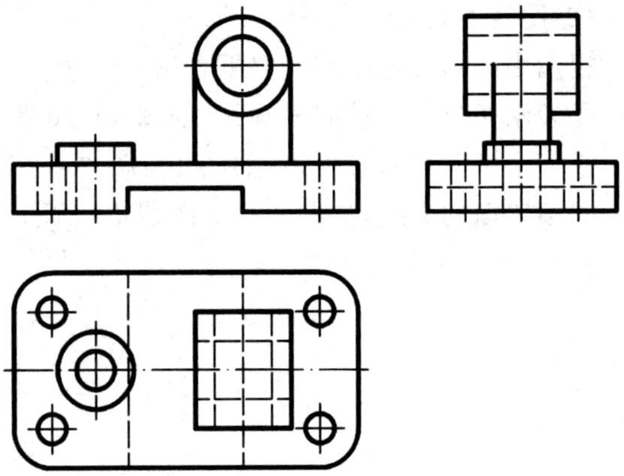

图 4－18　组合体的三视图

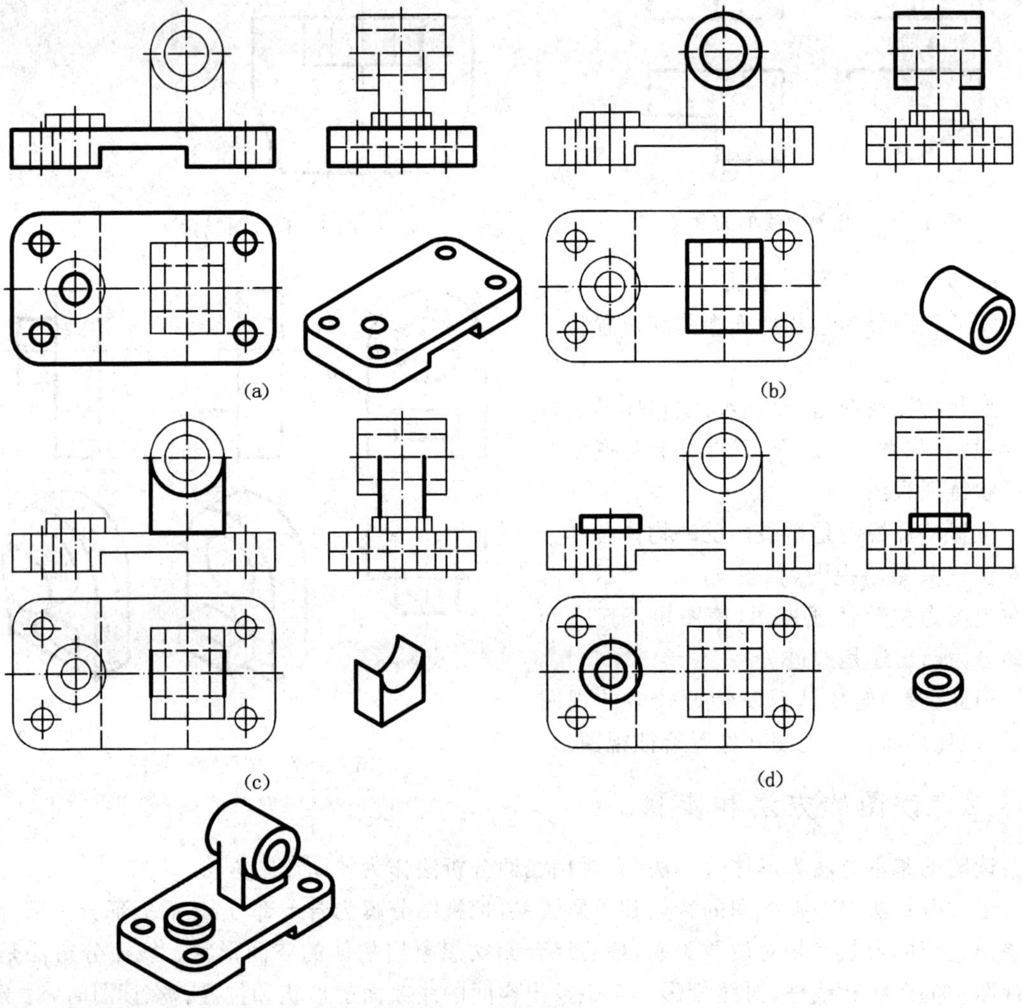

图 4－19　组合体的读图过程

(3)综合归纳，想象整体形状

在弄清各部分的形状之后，分析各部分形体之间的组合方式和相对位置关系，将各部分形体叠加起来，完成整个形体的想象。

由图 4－18 可知，支承左、右两侧面与圆柱筒外表面相切，两形体叠放在底板右侧前后对称的位置上，在底板左侧前后对称中心处叠放一个圆柱形凸台，凸台中心向下打一圆柱通孔，如图 4－19(e)所示。

2. 线面分析法

下面以图 4－20 压块形体为例，说明线面分析法的看图方法和步骤。

(1)概括了解，想象整体形状

该形体三视图的轮廓基本上是长方形，因此可知该立体的初始形状是长方体，是由长方体一步一步挖切得到的。

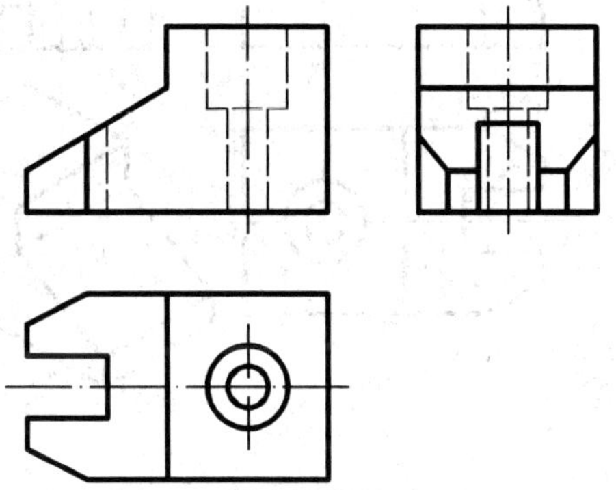

图 4－20　压块三视图

(2)找线框，对投影

①在左视图中找到Ⅰ、Ⅱ两个封闭线框，对应到主视图中为两条直线，对应到俯视图中为一条直线和一个封闭线框，可以判断Ⅰ、Ⅱ两平面分别为侧平面和正垂面，由此可知，立体的左上方被Ⅰ、Ⅱ两平面切去一个四棱柱体，如图 4－21(a) 所示。

②在主视图找到线框Ⅲ，在俯视图中对应到前后两条直线，可判断该平面为两个前后对称的铅垂面。该立体在上步基础上被前后两个铅垂面切掉两个小角，如图 4－21(b)所示。

③在俯视图中又找到一组图线Ⅳ，通过对投影，可判断在立方体左部打通了一个矩形槽，如图 4－21(c)所示。

④在主视图中找到两虚线框Ⅴ，对应到俯视图为两个同心圆，根据圆柱的投影特征，可判断在立体右部挖切了一个阶梯圆柱孔。

将以上线面分析综合起来，可以想象出整个压块的形状，如图 4－21(d)所示。

4.3.3　已知物体的两个视图，求第三视图

根据组合体的两个视图求第三个视图，是画图和读图的综合练习。首先要读懂两视图，想象组合体的空间形状，然后按画图方法，画出第三个视图来。

补画第三视图时，应按各个组成部分逐步进行绘图。对于叠加式组合体，逐一画出各个基本形体；对于挖切式组合体，应先画整体后进行挖切。

[例 4－2]　如图 4－22 所示，已知组合体的主、俯两视图，补画其左视图。

[解]　读图步骤如下。

①概括了解。

②分解形体，对投影。从主视图入手，将形体大致分为四部分，联系俯视图，想象出每一部分形状，该形体由一个大圆柱筒、一个小圆柱凸台、一个肋板和一个与大圆柱筒相切的底板组成，如图 4－23 所示。

③想象整体形状。根据各个形体相对位置关系和组合方式，想象空间形状。

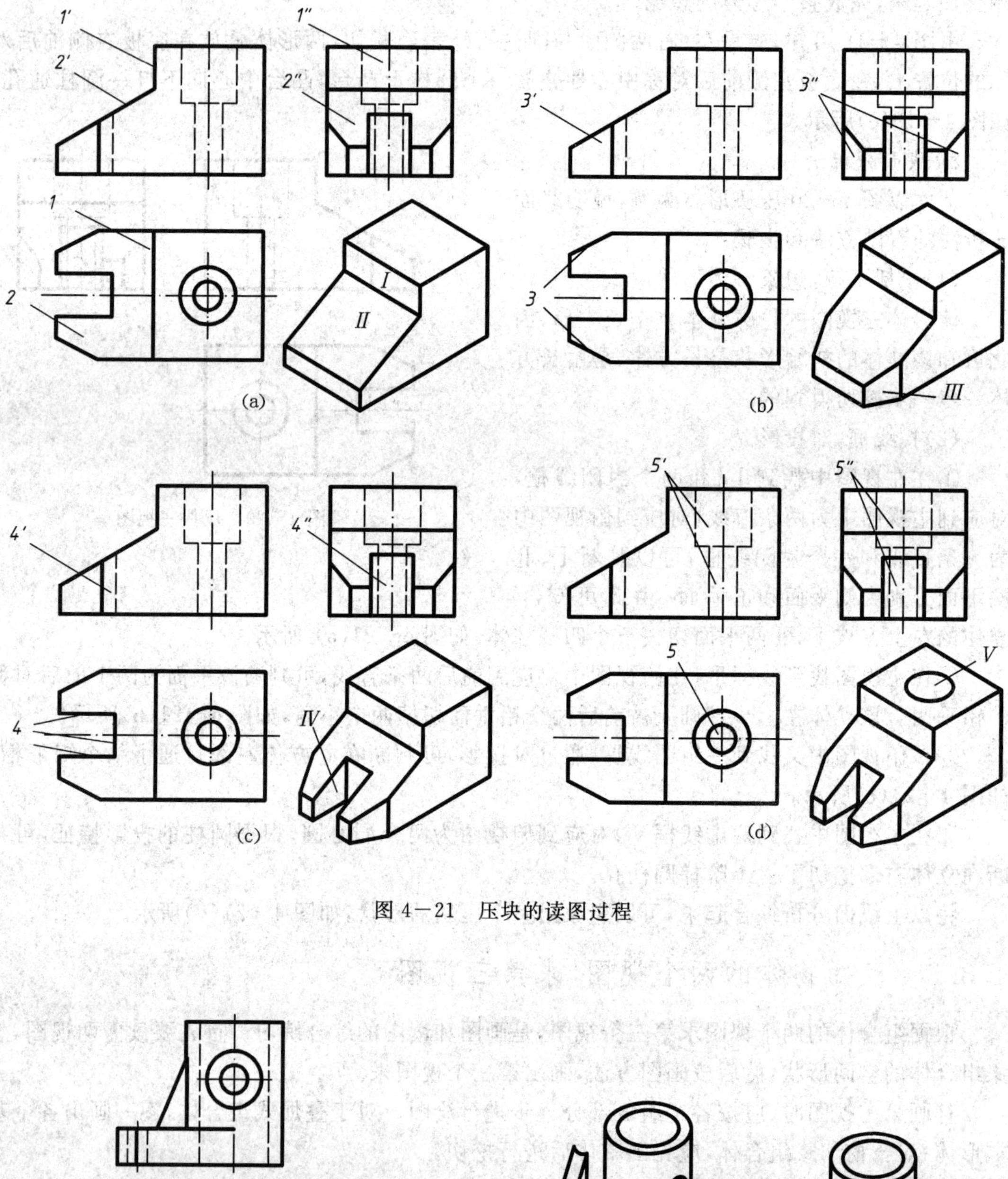

图 4－21　压块的读图过程

图 4－22　组合体二视图

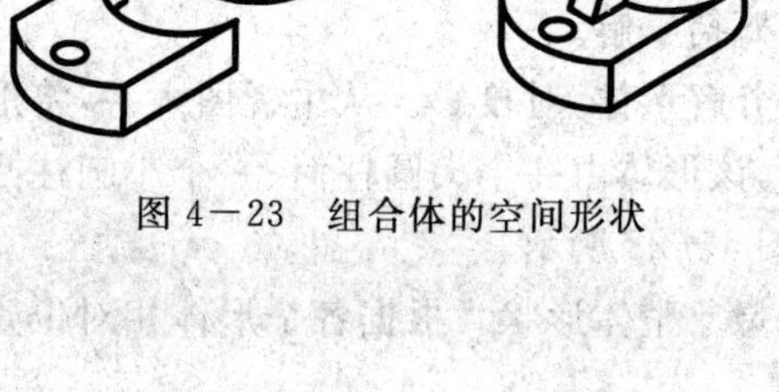

图 4－23　组合体的空间形状

画图步骤如图 4－24(a)～(d)所示。

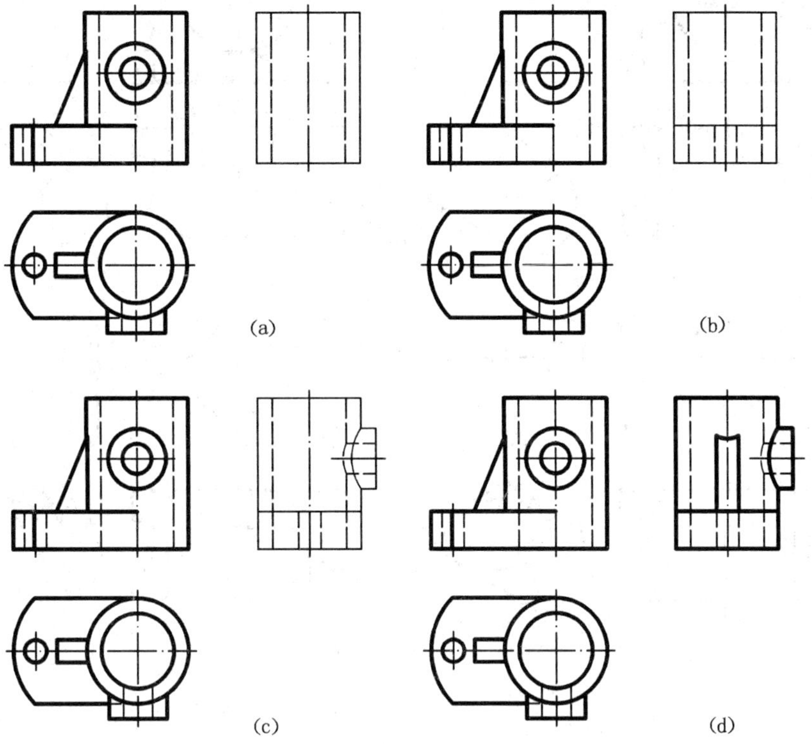

图 4—24　求组合体左视图的过程

［**例 4—3**］　如图 4—25 所示，已知组合体的主、俯两视图，补画其左视图。

［**解**］　对照主、俯两视图，把该形体分为 A、B 两部分形体，经投影分析可以确认：形体 A 为半圆柱体，形体 B 为四棱柱。在主视图中找到两封闭线框 $1'$ 和 $2'$，在俯视图中找到Ⅰ、Ⅱ两个平面位置 1 和 2，如图 4—25 所示。可知形体前部挖有半圆柱槽、后部挖有圆柱孔、左右两边挖有两个小矩形槽，如图 4—26 所示。通过以上分析和构思，想象出形体的空间形状，然后运用三视图的投影规律，画出左视图，如图 4—27(a)～(d)所示。

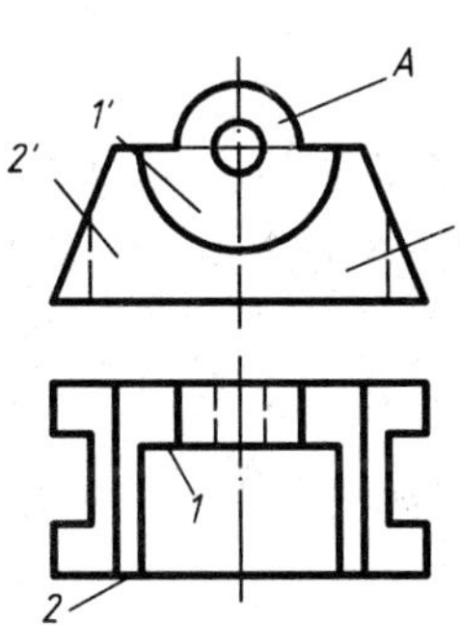

图 4—25　组合体二视图

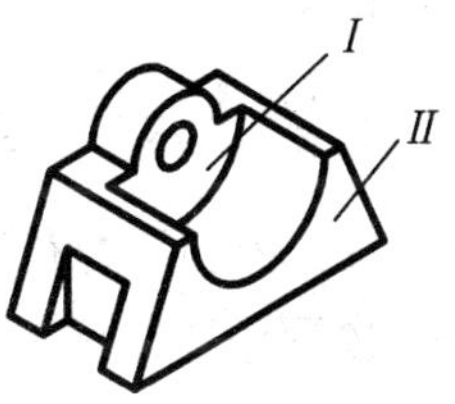

图 4—26　组合体的空间形状

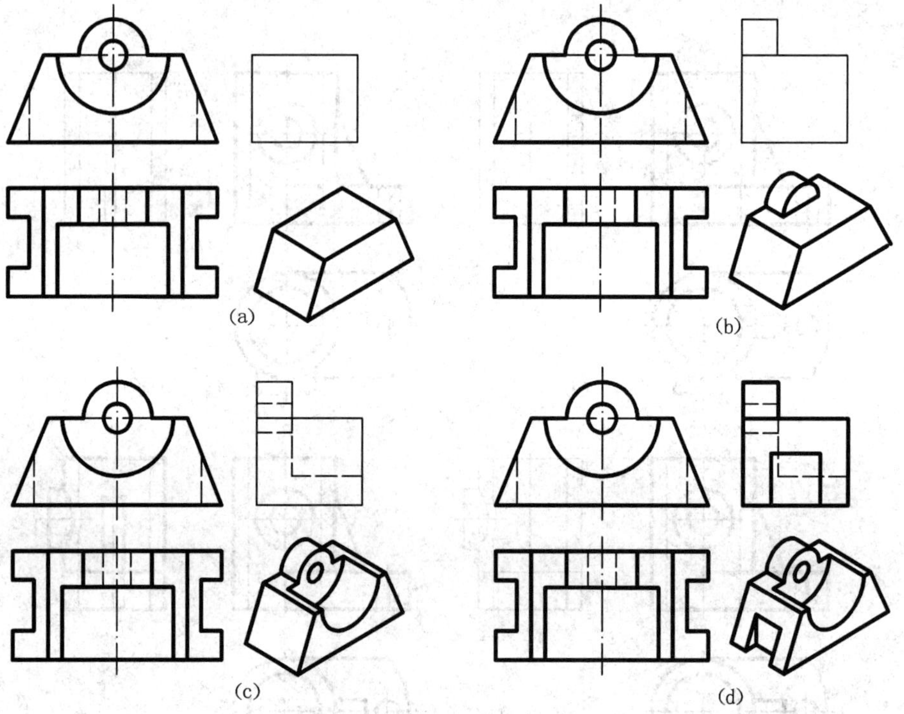

图 4—27　求组合体左视图过程

4.4　组合体的尺寸标注

前面所学的组合体三视图只能表示物体的结构形状，而各个形体的真实尺寸大小及相对位置要靠尺寸确定。

4.4.1　组合体尺寸标注的基本要求

1)正确　尺寸的注写要符合国家标准《机械制图》中有关《尺寸注法》的规定。

2)完全　尺寸必须齐全，要能完全确定组合体各部分形体的大小和位置，不能重复标注尺寸，也不能遗漏尺寸。

3)清晰　尺寸的注写位置要布置整齐、清晰，便于看图。

4)合理　所注尺寸要符合设计、加工、检验等要求。

标注尺寸时必须按照以上要求进行。尺寸的正确性要求在第 1 章“尺寸注法”中已经介绍，尺寸的合理性要求将在第 8 章介绍，这里主要讨论尺寸标注的完全和清晰要求。

4.4.2　组合体的尺寸分类

组合体尺寸分为定形尺寸、定位尺寸和总体尺寸三类。在标注组合体尺寸时，通常采用形体分析的方法，按顺序进行标注。

1. 定形尺寸

确定组合体各个基本形体的形状大小的尺寸称为定形尺寸。在标注定形尺寸时，应首先进行形体分析，将组合体分解成若干简单形体，然后逐一标注各基本体的定形尺寸。图 4－28 为几个常见基本形体的定形尺寸标注。

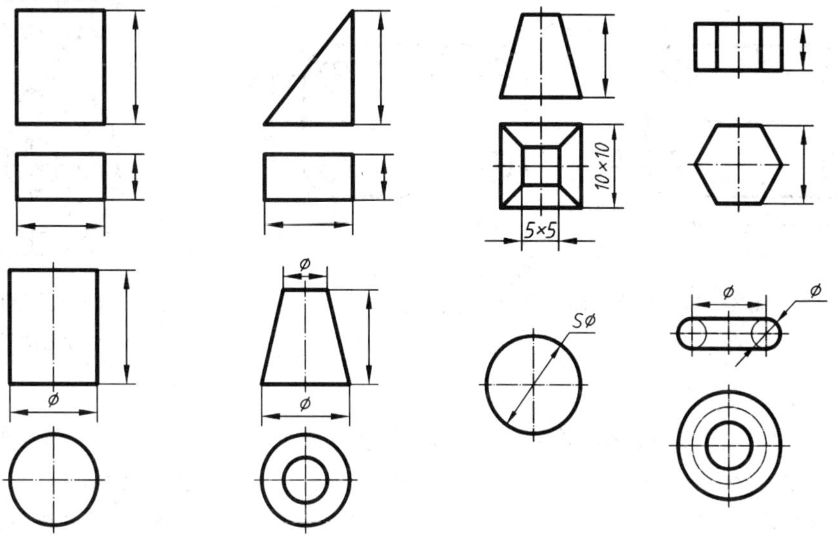

图 4－28　基本形体的定形尺寸

注意：一般情况下，正六边形标注对边距离，不注边长或对角线距离；直角三角形标注直角边长，不注斜边长度；圆柱直径尽量注在非圆视图中。

2. 定位尺寸

确定组合体各个基本形体之间的相对位置的尺寸称为定位尺寸。在标注定位尺寸时，必须确定长、宽、高三个方向的尺寸基准。尺寸基准是指标注定位尺寸的起始点，通常以组合体的对称面、轴线、底面和端面作为尺寸基准。组合体长、宽、高三个方向中，每个方向都应有一个主要尺寸基准，有时根据需要可再确定若干辅助基准。图 4－29 为几种常见定位尺寸的标注。

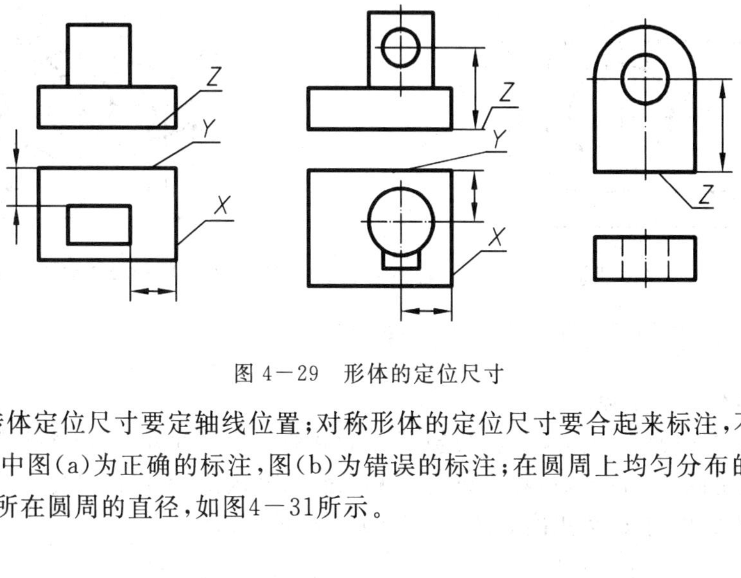

图 4－29　形体的定位尺寸

注意：回转体定位尺寸要定轴线位置；对称形体的定位尺寸要合起来标注，不能分开，如图 4－30 所示，其中图(a)为正确的标注，图(b)为错误的标注；在圆周上均匀分布的小孔，定位尺寸为小孔圆心所在圆周的直径，如图4－31所示。

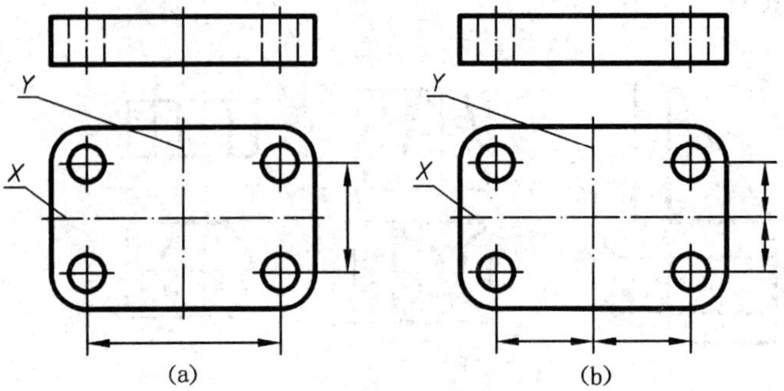

图 4－30　对称形体的定位尺寸标注

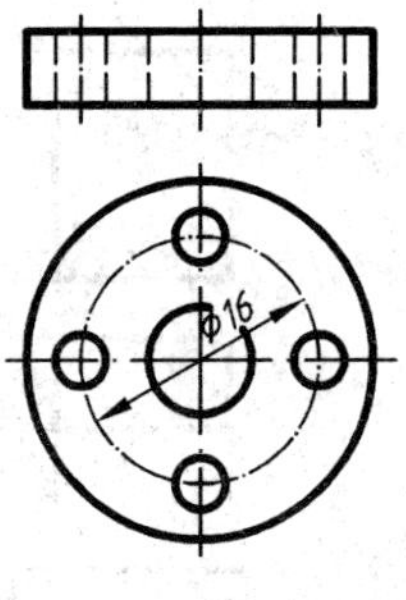

图 4－31　按圆周均匀分布的小孔的定位尺寸标注

3. 总体尺寸

确定组合体的总长、总宽和总高的尺寸称为总体尺寸。从图 4－32 中可看出，尺寸 30、20、22 分别为组合体的总长、总宽和总高尺寸，尺寸 φ14、R4、7 为定形尺寸，尺寸 10 为圆柱体长度方向定位尺寸。当标注了总体尺寸后，可能会产生重复尺寸，需相应减少该方向一个不重要的局部尺寸进行调整，如图 4－32 中尺寸 15 应删去。

注意：当组合体的端部不是平面而是回转面时，该方向不直接标注总体尺寸，而是由确定回转面轴线的定位尺寸和回转面的定形尺寸（直径或半径）来间接确定，如图 4－33 所示。

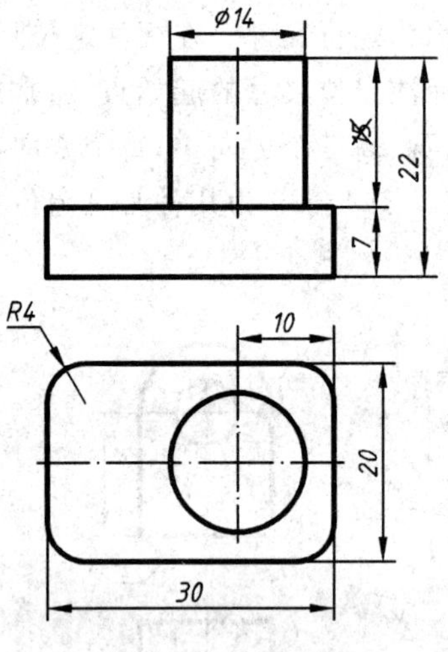

图 4－32　形体的总体尺寸

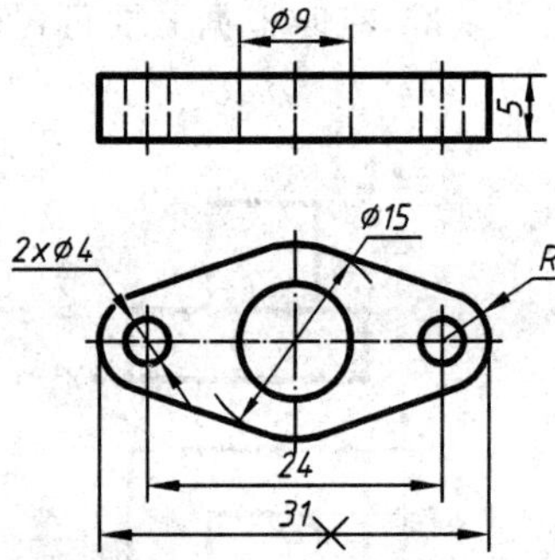

图 4－33　端部为回转面的总体尺寸标注

4.4.3　截切与相贯形体的尺寸标注

1. 截切立体的尺寸标注

标注截切立体的尺寸时，除了注出被截切形体的定形尺寸外，还应注出截平面的定位尺寸。当截平面定位尺寸注出后，其截交线也就确定下来，因此，不能在截交线上直接注尺寸，如图 4－34 所示，其中图(a)为正确的标注，图(b)为错误的标注。

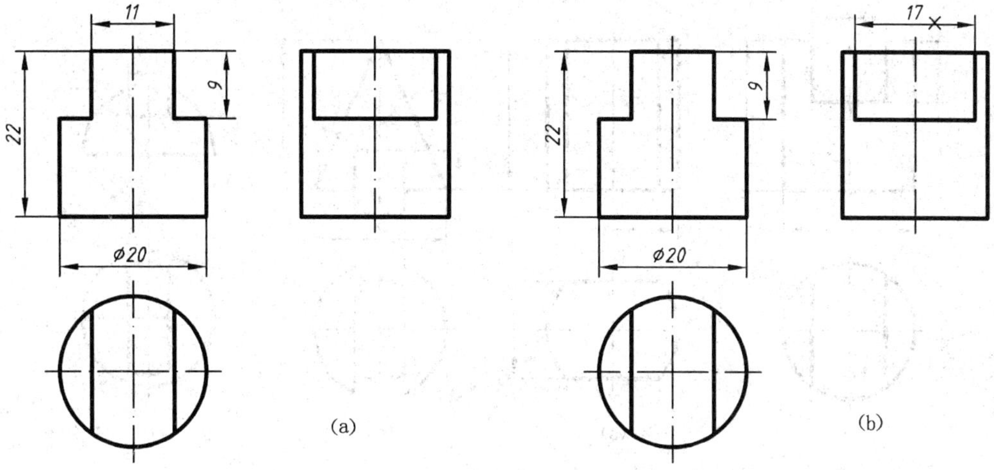

图 4－34　截切立体的尺寸标注

2. 相贯立体的尺寸标注

标注两个相贯立体时，除了标注两相贯立体的定形尺寸外，还应标出两相贯立体之间的相对位置尺寸。当两相贯立体相对位置确定后，相贯线也就确定下来，因此，不能在相贯线上直接注尺寸，如图 4－35 所示，其中图(a)为正确的标注，图(b)为错误的标注。

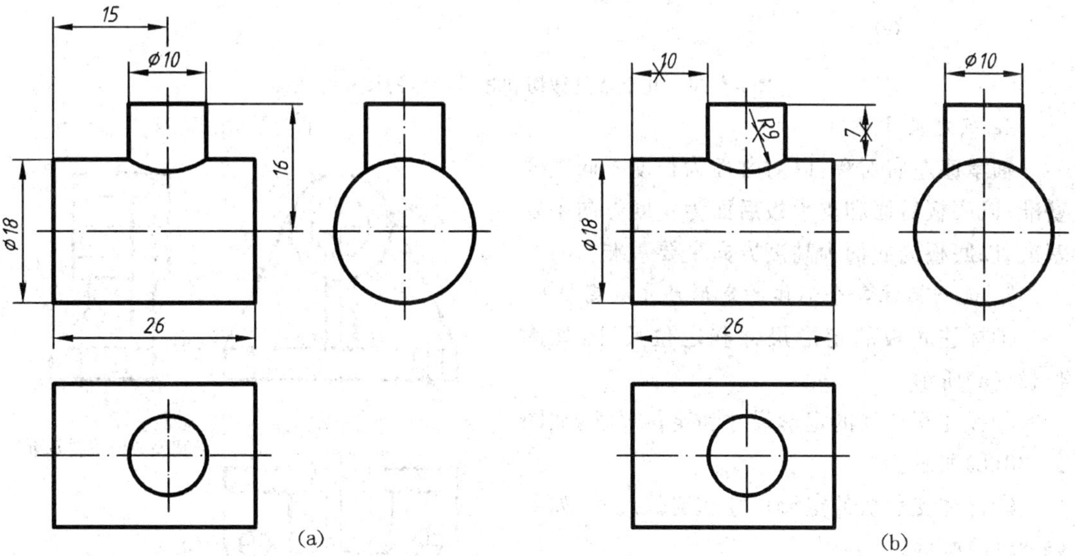

图 4－35　相贯立体的尺寸标注

图 4－36(a)～(g)为几个常见截切和相贯立体的尺寸标注。

4.4.4　组合体的尺寸标注

下面以图 4－37 轴承座为例，说明标注组合体尺寸的步骤。

1. 形体分析

将轴承座分为底板、圆柱筒、支承板和肋板四部分。

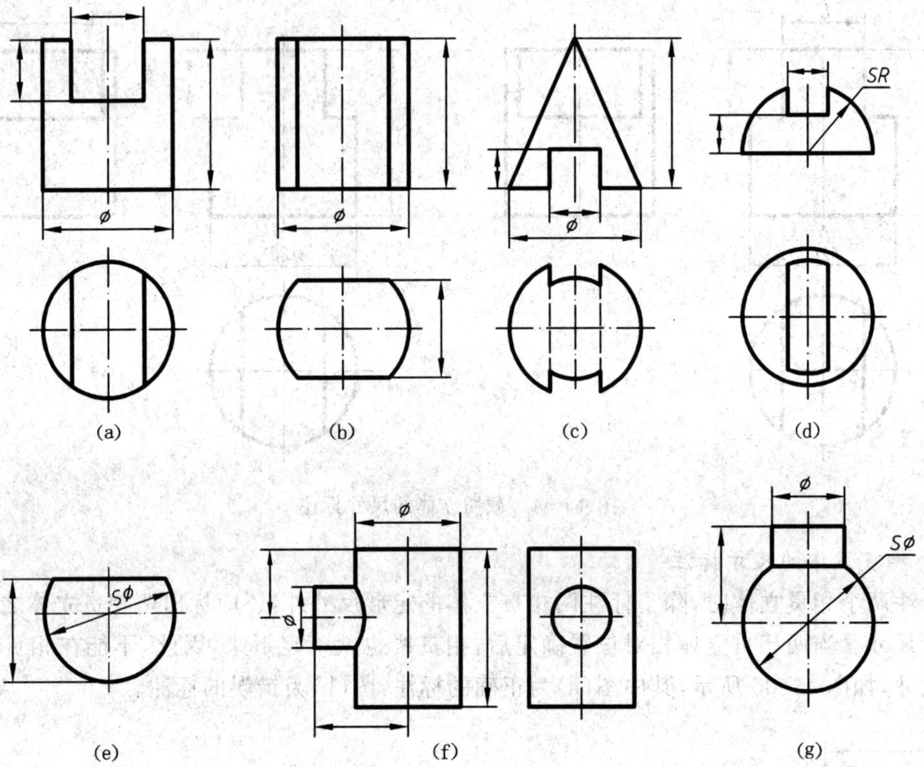

图 4－36　几个常见截切和相贯形体的尺寸标注

2. 确定尺寸基准

轴承座左右对称，以对称面为长度方向主要基准；以底板后面和支承板后面为宽度方向主要基准；以底板的底面为高度方向主要基准。

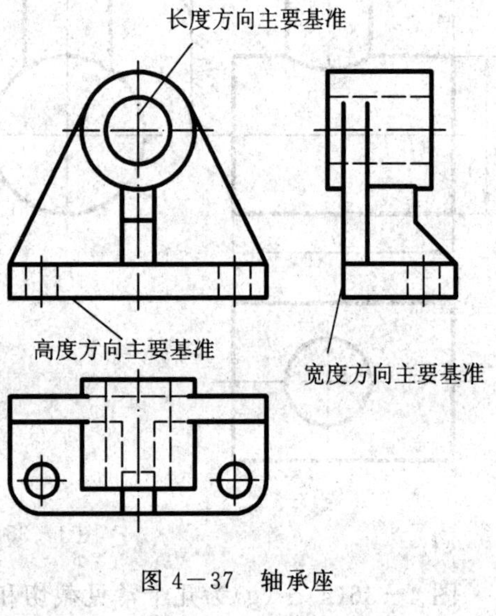

图 4－37　轴承座

3. 逐一标注各个形体的定形尺寸和定位尺寸

①标注底板的定形尺寸和定位尺寸，如图 4－38(a)所示。

②标注圆柱筒的定形尺寸和定位尺寸，如图 4－38(b)所示。

③标注支承板的定形尺寸和定位尺寸，如图 4－38(c)所示。

④标注肋板的定形尺寸和定位尺寸，如图 4－38(d)所示。

注意：为避免重标或遗漏尺寸，每部分均先标定形尺寸，再标定位尺寸。

4. 标注总体尺寸，调整、检查尺寸

轴承座总长尺寸为底板长度尺寸；总宽尺寸为底板宽度和圆柱筒宽度定位尺寸之和，不再注出；总高尺寸为圆柱筒的高度定位尺寸和圆柱筒半径之和，不能直接注出，如图 4－38(e)所示。

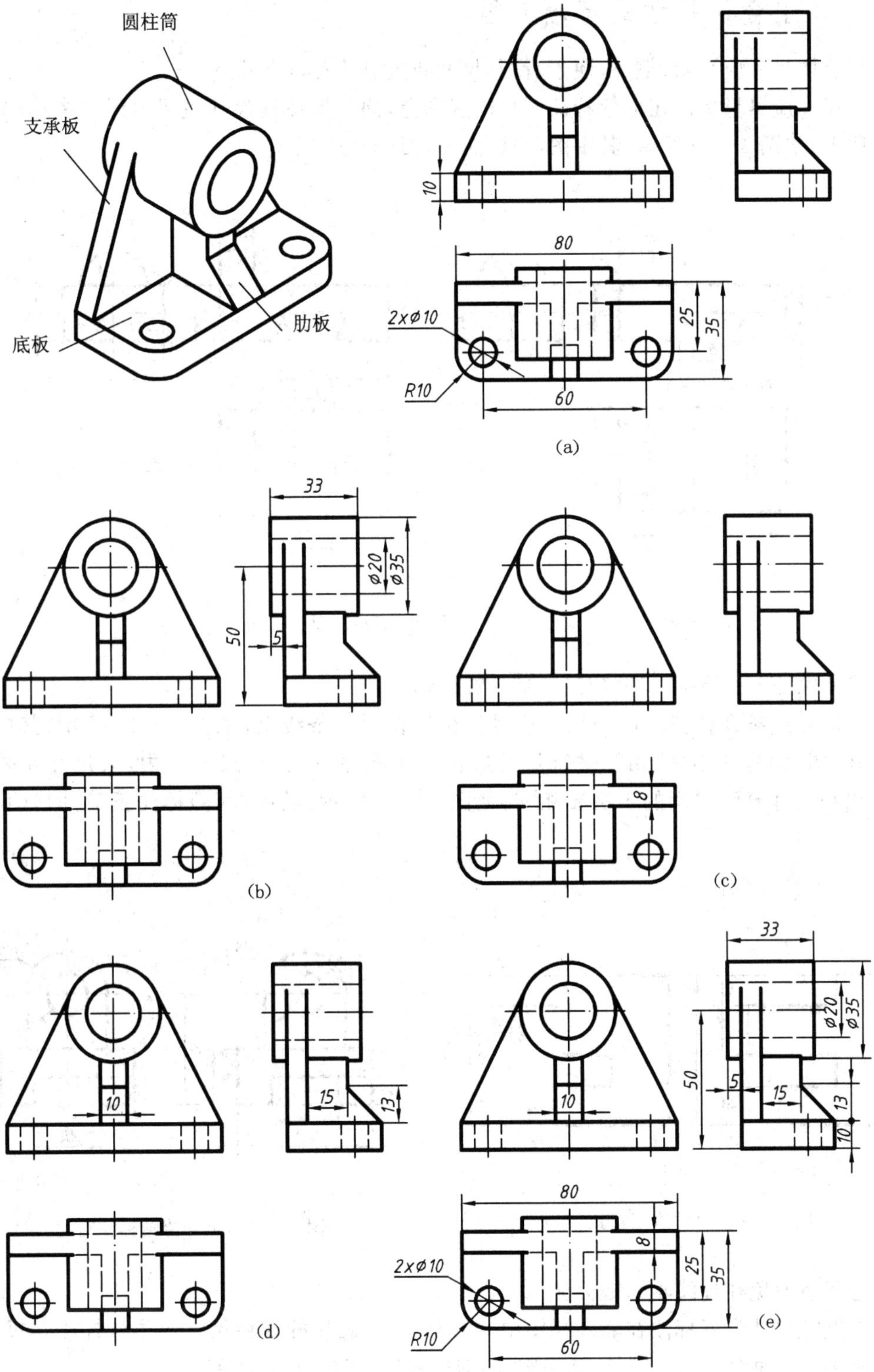

图 4－38　轴承座的尺寸标注

4.4.5 组合体尺寸的清晰布置

组合体尺寸应清晰、整齐,便于看图,尺寸布置应注意以下几点。

①尺寸应尽量标注在形状特征明显的视图上,同一形体的尺寸也应尽量集中标注在同一个视图上,如图 4－39 所示,其中图(a)标注好,图(b)标注不好。

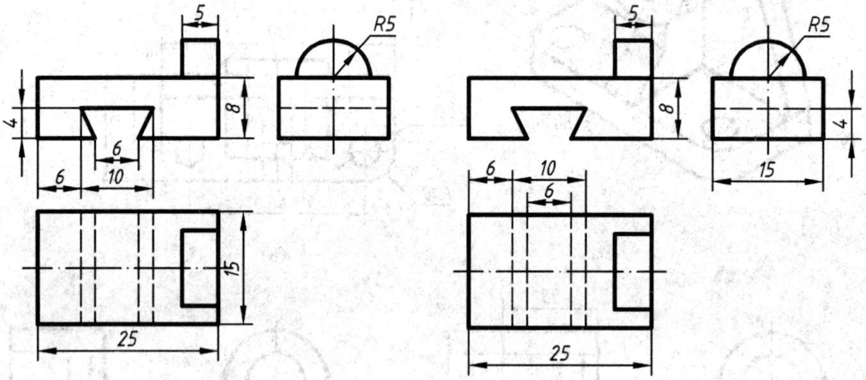

(a) (b)

图 4－39 尺寸清晰标注对比(一)

②为保证图面清晰,尺寸应尽量标注在图形之外。

③尺寸应排列整齐。串列尺寸应尽量标注在同一条线上,如图 4－40 所示,其中图(a)标注好,图(b)标注不好;相互平行尺寸应按大小顺序排列,小尺寸在内,大尺寸在外,避免尺寸线和尺寸界线之间的不必要相交,如图 4－41 所示,其中图(a)标注正确,图(b)标注不正确。

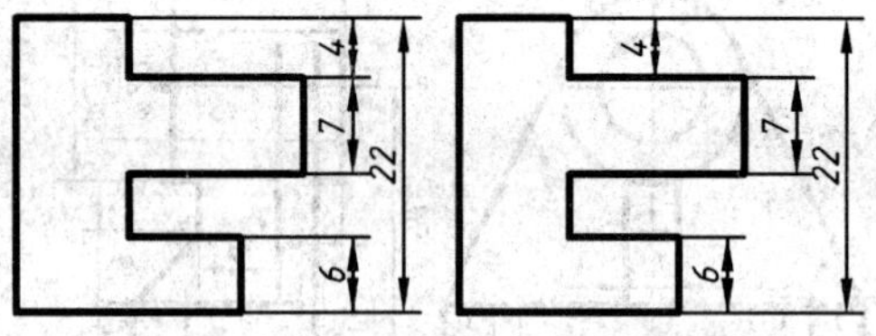

(a) (b)

图 4－40 尺寸清晰对比(二)

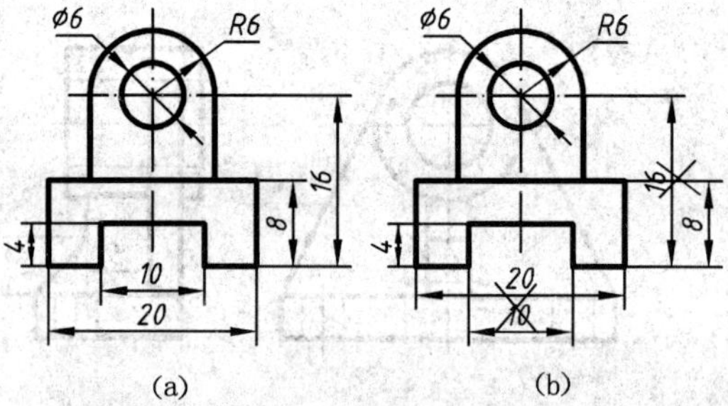

(a) (b)

图 4－41 尺寸清晰标注对比(三)

④尽量避免在虚线轮廓上标注尺寸。

⑤圆柱尺寸最好标注在非圆视图中,特别是同心圆柱的直径尺寸应尽量标注在投影为非圆的视图上,如图 4－42 所示,其中图(a)标注较好,图(b)标注不好。

以上要求有时出现不能完全兼顾的情况,应在符合尺寸正确、完全、清晰的前提下,合理标注尺寸。

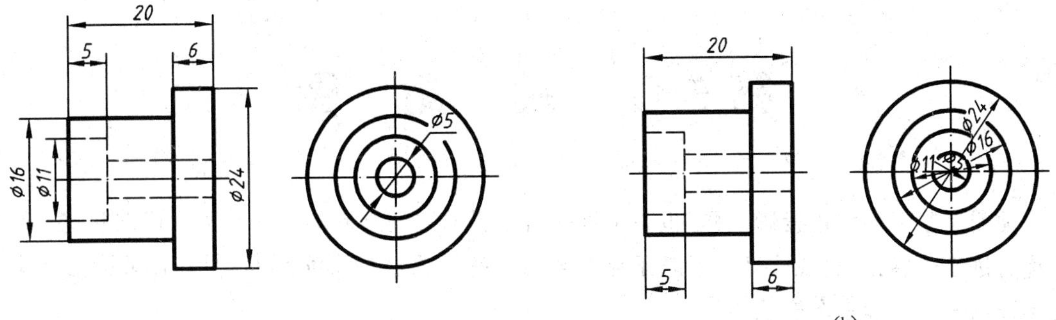

(a)　　　　　　　　　　(b)

图 4－42　尺寸清晰标注对比(四)

第5章　轴　测　图

轴测投影图如同正投影一样，也是根据平行投影的原理绘制的。它与正投影图相比，最大的优点是立体感强，直观性好。但它不能准确地表达出物体的真实形状，且作图复杂。因此，在工程上只作为辅助图样使用。

5.1　轴测图的基本知识

5.1.1　轴测图的形成

轴测图是用平行投影法将空间物体和确定其位置的直角坐标系沿不平行于任一坐标面的方向投射在单一投影面（轴测投影面）上所得到的具有立体感的图形。

其中，用正投影法形成的轴测投影称为正轴测图，如图5－1(a)所示；用斜投影法形成的轴测投影称为斜轴测图，如图5－1(b)所示。

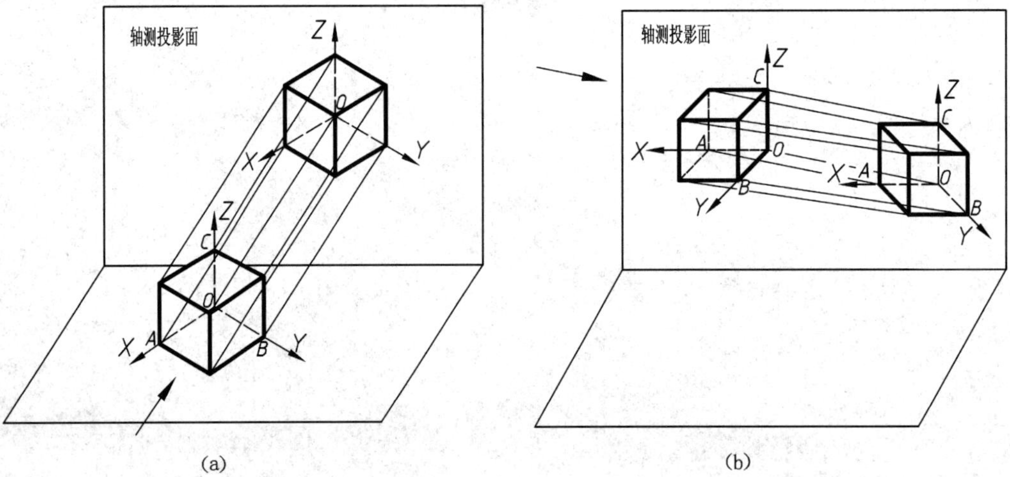

图5－1　轴测图的形成

5.1.2　轴测图的轴间角和轴向伸缩系数

1. 轴间角

如图5－1所示，在轴测投影中，任意两根直角坐标轴在轴测投影面上的投影之间的夹角称为轴间角。

2. 轴向伸缩系数

与空间直角坐标轴平行的线段投射到轴测投影面上时，其投影长度往往会发生变化，此变化用轴向伸缩系数（即直角坐标轴的轴测投影的单位长度与相应直角坐标轴上的单位长度的比值）来衡量。OX、OY、OZ 轴的轴向伸缩系数分别用 p_1、q_1、r_1 表示。

由于轴测图是用平行投影法形成的，因此物体上相互平行的线在轴测图上也相互平行。由此可知：在轴测图中，空间几何形体上平行于坐标轴的直线段的轴测投影仍与相应的轴平行，且该线段的轴测投影与原线段的长度之比，就是该轴的轴向伸缩系数。因此，当确定了空间的几何形体在直角坐标系中的位置后，就可按选定的轴向伸缩系数和轴间角作出它的轴测图，“轴测”二字即由此而来。

5.1.3 轴测图的分类

按照投射方向和轴向伸缩系数的不同，轴测图可以分为正轴测图和斜轴测图。为了作图方便，常采用正等轴测图和斜二轴测图。

5.2 正等轴测图

当三根空间直角坐标轴与轴测投影面倾斜的角度相同，用正投影法得到的投影图称为正等轴测图。

5.2.1 轴间角和轴向伸缩系数

如图 5－2 所示，正等轴测图的轴间角都是 120°，一般 OZ 轴画成铅垂方向，OX、OY 分别与水平线成 30°。各轴向伸缩系数都相等，$p=q=r\approx0.82$。为了作图简便，常采用简化系数，即 $p=q=r=1$。采用简化系数作图时，沿各轴向的所有尺寸都用真实长度量取，简捷方便，但画出的图形沿各轴向的长度都分别放大了约 $1/0.82\approx1.22$ 倍。图 5－3 为物体的三视图及按不同的轴向伸缩系数画出的轴测图。

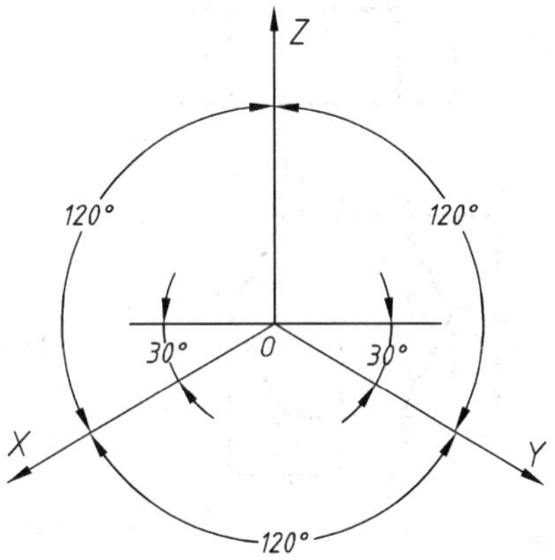

图 5－2 正等轴测图的轴间角及轴向伸缩系数

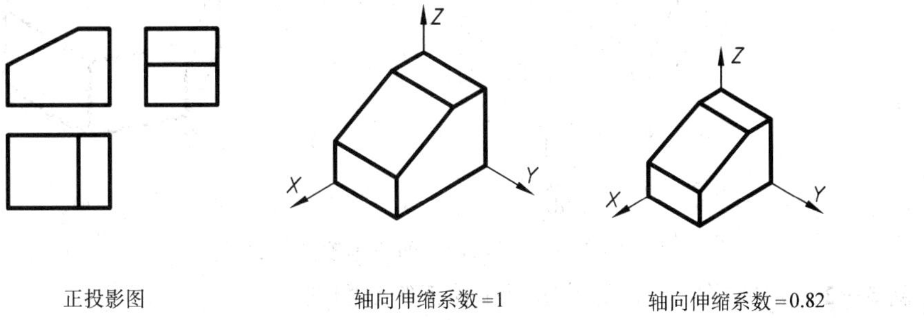

图 5－3 投影图和正等轴测图

5.2.2 平面立体正等轴测图的画法

绘制平面立体轴测图的基本方法是坐标定点法，即根据立体表面上各顶点的坐标值，找出它们的轴测投影，依次连接各顶点就得到该立体的正等轴测图。对于立体表面上平行于坐标轴的轮廓线，可直接量取尺寸进行绘制。下面通过实例说明其绘制方法。

［**例 5－1**］ 已知正六棱柱的两视图，试画正六棱柱的正等轴测图。

解：首先对形体进行分析，确定坐标原点和坐标轴。坐标原点和坐标轴的选择，应以作图简便为原则。画出直角坐标轴的轴测投影，然后由坐标定点法确定正六棱柱各顶点的轴测投影，将相应的点连接起来即得到正六棱柱的轴测投影。画图步骤如下：

①选择正六棱柱上顶面的中心 O 为坐标原点，并在两视图上确定坐标轴，如图 5－4(a)所示；

②画出坐标轴的轴测投影，在其轴上直接量得 $OA=OB=S/2$，OⅠ$=O$Ⅳ$=L/2$，确定 A、B、Ⅰ和Ⅳ四个点，如图 5－4(b)所示。过 A，B 点作 OX 轴的平行线，在该平行线上直接量取 AⅤ$=A$Ⅵ$=B$Ⅱ$=B$Ⅲ$=C/2$，确定Ⅱ、Ⅲ、Ⅴ和Ⅵ四个点，连接各顶点，得到正六棱柱上顶面的轴测投影，如图 5－4(c)所示；

③按高度 H 作出底面各可见点的轴测投影，如图 5－4(d)所示；

④连接各可见点，擦去作图线，加深可见棱线，即得正六棱柱的正等轴测图，如图5－4(e)所示。为了图形清晰，轴测图上一般不画不可见的轮廓线。

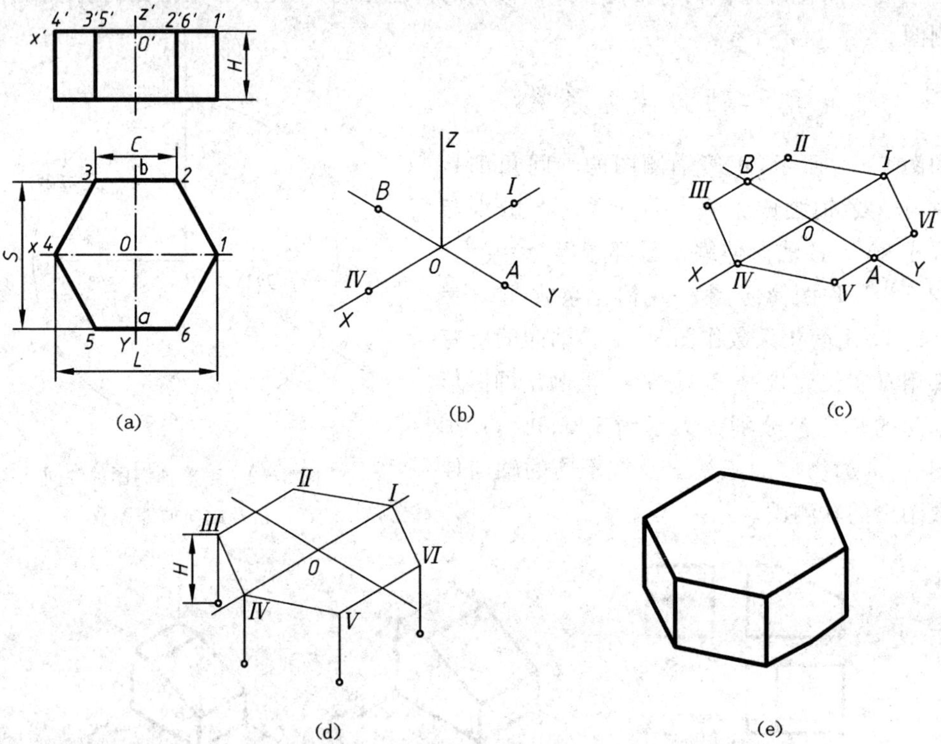

图 5－4 正六棱柱的正等轴测图的画法

［**例 5－2**］ 求作图 5－5 所示切割体的正等轴测图。

解：该立体可以看成是从长方体上切去以梯形为底面的四棱柱后形成的切割体。根据对立体的分析，先画出完整形体的轴测图，再按形体的形成过程切去多余的部分，就得到所求形体的轴测图。绘图步骤如下。

①确定坐标原点和坐标轴，如图 5－5(a)所示。

②画出坐标轴的轴测投影后，作完整长方体的轴测图，如图 5－5(b)所示。

③画出被切除部分的立体的轴测图。沿相应轴方向量取尺寸，确定Ⅰ、Ⅲ点，Ⅱ点(用坐标

定点法确定)，依次连接Ⅰ、Ⅱ、Ⅲ点，如图 5－5(c)所示。然后应用两平行线的投影特性由Ⅰ、Ⅱ、Ⅲ点完成被切除四棱柱的作图，如图 5－5(d)所示。

④擦除作图线，把可见轮廓线加深描粗，完成正等轴测图的绘制，如图 5－5(e)所示。

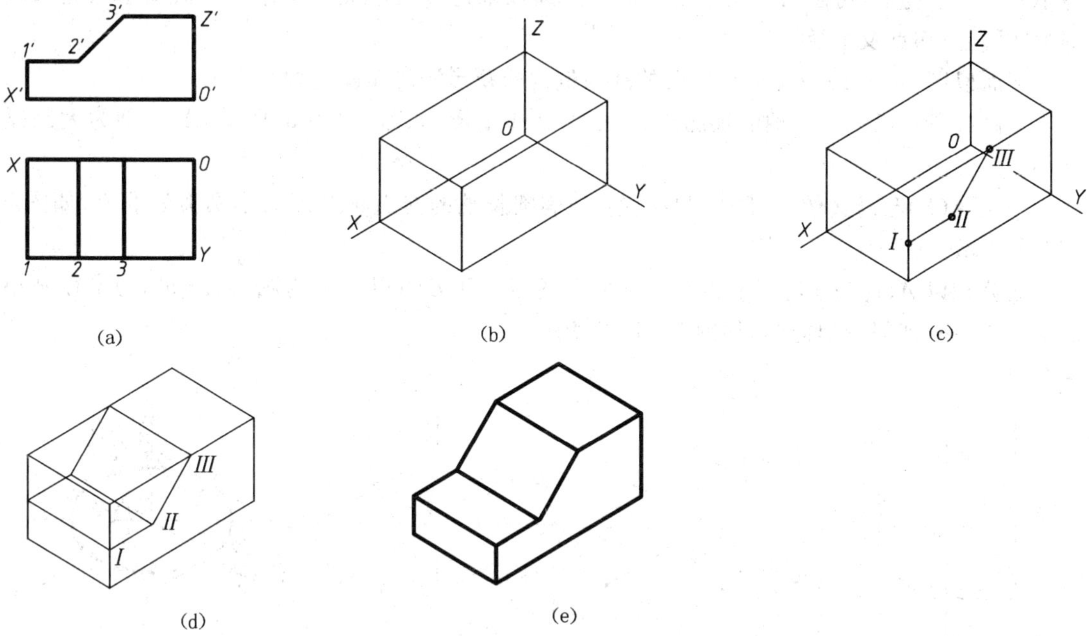

图 5－5　切割体的正等轴测图的画法

5.2.3　回转体正等轴测图的画法

画回转体的正等轴测图必须首先掌握圆的正等轴测图的画法。如图 5－6 所示，与直角坐标系三个坐标面平行的圆的正等轴测图是三个大小相等、方向不同的椭圆。为了绘图方便，采用简化的轴向伸缩系数。三个椭圆长轴的长度都等于 $1.22d$，长轴的方向分别垂直于相应的坐标轴的轴测投影，三个椭圆短轴的长度都近似等于 $0.7d$，短轴的方向垂直于长轴，即平行于相应的坐标轴的轴测投影。

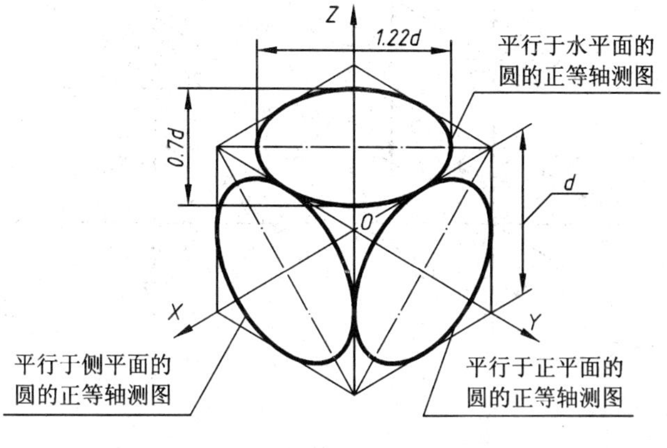

图 5－6　平行于各坐标面的圆的正等轴测图

画平行于各坐标面的圆的正等轴测图通常采用菱形法。如图 5－6 所示，正方体的三个面的轴测投影是三个相同的菱形，而三个面上内切圆的正等轴测图为内切于菱形的形状相同而方向不同的椭圆。所以画平行于各坐标面的圆的正等轴测图，可先求出圆的外切正方形的正等轴测图——菱形，再画出内切于菱形的四段圆弧来近似表示椭圆。作图时需要求出这四段圆弧的圆心、切点及半径。

下面以图 5－7(a)平行于水平面的圆为例说明菱形法的作图过程。

①画圆所在面的坐标轴的轴测投影，根据 d 作菱形，如图 5－7(b)所示，A、B 即为大圆弧圆心。

②从 $A(B)$ 与对边的 E、$F(C$、$D)$ 相连，与椭圆长轴的交点 1、2 即为小圆弧的圆心，如图 5－7(c)所示。

③分别以 A、B 为圆心，R_1 为半径画两大圆弧 CD、EF；以 1、2 为圆心，以 R_2 为半径画小圆弧 CE、DF，即得近似椭圆，如图 5－7(d)所示。

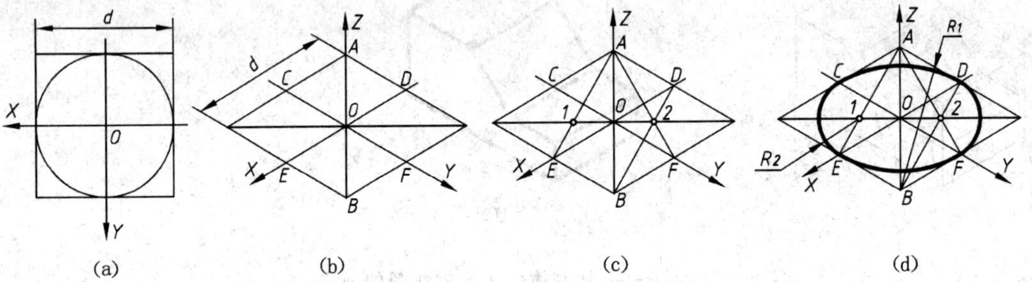

图 5－7　水平圆正等轴测图的画法

[例 5－3]　画图 5－8(a)所示圆台的正等轴测图。

解：用菱形法画出上下底圆的正等轴测投影，用公切线相连即可。

①画坐标轴的轴测投影，作上下底菱形，其中心距等于高度 h，如图 5－8(b)所示。

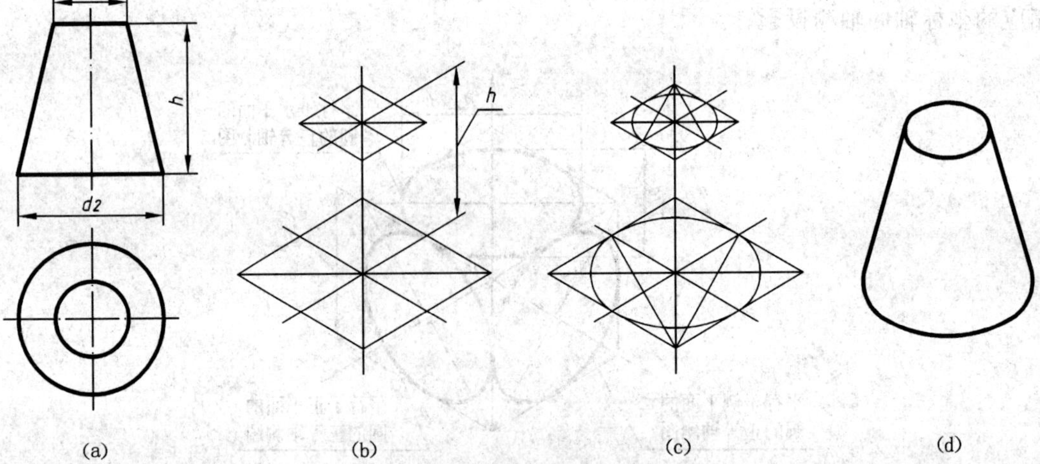

图 5－8　圆台的正等轴测图的画法

②作上下底圆的正等轴测投影，如图 5－8(c)所示。

③作两椭圆的外公切线，擦除不可见的轮廓线，完成圆台的正等轴测图，如图 5－8(d)所示。

［例 5－4］ 画出图 5－9(a)所示带切口圆柱体的正等轴测图。

解：作图步骤如下：

①画出完整圆柱体的正等轴测图，如图 5－9(b)所示；

②按尺寸 a、h_1 画出切口的正等轴测图，如图 5－9(c)所示；

③擦除作图线，加深可见轮廓线，完成全图，如图 5－9(d)所示。

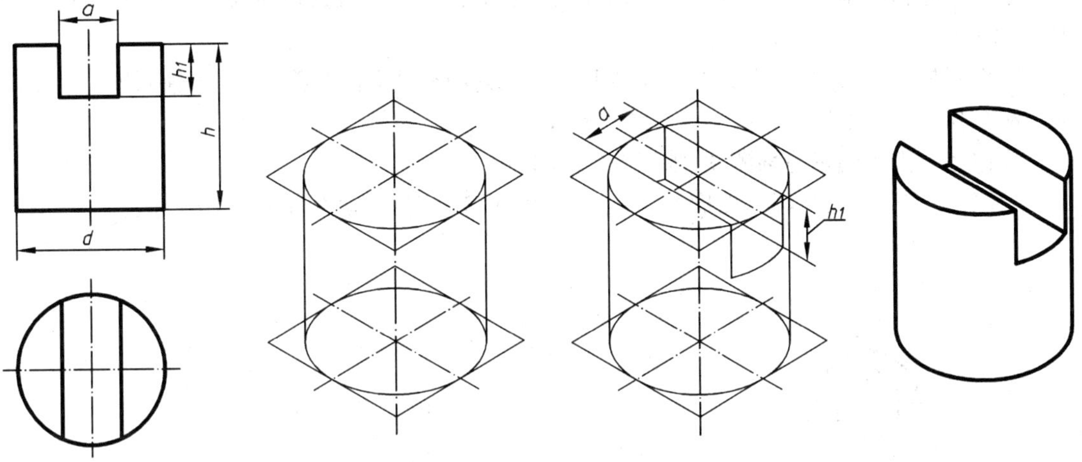

(a) (b) (c) (d)

图 5－9 带切口圆柱体的正等轴测图的画法

5.2.4 圆角正等轴测图的画法

圆角的正等轴测图一般采用近似画法，如图 5－10(a)所示，其画图步骤如下。

①画出长方体的正等轴测图，由尺寸 R 确定切点 1、2、3、4，再过 1、2、3、4 点作相应边的垂线，其交点为 O_1、O_2，如图 5－10(b)所示。

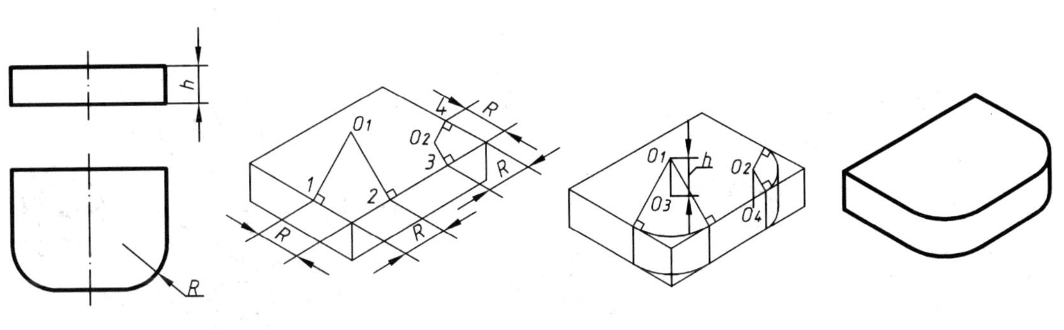

(a) (b) (c) (d)

图 5－10 圆角正等轴测图的近似画法

②分别以 O_1、O_2 为圆心，以 $O_1 1$、$O_2 3$ 为半径作圆弧，得顶面圆角的正等轴测图。把圆心 O_1、O_2，切点 1、2、3、4 按尺寸 h 向下平移，作出底面圆角的正等轴测图，并画右边两圆弧的公切线，如图 5－10(c)所示。

③擦除作图线，并把可见轮廓线加深，如图 5－10(d)所示。

［**例 5－5**］ 作图 5－11(a)所示支架的正等轴测图。

解：首先进行形体分析并确定坐标轴，如图 5－11(a)所示。支架由上、下两块板组成。上面一块竖板的顶部是圆柱面，竖板两侧的斜壁与圆柱面相切，中间有一圆柱通孔。下面是一块带圆角的长方形底板，底板的左、右两边都有圆柱通孔。其作图步骤如下。

①作坐标轴的轴测投影。画出底板、竖板与它的交线及竖板圆柱面顶部的正等轴测图，如图 5－11(b)所示。

②作圆柱面的切线、右上方的公切线和竖板上的圆柱孔，完成竖板的正等轴测图。画出底板上两个孔的正等轴测图，如图 5－11(c)所示。

③作底面圆角的正等轴测图，如图 5－11(d)所示。

④擦除作图线，加深可见轮廓线，完成支架的正等轴测图，如图 5－11(e)所示。

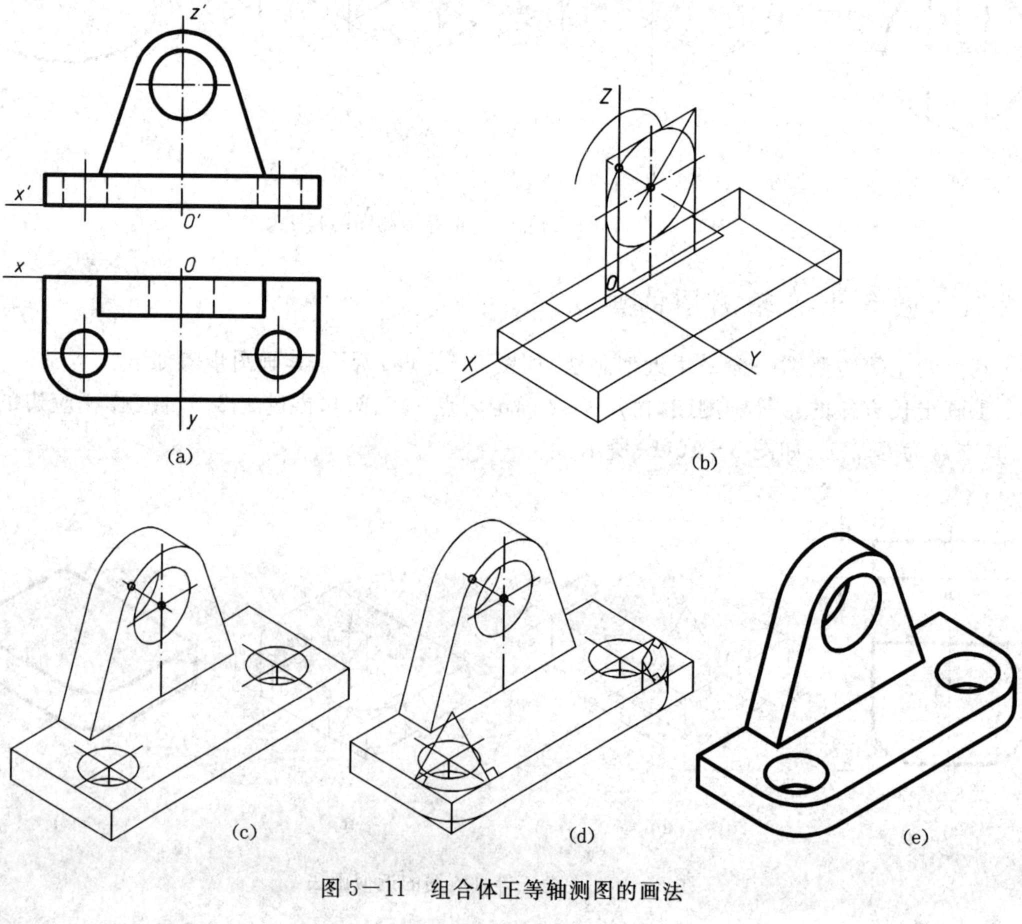

图 5－11　组合体正等轴测图的画法

5.3 斜二轴测图

5.3.1 轴间角和轴向伸缩系数

斜二轴测图的轴间角和轴向伸缩系数及轴测图中坐标轴的画法如图 5－12 所示，$\angle XOZ=90°$，OY 与水平线的夹角为 45°。$p_1=r_1=1$，$q_1=0.5$。斜二轴测图的特点是：平行于 XOZ 面的斜二轴测图与正投影图一致，不变形。画斜二轴测图时，凡平行于 X 轴和 Z 轴的线段按 1∶1 量取，平行于 Y 轴的线段按 1∶2 量取。

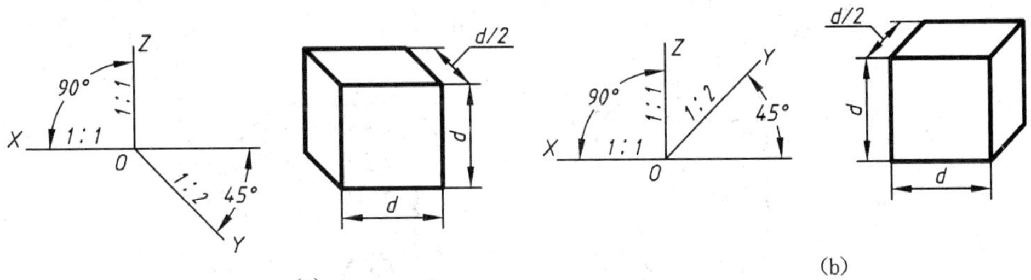

(a) (b)

图 5－12 斜二轴测图的轴间角和轴向伸缩系数

5.3.2 平行于坐标面的圆的斜二轴测图的画法

如图 5－13 所示，平行于坐标面 XOZ 的圆的斜二轴测图仍是大小相同的圆；平行于坐标面 XOY 和 YOZ 的圆的斜二轴测图是形状相同的椭圆。顶面上的椭圆的长轴相对 OX 轴偏转 7°；侧面上的椭圆的长轴相对 OZ 轴偏转 7°；它们的长轴约等于 $1.06d$，短轴约等于 $0.33d$。绘图过程较繁。因此，斜二轴测图一般用来表达只在互相平行的平面内有圆或圆弧的立体，这时总是把这些平面选为平行于 XOZ 坐标面。

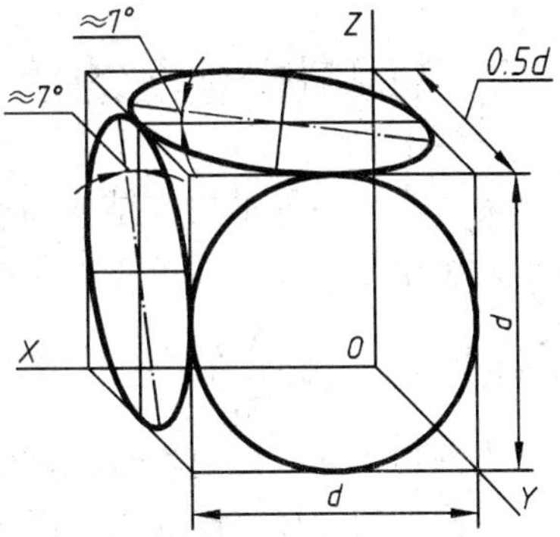

图 5－13 平行于各坐标面的圆的斜二轴测图的画法

[例 5－6] 作出 5－14(a)所示立体的斜二轴测图。

解：如图 5－14(a)所示立体为一带圆角的方形板，板上有四个圆柱孔，立体上的圆及圆弧结构都平行于 XOZ 坐标面，宜采用斜二轴测图进行绘图。其画图步骤如下：

①选坐标原点和坐标轴，如图 5－14(a)所示；

②画坐标轴的轴测投影，并画出方板的斜二轴测图，如图 5－14(b)所示；

③画方板上的四个圆柱孔，关键是确定圆心的位置，前后板面上的圆按原尺寸画出即可，如图 5－14(c)所示；

④画圆角结构，并作方板左下角和右上角圆弧的公切线，如图 5－14(d)所示；

⑤擦除作图线，加深可见的轮廓线完成全图，如图 5－14(e)所示。

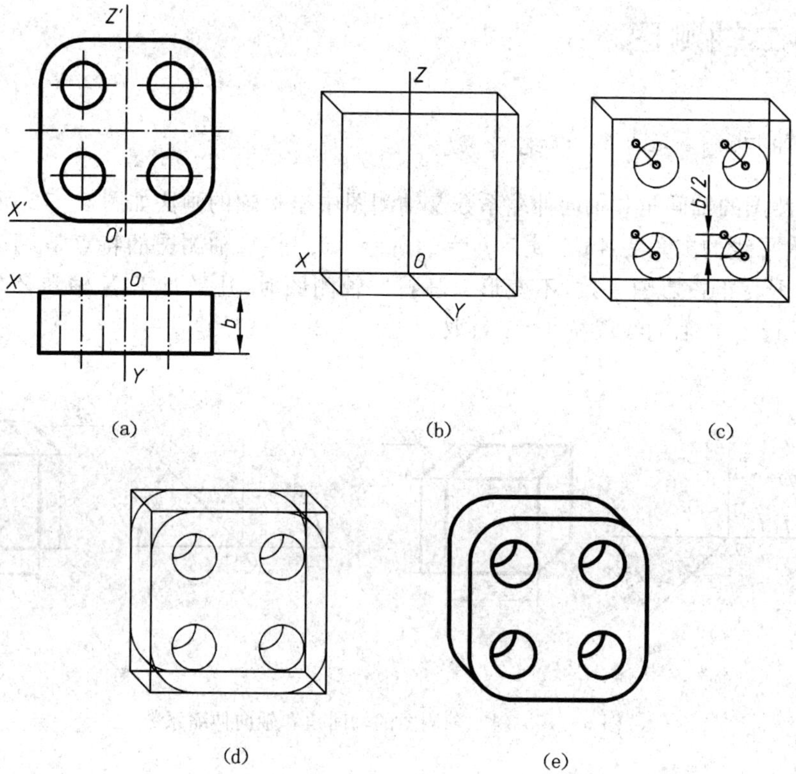

图 5－14　斜二轴测图的画法

5.4　轴测图剖视的画法

为了表示零件的内部结构和形状，在轴测图上也可采用剖视画法。一般采用两个剖切平面沿两个坐标面方向切掉零件的四分之一将机件剖开。

5.4.1　轴测图剖视画法的一些规定

①剖切平面一般应通过立体的主要轴线或对称平面。

②被剖切立体的断面上应画出剖面符号，其方向如图 5－15 所示，其中图(a)为正等轴测图中的剖面线的方向，图(b)为斜二轴测图中的剖面线的方向。

③当剖切平面通过物体的肋或薄壁等结构的纵向对称面时，这些结构都不画剖面符号，而用粗实线将它与相邻部分分开，如图 5－16(c)所示。

5.4.2　轴测图剖视的画法举例

画轴测图剖视一般采用两种方法：

①先画剖面，再画内外形；

②先画外形，后画剖面和内形。

图 5－16 是用第一种方法画出的组合体的剖视图，作图步骤如下：

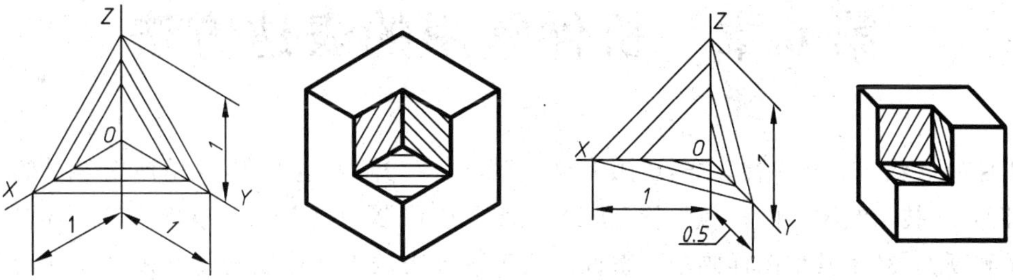

(a)　　　　　　　　　　　　　　　　(b)

图 5－15　轴测图中剖面线的方向

①选定坐标原点和坐标轴，如图 5－16(a)所示；
②画出断面及剖面线，如图 5－16(b)所示；
③画内、外形状并加深，如图 5－16(c)所示。

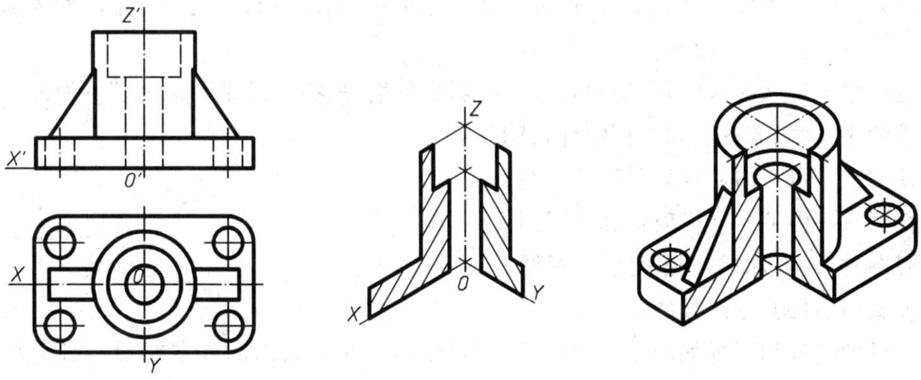

(a)　　　　　　　　(b)　　　　　　　　(c)

图 5－16　组合体剖视图的画法

第 6 章　机件常用的表达方法

机件的形状和结构多种多样，要想完整、清晰地将它们表达出来，仅用前面学过的三视图是不够的。《技术制图》和《机械制图》国家标准规定了“图样画法——视图”、“图样画法——剖视图和断面图”及其他图样画法。掌握这些表达方法是正确绘制和阅读机械图样的基本条件，每个工程技术人员在绘图时必须遵守这些规定。本章主要介绍一些常用的表达方法。

6.1　视图

视图主要是用来表达机件的外部结构和形状，一般只画出机件的可见部分，必要时才用虚线表达其不可见部分。视图分为基本视图、向视图、局部视图和斜视图。

6.1.1　基本视图

在原来三个投影面的基础上，再增加三个互相垂直的投影面，构成一个正六面体的六个侧面，这六个面称为基本投影面。

将机件置于正六面体中，分别向各基本投影面投射，所得到的视图称为基本视图。除了前面介绍过的主视图、俯视图和左视图外，还有：

右视图——由右向左投射得到的视图；

仰视图——由下向上投射得到的视图；

后视图——由后向前投射得到的视图。

各投影面的展开方法如图 6－1 所示。

各视图的名称和配置如图 6－2 所示。配置在同一张图纸内的基本视图不必标注视图的名称。

画基本视图时，应注意以下问题。

①六个基本视图仍遵循“三等”的规律，即长对正、高平齐、宽相等的投影关系。

②除后视图外，围绕主视图的四个视图，其远离主视图的一边是物体的前面，靠近主视图的一边是物体的后面。

③对机件的表达应遵循看图方便和绘图简单的原则。因此，在完整、清楚表达机件的前提下，所选视图的数量应最少，一般不必画出六个基本视图。

6.1.2　向视图

向视图是可以自由配置的视图。

画向视图时，应在向视图的上方用大写拉丁字母“×”标出，在相应视图附近用箭头指明投射方向，并注上同样的字母“×”，如图 6－3 所示。

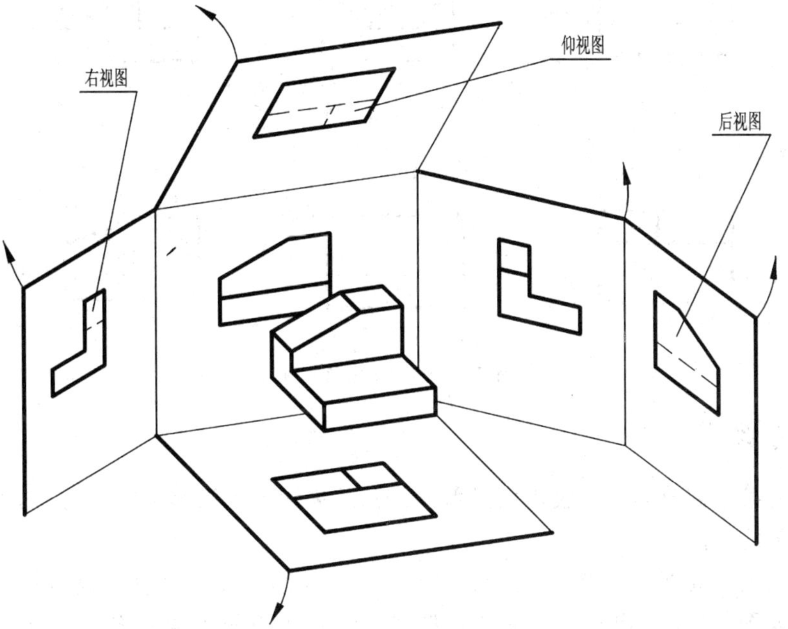

图 6－1　六个基本投影面及其展开

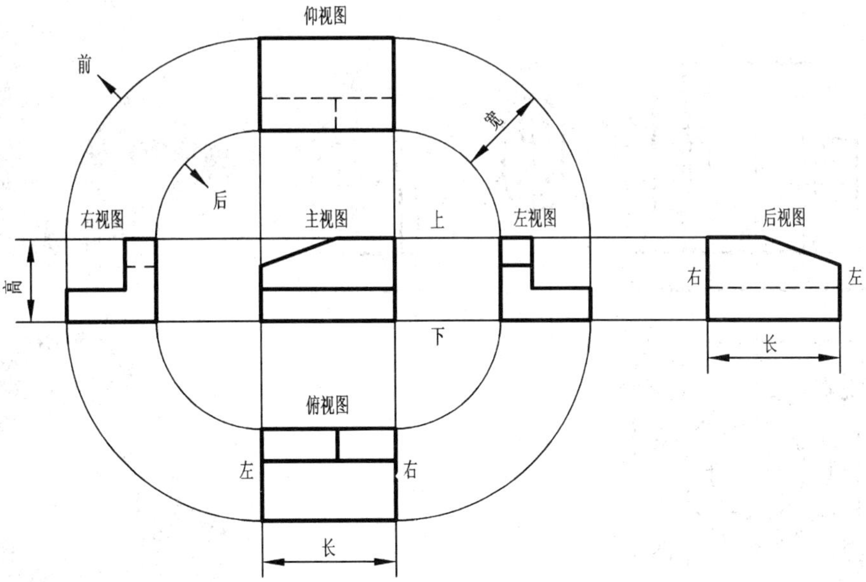

图 6－2　六个基本视图的配置

向视图实际上是基本视图的另一种表达方式，因此，表示投射方向的箭头应尽可能配置在主视图上，以便使所得视图与基本视图一致，表示后视投射方向的箭头，应配置在左视图或右视图上。

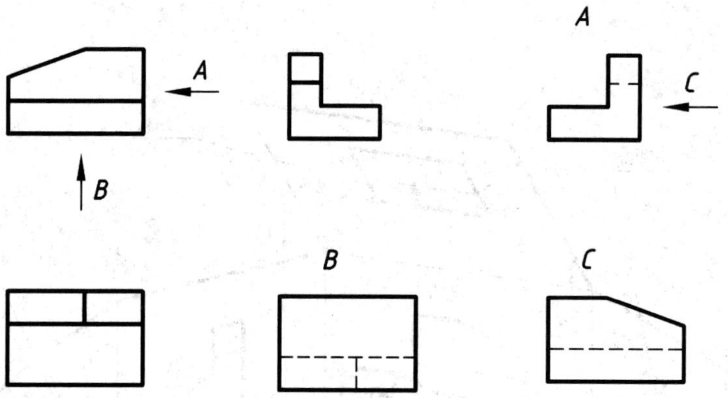

图 6－3　向视图及其标注

6.1.3　局部视图

将机件的某一部分向基本投影面投射所得到的视图称为局部视图。故局部视图实际上是某一基本视图的一部分。

当机件的某一局部形状尚未表达清楚，而又没有必要画出一个基本视图时，可用局部视图进行表达。如图 6－4 左边和右边的凸台形状，在主、俯视图中均未表达清楚，而又不需画全左、右视图，故采用了两个局部视图。

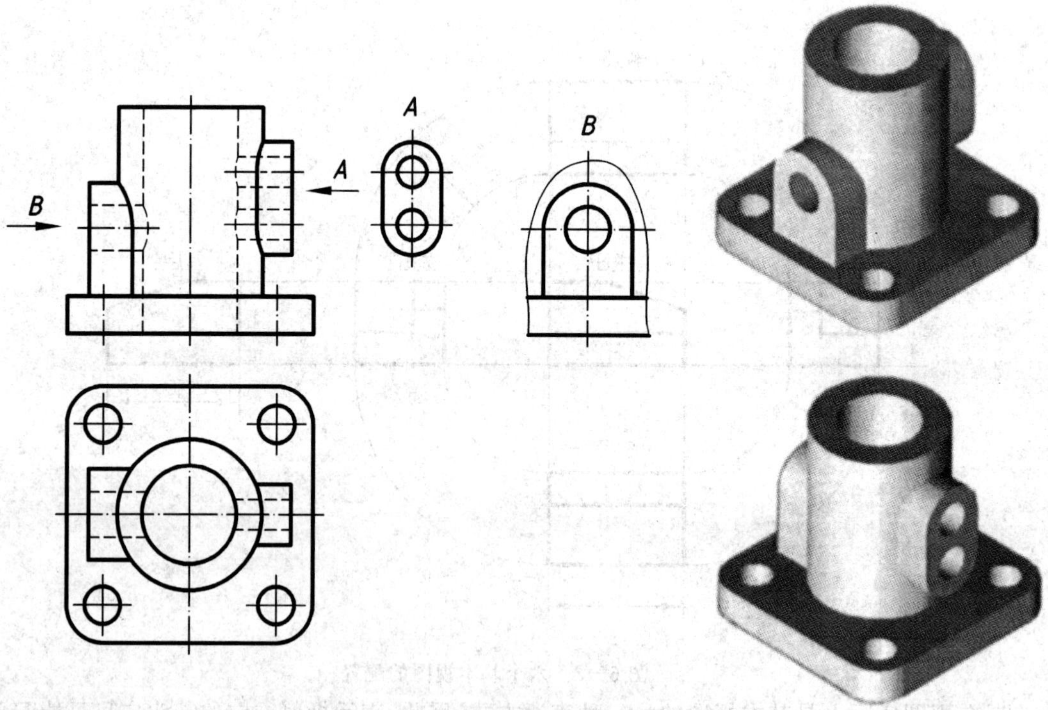

图 6－4　局部视图的画法及标注

1. 局部视图的画法

局部视图的断裂边界用波浪线或双折线绘制，如图 6－4 中的 B 向局部视图。当所表示的机件的局部结构完整且外轮廓成封闭时，其波浪线可省略不画，如图 6—4 中的 A 向局部视图。

为了节省绘图时间和图幅，对称机件的视图可只画一半或四分之一，并在对称中心线的两端画出两条与其垂直的平行细实线，如图 6—5 所示。这是一种特殊的局部视图，实际上是用中心线代替了波浪线。

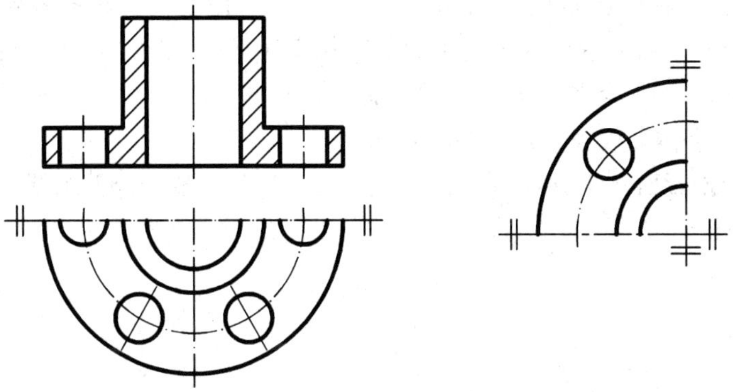

图 6—5 对称机件局部视图

2. *局部视图的标注*

通常在局部视图的上方用大写的拉丁字母标出视图的名称“×”，在相应视图附近，用箭头指明投射方向，并注上相同的字母，如图 6—4 中所示的“A”和“B”。

3. *局部视图的配置形式*

1）按基本视图的配置形式配置　当局部视图按投影关系配置，中间又没有其他图形隔开时，可省略标注，如图 6—7 所示。

2）按向视图的配置形式配置　如图 6—4 中 B 向局部视图。

3）按第三角画法配置　在视图上所表示机件局部结构附近，按第三角画法画出其图形，并用细点画线将两者相连，如图 6—6 所示。

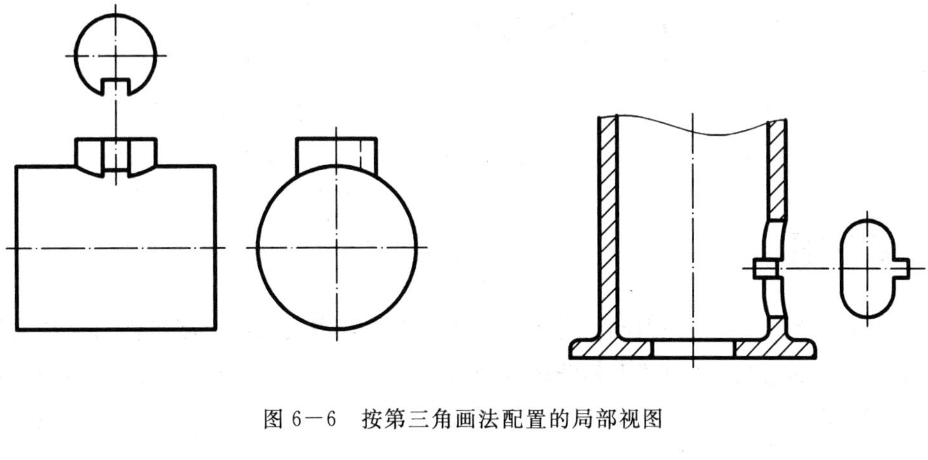

图 6—6 按第三角画法配置的局部视图

6.1.4 斜视图

将物体的倾斜部分向不平行于基本投影面的平面投射，所得到的视图称为斜视图。如图 6—7中的机件，其上部的斜板在各个基本投影面上的投影都不反映实形。为了清楚地表达该部分的真实形状，可选用一个平行于该斜面的平面作为辅助投影面，将倾斜部分向此辅助投影面投射，即可得到该斜面的实形。

斜视图的画法和标注如下。

①斜视图通常按向视图的形式配置和标注，如图 6－7(a)中 A 向视图。

②必要时，允许斜视图旋转配置，如图 6－7(b)所示，使其主要轮廓线处于水平和铅垂位置，但要标注旋转符号，而表示该视图名称的大写拉丁字母(水平注写)应靠近旋转符号的箭头端，旋转符号的方向应与实际旋转方向相同。旋转符号的画法如图 6－8 所示。
图中，符号高度 h＝字体高度；符号线宽＝$h/10$。

③原来平行于投影面的部分，因在斜视图中不反映实形，最好以波浪线为界，省略不画，即画成局部视图，如图 6－7 所示。

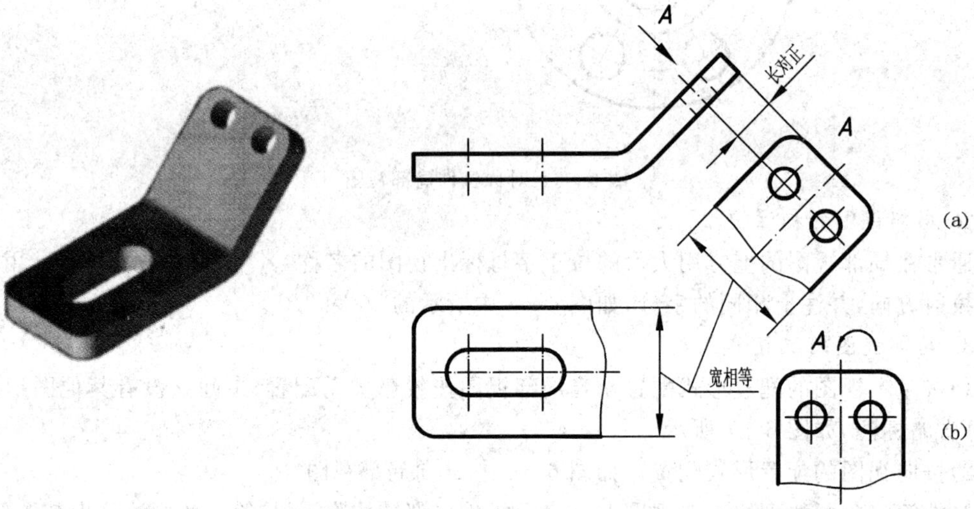

图 6－7　斜视图

图 6－8　旋转符号

6.2　剖视图

用视图表达机件的结构形状时，其内部结构是用虚线来表示的。当机件内部结构复杂时，在图中会出现很多虚线，使得图形不清晰，给绘图、看图和标注尺寸带来一定的困难，如图6－9所示。为了将内部形状表达清楚，可采用剖视的方法。

6.2.1　剖视图的概念

假想用剖切面剖开机件，将处于观察者和剖切面之间的部分移去，而将其余部分向投影面投射所得到的图形叫剖视图，简称剖视。如图 6－10(a)所示的机件，为使其内部结构在主视图中可见，假想用一通过圆孔轴线的正平面将它剖开，移去剖切面前面的部分，将剩下部分向V面投射，这样机件的内部结构在主视图中成为可见，图6－10(b)中的主视图就是按此方法绘出的剖视图。

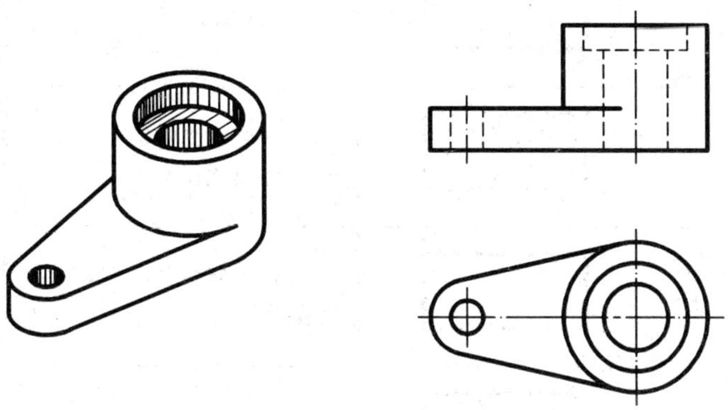

图6－9　未剖机件及三视图

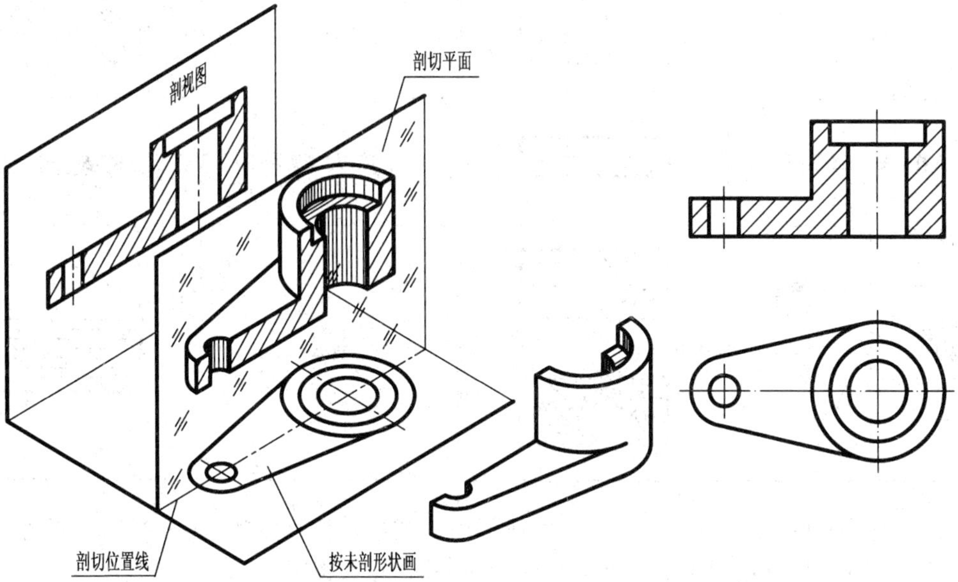

(a)　　(b)

图6－10　剖视概念

1. 剖视图的画法

1)确定剖切面的位置　剖切面可为平面或曲面，通常平面使用较多。画剖视图时，应首先确定剖切面的位置，以便真实地表达机件的内部结构。剖切面的位置应通过机件内部孔、槽的轴线或对称面，且要平行于某一基本投影面。

2)画剖视图　用粗实线画出机件被剖切后截断面的轮廓线和剖切面后面的轮廓线。

3)画剖面符号　在剖面区域(剖切面与物体的接触部分)画上剖面符号。表6－1中列出了部分材料的剖面符号。

表 6—1　常见剖面符号

材料名称	剖面符号	材料名称	剖面符号
金属材料普通砖	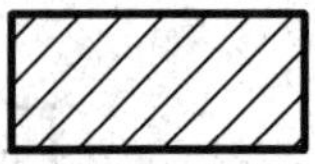	线圈绕组元件	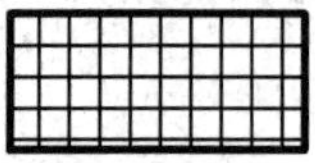
非金属		转子、电枢、变压器和电抗器等的叠钢片	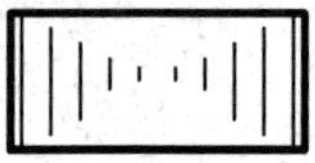
型砂、添砂、砂轮、粉末冶金、陶瓷刀片、硬质合金刀片等	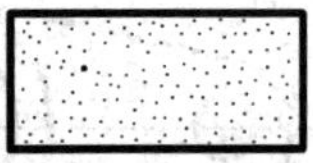	玻璃及供观察用的其他透明材料	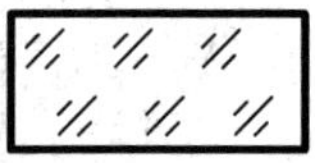
固体材料	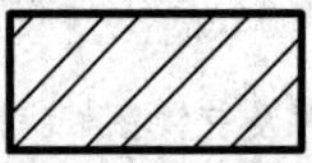	基础周围的泥土	
混凝土	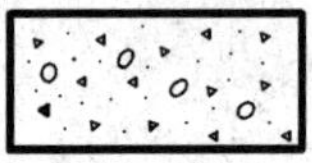	钢筋混凝土	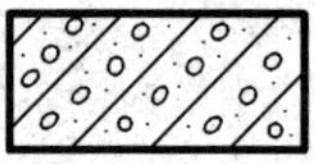
木质胶合板(不分层数)	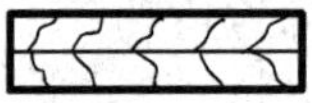	格网(筛网、过滤网等)	
木材　纵断面		液体	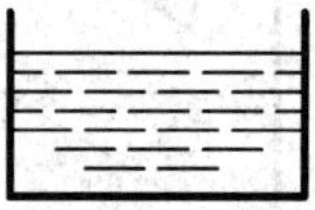
木材　横断面			

金属材料的剖面线最好与主要轮廓线或剖面区域的对称线成 45°角。当同一机件需用几个剖视图表达时,所有剖视图上的剖面线要方向相同,间隔相等。

当不需要表示材料的类别时,可按通用剖面线(与金属材料的剖面线相同)绘制,如图 6—11所示。

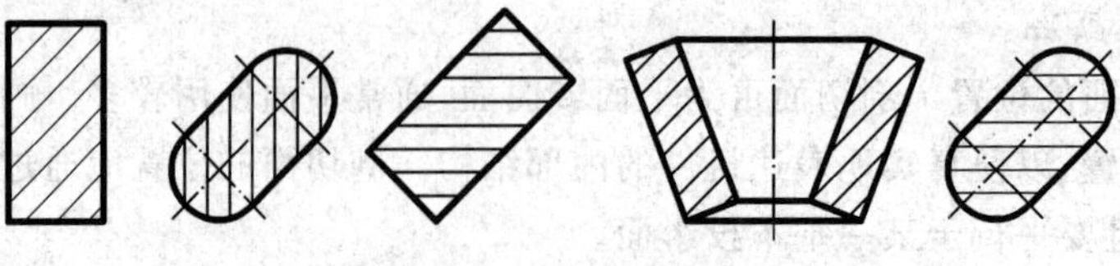

图 6—11　通用剖面线的画法

当画出的剖面线与图形的主要轮廓线或剖面区域的对称线平行时,可将剖面线画成与图形的主要轮廓线或剖面区域的对称线成 30°或 60°角，但剖面线的倾斜方向应与其他视图上的剖面线的倾斜方向相同，如图 6－12 所示。

2. 剖视图的标注

剖视图一般需要标注以下三项内容：

①用剖切线（细点画线）指示剖切面的位置，也可省略不画；

②用剖切符号指示剖切面起、迄和转折位置（用长约 4 mm 的粗短线表示）及投射方向（用箭头表示），如图 6－13 所示；

③用一对同名的大写拉丁字母按“×－×”形式在剖视图的上方注写剖视图的名称，同时在剖切符号附近注上相同的字母，字母高度为 1.4h（h 为尺寸数字的高度），字母及字母间的短画线宽为 1/10 字高。

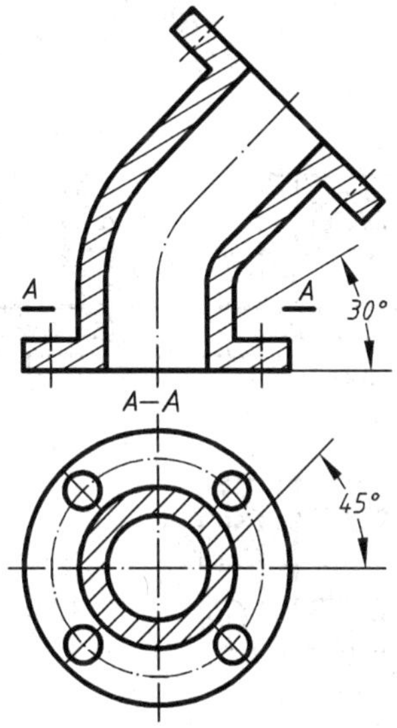

图 6－12　剖面线的画法

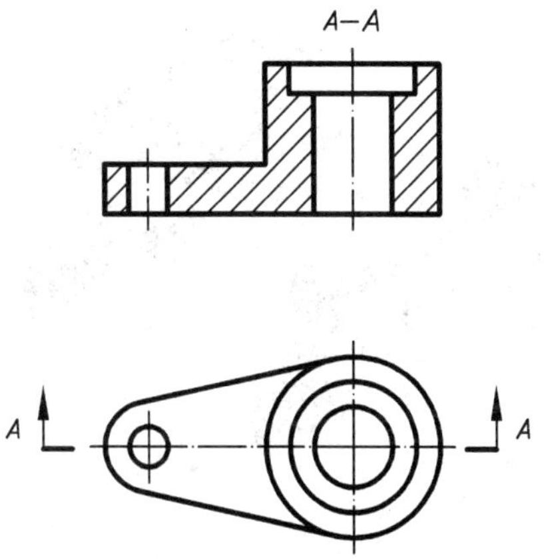

图 6－13　剖视图的标注

下列情况可以省略标注或不必标注：

①当剖视图按投影关系配置，中间又没有图形隔开时，可省略箭头，如图 6－12 中的“A—A”剖视图；

②当单一剖切平面通过物体的对称面，且剖视图按投影关系配置，中间又无其他图形隔开时，不必标注，如图 6－12 主视图所示。

3. 画剖视图应注意的问题

①剖视图只是假想地剖开机件，用以表达其内部形状的一种方法，因此，当机件的某一个视图画成剖视图时，其他视图仍按原形状画出，如图 6－13 中的俯视图。

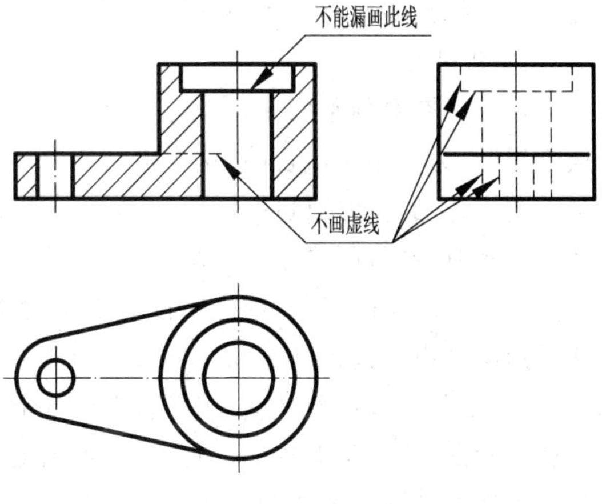

图 6－14　画剖视图的注意事项

②剖切面后面的可见轮廓都要画出，不能遗漏，如图 6－14 所示。

③对于已经表达清楚的结构，在剖视图或视图上这部分结构的投影为虚线时，一般不再画出，如图 6－14 所示。

6.2.2 剖视图的种类

剖视图可分为全剖视图、半剖视图和局部剖视图三种。

1. 全剖视图

用剖切面完全地剖开物体后画出的剖视图称为全剖视图。全剖视图适用于外形简单、内部结构复杂而又不对称的机件，或外形比较简单的对称机件。

图 6－15 中的主、左视图，都是用一个平行于相应投影面的剖切平面完全地剖开机件后得到的全剖视图。

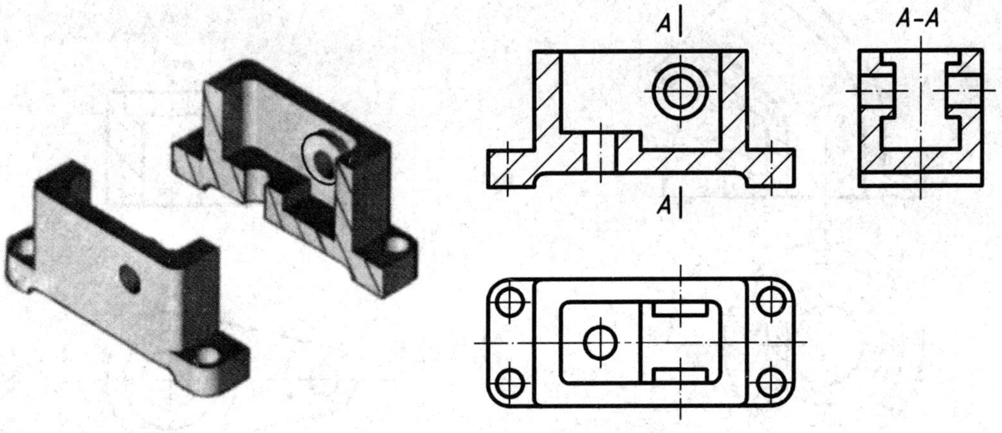

图 6－15　全剖视图

全剖视图应按规定标注。图 6－15 中的主视图，由于剖切平面通过机件的前后对称平面，故此图不必标注。而左视图中剖切面不通过机件的左右对称平面，故需标注，但可省略箭头。

2. 半剖视图

当机件具有对称平面时，在垂直于对称平面的投影面上的投影可以对称中心线为界，一半画成剖视图，另一半画成视图，这样得到的合成图形称为半剖视图。半剖视图适用于内、外形状都需要表达的对称的机件(图 6－16)。当机件的形状接近于对称，且不对称部分已另有图形表达清楚时，也可画成半剖视图(图 6－17)。

图 6－16 所示的机件，内外结构都较复杂，如采用全剖视，则机件前方的凸台被剖去，不能表达其形状。由于该机件左、右对称，主视图可以对称中心线为界，左半部分画成视图，用来表达外形，右半部分画成剖视图，用来表达内部形状。

该机件前、后也是对称的，因此在俯视图上也采用了半剖视。

半剖视图的标注同全剖视图。

画半剖视时，应注意以下几点。

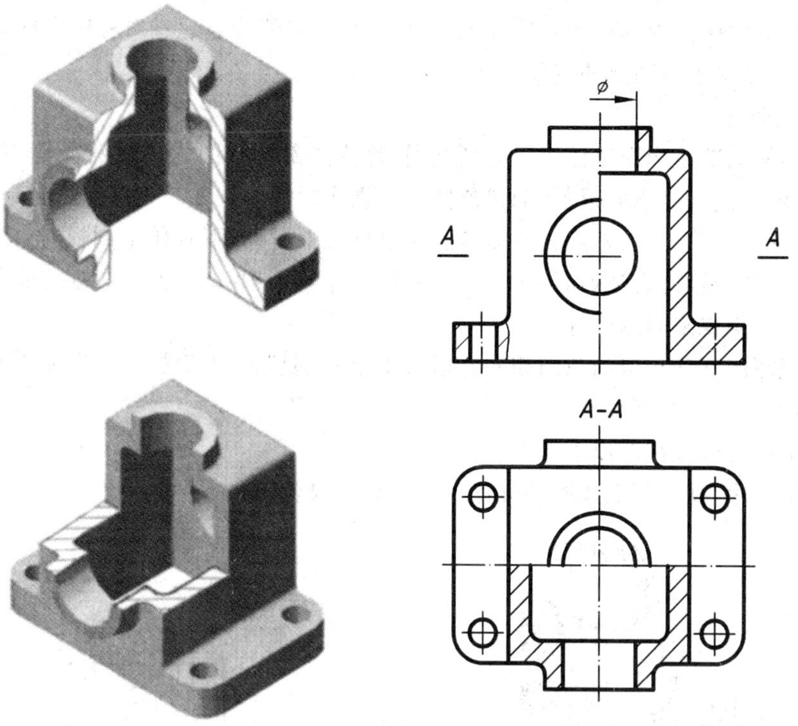

图 6－16　半剖视图

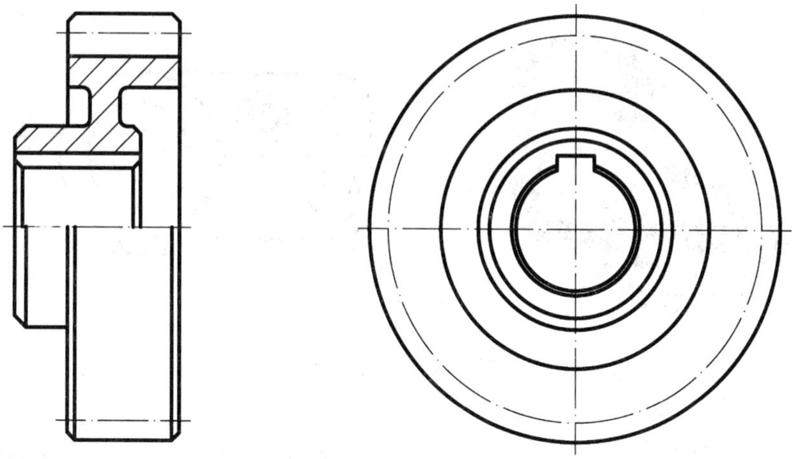

图 6－17　形状基本对称机件的半剖视图

①剖视中半个视图和半个剖视图的分界线是细点画线，不能画成粗实线。

②由于图形对称，内部结构已在半个剖视图中表达清楚，故在半个视图中表示内部结构的虚线不应再画出。

③半剖视图中剖视部分的位置通常按以下原则配置：

a. 主视图和左视图中位于对称线右侧(图 6－16)；

b. 俯视图中位于对称线下方或右方(图 6—16)。

在半剖视图中标注内部结构对称方向的尺寸时,尺寸线应略超过对称中心线,并画单方向箭头,如图 6—16 中主视图上的直径尺寸“ϕ”。

3. *局部剖视图*

用剖切平面局部地剖开机件所得的剖视图,称为局部剖视图。局部剖视是一种灵活的表达方法,不受图形是否对称的限制,剖切范围可根据实际需要选取。当机件只有局部内形需要表达(图 6—16 中小孔);内、外形状均需表达而机件又不对称,不宜作全剖视时(图 6—18);实心杆件上的槽、孔结构需表达时(图6—19);对称机件的轮廓线与对称中心线重合时(图 6—20),可采用局部剖视来表达机件。

局部剖视图的标注与全剖视图相同。但对于单一剖切面剖切位置明显的局部剖视图,一般不必标注,如图 6—18 所示。

画局部剖视图时应注意以下几点:

①局部剖视中,视图与剖视图的分界线一般是波浪线(图 6—18),也可用双折线;

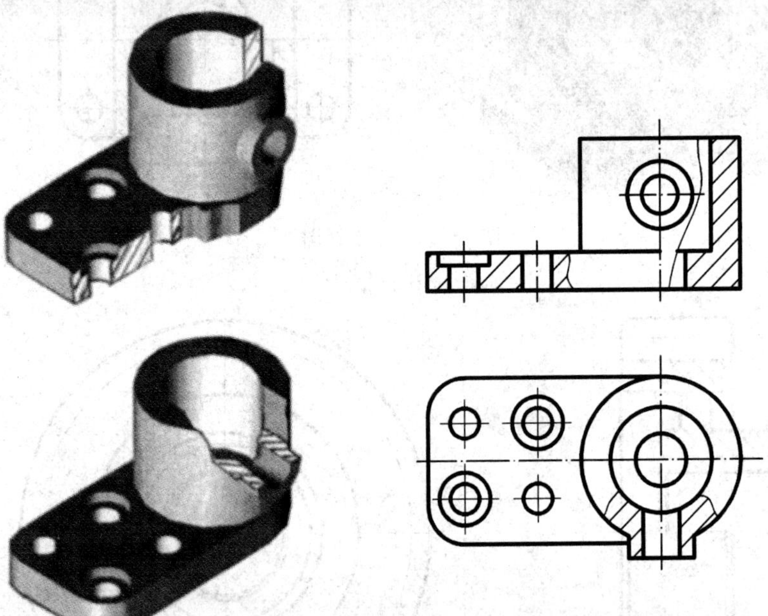

图 6—18　局部剖视图

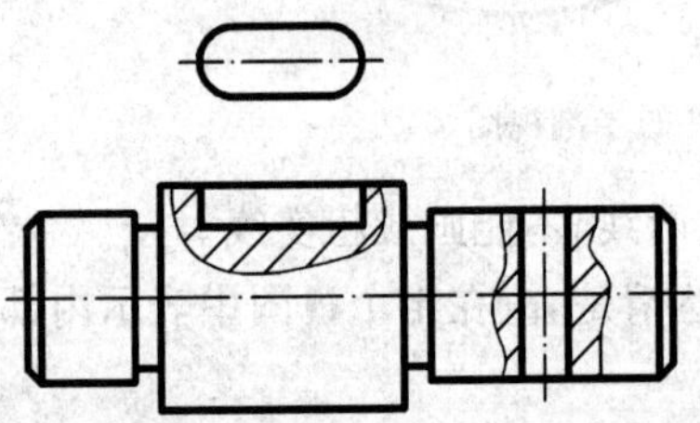

图 6—19　用局部剖视表达实心杆件上的孔和槽

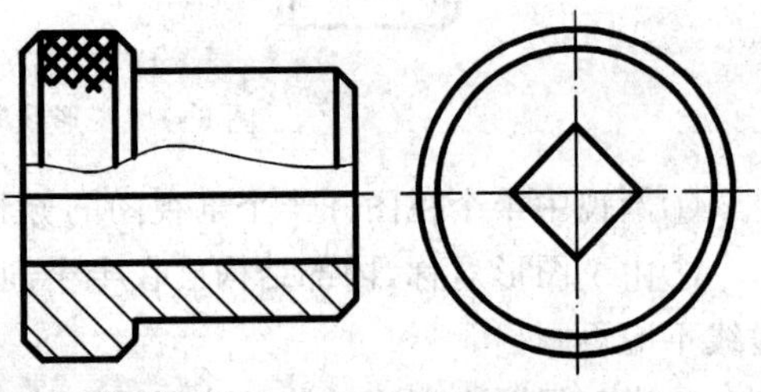

图 6—20　用局部剖视表达对称机件

②波浪线可视为假想断裂处轮廓线的投影，因此波浪线应画在机件的实体部分上，既不能超出图形的轮廓之外，也不应穿越通孔，如图 6－21 所示；

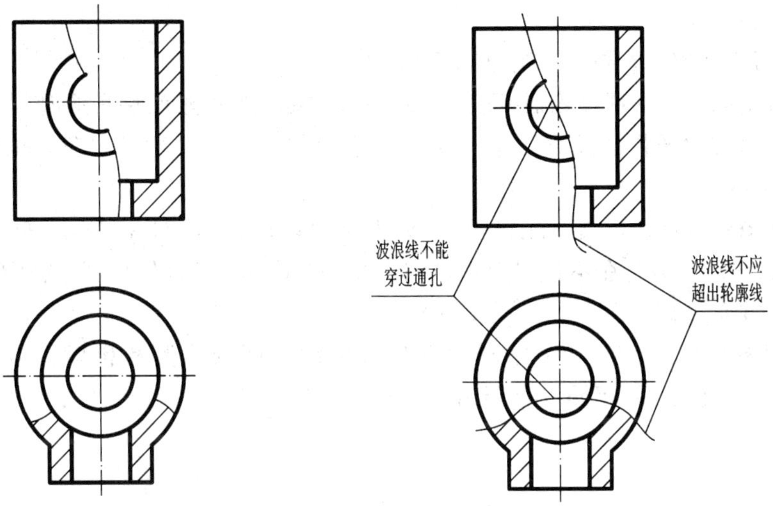

正确　　错误

图 6－21　局部剖视中的波浪线(一)

③波浪线不能与图形的轮廓线重合，也不能画在其他图线的延长线上，如图 6－22 所示；

④当剖切结构为回转体时，允许将该结构的中心线作为局部剖视与视图的分界线，如图 6－23所示。

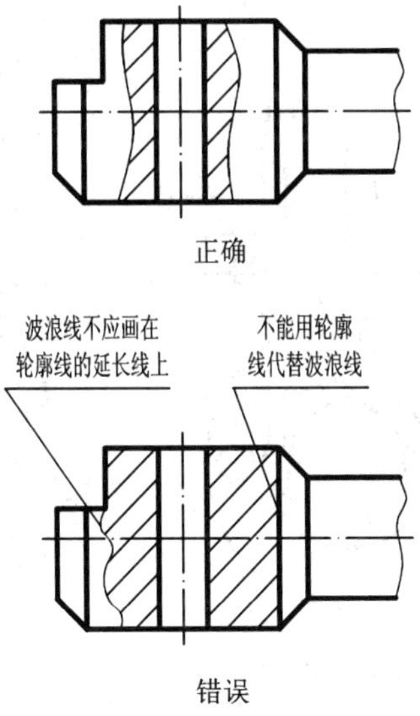

错误

图 6－22　局部剖视中的波浪线(二)

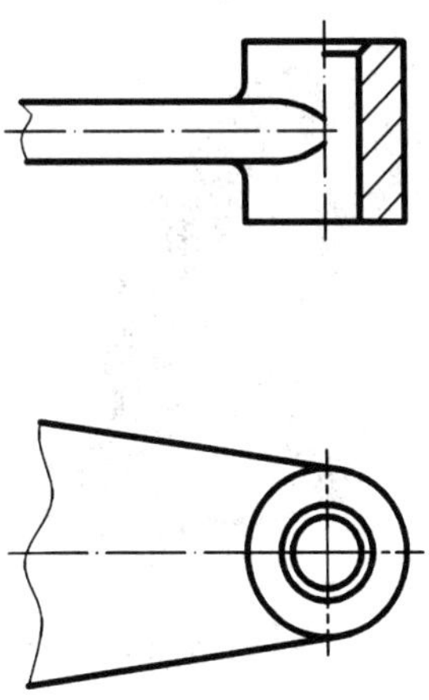

图 6－23　用中心线作为分界线

6.2.3　剖切面的种类

1. 单一剖切面

单一剖切面一般用单一剖切平面，也可以用单一剖切柱面。这里只介绍单一剖切平面。

(1)平行于某一基本投影面的剖切平面

前面介绍过的全剖视图、半剖视图和局部剖视图都是用这种剖切平面剖切物体得到的，是最常用的剖视图。

(2)不平行于任何基本投影面的剖切平面

机件上倾斜部分的内部结构需要表达，而在基本视图上不能反映实形时，与斜视图一样，可用一个与倾斜结构平行并垂直于某一基本投影面的剖切平面剖开机件，如图 6－24 中的“*A*—*A*”全剖视图。

这种剖视图一般按投影关系配置，即箭头所指方向如图 6－24(a)所示，也可放置在其他合适的位置(图 6－24b)。在不致引起误解时，允许将图形转正，但要在剖视图的上方用旋转符号指明旋转方向(图 6－24c)。

这种剖视图必须进行标注。用剖切符号表示剖切面的位置和投射方向，并注上字母“×”，在剖视图的上方，用相同的字母标注“×－×”，以表示该剖视图的名称(字母水平放置)。

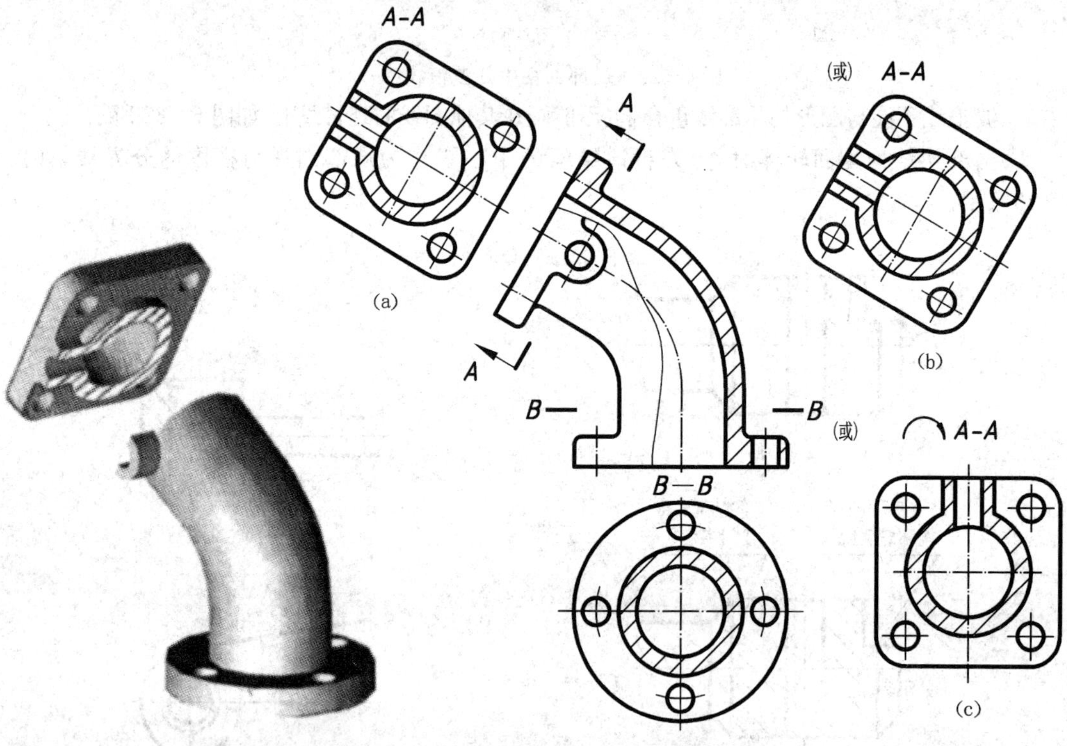

图 6－24　不平行任何基本投影面的剖切平面剖开机件

2. 一组互相平行的剖切平面

机件上的孔、槽等内部结构的轴线位于几个互相平行的平面上时，可采用几个平行于基本投影面的平面剖开机件，如图 6－25 中的“*A*－*A*”全剖视图。

用平行剖切平面获得的剖视图必须进行标注。用剖切符号表示剖切面的起、迄和转折位置及投射方向，并注上字母“×”，在剖视图的上方用相同的字母标注“×—×”，以表示剖视图的名称。当剖视图按投影关系布置，中间又无其他图形隔开时，可省略箭头。

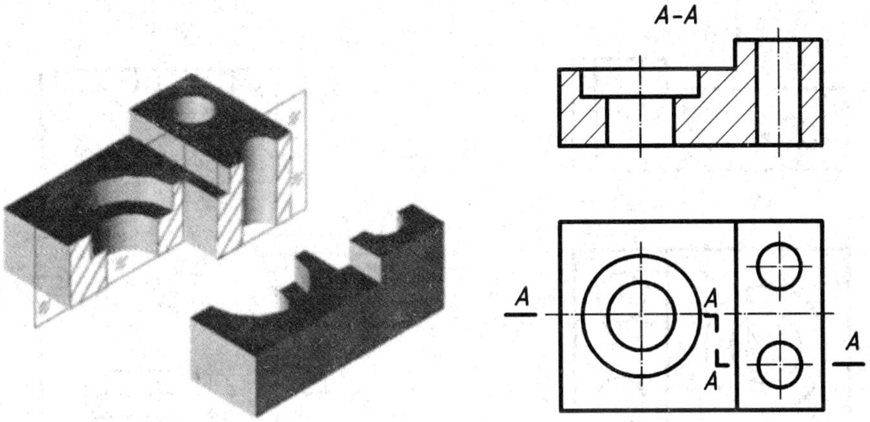

图 6－25　用几个互相平行的平面剖开机件

画用平行剖切平面获得的剖视图时，应注意以下几点：

①在剖视图中不要画出两个剖切平面转折处的投影，如图 6－26(a)主视图所示；

②剖切符号的转折处不应与图形轮廓线重合，如图 6－26(b)俯视图所示；

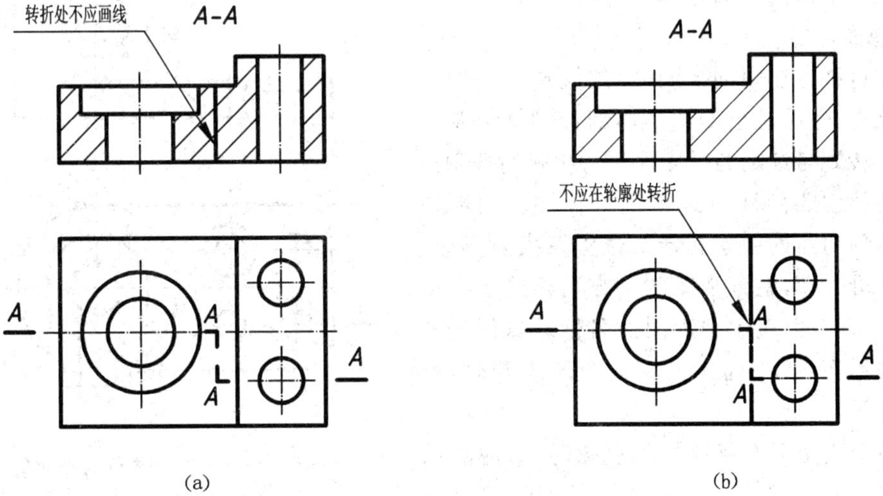

图 6－26　两个平行剖切平面获得的剖视图容易出错的地方

③剖视图内不应出现不完整要素，如图 6－27 所示；

④当机件上的两个要素在图形上具有公共对称中心线或轴线时，可以对称中心线或轴线为界各画一半，如图 6－28 所示。

用平行剖切平面获得的局部剖视图，如图 6－29 所示。

3. 几个相交的剖切面

(1)两个相交的剖切平面(交线垂直于某一基本投影面)

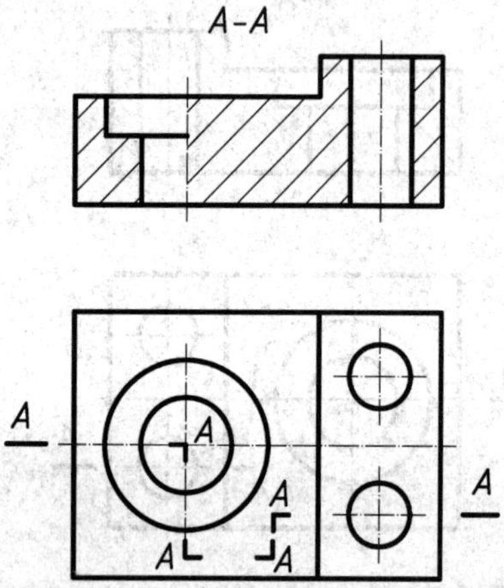

图 6－27　不应出现不完整要素

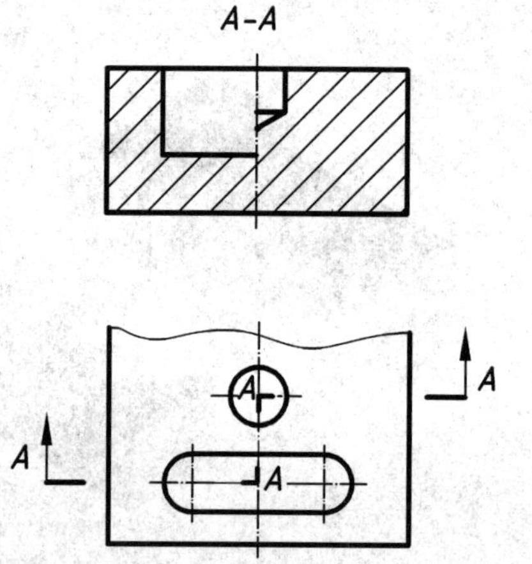

图 6－28　具有公共对称中心线或轴线的画法

机件上的内部结构形状用一个剖切平面不能表达完全，而机件又具有回转轴线时，可采用两个相交的平面剖开机件，如图 6－30 中的“A—A”全剖视图。

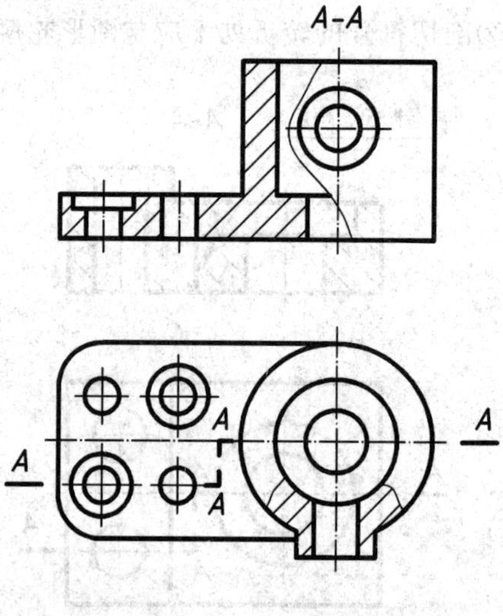

图 6－29　用两个平行的平面剖开机件得到的局部剖视图

采用这种方法画剖视图时，先假想在剖切位置剖开机件，然后将被剖切平面剖开的结构及有关部分旋转到与选定的投影面平行再进行投射。

旋转绘制的剖视图必须进行标注。用剖切符号表示剖切面的起讫和转折位置及投射方向，并注上字母“×”，在剖视图的上方用相同的字母标注“×—×”，以表示剖视图的名称。当剖视图按投影关系布置，中间又无其他图形隔开时，可省略箭头。

画两个相交平面获得的剖视图时，应注意以下几点：

①两个剖切平面的交线应与机件的主要轴线重合；

②位于剖切平面后的其他结构一般仍按原来位置投射，如图 6－31 中油孔的投影；

③当机件被剖切后产生不完整要素时，此部分按不剖绘制，如图 6－32 所示。

当机件对称时，用两个相交平面剖切获得的半剖视图，如图 6－33 所示。

(2)几个相交的剖切面

当机件的形状复杂，单独用几个平行剖切平面或两个相交剖切平面都无法充分表达机件的内部结构时，可将几个相交剖切面组合起来使用。

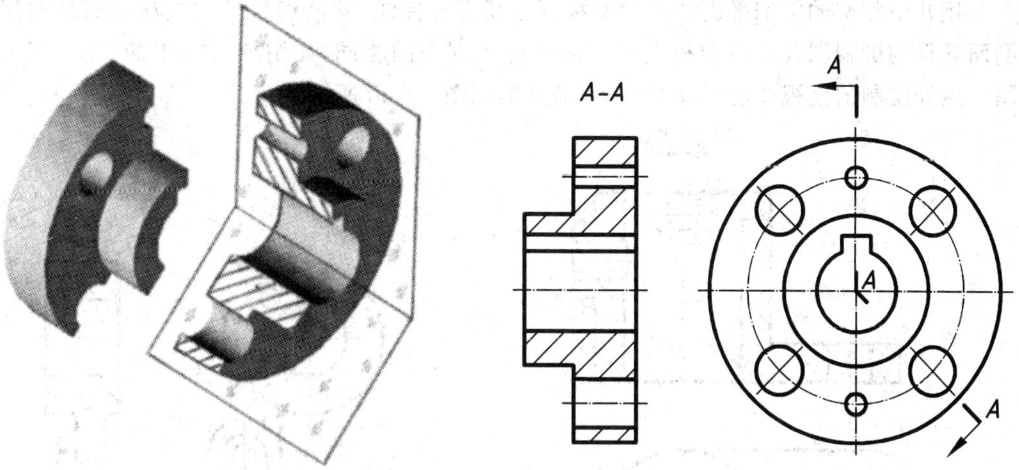

图 6－30　用两个相交的平面剖切机件

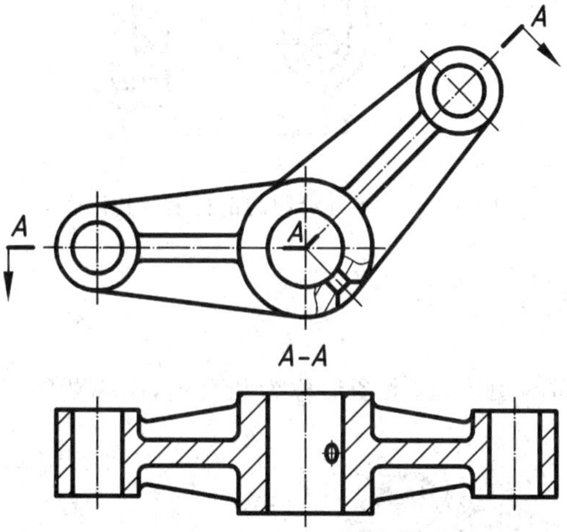

图 6－31　剖切面后的结构按原位置投影

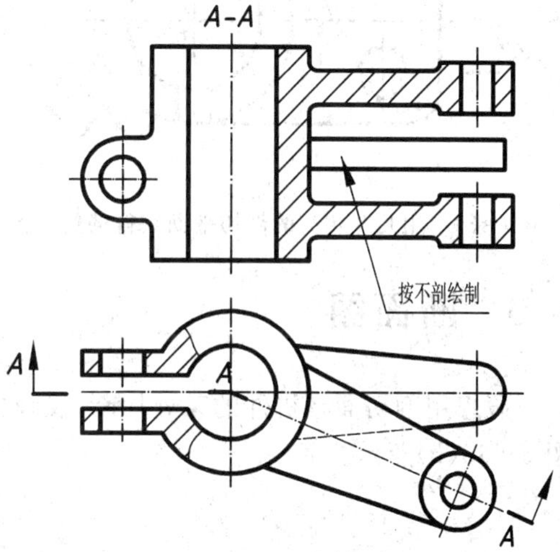

图 6－32　剖切后产生不完整要素时的画法

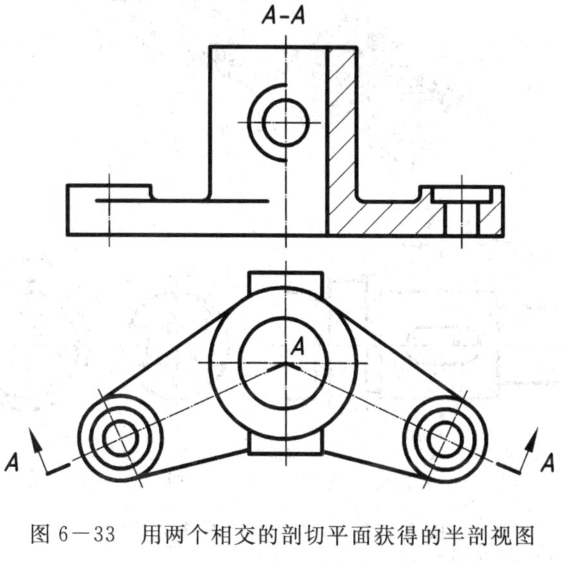

图 6－33　用两个相交的剖切平面获得的半剖视图

用几个相交的剖切平面获得的剖视图必须进行标注，其剖切符号的画法及标注与用平行剖面获得的剖视图及用两个相交的剖面获得的剖视图相同，如图 6－34 中的“A—A”全剖视图。展开绘制的剖视图应标注“×—×展开”，如图 6－35 所示。

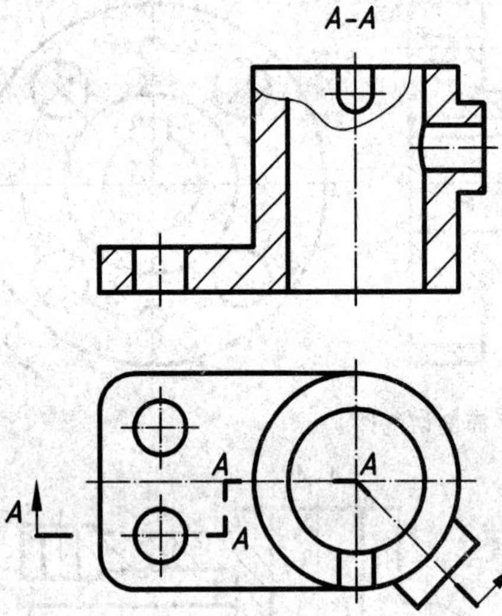

图 6－34　用几个相交的剖切平面获得的剖视图

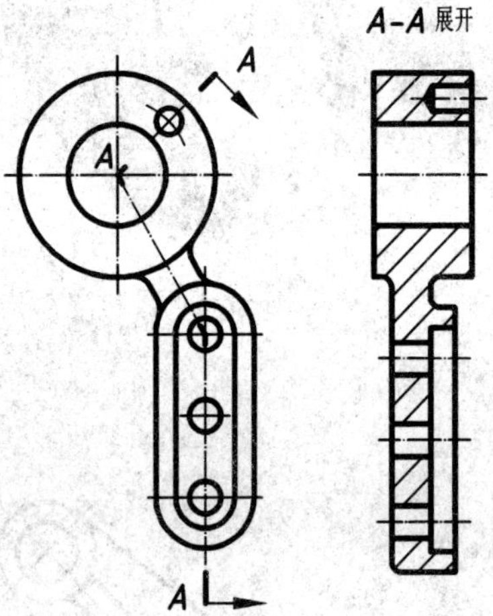

图 6－35　展开绘制的剖视图及其标注

6.3　断面图

假想用剖切面将机件的某处切断，仅画出断面的图形，这个图形称为断面图，简称断面，如图 6－36(b)所示。

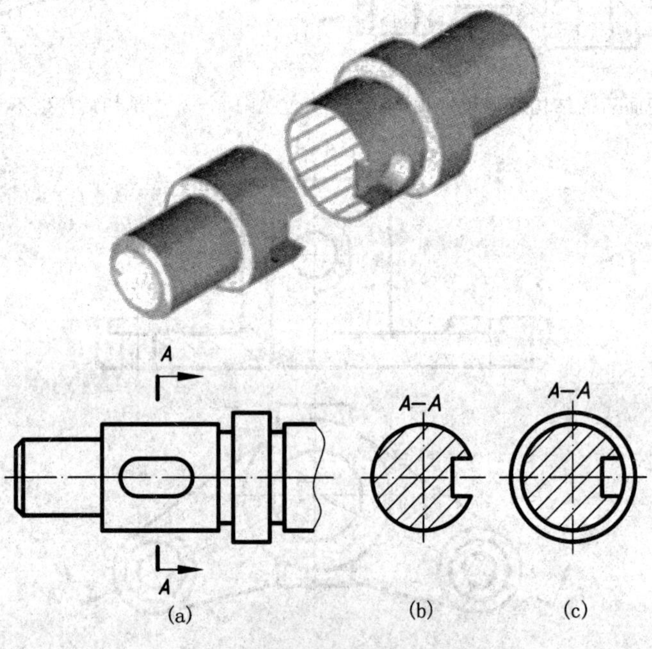

图 6－36　断面图与剖视图的区别

断面图与剖视图的区别是:断面图只画机件的断面形状,而剖视图则将断面和它后面的可见结构一起画出。图 6－36(b)为断面图,图 6－36(c)为剖视图。

根据断面图在视图中的配置位置不同,断面图分为移出断面图和重合断面图两种。

6.3.1 移出断面图

画在视图之外的断面图称为移出断面图,如图 6－37 所示。

1. 移出断面图的画法

①移出断面图的轮廓线用粗实线绘制,通常配置在剖切线的延长线上,如图 6－37(a)、(b)所示。必要时,可配置在其他适当位置,如图 6－37(c)所示。在不致引起误解时,允许将图形旋转,标注形式如图 6－40 所示。

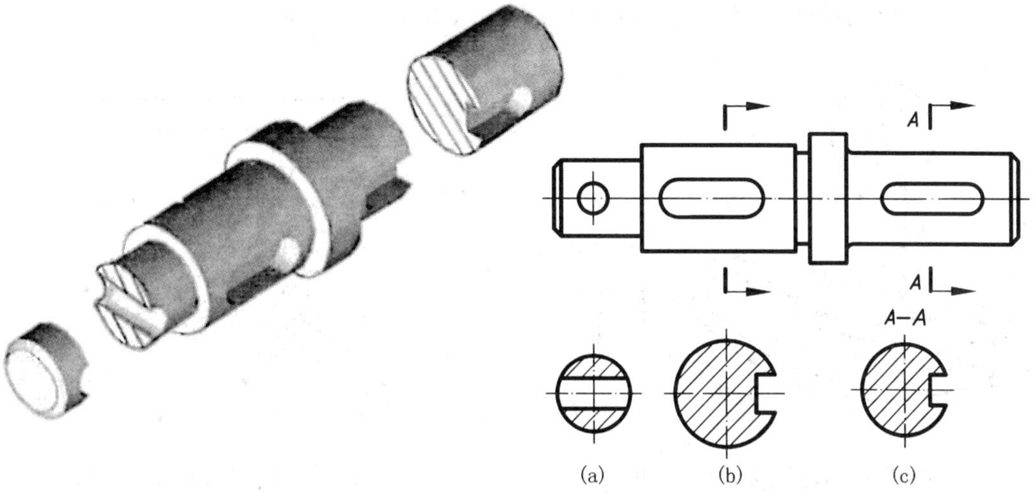

图 6－37 断面图的画法

②当移出断面图为对称图形时,也可画在视图的中断处,如图 6－38 所示。

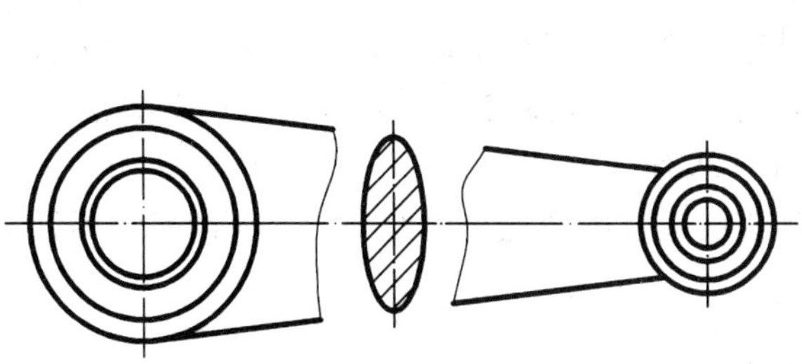

图 6－38 画在视图中断处的移出断面图

③当剖切平面通过回转面形成的孔和凹坑的轴线时,这些结构按剖视绘制,如图6－39所示。

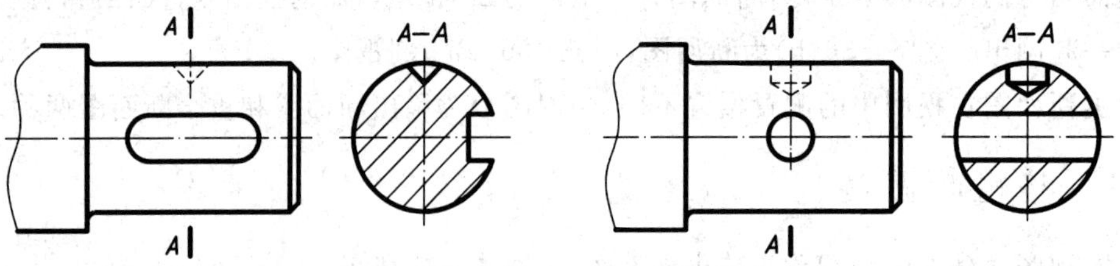

(a) (b)

图 6—39　剖切平面通过回转面形成的孔和凹坑的轴线

④当剖切平面通过非圆孔，导致出现两个分离的断面时，这些结构也按剖视绘制，如图6—40所示。

⑤为了表示切断面的真实形状，剖切平面要垂直于所表达机件的主要轮廓线。由两个或多个相交平面剖切得到的移出断面图中间应断开，如图 6—41 所示。

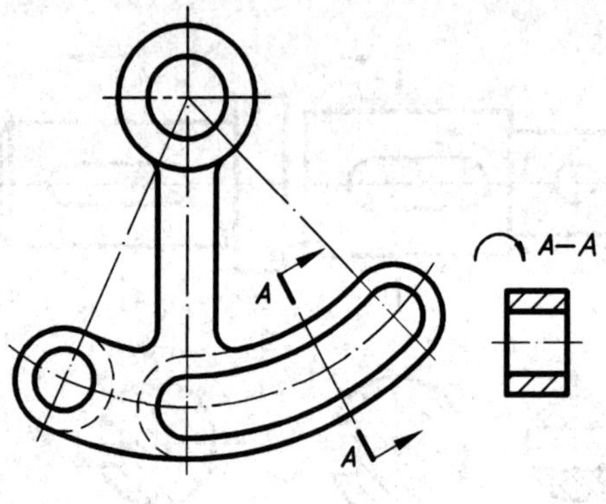

图 6—40　断面图分离时的画法

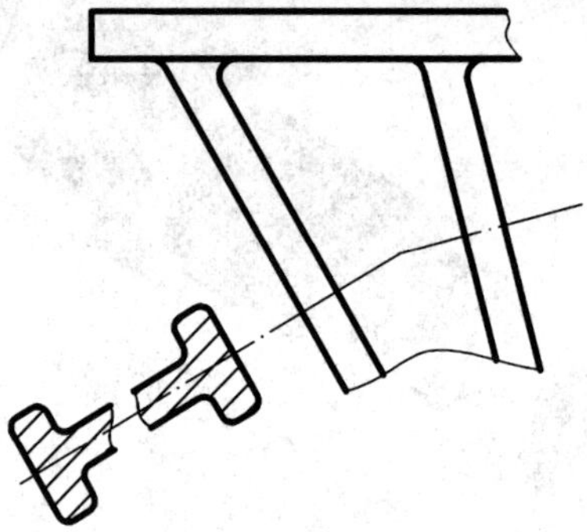

图 6—41　两相交的剖切平面剖开机件时断面图的画法

2. 移出断面图的标注

①移出断面图的标注与剖视图的标注完全相同，一般应标出剖切位置、投射方向和断面图的名称，如图 6—37(c)所示。

②配置在剖切符号延长线上的不对称移出断面图，不必标注字母，如图 6—37(b)所示。

③配置在其他位置的对称的移出断面图以及按投影关系配置的不对称的移出断面图，一般不必标注箭头，如图 6—39 所示。

④配置在剖切线延长线上及画在视图中断处的对称的移出断面图不必标注，如图6—37(a)和图 6—38 所示。

6.3.2　重合断面图

画在视图之内的断面图称为重合断面图，如图 6—42 所示。

重合断面图的轮廓用细实线绘制。当视图中的轮廓线与重合断面的图形重叠时，视图中的轮廓线仍应连续画出，不可间断。

对称的重合断面图(图 6－42(b))不必标注,不对称的重合断面图(图 6－42(a))可省略标注。

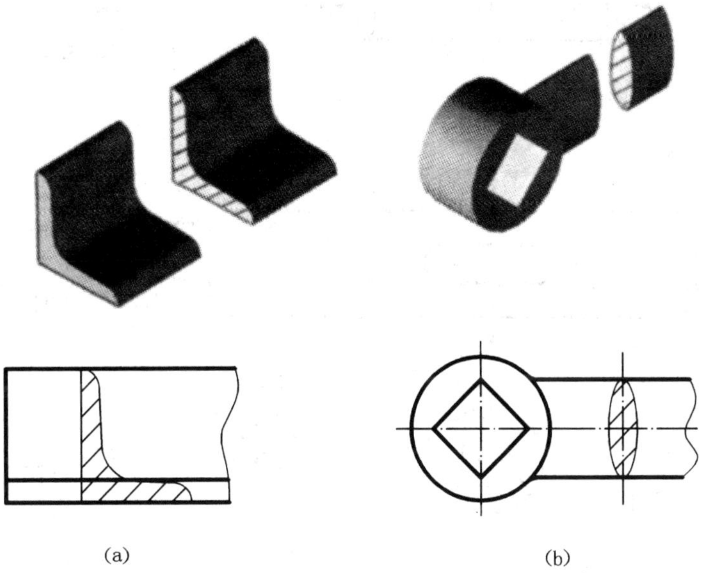

图 6－42　重合断面图

6.4　其他画法

除了前面介绍的一些表达方法外,画图时还可根据机件的形状,选用以下其他表达方法。

6.4.1　局部放大图

当机件上某些细小结构在视图中表示不清楚,或不便于标注尺寸时,可将这些结构用大于原图所用的比例画出,这种图形称为局部放大图,如图 6－43 所示。

局部放大图应尽量配置在被放大部位的附近,其表达方式与被放大部分的表示法无关,可画成视图,也可画成剖视图和断面图。

局部放大图必须进行标注,其方法是:在原图上用细实线(圆或长圆)圈出被放大部位,在局部放大图上方注明所采用的比例, 如图 6－43(a)所示。

若同一机件有几个被放大部位时,应用大写的罗马数字依次标明被放大的部位,并在局部放大图上方注出相应的罗马数字和采用的比例,如图 6－43(b)所示。

6.4.2　简化画法(《技术制图》GB/T 16675.1—1996)

简化画法是在完整、清晰地表达机件并保证不致引起误解和不会产生理解的多意性的前提下,力求制图简便的一些简化表示方法。现将一些常用的简化画法介绍如下。

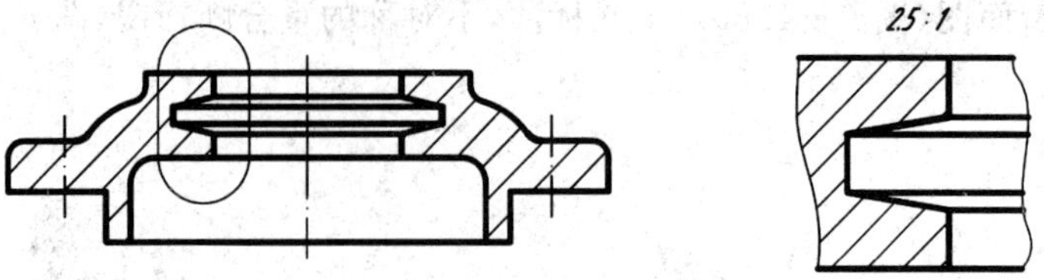

(a)

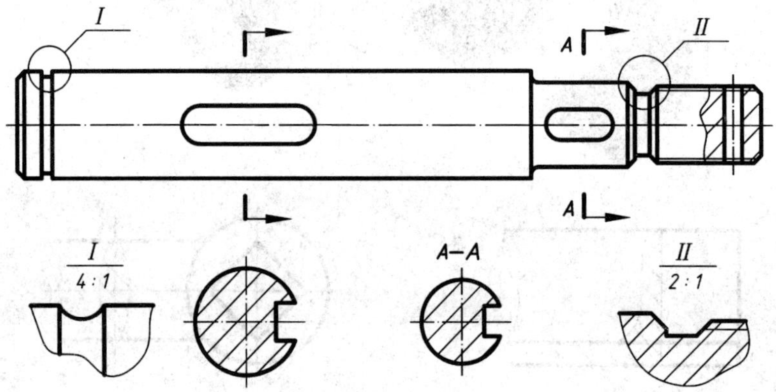

(b)

图 6－43　局部放大图

①应尽量避免不必要的视图和剖视图，图 6－44(b)为简化后的作图(图中 EQS 表示均布)。

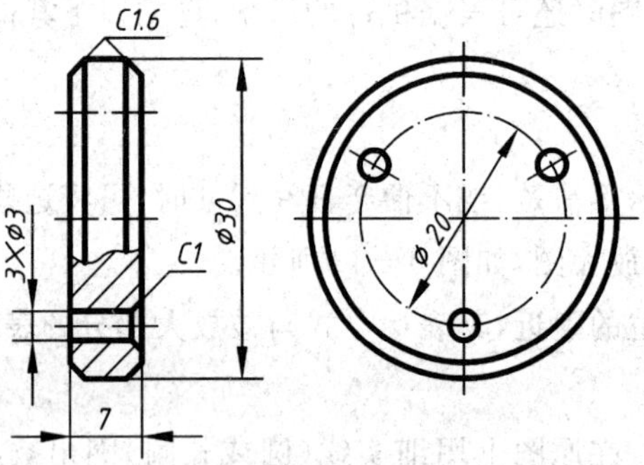

(a)

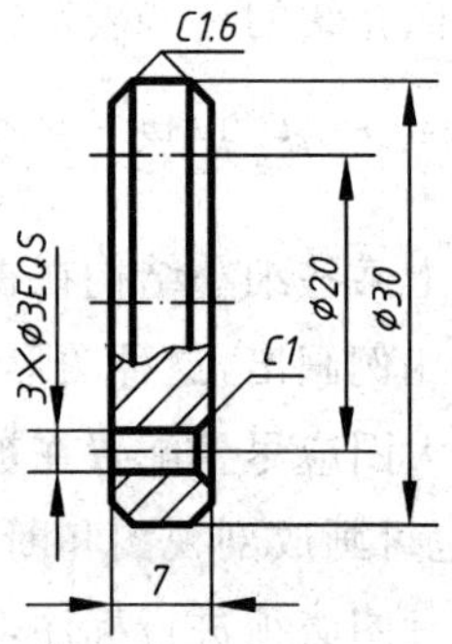

(b)

图 6－44　省略不必要的图形

②当机件上有若干相同结构(如齿、槽等)并按一定规律分布时，只需画出几个完整的结构，其余用细实线相连，在图中则必须注明该结构的总数，如图 6－45 所示，t 为厚度尺寸符号。当机件上有若干直径相同且成规律分布的孔(圆孔、螺孔、沉孔等)时，可以仅画出一个或几个，其余用细点画线表示其中心位置，但要在图中注明孔的个数，如图6－46所示。

③圆柱形法兰和类似机件端面上均匀分布的孔，如只需表示数量和分布状况时，可按图 6－47 所示的方法表示。

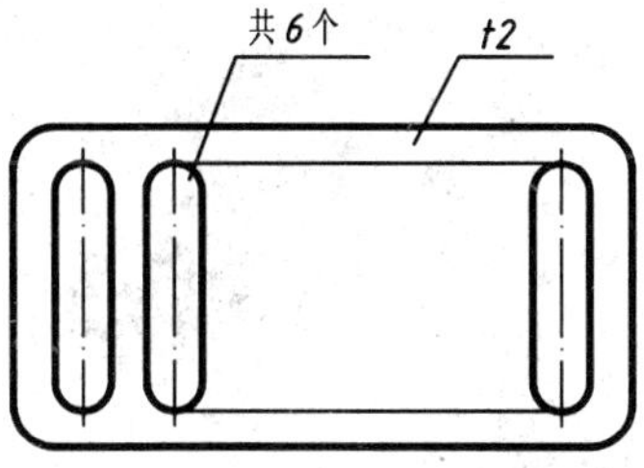

(a)

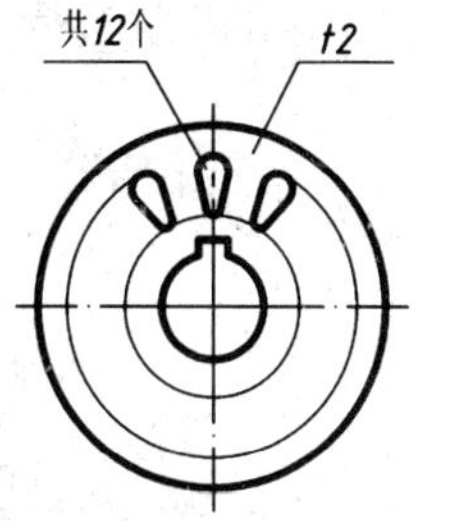

(b)

图 6－45　均布结构的简化画法

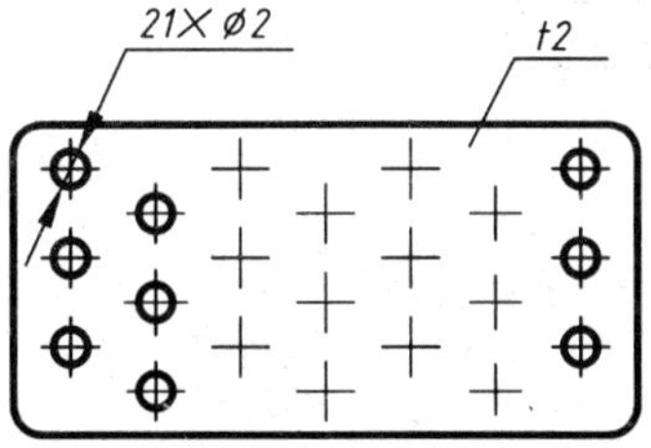

图 6－46　按规律分布孔的简化画法

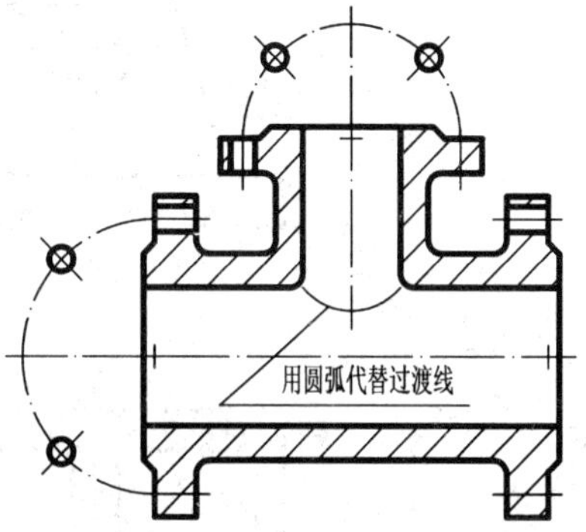

图 6－47　机件端面均布孔的简化画法

④对于机件的肋、轮辐及薄壁等，如按纵向剖切，这些结构的断面都不画剖面符号，而用粗实线将它与邻接部分分开，如图 6－48、图 6－49 所示。当零件回转体上均匀分布的肋、轮辐、孔等结构未处于剖切平面上时，可将这些结构旋转到剖切平面上画出，如图 6－50 所示。

⑤对于较长的机件（轴、杆类），当沿长度方向的形状相同或按一定规律变化时，可断开后缩短绘制，但标注尺寸时仍按实际长度标注，如图 6－51 所示。

⑥当机件上的较小结构在一个图形中已经表达清楚，那么在另一图形中可简化或省略，图 6－52中表示出了交线、圆角被省略的例子。

⑦当回转体零件上的平面在图形中不能充分表达时，可用平面符号（两条相交的细实线）表示，如图 6－53 所示。

⑧网状物、编织物或机件上的滚花部分，可在轮廓线附近用粗实线示意画出，并在图上或技术要求中注明这些结构的具体要求，如图 6－54 所示。

⑨与投影面倾斜角度小于或等于 30°的圆或圆弧，其投影可用圆或圆弧代替，如图6－55 所示。

⑩机件上斜度不大的结构，如在一个图形中已表达清楚时，其他图形可按小端画出，如图 6－56 所示。

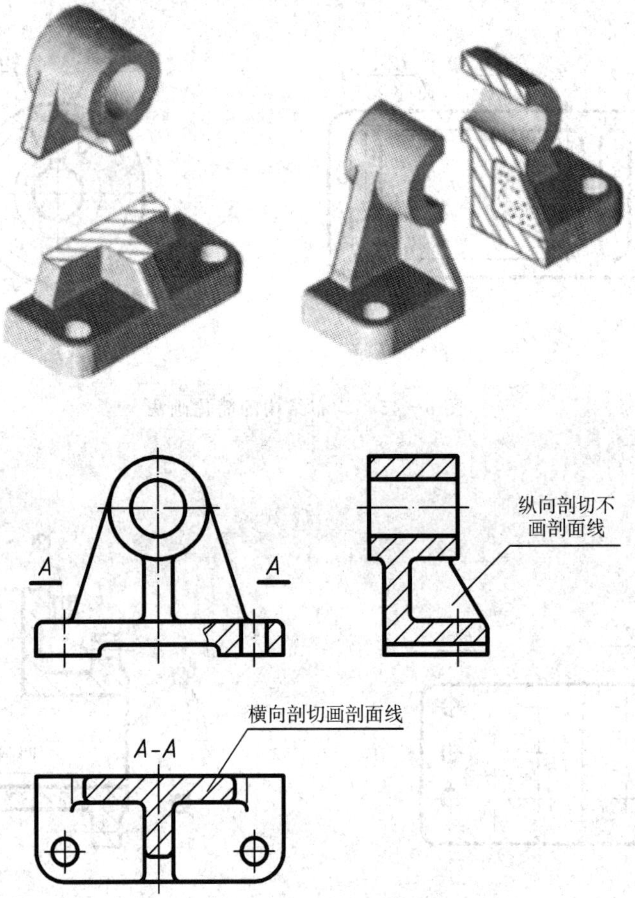

图 6－48　肋板的剖切画法

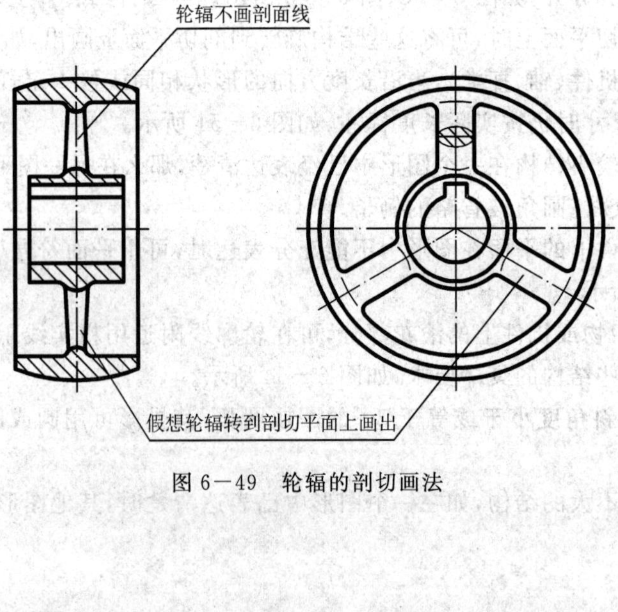

图 6－49　轮辐的剖切画法

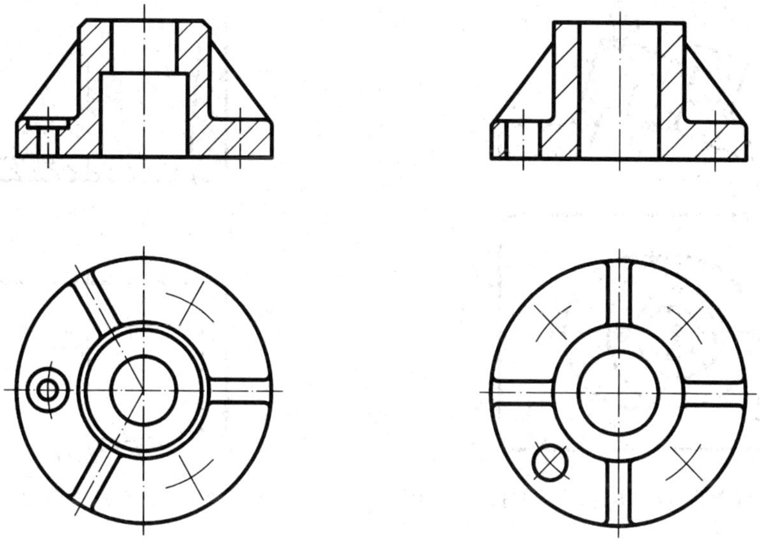

图 6－50　肋、均匀分布的孔的规定画法

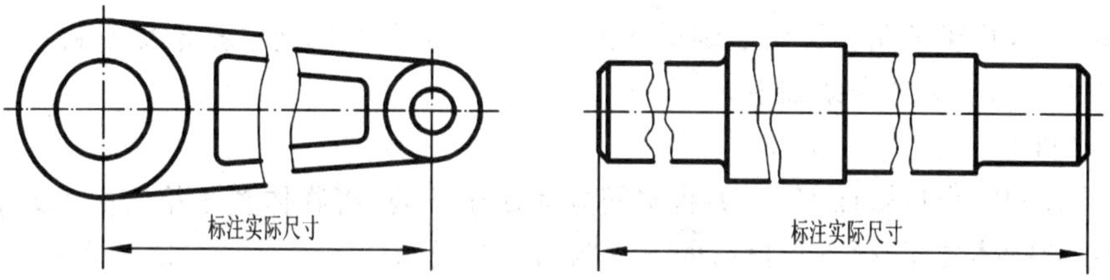

图 6－51　较长机件的断开画法

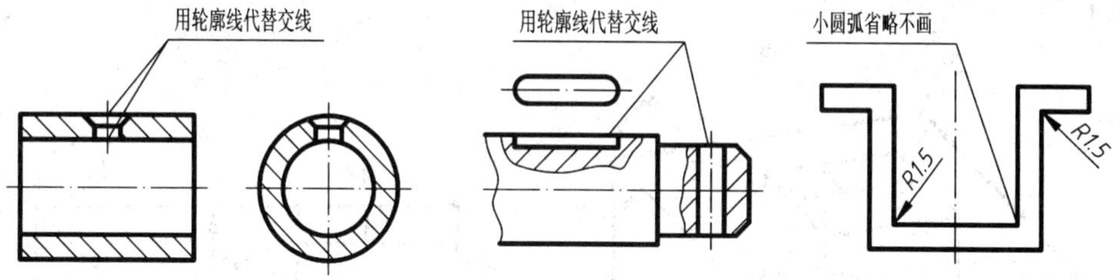

图 6－52　交线、圆角的省略画法

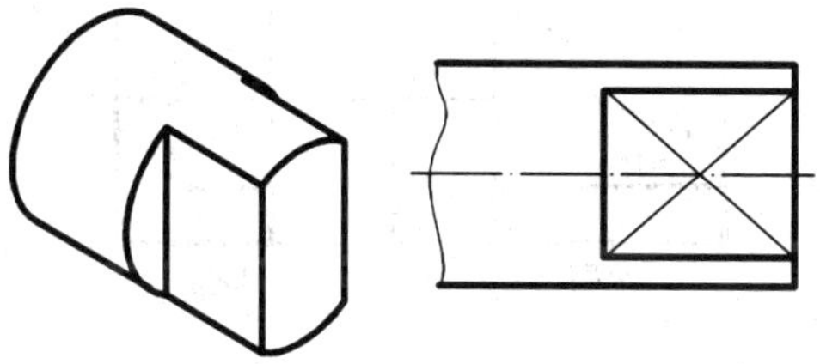

图 6－53　回转体上的平面表示法

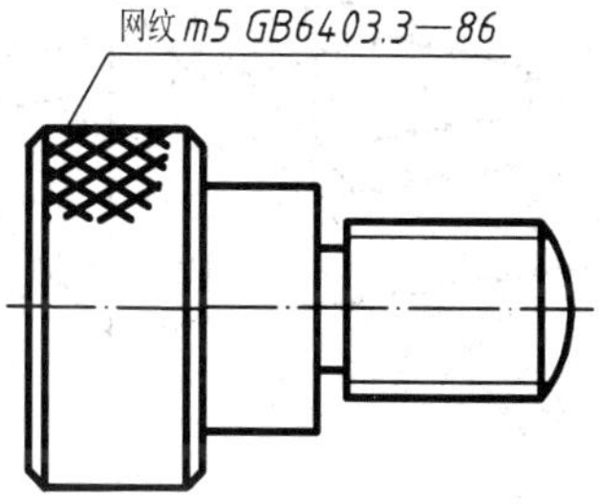

图 6－54　滚花的示意画法

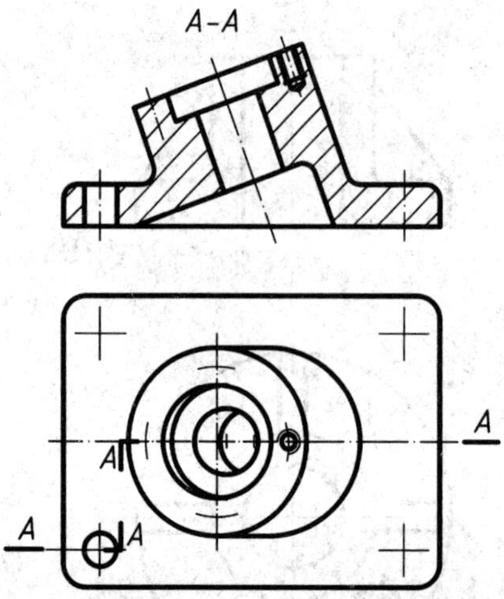

图 6－55　小于或等于 30°的圆或圆弧的投影的画法

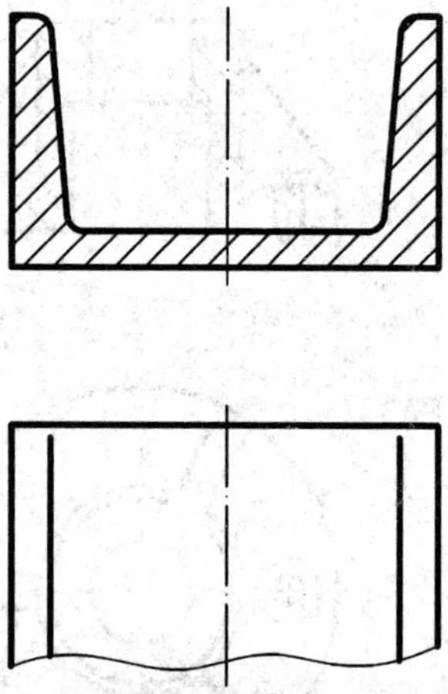

图 6－56　斜度不大的结构按小端画出

6.4.3　第三角投影法简介

国家标准《机械制图》规定，机件的图形采用第一角投影法得到，但国际上有许多国家(如美国、日本等)采用第三角投影法绘制机件图样。为了便于国际间的技术交流和阅读外国图纸资料，现对第三角投影法介绍如下。

1. 基本概念

相互垂直的两个投影面 V 和 H 将空间分为四个分角，将物体置于第三分角内，使投影面处于观察者与物体之间，得到正投影的方法叫第三角投影法。

假想投影面是透明的，由前向后观察(投射)，在 V 面上得到的视图称为主视图；由上向下观察(投射)，在 H 面上得到的视图称为俯视图；由右向左观察(投射)，在 W 面上得到的视图称为右视图(图 6－57(a))。

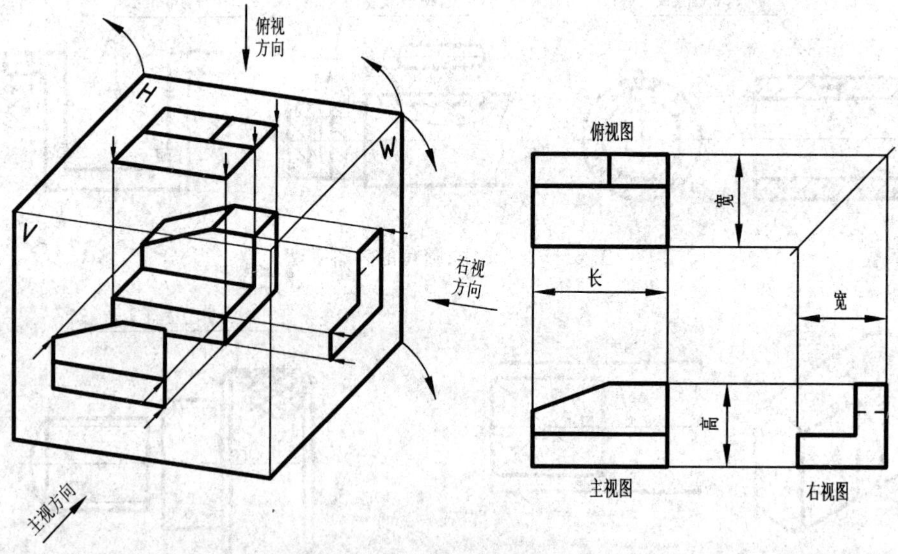

(a)　　(b)

图 6－57　第三角投影法

展开方法是：规定 V 面不动，H 面绕它与 V 面的交线向上翻转 90°，W 面绕它与 V 面的交线向右翻转 90°，即得到图 6－57(b)所示的三视图。

第三角画法与第一角画法的视图布置比较如图 6－58 所示，其中图(a)为第一角投影的三视图，图(b)为第三角投影的三视图。

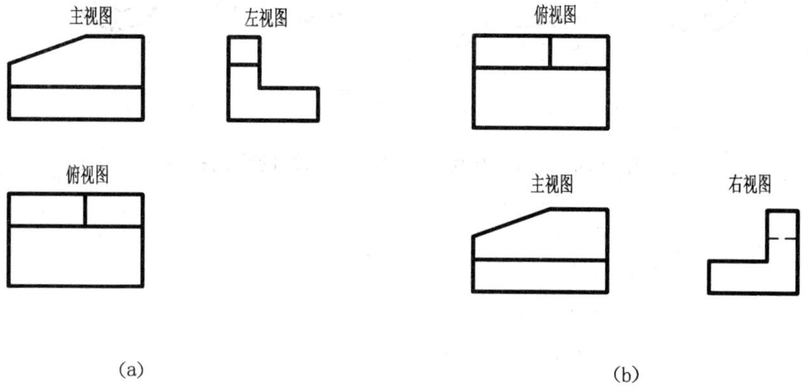

图 6－58　第三角画法与第一角画法比较

2. 第三角投影中六个视图的布置

在图 6－57(a)所示的三个投影面的基础上再增加三个投影面，分别与原来的三个投影面对应平行，构成一个六面体方箱，将机件置于其中，按第三角投影法分别向各个基本投影面作正投影，便得到如图 6－59 所示的六个基本视图。

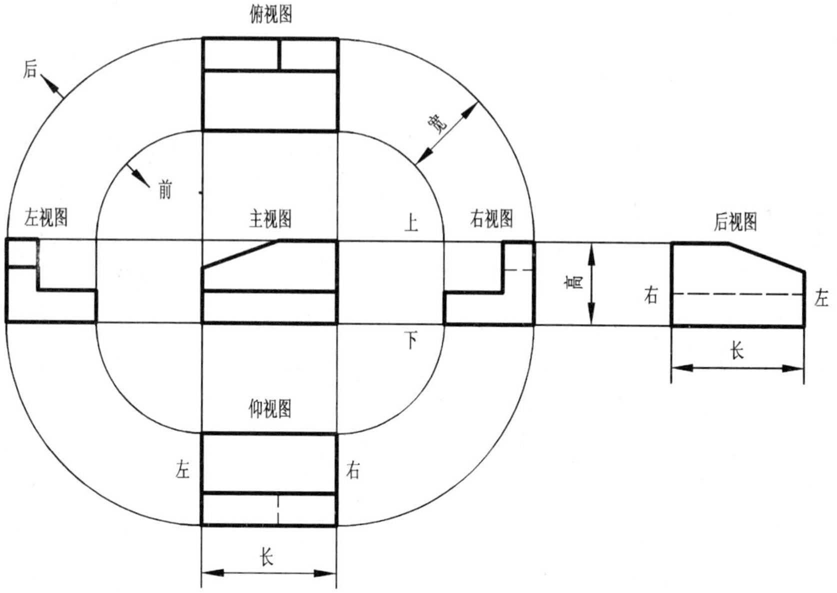

图 6－59　第三角投影法的六个基本视图

3. 第三角投影画法与第一角投影画法的识别符号

为了识别第三角画法与第一角画法，国家标准规定了相应的识别符号。该符号一般标注在图纸标题栏的上方或左方。采用第三角画法时，必须在图样上标出其识别符号图 6－60(a)，采用第一角画法时，必要时也应在图样上标出其识别符号(图 6－60(b))。

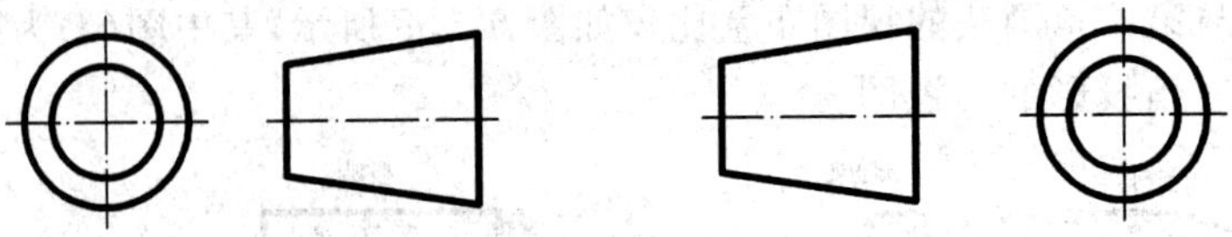

(a)　　　　(b)

图 6－60　第三角画法和第一角画法的识别符号

第 7 章　标准件和常用件

任何机器或部件都是由零件组装而成的。机器中的零件分为一般零件、标准件和常用件。

图 7—1 是齿轮油泵分解的各零件立体图。其中泵体、左端盖、右端盖、传动齿轮轴等零件是根据使用要求自行设计的，属一般零件；螺栓、螺钉、螺母、垫圈、键、销等零件在各种机器中广泛使用，为了便于大批量生产，保障产品的质量，国家标准对它们的结构、尺寸及技术要求等作了统一的规定，这些零件称为标准件；对齿轮等零件的部分结构参数标准化的零件称为常用件。对于标准件和常用件的标准结构部分，不需要按实际投影画图，而只要根据国家标准规定的画法、代号和标记进行绘图和标注即可，至于它们的详细结构和尺寸，可根据标准件的代号和标记，查阅相关的国家标准或机械零件手册。

本章着重介绍标准件和常用件的规定画法、代号和标记。

7.1　螺纹

7.1.1　螺纹的形成

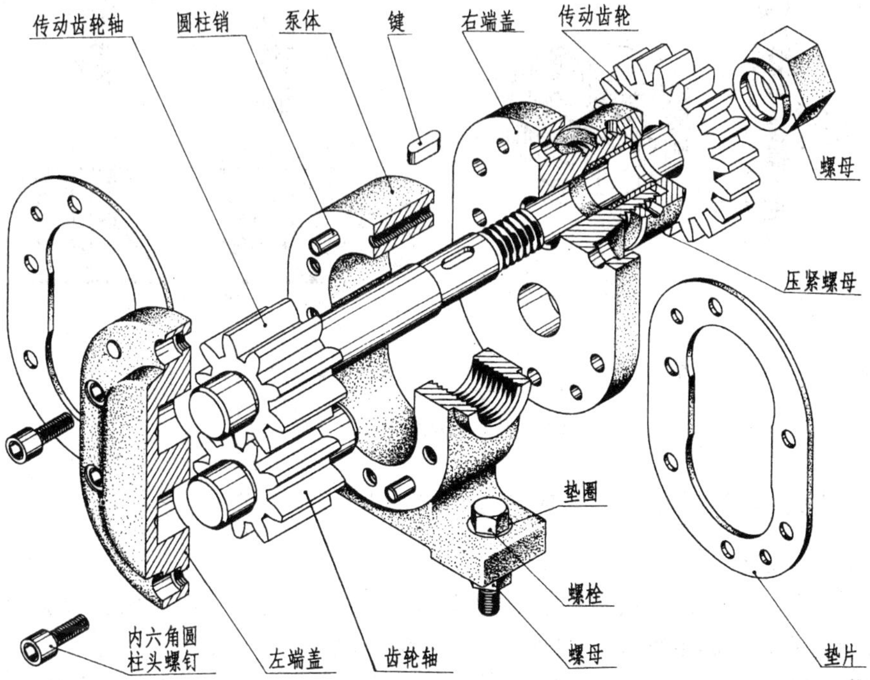

图 7—1　齿轮油泵的零件分解图

螺纹是指在圆柱或圆锥表面上，沿着螺旋线形成的，具有规定牙型的连续凸起。在圆柱或圆锥外表面上形成的螺纹称为外螺纹，在圆柱或圆锥内表面上形成的螺纹称为内螺纹。

螺纹的加工方法很多，如车制、碾压、用丝锥和板牙等工具加工。图 7－2(a)和(b)为车床上加工外、内螺纹的示意图。将工件卡在车床卡盘上作等速旋转运动，刀具沿工件轴线作等速直线移动，当车刀切入工件一定深度时，便在工件上加工出了螺纹。

图 7－2(c)为手工加工内外螺纹的工具(丝锥和板牙)。

在箱体、底座等零件上加工直径较小的螺孔，一般先用钻头钻孔，再用丝锥攻制螺纹，如图 7－2(d)所示。

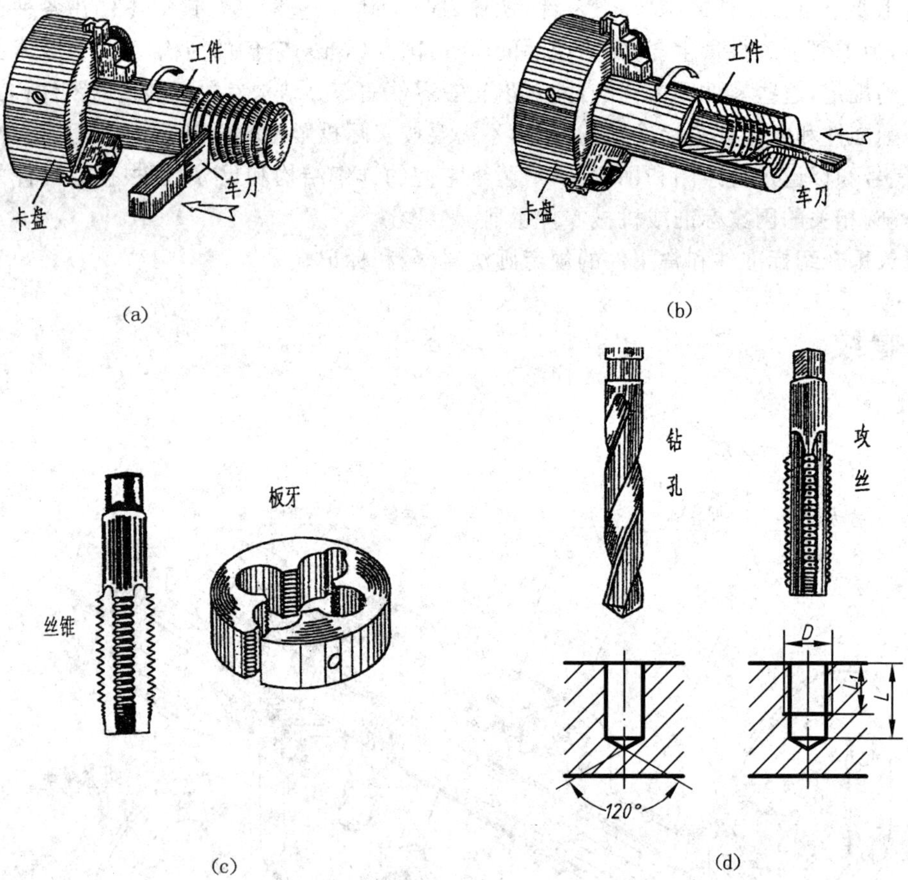

图 7－2　螺纹的加工方法

7.1.2　螺纹的工艺结构和要素

1. 螺纹的工艺结构

1)螺纹末端　为了便于安装和防止螺纹起始圈损坏，通常将螺纹的末端尖角(图 7－3(c))切掉，做成倒角或圆角等形状，如图 7－3(a)和(b)所示。

2)螺纹的收尾和退刀槽　当车削螺纹的车刀逐渐离开工件的螺纹终了处时，出现的一段不完整的牙型称为螺纹的收尾，简称螺尾，如图 7－4(a)所示。为了便于退出刀具，避免产生螺尾，可以预先在螺纹末尾处加工出一个小槽，称为螺纹退刀槽，如图 7－4(b)所示。

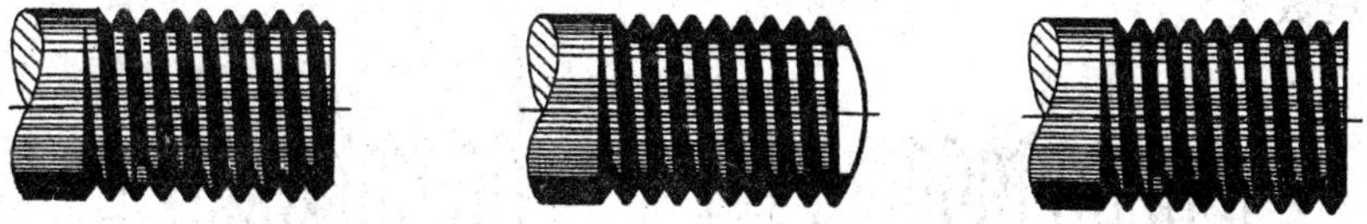

(a) (b) (c)

图 7－3 螺纹的倒角和倒圆

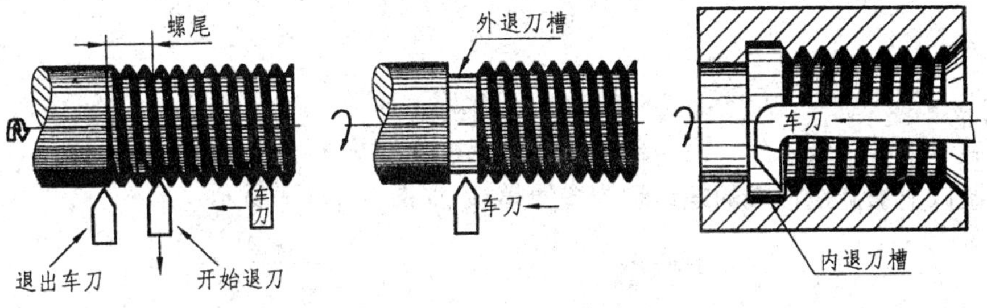

(a) (b)

图 7－4 螺尾和退刀槽

2. 螺纹的要素

螺纹在使用时，内外螺纹的五个要素完全相同时才能互相旋合，从而实现零件间的连接和传动。

(1) 螺纹的牙型

在通过螺纹轴线的剖面上，螺纹的齿廓形状，称为螺纹的牙型。牙型由牙顶、牙底和两牙侧构成，并成一定的牙型角。螺纹的牙型有三角形、梯形、锯齿形和矩形等，常见的几种牙型如图 7－5 所示，其中图(a)为普通螺纹(M)，图(b)为 55°管螺纹(G)，图(c)为梯形螺纹(Tr)。

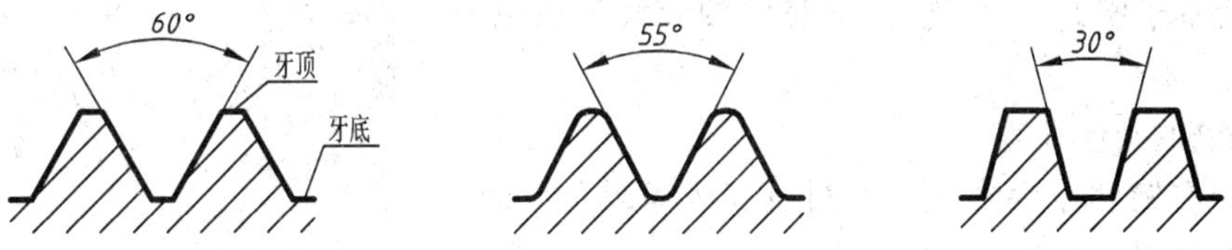

(a) (b) (c)

图 7－5 螺纹的牙型

(2)螺纹的直径

螺纹的大径 d 或 D(外螺纹的符号用小写字母，内螺纹的符号用大写字母表示)即与外螺纹的牙顶或内螺纹牙底重合的假想圆柱面的直径，螺纹的公称直径一般指螺纹大径。

螺纹的小径 d_1 或 D_1 即与外螺纹的牙底或内螺纹牙顶重合的假想圆柱的直径。

螺纹的中径 d_2 或 D_2 即是一个假想圆柱面的直径，该圆柱面母线上牙型沟槽和凸起宽度相等，如图 7－6 所示。

(3)螺纹线数 n

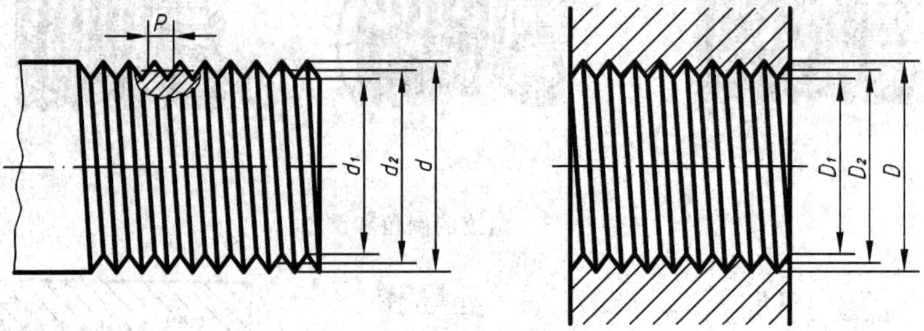

图 7—6 螺纹的直径

螺纹有单线和多线之分。沿一条螺旋线形成的螺纹称为单线螺纹，如图 7—7(a)所示；沿两条或两条以上螺旋线形成的螺纹称为多线螺纹，如图 7—7(b)所示。

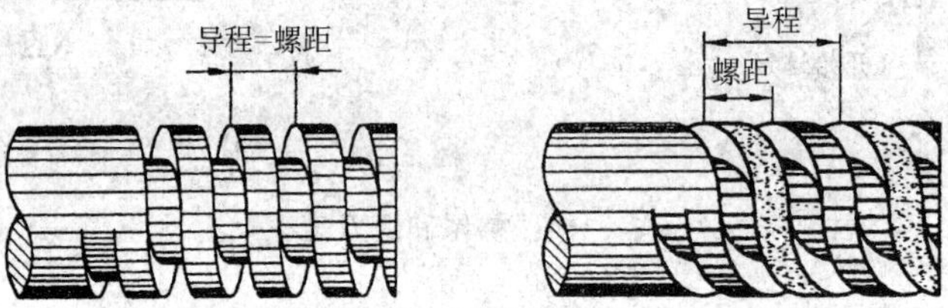

(a) (b)

图 7—7 螺纹的线数、螺距和导程

(4)螺纹螺距 P 和导程 P_h

螺纹相邻两牙在中径线上对应两点间的轴向距离称为螺距，用 P 表示。沿同一条螺旋线上相邻两牙在中径线上对应两点间的轴向距离称为导程，用 P_h 表示。单线螺纹的导程等于螺距，$P=P_h$；多线螺纹的导程为螺距乘以线数，$P_h=nP$。

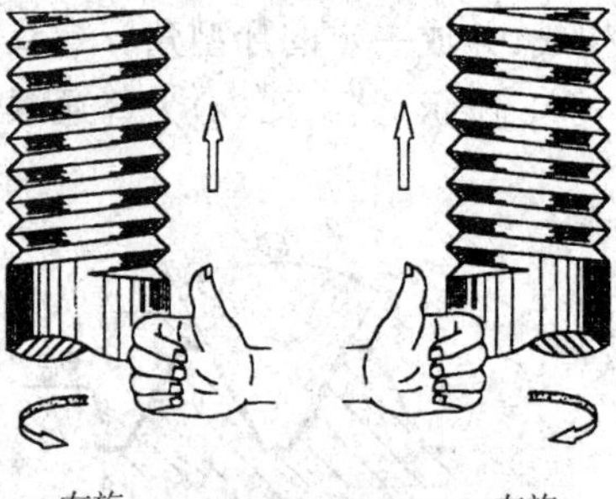

图 7—8 螺纹的旋向

(5)螺纹的旋向

螺纹有右旋和左旋之分。其判断方法如图 7—8 所示。工程上常用右旋螺纹。

螺纹的牙型、公称直径和螺距均符合国家标准的螺纹称为标准螺纹。只有牙型符合标准而直径或螺距不符合标准的螺纹称为特殊螺纹。牙型不符合标准的螺纹则为非标准螺纹。

螺纹的有关参数可查附录一。

7.1.3 螺纹的规定画法

为方便作图，国家标准对螺纹的画法作了统一规定，规定画法如下。

1. 外螺纹的画法

外螺纹一般用视图表示。螺纹的牙顶(大径)和螺纹的终止线画粗实线；牙底(小径，按 0.85 倍大径画)画细实线；在螺纹投影为圆的视图中，表示牙底(小径)的细实线只画约 3/4

圈，倒角圆省略不画，如图 7－9(a)所示。

在剖视图中，剖开部分的螺纹终止线只在螺纹牙处画出，中间部分不画；剖面线要画到粗实线处，如图 7－9(b) 所示。

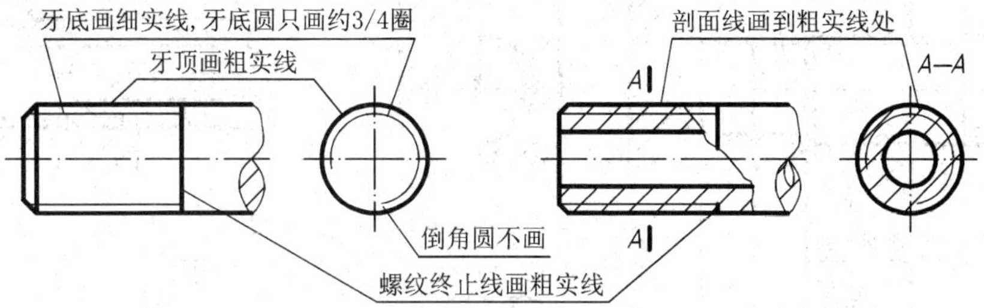

(a) (b)

图 7－9　外螺纹的画法

2. 内螺纹的画法

内螺纹一般用剖视图表示。螺纹的牙底（大径）画细实线；牙顶（小径，按 0.85 倍大径画）和螺纹终止线画粗实线。在螺纹投影为圆的视图中，表示牙底（大径）的细实线只画约 3/4 圈，倒角圆也省略不画。剖面线要画到粗实线处，如图 7－10(a)所示。

绘制不穿通的螺纹孔时，由于钻头底部的圆锥角为 118°，图中光孔的锥顶角近似画成 120°（图中不标注此角度），钻孔深度 L 应比螺孔深度 L_1 深 $0.5D$（D 为螺纹的大径），如图 7－2(d)所示。

当螺纹为不可见时，其所有图线按虚线绘制，如图 7－10(b)所示。

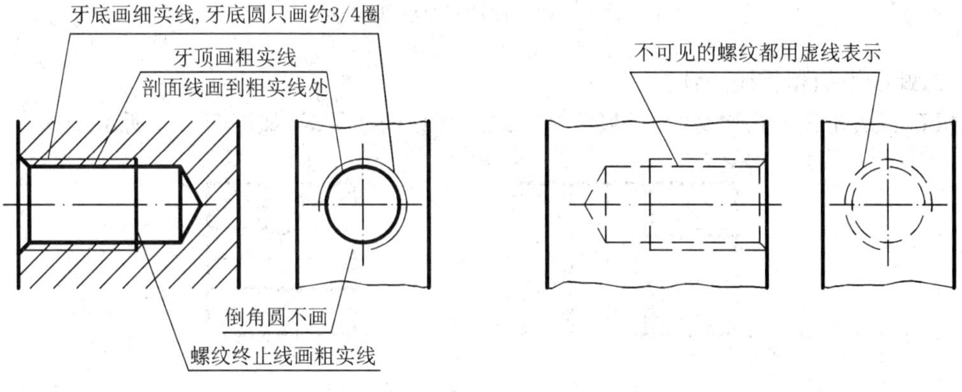

(a) (b)

图 7－10　内螺纹的规定画法

3. 内外螺纹连接的画法

内外螺纹连接一般用剖视图表示，其旋合部分按外螺纹绘制，未旋合部分按各自的规定画法绘制，如图 7－11 所示。应该注意的是：表示内外螺纹大、小径的粗实线和细实线应分别对齐，而与倒角的大小无关。旋合长度比螺孔深度小 $0.5D$。

4. 其他有关规定画法

(1)螺纹牙型的表示法

牙型符合国家标准的螺纹一般不必画出牙型。当需要表示螺纹牙型时，应按图 7－12 的形式绘制，其中图(a)为局部剖视图，图(b)为局部放大图。

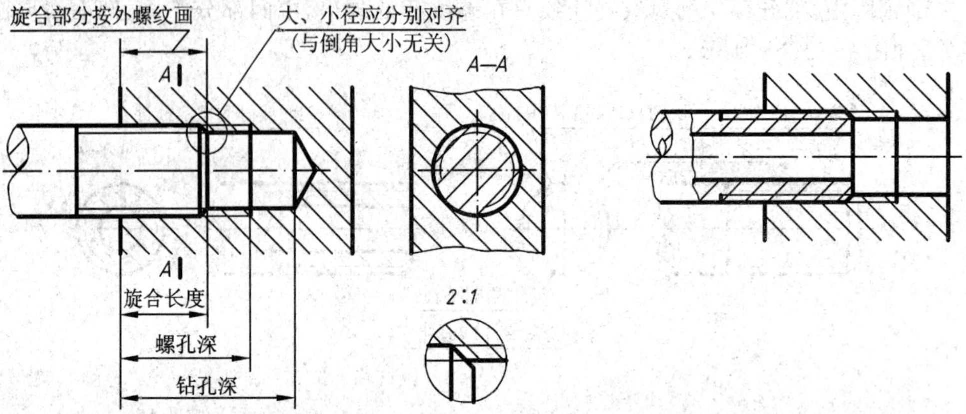

图 7—11　内外螺纹连接的画法

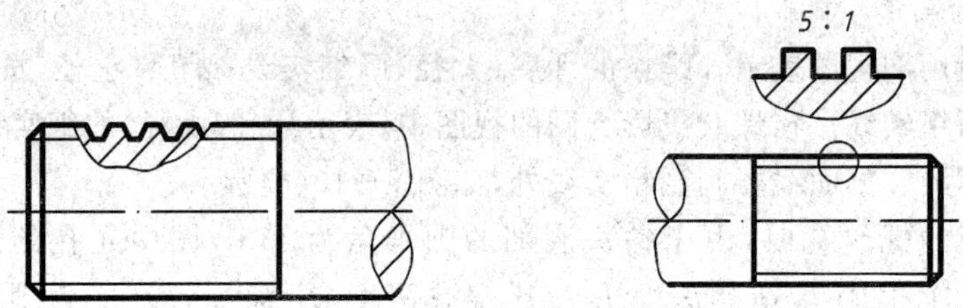

(a)　(b)

图 7—12　螺纹牙型的表示法

(2)螺纹中的相贯线的画法

螺孔与螺孔或光孔相交时，一般只画出螺纹牙顶的相贯线，如图 7—13 所示。

图 7—13　螺纹孔中相贯线的画法

(3)螺尾和退刀槽的画法

螺尾一般不必表示，当需要表示螺尾时，用与轴线成 30°角的细实线绘制，如图 7—14(a) 所示。退刀槽的表示法如图 7—14(b) 所示。

7.1.4　螺纹的种类及其标记

1. 螺纹的种类

螺纹按用途可分为连接螺纹和传动螺纹。连接螺纹在机器中起连接作用，传动螺纹用来传递运动和动力。常用标准螺纹的种类、特征代号、标记示例和用途见表 7—1。

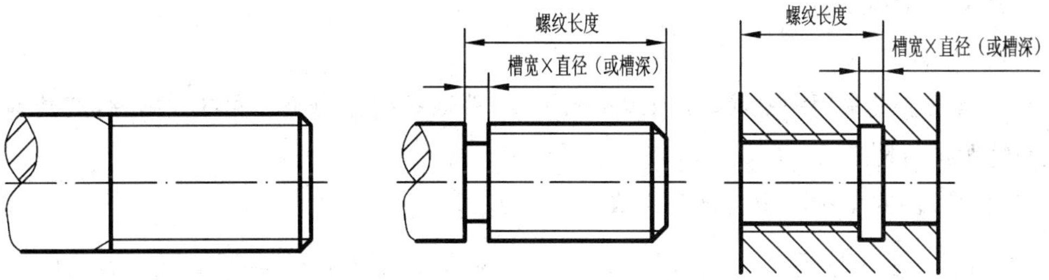

(a)　　　　　　　　　　(b)

图 7－14　螺尾和退刀槽的表示法

表 7－1　常用标准螺纹的种类和标注示例

<table>
<tr><th colspan="3">螺纹种类</th><th>特征代号</th><th>标注示例</th><th>说　明</th><th>用　途</th></tr>
<tr><td rowspan="4">连接螺纹</td><td rowspan="2">普通螺纹</td><td>粗牙</td><td rowspan="2">M</td><td>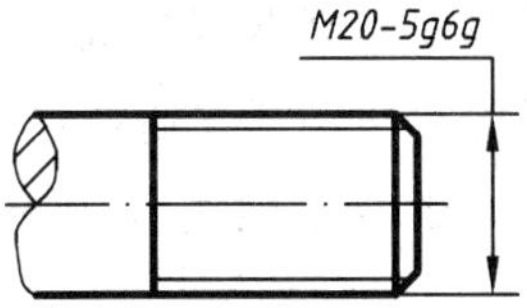
</td><td>M20－5g6g 表示普通粗牙外螺纹，公称直径 20 mm，右旋，中径公差带代号为 5g，顶径公差带代号为 6g，中等旋合长度</td><td>最常用的连接螺纹，一般连接多用粗牙螺纹</td></tr>
<tr><td>细牙</td><td>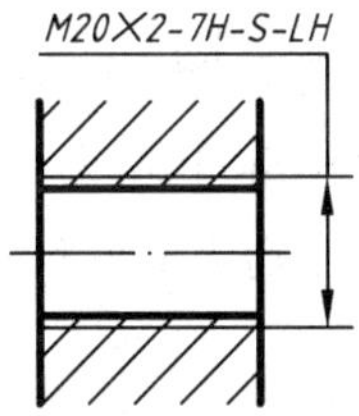
</td><td>M20×2－7H－S－LH 表示普通细牙螺纹，公称直径 20，螺距为 2，中径顶径公差带代号为 7H，短旋合长度，左旋。</td><td>用于细小的精密零件或薄壁零件的连接。</td></tr>
<tr><td colspan="2" rowspan="2">55°非密封管螺纹</td><td rowspan="2">G</td><td>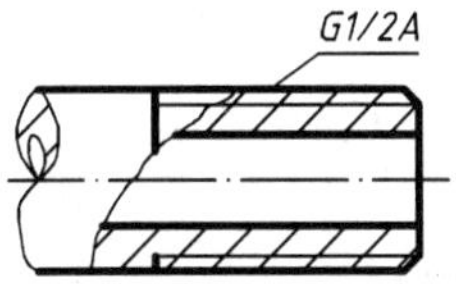
</td><td>G 1/2 A 表示 55°非密封管螺纹为外螺纹，其尺寸代号为 1/2，公差等级为 A 级。</td><td rowspan="2">用于管子、油接头、旋塞、阀门等的连接。</td></tr>
<tr><td>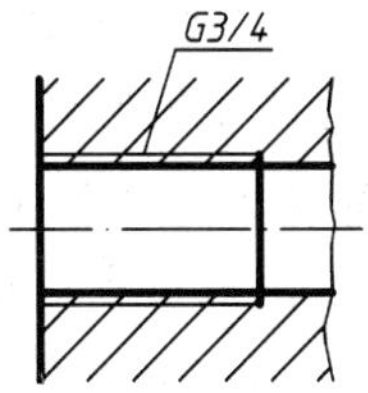
</td><td>G 3/4 表示 55°非密封管螺纹为内螺纹，其尺寸代号为 3/4。</td></tr>
<tr><td>传动螺纹</td><td colspan="2">梯形螺纹</td><td>Tr</td><td>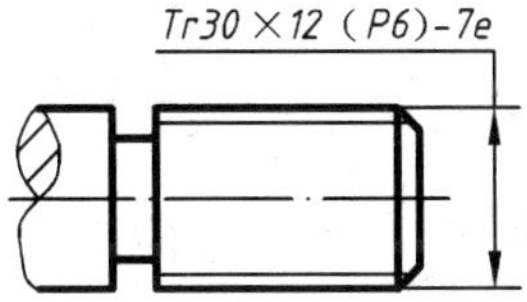
</td><td>Tr30×12(P6)－7e 表示梯形螺纹，公称直径 30，双线，导程为 12，螺距为 6，右旋，中径公差带代号为 7e，中等旋合长度。</td><td>用于传递运动和动力，如机床丝杠、尾架丝杠等。</td></tr>
</table>

2. 螺纹的标记方法

(1)普通螺纹

普通螺纹是最常用的螺纹，根据螺距的大小，普通螺纹分为粗牙和细牙两种，其基本尺寸、直径和螺距可查附表1－1。

普通螺纹的完整标记由五部分组成：

螺纹特征代号 尺寸代号—公差带代号—旋合长度代号—旋向代号

普通螺纹特征代号为M。

单线螺纹的尺寸代号为公称直径×螺距。普通螺纹的公称直径一般指螺纹大径，同一公称直径的粗牙螺纹螺距只有一个，而细牙螺纹的螺距有几个可供选择，因此，粗牙螺纹不注螺距，而细牙螺纹必须标注出螺距。多线螺纹的尺寸代号为公称直径×P_h 导程 P 螺距。例如：

M10 表示公称直径为 10 mm，螺距 1.5 mm 的单线粗牙普通螺纹。

M10×1 表示公称直径为 10 mm，螺距为 1 mm 的单线细牙普通螺纹。

M16×P_h3P1.5 表示公称直径为 16 mm，导程为 3 mm，螺距为 1.5 mm 的双线普通螺纹。

公差带代号由表示公差等级的数字和表示其位置的基本偏差代号(字母)组成。普通螺纹要同时注出中径、顶径(牙顶直径)公差带代号，代号中的字母小写的表示外螺纹，大写的表示内螺纹。例如5g、6g、7H等。当中径和顶径公差带代号相同时，只注一个代号，如M10－7H。当公称直径 $D(d) \geqslant 1.6$ mm 且内、外螺纹公差带代号分别为6H和6g时，均不标注公差带代号。

普通螺纹的旋合长度代号分为长、中、短三组，分别用代号L、N、S表示，其中中等旋合长度最常用，其代号N不标注。

对左旋螺纹标注旋向代号LH，右旋螺纹不标注。

(2)梯形螺纹和锯齿形螺纹

梯形螺纹和锯齿形螺纹的标记与普通螺纹的标记基本相同，不同处如下：

梯形螺纹特征代号为Tr，锯齿形螺纹特征代号为B，旋合方向标记的位置在螺距之后(右旋螺纹省略标记)，如Tr24×3LH，且标记中只标注中径公差带代号，其旋合长度只有两种(代号N和L)，当旋合长度为中等时，N省略不标注，当螺纹为多线螺纹时，其标记形式为：Tr24×6(P3)，其中6为导程，P3为螺距，导程是螺距的二倍，因此螺纹是双线。

(3)55°非密封管螺纹

55°非密封管螺纹的完整标记由四部分组成：

螺纹特征代号 尺寸代号 公差等级代号—旋向代号

螺纹特征代号为G。尺寸代号不是螺纹的大径，其尺寸可查附表1－3。外螺纹的公差等级代号分为A级(精密级)和B级(粗糙级)两种，内螺纹的公差等级只有一种，因此只对外螺纹标注公差等级代号。左旋螺纹标注LH，右旋螺纹不标注旋向。

在图样中，管螺纹的标记应标注在从螺纹大径引出的指引线上，其他螺纹的标记应标注在大径的尺寸线上（见表 7—1）。

7.2 螺纹紧固件

7.2.1 常用的螺纹紧固件和标记

常用的螺纹紧固件有螺栓、螺柱、螺钉、螺母、垫圈等，如图 7—15 所示，其结构型式和尺寸、技术要求都已标准化，是标准件。

图 7—15 常用的螺纹紧固件

按照 GB/T 1237—2000 紧固件的标记方法，根据标记的简化原则，其简化标记的一般内容及格式为：

产品名称　标准编号　螺纹规格或公称尺寸×公称长度

表 7—2 列出了常用螺纹紧固件及其简图和标记。

表 7—2 常用螺纹紧固件及标记示例

名　称	图例及规格尺寸	标记示例及说明
六角头螺栓	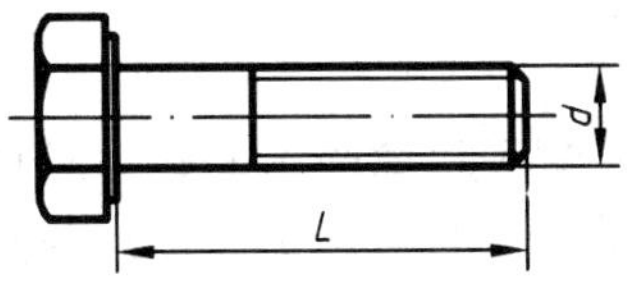	螺栓 GB/T 5782 M8×30，表示六角头螺栓，螺纹规格 d=M8，公称长度 L=30
双头螺柱	A 型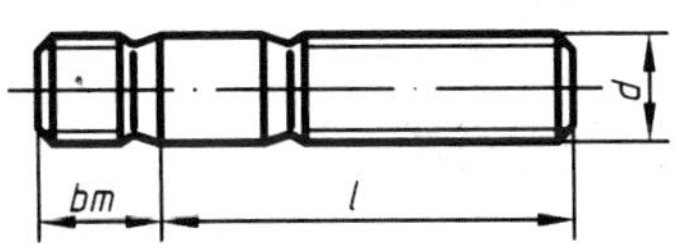	螺柱 GB/T 897 AM10×50，表示 A 型（若为 B 型，省略“B”）双头螺柱，螺纹规格 d=M10，公称长度 L=50

续表

名　称	图例及规格尺寸	标记示例及说明
开槽盘头螺钉	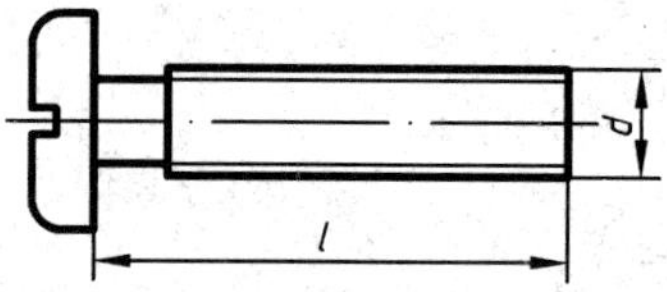	螺钉 GB/T 67 M5×25，表示开槽盘头螺钉，螺纹规格 d=M5，公称长度 L=25
开槽沉头螺钉	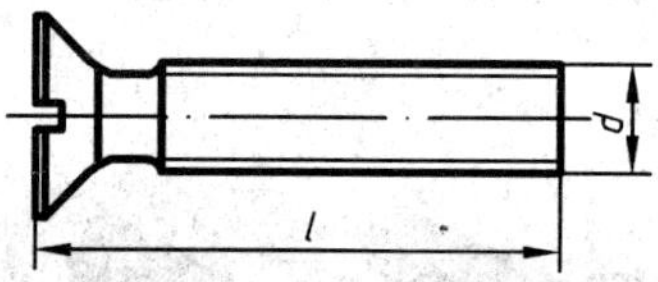	螺钉 GB/T 68 M5×20，表示开槽沉头螺钉，螺纹规格 d=M5，公称长度 L=20
1 型六角螺母	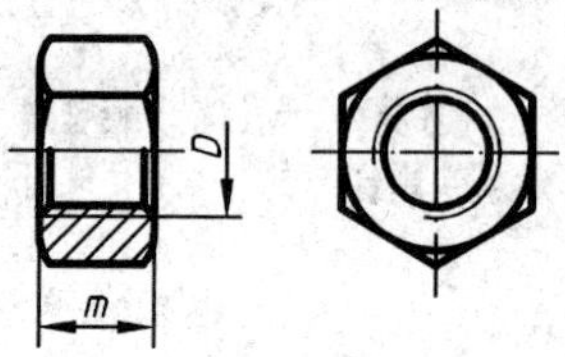	螺母 GB/T 6170 M8，表示螺纹规格 d=M8 的 1 型六角螺母
平垫圈—A 级	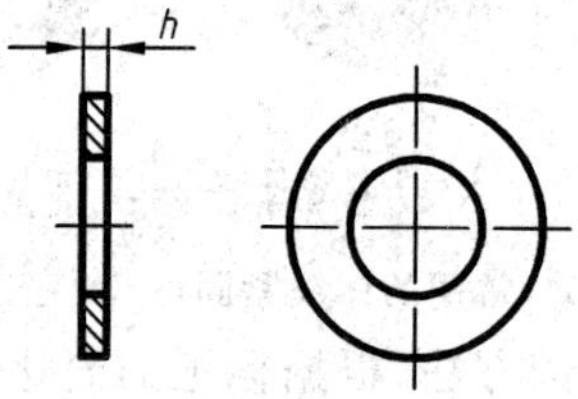	垫圈　GB/T 97.1 12，表示与螺纹规格 d=M12 相配的 A 级平垫圈，性能等级为 140HV
标准型弹簧垫圈	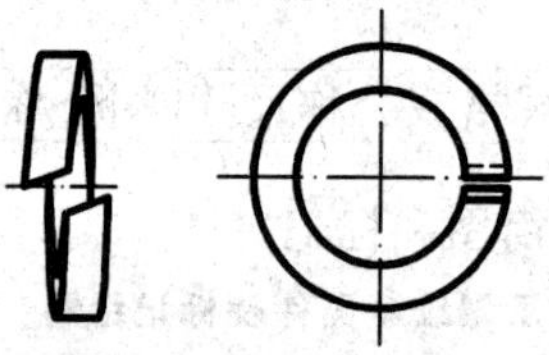	垫圈 GB/T 93 20，表示与螺纹规格 d=M20 相配的弹簧垫圈

7.2.2 常用螺纹紧固件的画法

螺纹紧固件都是标准件，它们的结构型式和全部尺寸在有关标准中都可以查到（见附录一）。也可以采用按比例尺寸画图，即除紧固件的公称长度需经计算并查表选定标准值外，其余尺寸都按与螺纹大径成一定比例确定，并采用省略其倒角的简化画法，如图 7－16 所示，其中图(a)为螺栓、图(b)为双头螺柱、图(c)为开槽圆柱头螺钉、图(d)为螺母、图(e)为平垫圈、图(f)为弹簧垫圈。

7.2.3 常用螺纹紧固件的装配图画法

螺纹紧固件连接的基本形式有螺栓连接、双头螺柱连接和螺钉连接三种。

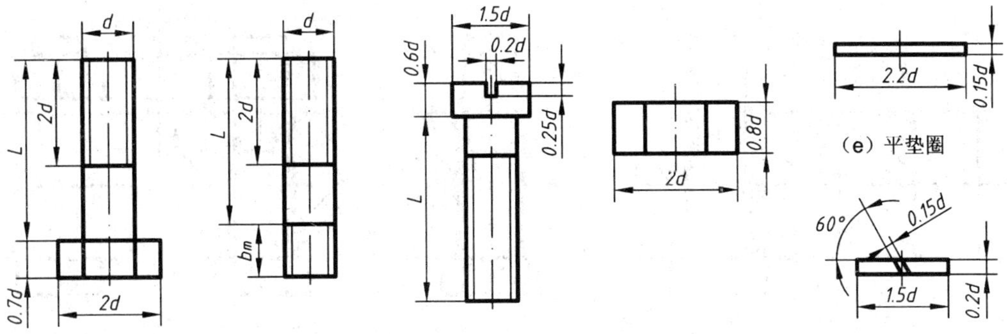

（a）螺栓　（b）双头螺柱　（c）开槽圆柱头螺钉　（d）螺母　（e）平垫圈　（f）弹簧垫圈

图 7－16　螺纹紧固件比例尺寸的简化画法

画装配图时，应遵守下述基本规定：

①两相邻零件的接触表面画一条线，不接触表面画两条线，间隙过小时，应夸大画出；

②在剖视图或断面图中，相邻两零件的剖面线方向要相反，或方向一致而间隔不等，但同一个零件在各剖视图和断面图中的剖面线方向和间隔必须相同；

③当剖切平面通过紧固件或实心件的轴线时，这些件按不剖画出外形；

④在剖视图中，边界可以不画波浪线，剖面线应绘制整齐。

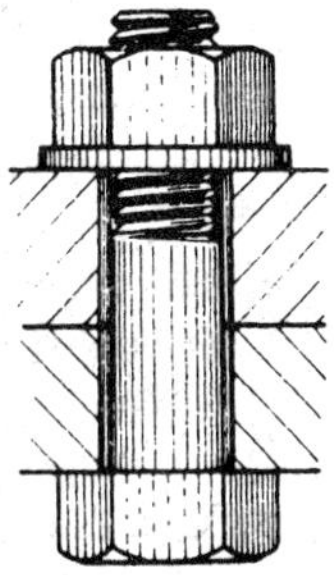

图 7－17　螺栓连接

1. 螺栓连接

螺栓连接的紧固件有螺栓、螺母和垫圈。螺栓连接常用在两个被连接零件较薄并能钻成通孔的场合。如图 7－17 所示的螺栓连接，被连接件的两块板上钻有通孔，通孔直径约为螺栓公称直径 d 的 1.1 倍。画图时注意以下几点：

①被连接件上孔壁与螺栓杆部不接触，应分别画出各自的轮廓线；

②螺栓上螺纹终止线应低于被连接件的上面轮廓线；

③螺栓的公称长度 L 按下式估算：

$$L_{计} = \delta_1 + \delta_2 + h + m + a$$

式中：δ_1 和 δ_2 为两被连件的厚度；h 为垫圈厚度，取 0.15 d；m 为螺母厚度，取 0.8 d；a 为螺栓端部伸出螺母的长度，取 0.3 d。

根据计算值 $L_{计}$，在相关标准规定的螺栓长度系列中，选取 $L \geqslant L_{计}$ 的标准长度值 L。

画图顺序一般按安装过程画，步骤如图 7－18 所示。

2. 双头螺柱连接

双头螺柱连接的紧固件有双头螺柱、螺母和垫圈。用于被连接件之一较厚不能钻成通孔的场合。如图 7－19 所示，薄的被连接件，加工成通孔（直径按 1.1 d）；厚的被连接件加工成螺纹孔。双头螺柱的一端全部旋入被连接件的螺纹孔中，称为旋入端，长度用 b_m 表示；另一端穿过通孔，安装垫圈，拧紧螺母，称为紧固端。

双头螺柱旋入端 b_m 的长度与被连接件的材料有关。被连接件的材料为钢时，$b_m = d$

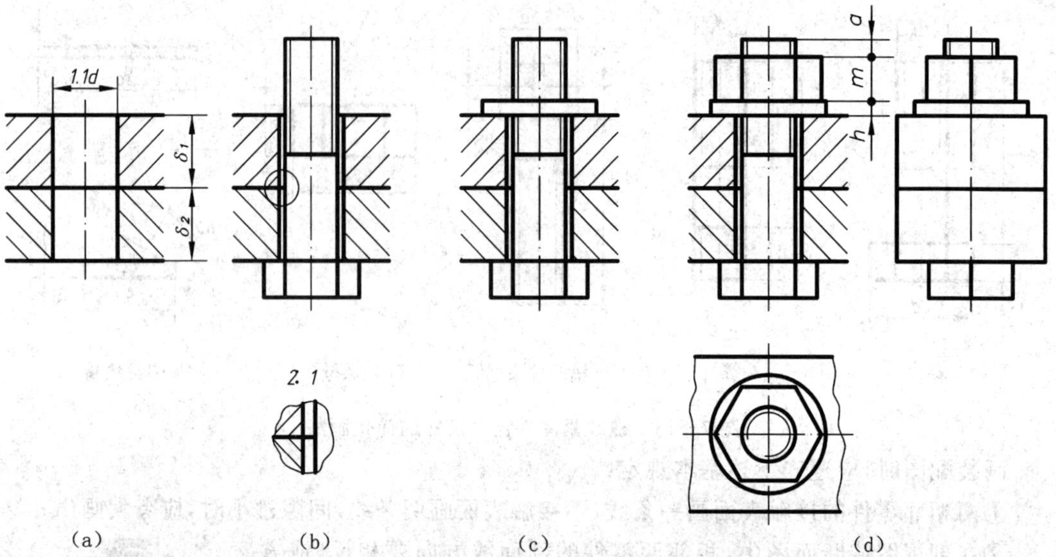

图 7－18　螺栓连接的画图步骤

(GB/T 897)；被连接件的材料为铸铁时，$b_m=1.25d$(GB/T 898)或 $1.5\ d$(GB/T 899)；被连接件的材料为铝时，$b_m=2\ d$(GB/T 900)。画双头螺柱连接的装配图时应注意以下几点：

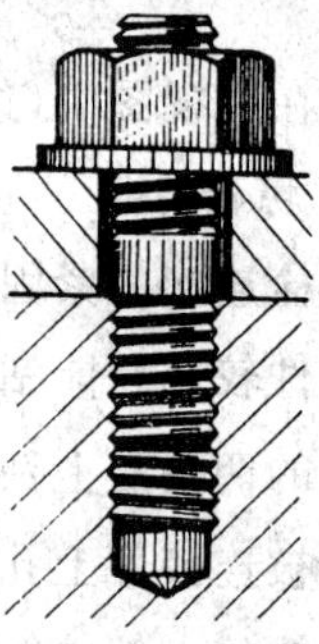

图 7－19　双头螺柱连接

①双头螺柱的旋入端应完全拧入零件的螺纹孔中，螺纹终止线与零件轮廓线平齐；

②紧固端螺纹终止线应低于较薄零件的上面轮廓线；

③双头螺柱的公称长度按下式估算：

$$L_{计}=\delta+h+m+a$$

式中各参数与螺栓连接相似。

根据计算值 $L_{计}$，在相关标准规定的双头螺柱长度系列中，选取 $L \geqslant L_{计}$ 的标准长度值 L。

双头螺柱连接的画图步骤如图 7－20 所示。

3. 螺钉连接

螺钉连接多用于受力不大、其中一个被连接件较厚的情况。

螺钉连接的两个被连接件的设计与双头螺柱连接相同，一个加工成通孔，一个加工成螺孔。连接时不用螺母，而是将螺钉直接拧入零件的螺纹孔中。螺钉连接与双头螺柱连接相似，只是螺钉的螺纹不能全部旋入螺纹孔中，要留有余量。

螺钉的长度也要通过初步计算后查表确定，取 $L \geqslant L_{计}$。$L_{计}=\delta+b_m$，b_m 为旋入端的长度，确定方法与双头螺柱相同。

画图时注意以下几点：

①螺钉的螺纹终止线要高于两被连接件的接触面；

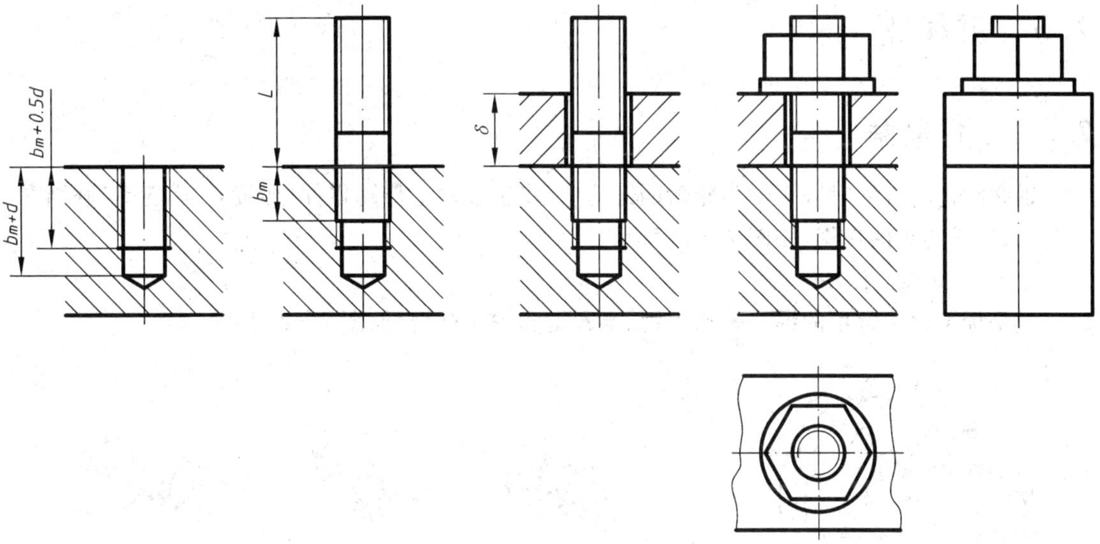

（a）　　（b）　　（c）　　（d）

图 7－20　双头螺柱连接的画图步骤

②螺钉头部开槽在主、俯视图中并不符合投影关系，俯视图应画成与中心线成 45°，图中若槽宽小于或等于 2 mm 时，可涂黑表示。

螺钉连接的画图步骤如图 7－21(a)～(c)所示。

在装配图中允许不画出钻孔深度，如图 7－21(d)所示，但零件图必须按实际结构画图。

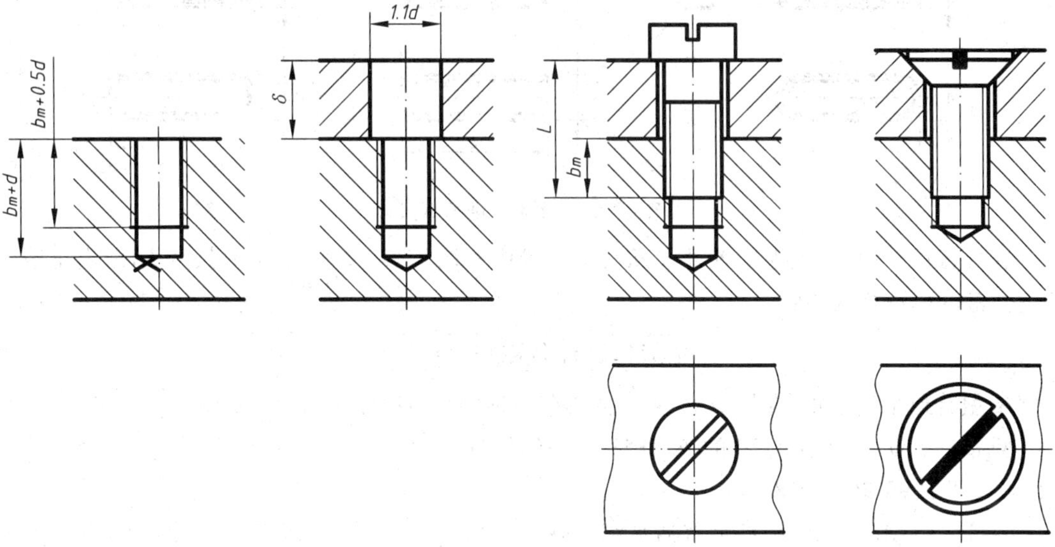

（a）　　（b）　　（c）　　（d）

图 7－21　螺钉连接的画图步骤

7.3 键和销

7.3.1 键联结

键联结是将键同时嵌入轴与轮毂的键槽中，将轴和轴上传动零件（如带轮、齿轮等）联结在一起，起传递扭矩的作用，如图 7－22 所示。

1. 常用键及其标记

键是标准件。常用的键有普通平键、半圆键和钩头楔键，如图 7－23 所示。

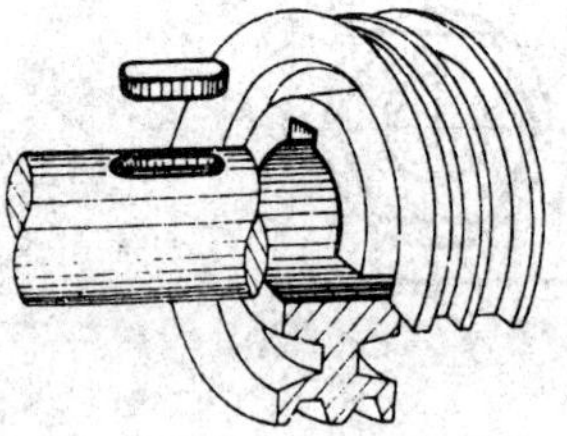

图 7－22 键连接

(a)　(b)　(c)

图 7－23 常用的键

(a)普通平键 (b)半圆键 (c) 钩头楔键

普通平键结构简单、装拆方便、应用最广泛。本书只介绍普通平键。普通平键有 A 型（圆头）、B 型（平头）和 C 型（单圆头）三种，结构如图 7－24 所示。

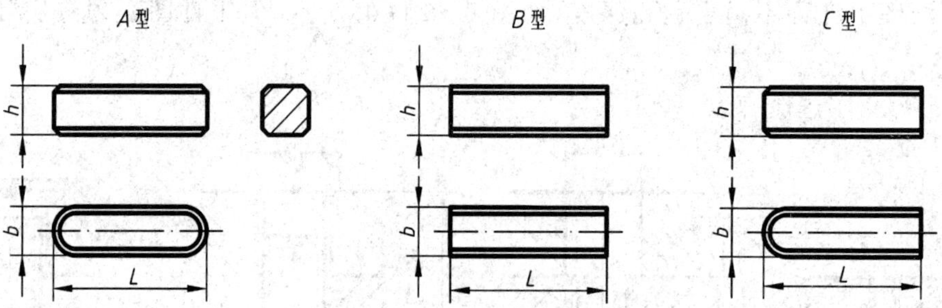

图 7－24 普通平键的型式

选择普通平键时，先根据轴径 d 从相关标准中查取 $b\times h$ 尺寸，并选取长度 L，给出正确的标记。键的标记格式为：

标准编号	名称	$b\times h\times L$

A 型普通平键省略“A”，B 型或 C 型要在名称后加“B”或“C”。

例如 $b=10$、$h=8$、$L=50$ 的 A 型普通平键，则标记为：

GB/T 1096 键 10×8×50

$b=10$、$h=8$、$L=50$ 的 C 型普通平键，则标记为：

GB/T 1096 键 C 10×8×50

2. 键联结的画法

(1)键槽结构的画法和尺寸注法

图 7－25(a)、(b)分别表示轴上的键槽和轮上的键槽的画法和尺寸注法。键槽的尺寸应与键的尺寸一致，图中 b、t 和 t_1 的尺寸从标准中查表确定。

(2) 装配图的画法

普通平键的两个侧面与轴和轮毂上键槽侧面接触(工作面)，只画一条线；键的顶面是非接触面，顶面与轮毂应留有间隙，画两条线，如图 7－25(c)所示(装配图上的尺寸是画图用的，实际图样上无这些尺寸)。

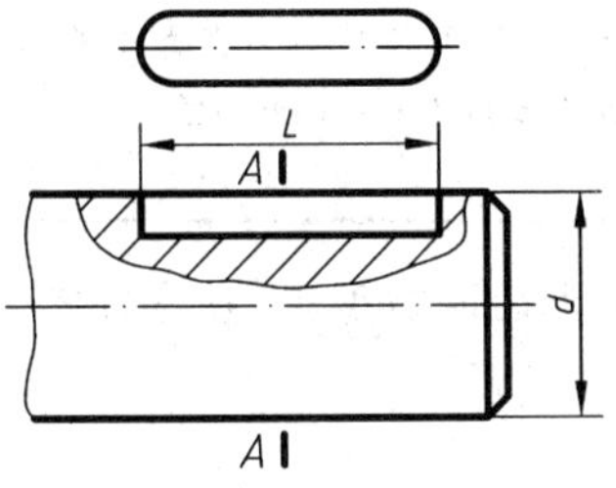

(a) 轴上的键槽

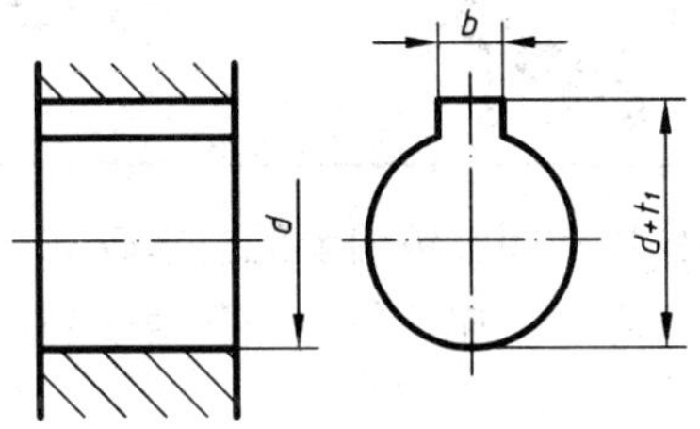

(b) 轮上的键槽

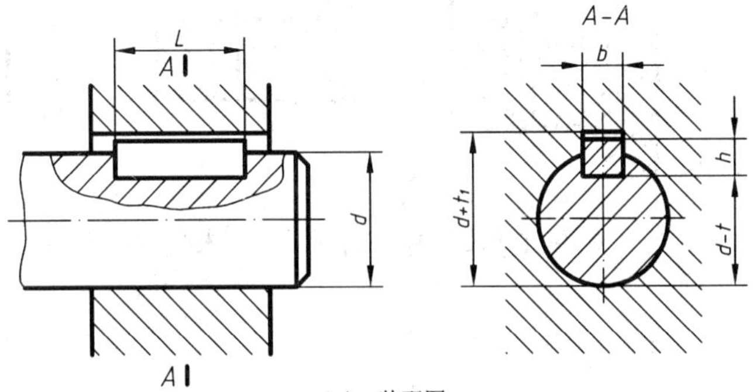

(c) 装配图

图 7－25 普通平键槽的表示法和装配图的画法

7.3.2 销连接

销是标准件，也属紧固件。销连接通常用于零件间的连接或定位，连接时只能传递不大的扭矩。

常用的销有圆柱销、圆锥销和开口销。圆锥销做成 1∶50 的锥度，公称直径指小端直径。表 7－3 列出了销的型式、尺寸和标记。

表 7－3 销的型式、尺寸和标记

名称		图例	标记示例及说明
圆柱销		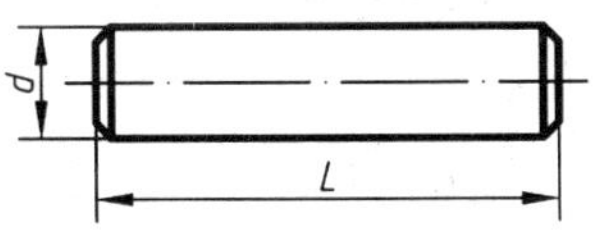	销 GB/T 119.1 6 m6×30，表示公称直径 $d=6$、公差为 m6、公称长度 $L=30$ 的圆柱销

名　称		图　例	标记示例及说明
圆锥销	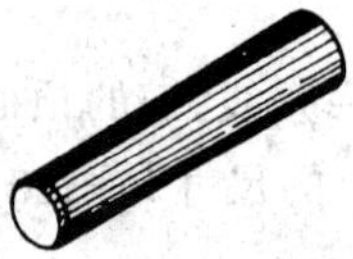	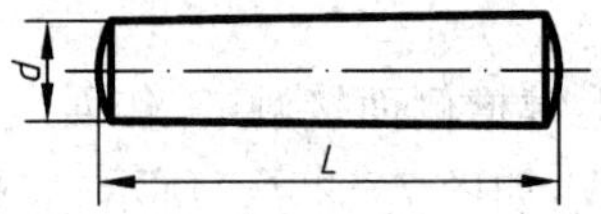	销　GB/T 117 6×30，表示公称直径 d=6、公称长度 L=30 的圆锥销
开口销			销　GB/T 91 5×40，表示公称直径 d=5、公称长度 L=40 的开口销

圆柱销和圆锥销的装配要求较高，销孔一般在被连接件装配后同时加工，在零件图上要注明加工要求。销连接的画法和销孔的尺寸标注方法如图 7－26 所示。

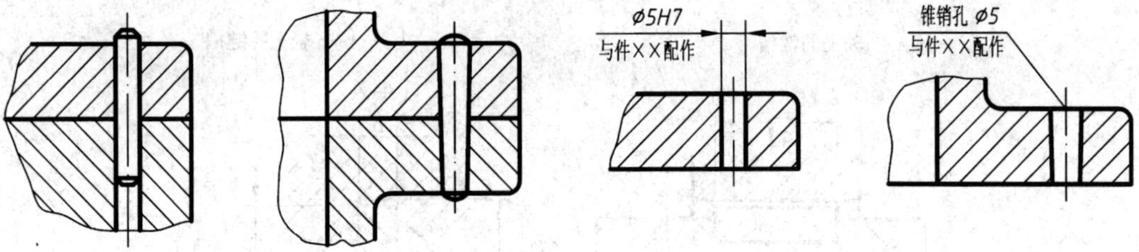

图 7－26　销连接的装配图和销孔的尺寸标注方法

7.4　齿轮

7.4.1　概述

齿轮是常用件，用来传递动力、改变转动速度和方向等。

常用的齿轮传动按传动轴的相对位置不同分为以下三种：

①圆柱齿轮——用于两平行轴之间的传动，如图 7－27(a)所示；

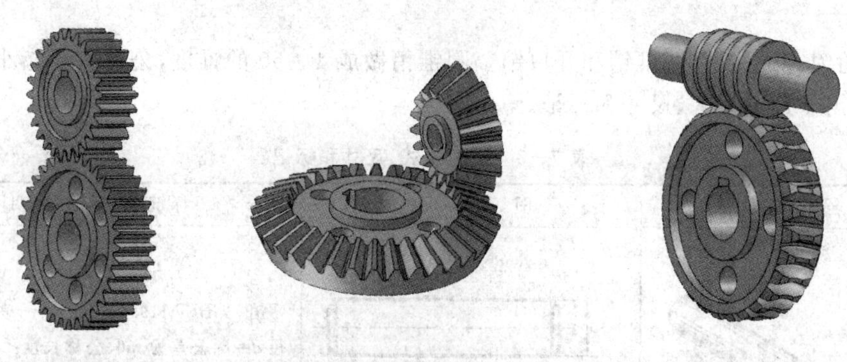

(a)　　(b)　　(c)

图 7－27　常见的齿轮传动

②圆锥齿轮——用于两相交轴之间的传动，如图 7－27(b)所示；

③蜗轮蜗杆——用于两垂直交叉轴之间的传动，如图 7－27(c)所示。

齿轮的轮齿是主要结构。常见的轮齿的方向有直齿和斜齿。轮齿符合国家标准规定的齿轮称为标准齿轮。下面主要介绍标准直齿圆柱齿轮的几何要素和规定画法。

7.4.2 直齿圆柱齿轮的几何要素和尺寸关系

1. 几何要素的名称和代号

齿轮的各部分名称及代号如图 7－28 所示。

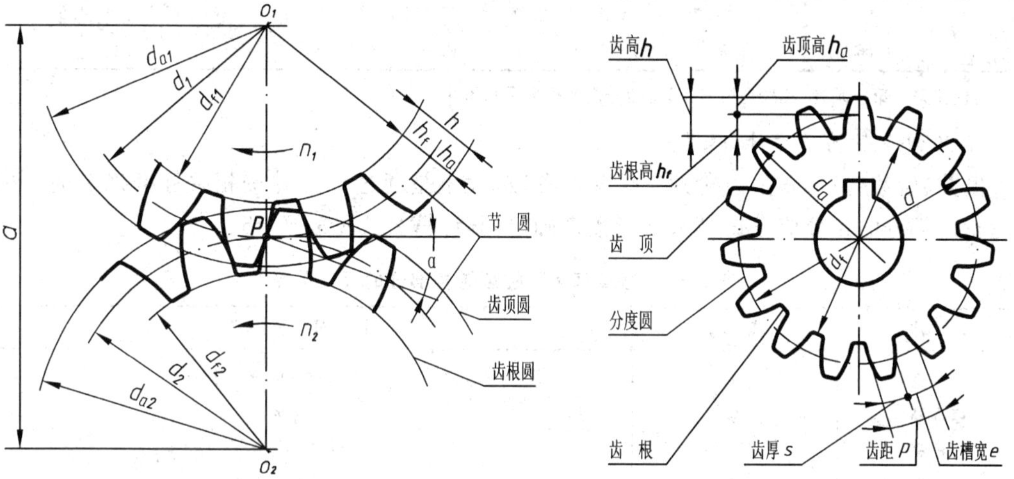

图 7－28 齿轮的各部分名称及代号

齿数(z)——齿轮的齿数。

齿顶圆(直径 d_a)——通过轮齿顶部的圆称为齿顶圆。

齿根圆(直径 d_f)——通过轮齿根部的圆称为齿根圆。

分度圆(直径 d)——标准齿轮的齿厚 s 和齿槽宽 e 相等的圆称为分度圆，它是设计制造齿轮时进行尺寸计算和分齿设定的。

节圆(直径 d')——齿轮传动时，两齿轮轮心的连线 O_1O_2 称为连心线，连心线与两齿廓接触点的交点 P 称为节点。分别以 O_1、O_2 为圆心，以 O_1P 和 O_2P 为半径画圆，这两个圆称为节圆。一对装配准确的标准齿轮的分度圆和节圆重合。

齿顶高(h_a)——分度圆到齿顶圆之间的径向距离。

齿根高(h_f)——分度圆到齿根圆之间的径向距离。

齿高(h)——齿顶圆到齿根圆之间的径向距离，$h=h_a+h_f$。

齿距(p)——分度圆上相邻两齿廓对应两点间的弧长。

齿厚(s)——分度圆上轮齿两侧间的弧长。

压力角、齿形角(α)——两齿轮传动时，过节点 P 的受力方向(齿廓公法线方向)与该点的瞬时速度方向(两齿轮节圆公切线方向)所夹的锐角称为压力角。加工齿轮用的基本齿条的法向压力角称为齿形角。压力角和齿形角相同。我国标准齿轮的齿形角为 20°。

模数(m)——由于 $\pi d = pz$，所以 $d = p/\pi z$，比值 p/π 称为齿轮的模数，即 $m = p/\pi$，故 $d = mz$。

中心距(a)——互相啮合的两齿轮轴线之间的距离。

模数的大小取决于齿距 p，其大小也就决定了轮齿的大小。为了便于设计和加工，模数已经标准化，齿轮模数标准系列摘录见表 7－4。

两啮合齿轮的模数必须相等。

表 7－4　齿轮模数标准(GB/T 1357—2008)

第一系列	0.5	0.6	0.8	1	1.25	1.5	2	2.5	3	4	5	6	8	10
	12	16	20	25	32	40	50							
第二系列	0.7	0.9	1.75	2.25	2.75	(3.25)	3.5	(3.75)	4.5	5.5				
	(6.5)	7	9	(11)	14	18	22	28	36	45				

注：优先采用第一系列，其次是第二系列，括号内的模数尽量不用。

2. 几何参数的尺寸计算

模数、齿数、齿形角是齿轮的三个基本参数，大小是通过计算并按相关标准确定的。标准齿轮轮齿部分的参数应根据模数和齿数来确定，其计算公式见表 7－5。

表 7－5　标准直齿圆柱齿轮各部分的尺寸关系

名　称	代　号	计　算　公　式
分度圆直径	d	$d = mz$
齿顶高	h_a	$h_a = m$
齿根高	h_f	$h_f = 1.25m$
齿高	h	$h = h_a + h_f = 2.25m$
齿顶圆直径	d_a	$d_a = d + 2\times h_a = (z+2)m$
齿根圆直径	d_f	$d_f = d - 2\times h_f = (z-2.5)m$
齿距	p	$p = \pi m$
分度圆齿厚	s	$s = 1/2\pi m$
中心距	a	$a = (d_1 + d_2)/2 = 1/2(z_1 + z_2)m$

7.4.3　圆柱齿轮的规定画法

国家标准规定齿轮轮齿的画法如下。

1. 单个圆柱齿轮的画法

①齿顶圆(线)用粗实线绘制。

②分度圆(线)用点画线绘制。

③齿根圆(线)在外形图中用细实线绘制，也可省略不画；在剖视图中，齿根线用粗实线绘制。

④在剖视图中，当剖切平面通过齿轮的轴线时，轮齿一律按不剖处理。

单个齿轮轮齿部分按上述规定绘制，其余部分按真实投影绘制，如图 7－29 所示。

2. 圆柱齿轮的啮合画法

两标准齿轮啮合时，它们的分度圆处于相切的位置。

在投影为非圆的剖视图中，啮合部分两齿轮的分度线重合，用点画线绘制；两齿轮的齿根线均画成粗实线；一个齿轮(主动轮)的齿顶线画成粗实线，另一个齿轮(从动轮)的齿顶被遮挡

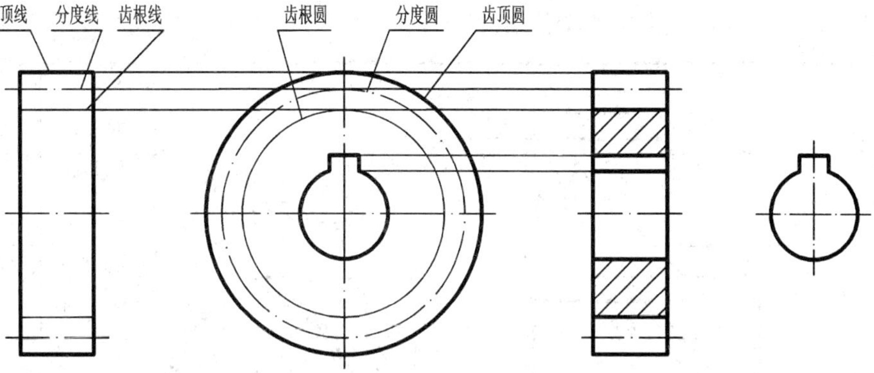

图 7—29　单个圆柱齿轮的规定画法

的部分用虚线绘制(虚线也可省略不画);两齿轮的剖面线方向相反,如图 7—30(a)所示。

在投影为非圆的外形视图中,啮合区内的齿顶线、齿根线不必画出,重合的节线画成粗实线,如图 7—30(d)所示。

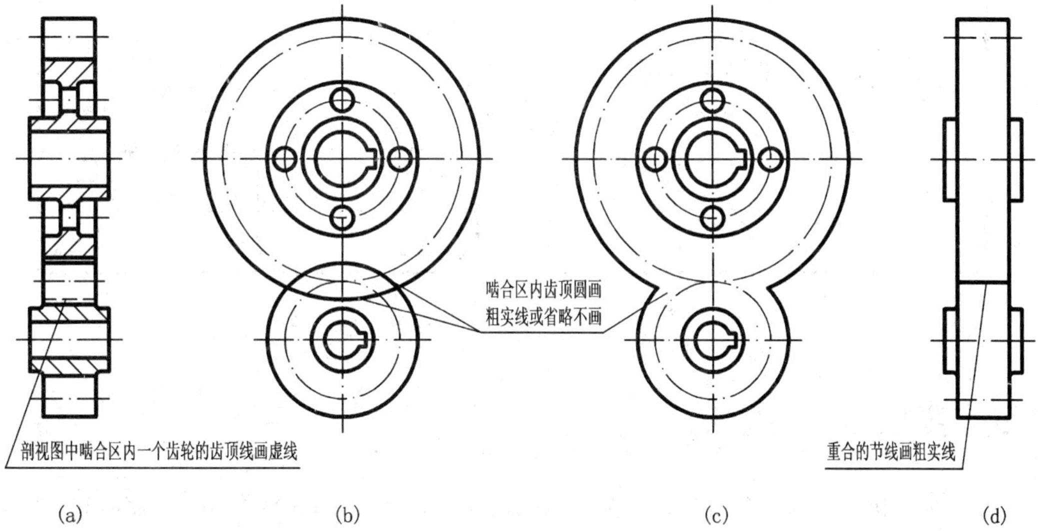

图 7—30　圆柱齿轮啮合的规定画法

在投影为圆的视图中,分度圆相切画成点画线;啮合区内齿顶圆画成粗实线,如图 7—30(b)所示,也可省略不画,如图 7—30(c)所示;齿根圆不画。

注意,在齿轮啮合的剖视图中,因齿轮的齿顶高和齿根高相差 $0.25m$,所以一个齿轮的齿顶线与另一个齿轮的齿根线之间应有 $0.25m$ 的间隙,如图 7—31 所示。

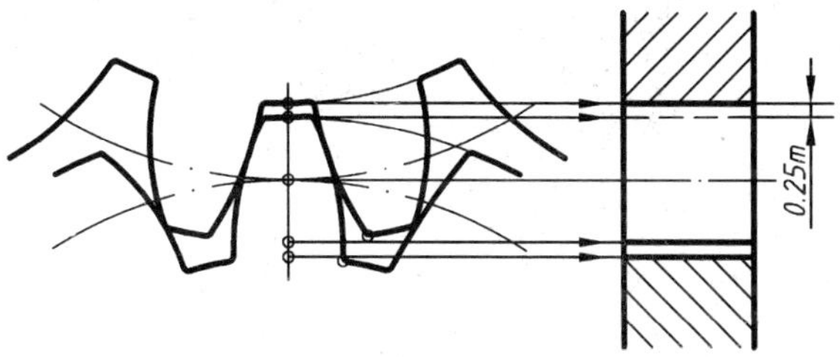

图 7—31　齿轮啮合区投影放大图

图 7－32 为直齿圆柱齿轮的零件图。

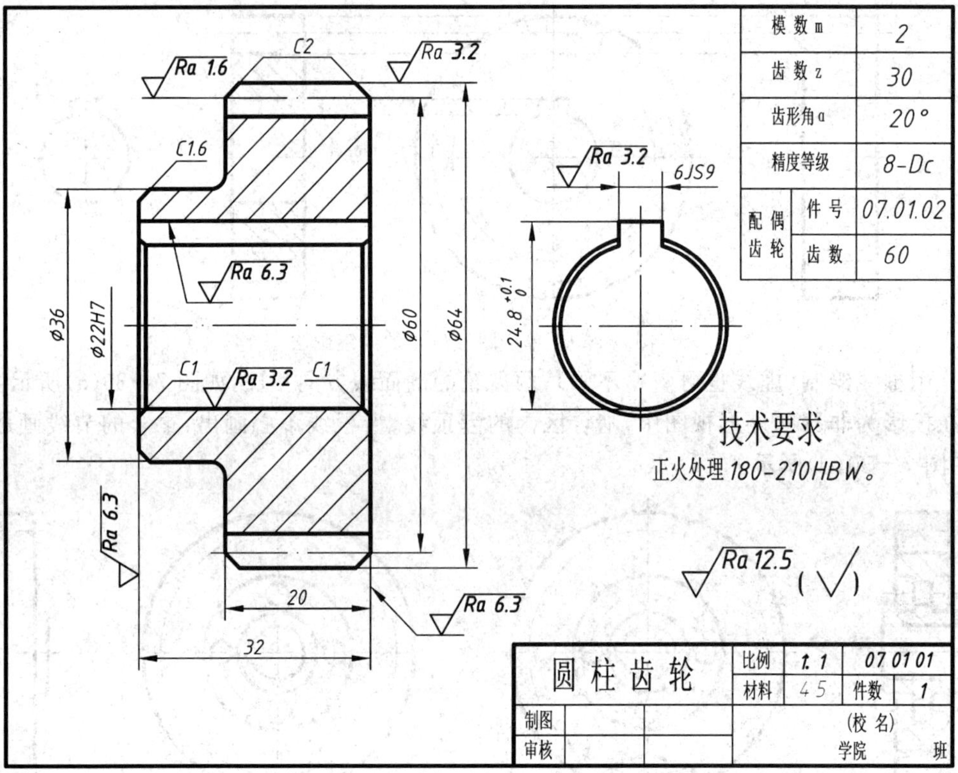

图 7－32　齿轮的零件图

7.5　弹簧

弹簧也是机器中的一种常用件。弹簧的用途很广，主要作用是减振、夹紧、储能和测力等。弹簧的种类很多，常见的弹簧如图 7－33 所示，其中图(a)为圆柱螺旋压缩弹簧、图(b)为拉伸弹簧、图(c)为扭转弹簧、图(d)为平面涡卷弹簧。本节只介绍用途最广的圆柱螺旋压缩弹簧。

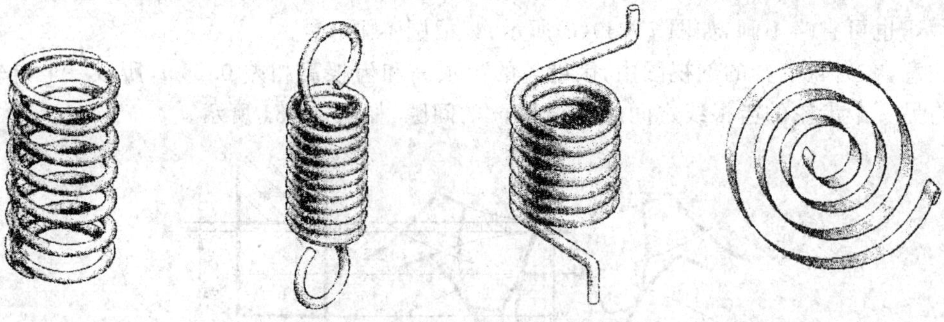

(a)　(b)　(c)　(d)

图 7－33　常用的弹簧

7.5.1 圆柱螺旋压缩弹簧的规定画法

①在平行于轴线的投影面的视图中，其各圈轮廓画成直线，如图 7－34 所示。

②当弹簧的有效圈大于 4 圈时，允许每端只画两圈，中间各圈省略不画，且可适当缩短图形的长度，中间用通过簧丝断面中心的点画线连起来。

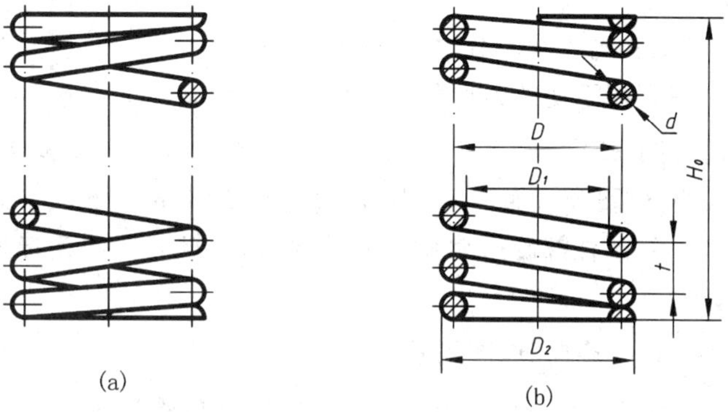

图 7－34 弹簧的画法和参数

③弹簧均可画成右旋，但左旋弹簧，不论画成左旋或右旋须加写“左字”。

④在装配图中，弹簧中间各圈省略后，被挡住的结构一般不画，可见部分从弹簧的外轮廓线或从弹簧钢丝断面的中心线画起，画法如图 7－35(a)所示；簧丝直径小于或等于2 mm时，簧丝剖面可涂黑表示，如图 7－35(b)所示；弹簧也可用示意画法画出，如图7－35(c)所示。

7.5.2 圆柱螺旋压缩弹簧的参数和画图步骤

圆柱螺旋压缩弹簧的形状和尺寸由以下参数决定，如图 7－34 所示。

①材料直径 d，弹簧钢丝的直径。

②弹簧外径 D_2，弹簧的最大直径。

③弹簧内径 D_1，弹簧的最小直径，$D_1 = D_2 - 2d$。

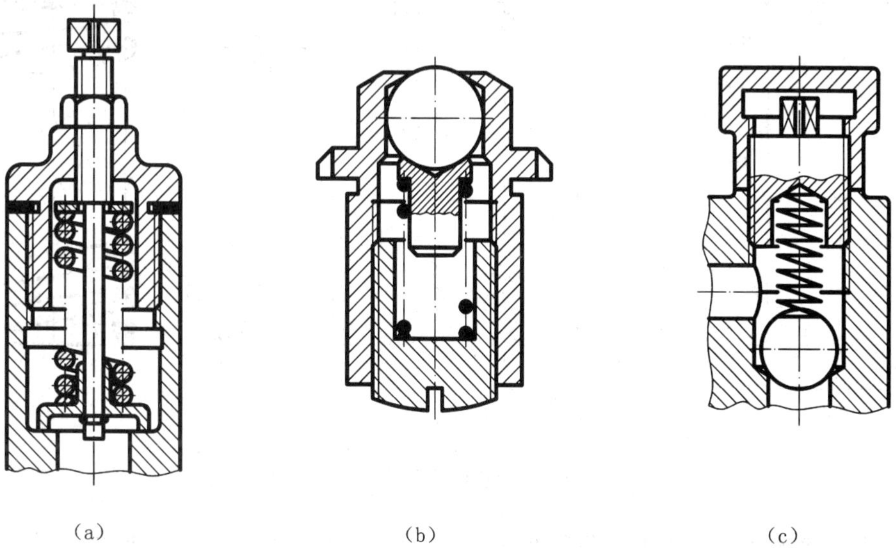

图 7－35 装配图中弹簧的画法

④弹簧中径 D,弹簧的内径和外径的平均值,$D=(D_2+D_1)/2=D_1+d=D_2-d$。

⑤节距 t,除支承圈外,相邻两圈对应点间的轴向距离。

⑥有效圈数 n,保持等节距的圈数。

⑦支承圈数 n_z,两端贴紧磨平的圈数。支承圈数有 1.5、2 两种,当材料直径 $d\leqslant 8$ mm 时,$n_z=2$;当 $d>8$ mm 时,$n_z=1.5$。

⑧总圈数 n_1,有效圈数与支承圈数之和,$n_1=n+n_z$。

⑨自由高度 H_0,弹簧在不受外力作用时的高度,$H_0=nt+(n_z-0.5)d$。

⑩展开长度 L,型材的长度,$L\approx n_1\sqrt{(\pi D)^2+t^2}$。有关标准中弹簧展开长度 L 均为名义尺寸,其计算长度为:当 $d\leqslant 8$ mm 时,$L=\pi D(n+2)$;当 $d>8$ mm 时,$L=\pi D(n+1.5)$。

GB/T 2089—2009 对圆柱螺旋压缩弹簧的结构型式、尺寸大小及标记都作了规定,其简化标记的内容和格式为:

名称	$d\times D\times H_0$	旋向	标准编号

例如:$d=3$ mm,$D=20$ mm,$H_0=80$ mm。按 3 级精度制造,材料为碳素钢丝Ⅱ组,表面氧化处理的右旋普通圆柱螺旋压缩弹簧的标记为:

压簧　3×20×80　GB/T 2089。

如图 7－36 所示,圆柱螺旋压缩弹簧的画图步骤如下:

①以自由高度 H_0 和弹簧中径 D 作矩形 $ABCD$,见图 7－36(a);

②画出支承圈部分与簧丝直径相等的圆和半圆,见图 7－36(b);

③根据节距 t 作簧丝剖面圆,见图 7－36(c);

④按右旋方向作簧丝剖面的切线,校核、加深、画剖面线,见图 7－36(d)。

对于两端贴紧磨平的压缩弹簧,无论支承圈数多少和末端贴紧的情况如何,都可按图 7－36画出。

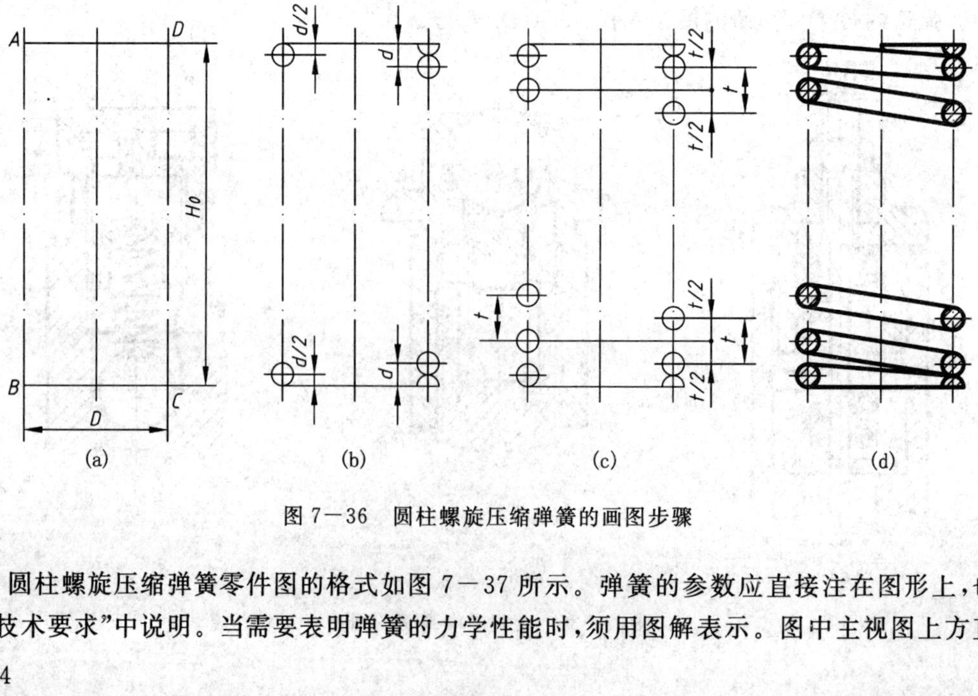

(a)　(b)　(c)　(d)

图 7－36　圆柱螺旋压缩弹簧的画图步骤

圆柱螺旋压缩弹簧零件图的格式如图 7－37 所示。弹簧的参数应直接注在图形上,也可在"技术要求"中说明。当需要表明弹簧的力学性能时,须用图解表示。图中主视图上方直角三角形的斜边表示外力与弹簧变形之间的关系，其中 P_1、P_2 为弹簧的工作负荷，P_j 为工作极限负荷，F_1、F_2、F_j 分别为相应负荷下弹簧的轴向变形量。

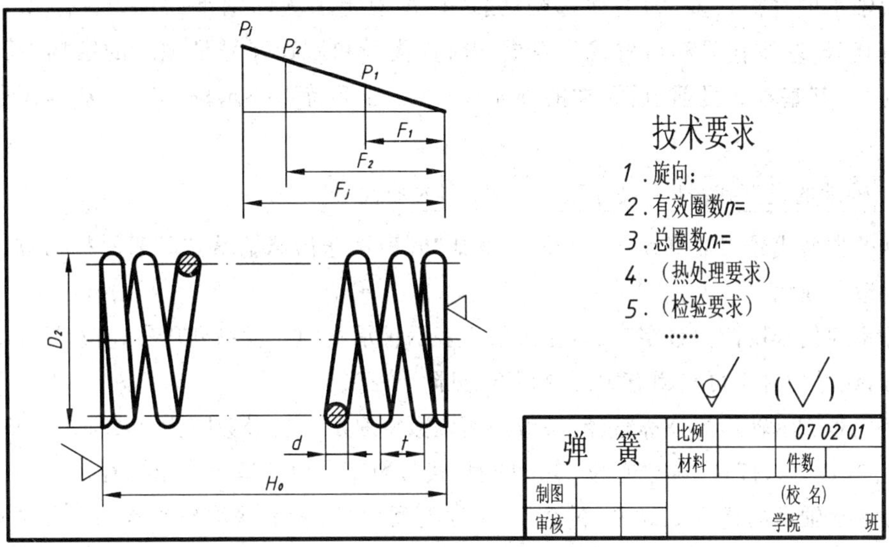

图 7－37　圆柱螺旋压缩弹簧的零件图

7.6　滚动轴承

滚动轴承是用于支承转动轴的标准组件，具有摩擦阻力小、结构紧凑、维修方便等优点，在机械设备中广泛应用。

滚动轴承一般由内圈、外圈、滚动体和保持架四部分组成。一般情况下，外圈安装在机座轴承孔内，固定不动，内圈套在轴上，与轴一起转动。滚动轴承按结构和承载情况不同，可分为向心轴承(主要承受径向力)、推力轴承(主要承受轴向力)、向心推力轴承(同时承受径向力和轴向力)三大类。常见的滚动轴承如图 7－38 所示。

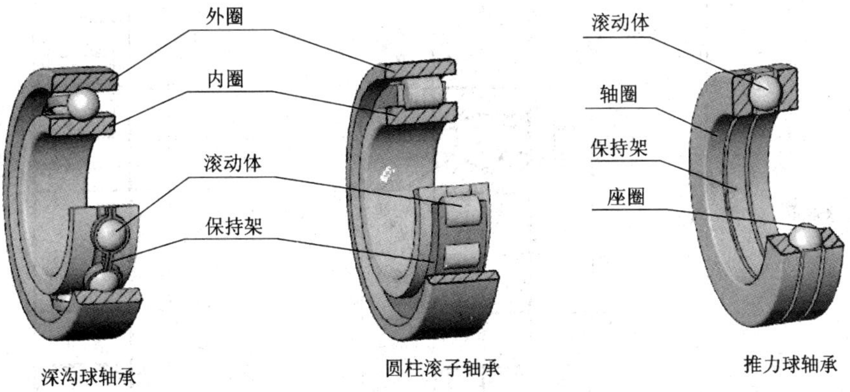

图 7－38　常见的滚动轴承

7.6.1 滚动轴承的代号

滚动轴承的种类很多，为方便选购，国家标准规定了滚动轴承的代号。滚动轴承的代号由前置代号、基本代号和后置代号组成。前置代号和后置代号是轴承的结构、尺寸、公差等改变时，在其基本代号前、后添加的补充代号，一般无特殊要求的不写。基本代号的组成如下：

轴承的类型代号	尺寸系列代号	内径代号

轴承的类型代号用数字或字母表示。例如“6”表示深沟球轴承，“5”表示推力球轴承，“3”表示圆锥滚子轴承。

尺寸系列代号用两位数字表示，左边数字表示轴承宽(高)度系列代号，右边数字表示直径系列代号，代号的含义可查阅有关国家标准(见附录三)。

内径代号表示轴承的公称直径，一般用两位数字表示。代号数字为00、01、02、03时，表示内径 d=10、12、15、17；代号数值为04～96时，代号数字乘以5即为轴承内径。

例如滚动轴承的代号6 18 08的含义：6为类型代号，表示深沟球轴承；18为尺寸系列代号，表示宽度系列代号为1，直径系列代号为8；08为内径代号，表示内径 $d=5\times8=40$。

7.6.2 滚动轴承的画法

滚动轴承由专业工厂生产，用户根据使用要求确定型号选购，不必画零件图。画装配图时，根据滚动轴承代号从其标准中查出内径、外径和宽度等几个主要尺寸，按比例画出即可。装配图中，要详细表达滚动轴承结构时，采用规定画法；只需简单表达时，采用特征画法。

常用的滚动轴承规定画法和特征画法见表7—6。

表7—6 滚动轴承规定画法和特征画法(GB/T 4459.7—1998)

轴承类型	规定画法	特征画法
深沟球轴承	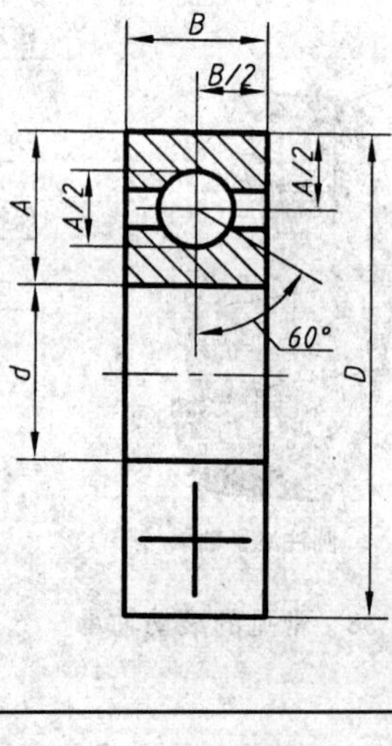	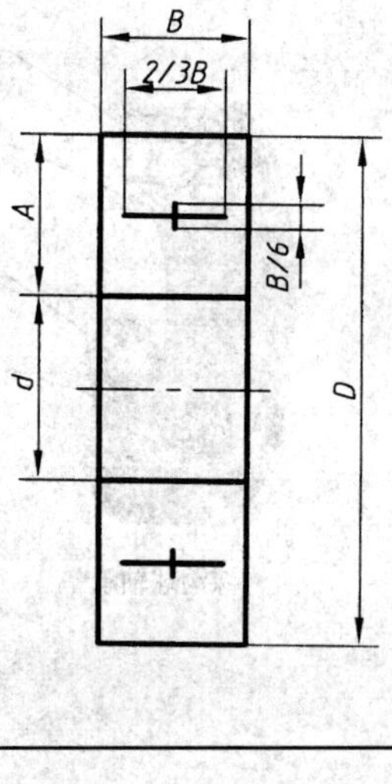

<table>
<tr><th>轴承类型</th><th>规定画法</th><th>特征画法</th></tr>
<tr><td>推力球轴承</td><td>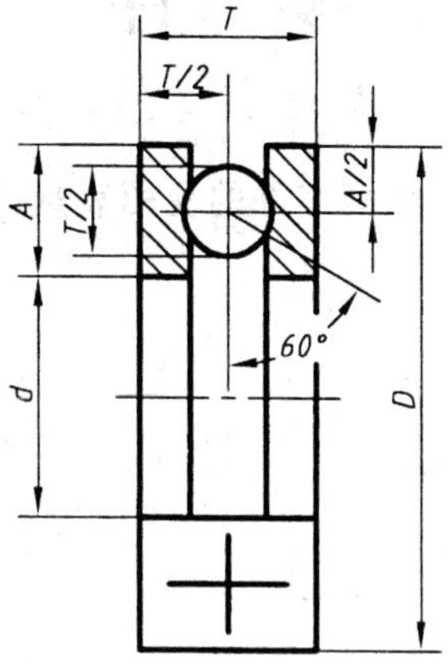
</td><td>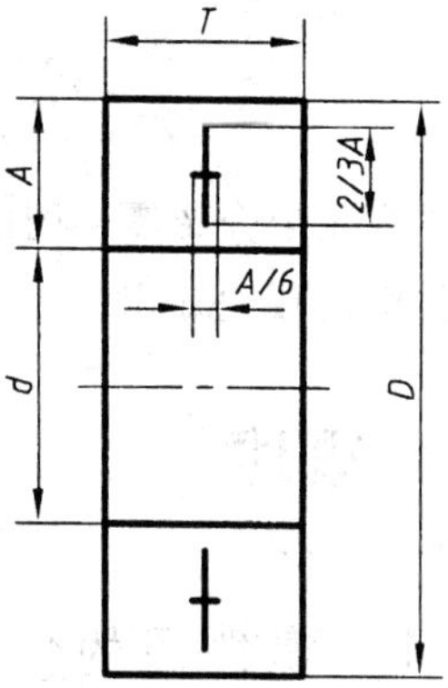
</td></tr>
<tr><td>圆锥滚子轴承</td><td>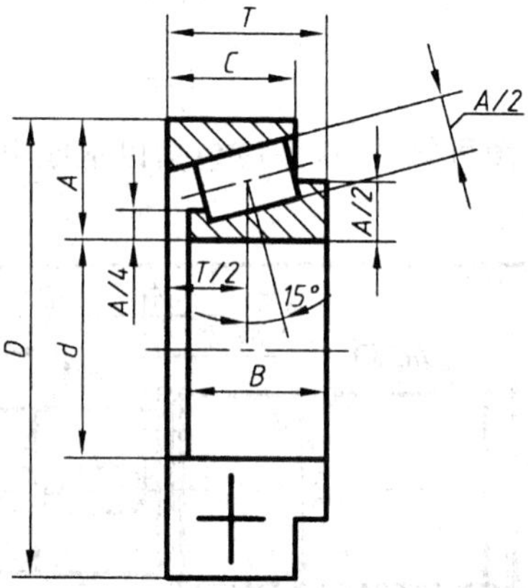
</td><td>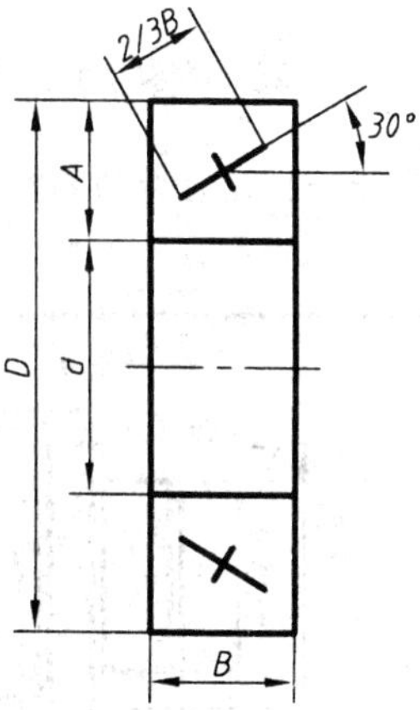
</td></tr>
</table>

第 8 章　零　件　图

本章主要介绍零件图的作用和内容、典型零件的视图表达方法、尺寸标注、技术要求和阅读零件图的相关知识。

8.1　概述

8.1.1　零件图的作用

任何机器或部件，都是由若干个零件按一定要求装配而成的。表达单个零件的图样，称为零件图。零件图是加工制造和检验零件的依据，是生产机器的主要技术文件之一。

8.1.2　零件图的内容

图 8－1 所示为轴的零件图。由图可知，零件图应包括以下四个方面的内容。

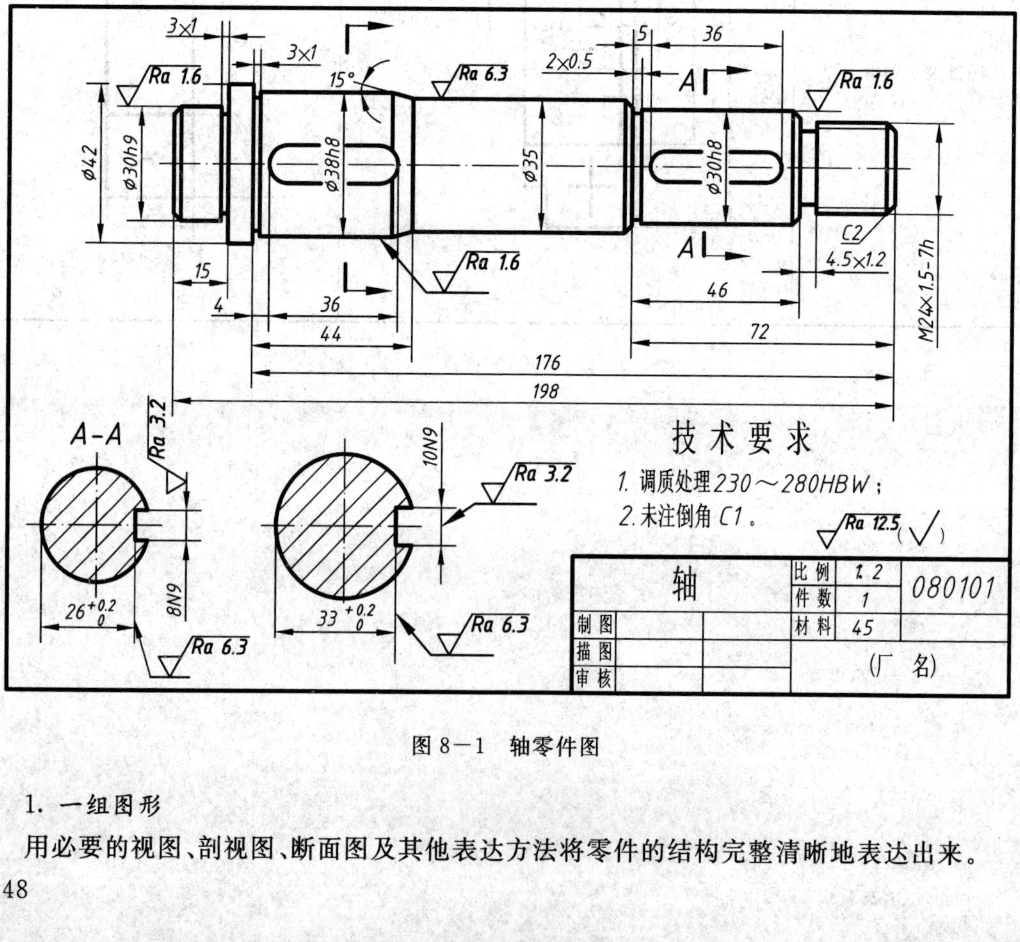

图 8－1　轴零件图

1. 一组图形

用必要的视图、剖视图、断面图及其他表达方法将零件的结构完整清晰地表达出来。

2. 完整的尺寸

用于确定零件各部分形状大小及相对位置的全部尺寸。

3. 技术要求

标注或说明零件在制造和检验时应达到的技术指标，如表面结构、尺寸公差、形位公差和热处理等。

4. 标题栏

注写零件的名称、材料、数量、图号、绘图的比例及必要的签名等。

8.2 零件上常见的工艺结构及尺寸标注

零件的形状是根据零件在机器上的作用而设计的。但在进行零件设计时，除了考虑满足工作性能要求外，还应考虑制造时的工艺性，以利于生产。下面介绍一些常见的工艺结构及尺寸标注，供绘图时参考。

8.2.1 铸造工艺结构

1. 铸造斜度

零件铸造时，为了使铸件在造型时拔模方便，将零件表面沿起模方向做成约 1：20(≈3°)的斜度，叫作铸造斜度，如图 8－2(a)、(b)所示。如无特殊要求，该斜度在图样上不必画出。

2. 铸造圆角

铸件表面相交处设计的圆角叫铸造圆角，以便于造型时取出木模并防止砂型在尖角处落砂和避免冷却时铸件在尖角处产生裂纹和缩孔(图 8－2(c))。图样上需画出这些圆角，凡相同的铸造圆角可不标注半径值，而在技术要求中统一说明，如“未注铸造圆角 *R*3～5”。

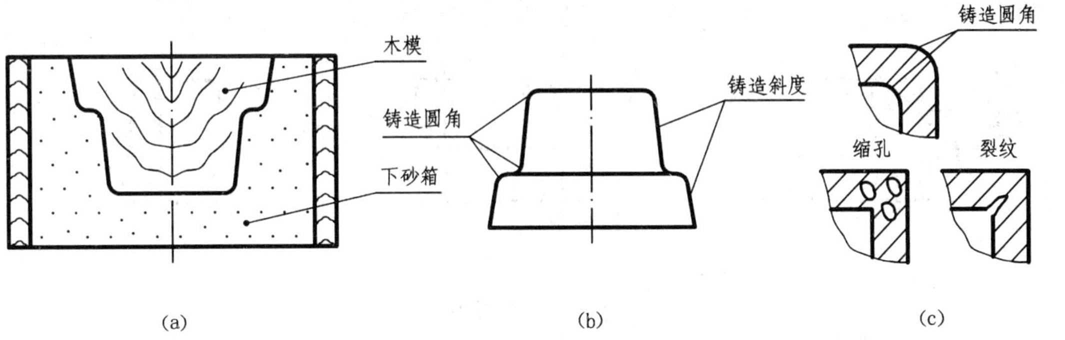

图 8－2　铸造斜度和铸造圆角

3. 过渡线

铸造零件由于有铸造圆角，各表面理论上的交线就不存在了，但在画图时，这些交线按无圆角的情况画出(画至无圆角的理论尖角处)，只是在交线的起讫处与圆角的轮廓线断开，这种线称为过渡线。过渡线画成细实线，如图 8－3 所示。

4. 铸件壁厚

在浇铸零件时，为了避免各部分冷却速度的不同而产生缩孔或裂纹(图 8－4(a))，铸件壁厚

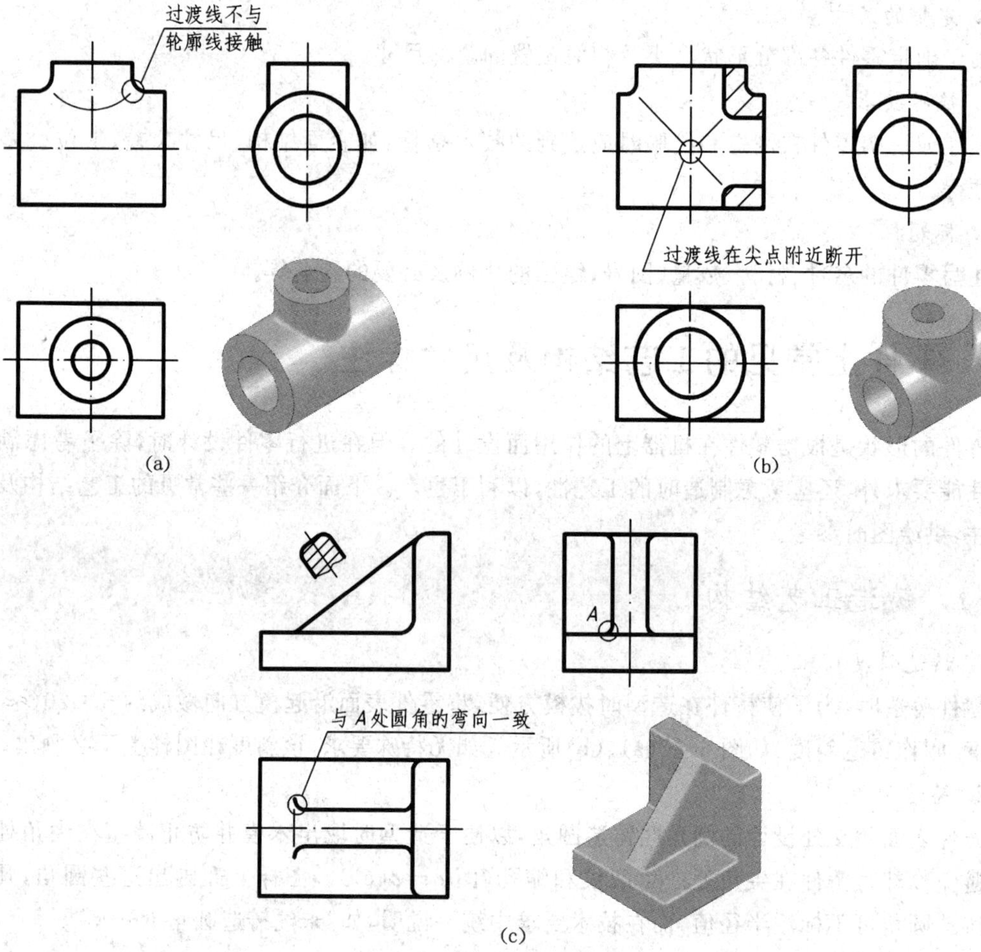

图 8－3　过渡线的画法

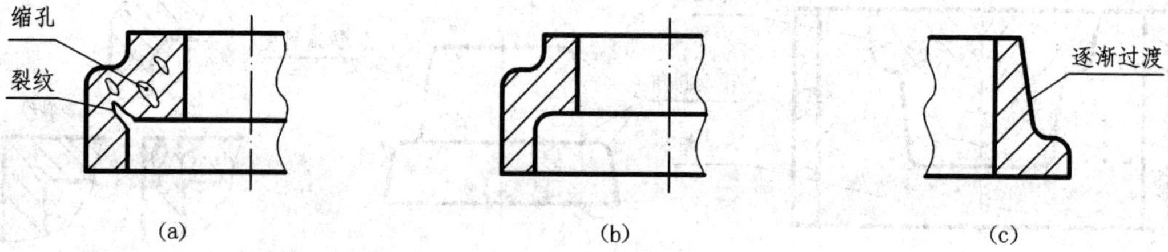

图 8－4　铸件壁厚

应尽量一致或逐渐变化，如图 8－4(b)、(c)所示。

8.2.2　其他常见结构及尺寸标注

1. 倒角和倒圆

为了便于装配并防止锐角伤人，一般在轴和孔的端部加工成倒角。为了避免因应力集中而产生裂纹，在轴肩处常加工成圆角，即倒圆。倒角和倒圆的形式和尺寸标注如图 8－5 所示。

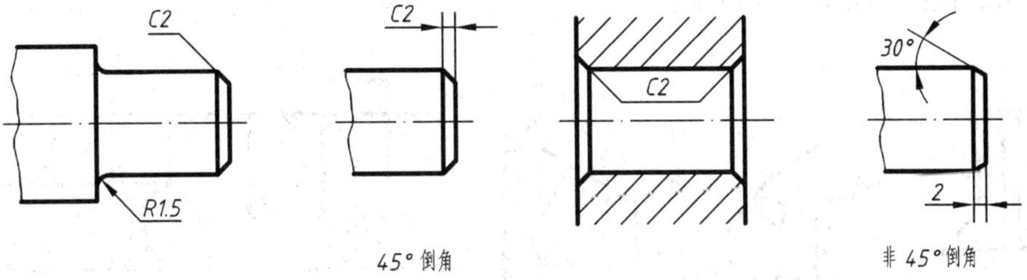

图 8—5　倒角和倒圆

2. 螺纹退刀槽和砂轮越程槽

在切削加工中，为了便于退出刀具和装配时零件定位可靠，通常在待加工面的末端先切出螺纹退刀槽或砂轮越程槽，在图样上应按标准规定画出其结构形状并标注尺寸，尺寸一般注成“宽度×直径”或“宽度×深度”，如图 8—6 所示。

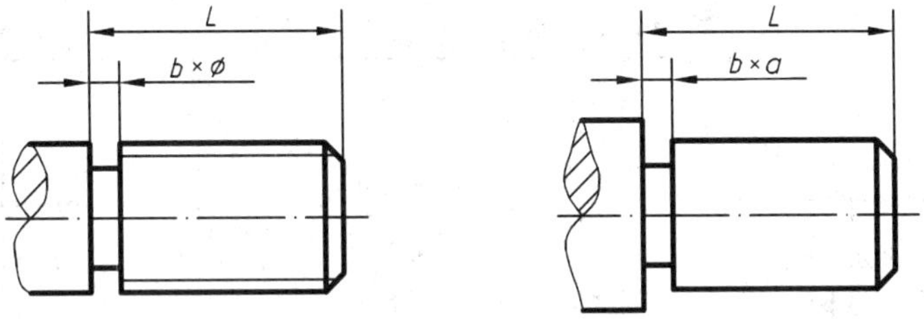

图 8—6　螺纹退刀槽和砂轮越程槽

3. 凸台和凹坑

为使接触面接触良好，并减少切削加工面积，在接触面处常制成凸台或凹坑等结构，如图 8—7 所示，其中图(a)为凸台、图(b)为凹坑、图(c)为凹槽、图(d)为凹腔。

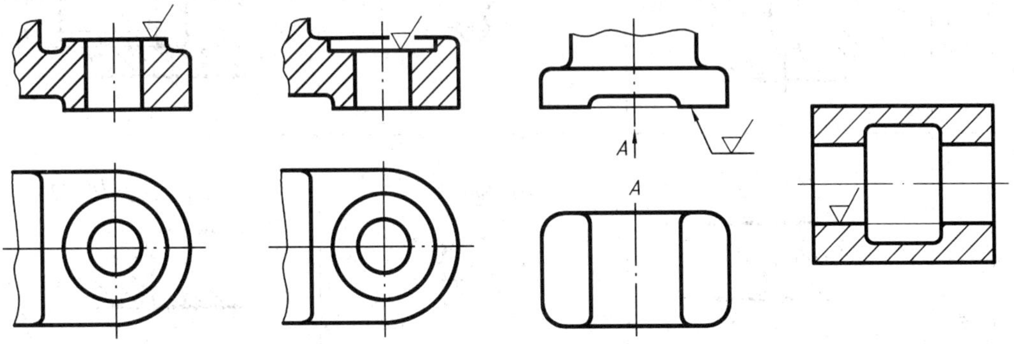

(a)凸台　(b)凹坑　(c)凹槽　(d)凹腔

图 8—7　凸台和凹坑等结构

4. 钻孔的结构

用钻头钻孔时，要求钻头轴线尽量垂直于被钻孔的端面，以保证钻孔准确和避免钻头折断。图 8—8 表示了三种钻孔端面的正确结构。

用钻头钻出的盲孔底部有 120°锥孔。在阶梯形钻孔的过渡处，也存在 120°锥角的圆台，其画法和尺寸注法如图 8－9 所示。

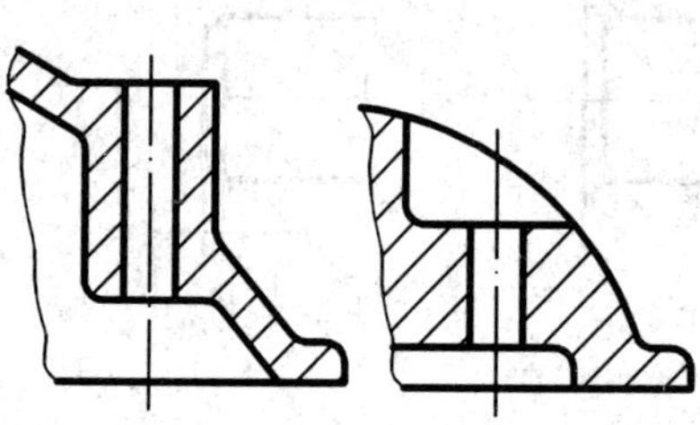

图 8－8　钻孔的端面

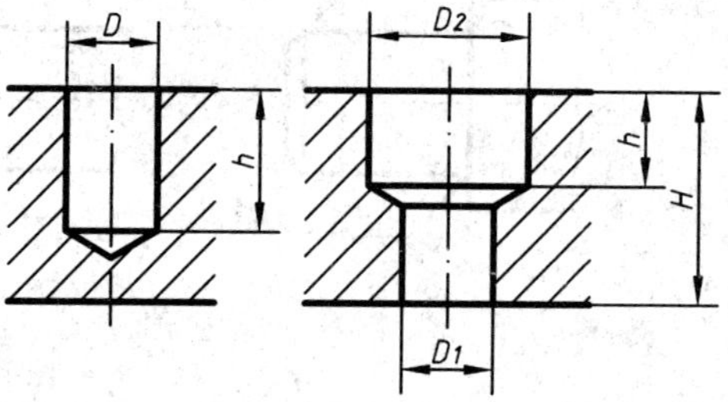

图 8－9　钻孔结构

5. 常见孔类

零件上常见的孔的尺寸注法如表 8－1 所示。

表 8－1　各类孔的尺寸注法

序号	类型	简化注法		普通注法
1	光孔	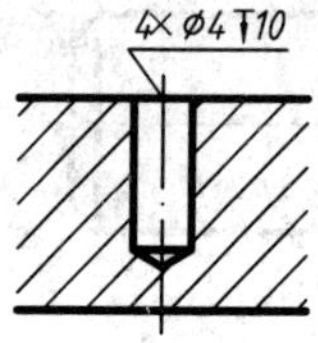	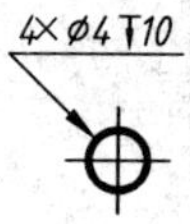	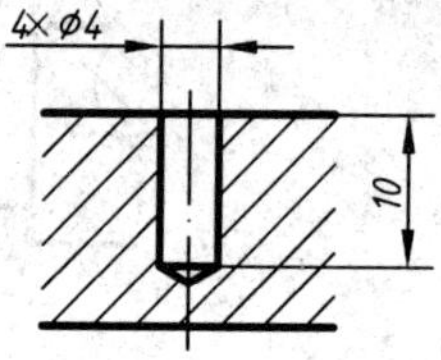
2		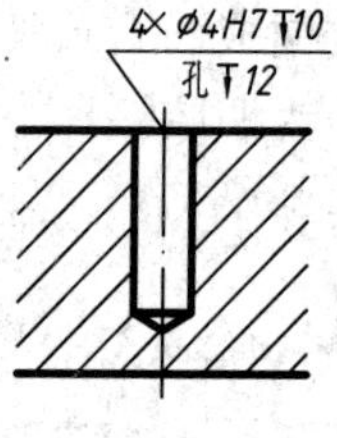	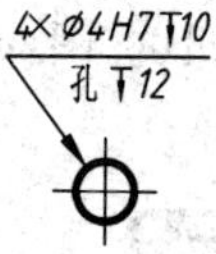	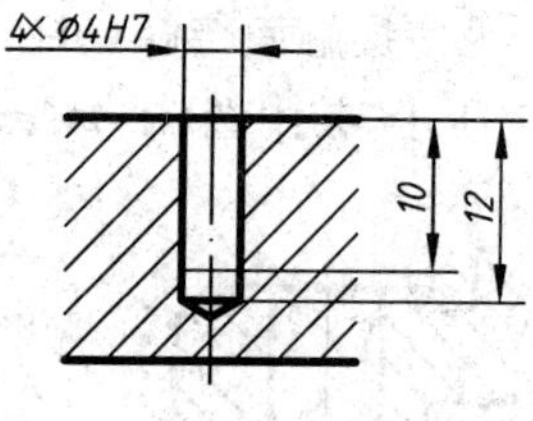
3	螺孔	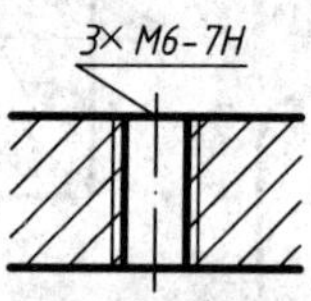		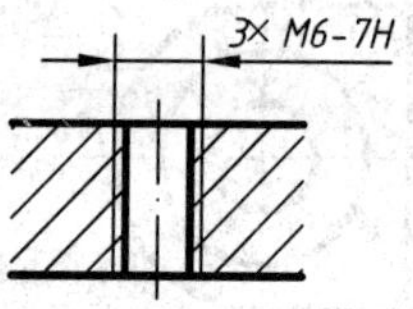
4		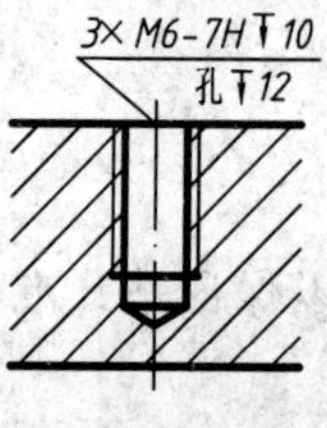	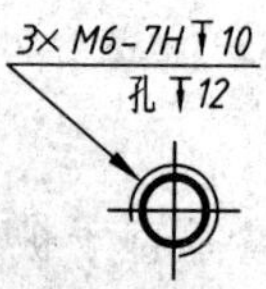	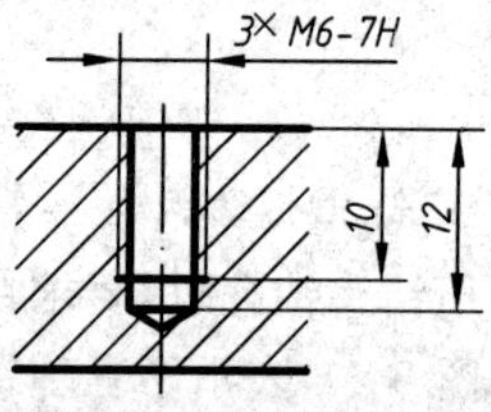

续表

<table>
<tr><th>序号</th><th>类型</th><th colspan="2">简 化 注 法</th><th>普通注法</th></tr>
<tr><td>5</td><td rowspan="3">沉孔</td><td>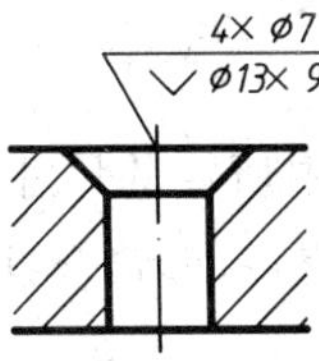</td><td>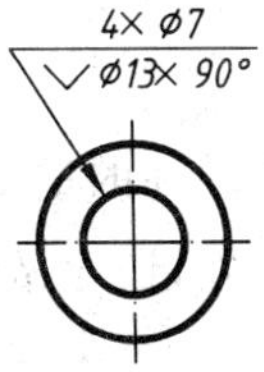</td><td>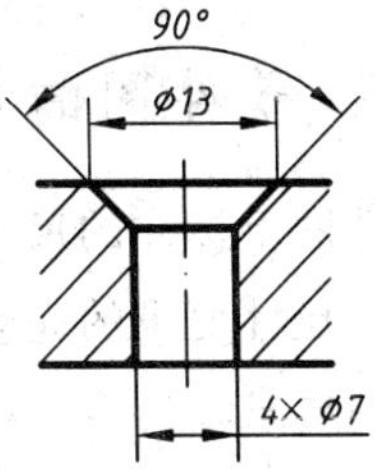</td></tr>
<tr><td>6</td><td>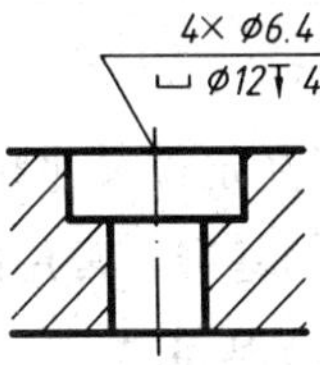</td><td>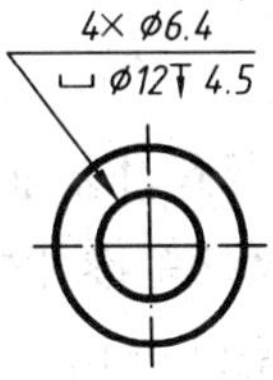</td><td>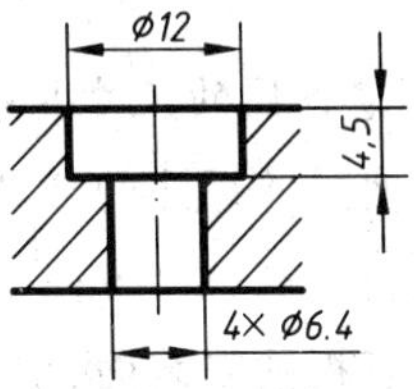</td></tr>
<tr><td>7</td><td>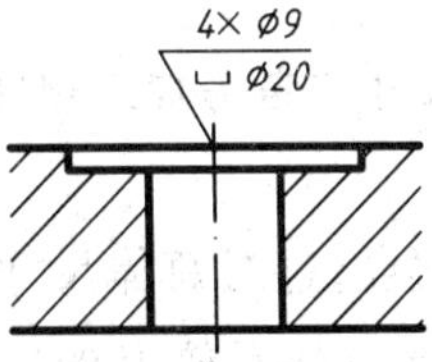</td><td>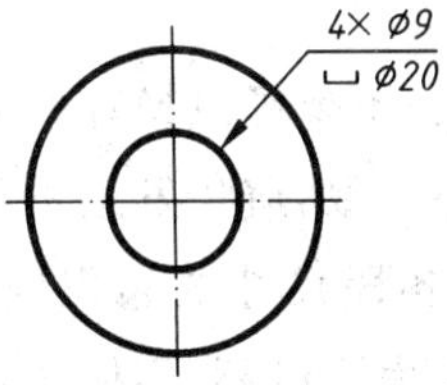</td><td>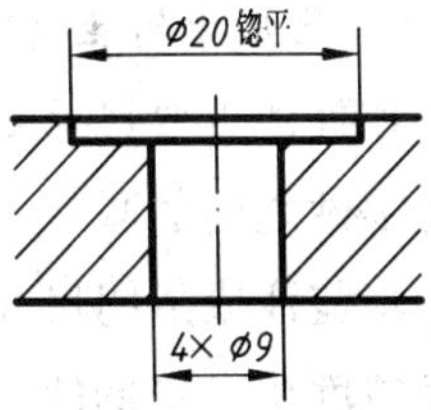</td></tr>
</table>

8.3 零件图的视图选择及尺寸标注

8.3.1 零件图的视图选择

选择零件图的视图，要综合运用前面所学的知识，其方法如下。

1. 分析零件结构形状，确定表达方案

画图时，在对零件的作用、安装位置及加工方法了解的基础上，对其进行结构形状分析，才能合理地选择视图。对于比较复杂的零件，可拟定几种不同的表达方案进行比较，最后确定合理的表达方案。

2. 选择主视图

在拟定表达方案时，应把选择零件的主视图放在首位，因为主视图在表达零件结构形状、画图和看图中起主导作用。选择主视图应考虑下列原则。

1)形状特征原则　最能反映零件的结构形状特征。

2)工作位置原则　反映零件在机器或部件中工作时的位置。

3)加工位置原则　零件在主要工序中加工时的位置。

3. 选择其他视图

主视图中没有表达清楚的部分，要选择其他视图进行表达。在完整、清晰地表达零件内外部结构的前提下，尽量减少视图的数量，以方便画图和看图。

8.3.2 零件图的尺寸标注

零件图上标注的尺寸是加工和检验零件的重要依据，因此图中所注的尺寸除了应满足组合体标注尺寸要求的完整、正确、清晰之外，还应做到标注的尺寸合理，即符合设计、加工、检验和装配的要求。

标注的尺寸要做到合理，需要较多的机械设计和制造方面的知识，这里仅介绍一些基本知识。

1. 零件图的尺寸基准

要使尺寸标注的合理，需要正确选择尺寸基准，从基准出发标注定位尺寸和定形尺寸。零件的长、宽、高三个方向都有一个主要尺寸基准，除此之外还有辅助基准。常用的基准有：基准面——底板的安装面、重要的端面、装配结合面、零件的对称面等；基准线——回转体的轴线等。

2. 标注尺寸的注意事项

①零件的重要尺寸要直接注出，不要经过换算。非重要尺寸应考虑加工顺序和测量方便。

②零件之间的联系尺寸要保持一致，避免发生矛盾。

③不能注成封闭尺寸链，否则各段尺寸的累积误差综合会超过对总体尺寸的精度要求。应选择精度要求较低的一个尺寸作为开口环，不标注，如图 8－10 所示的 B 的尺寸不标注。

④标注的尺寸应便于加工和测量。图 8－11 为套筒轴向尺寸的标注方法，其中图(a)为合理标注，图(b)为不合理标注。

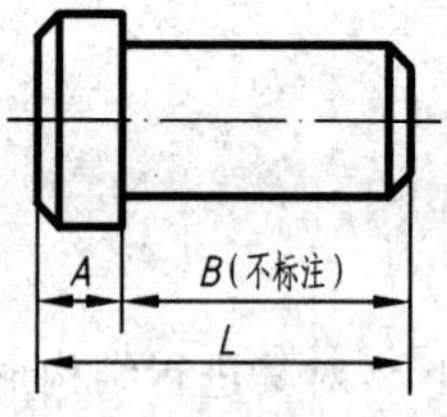

图 8－10 尺寸不注成封闭形式

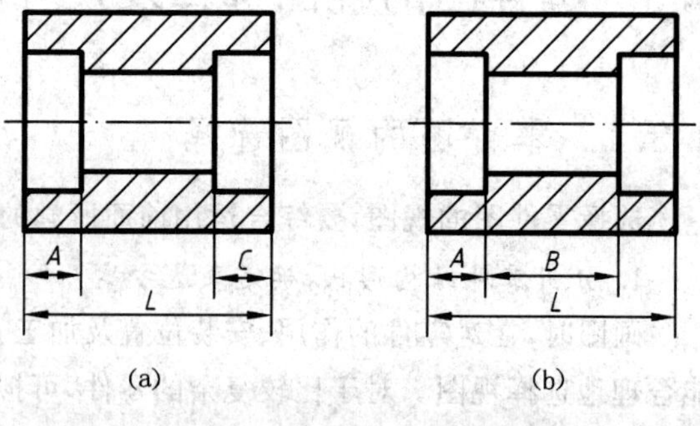

图 8－11 标注尺寸要便于测量

⑤同一个方向只能有一个毛面和加工面的联系尺寸。

图 8－12 是一个铸造零件，高度方向有三个非加工面 B、C 和 D，加工面有两个 A 和 E。图 8－12(a)中只有 B 面与 A 面有联系尺寸 8，是合理的标注。图 8－12(b)中 B、C 和 D 面都与 A 面有联系尺寸，那么，在加工 A 面时不可能同时保证三个尺寸 8、36、44 的精度，是不合理的标注。

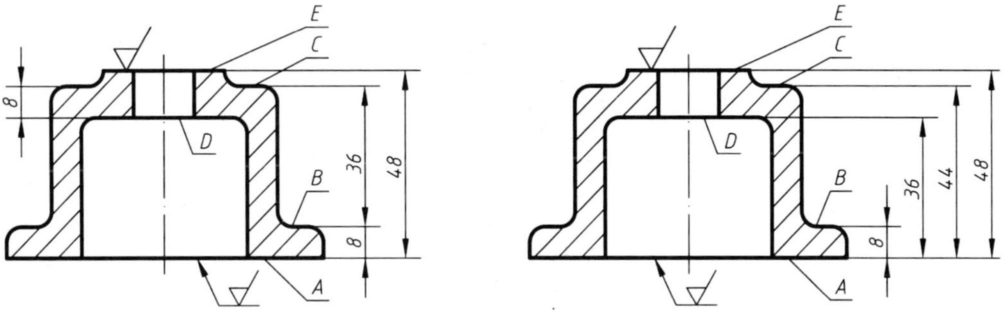

(a)合理　　(b)不合理

图 8－12　毛面和加工面的联系尺寸标注

8.3.3 典型零件视图选择及尺寸标注示例

零件的种类很多，为了便于分析，根据零件的结构形状，把零件大致分成四类：即轴套类零件、盘盖类零件、叉架类零件和箱体类零件。一般来说，后一类零件比前一类零件复杂。

1. 轴套类零件

此类零件一般由若干段不等径的同轴回转体构成，有轴、衬套等，主要在车床上加工。

(1)视图选择

如图 8－1 所示的轴零件图。为了便于加工时看图，主视图应按加工位置，轴线水平放置表达。由于轴套类零件基本上是同轴回转体，因此采用一个基本视图加上一系列径向尺寸就能表达出主要形状。对于轴上的孔、键槽等结构采用移出断面图表达，轴上的局部结构，如砂轮越程槽、螺纹退刀槽等，则可采用局部放大图表示。

(2)尺寸标注

标注尺寸时，常以水平轴线作为径向(宽度与高度)尺寸基准，由此注出各轴段直径尺寸，如图 8－1 中 ϕ38h8、ϕ35 等。长度方向尺寸基准根据零件的作用及装配要求，通常选用重要的端面、接触面(如轴肩)、加工面等。图 8－1 中选 ϕ42 的右轴肩作为长度方向的主要尺寸基准，传动零件紧靠在此轴肩上，由此注出 176、4 和 44 等尺寸。以右轴端作为长度方向的辅助尺寸基准，标注总长 198 等尺寸。

2. 盘盖类零件

盘盖类零件一般为扁平的盘状，有端盖、阀盖、轮等，主要在车床上加工。

(1)视图选择

盘盖类零件的结构特点是轴向尺寸小而径向尺寸大，由共轴的回转体或矩形构成，并在径向分布有螺孔或光孔、销孔、肋等结构。此类零件主视图按加工位置轴线水平放置画剖视图，另配左或右视图表达其余的结构。

如图 8－13(a)所示的阀盖，左端有外螺纹 M36×2 与管路连接，右端有 75×75 的方形凸缘，凸缘上 4 个 ϕ14 的圆柱孔是与阀体连接时安装双头螺柱用的。

(2)尺寸标注

通常选用通过轴孔的轴线作为径向尺寸基准，重要的端面(加工精度最高的面或与其他零件接触的面等)作为长度方向的尺寸基准，如图 8－13(b)所示为阀盖零件图。

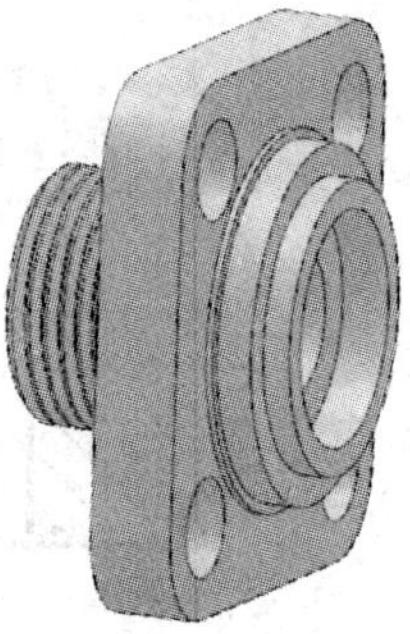

(a)

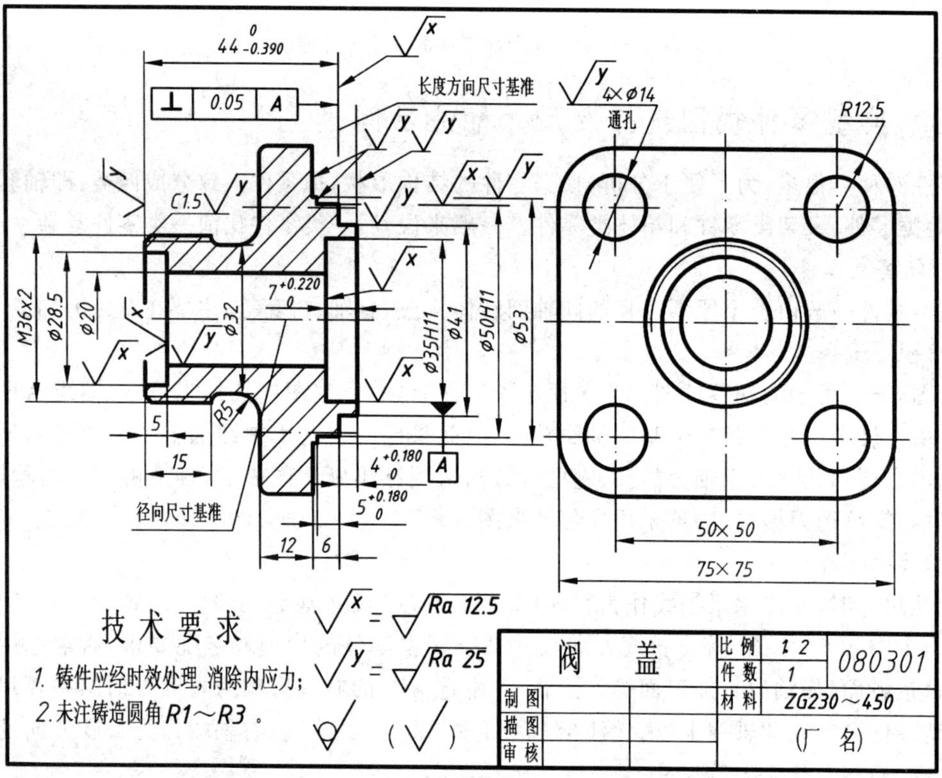

(b)

图 8－13 阀盖

3. 叉架类零件

此类零件一般由铸造产生毛坯，再经各种加工而成。

(1)视图选择

此类零件结构较复杂，需要多个视图表达。通常以安装位置或最能反映零件的形状特征的位置作主视图，再配以局部剖视图、向视图、断面图等表达。

(2)尺寸标注

通常以对称面或安装面、主要回转体的轴线作为主要尺寸基准。图 8－14(a)为叉架立体图，图(b)所示的叉架零件图中，顶面为高度方向的主要尺寸基准，前后对称面为宽度方向的主要尺寸基准，主要孔 ϕ34H8 的轴线为长度方向的主要尺寸基准。

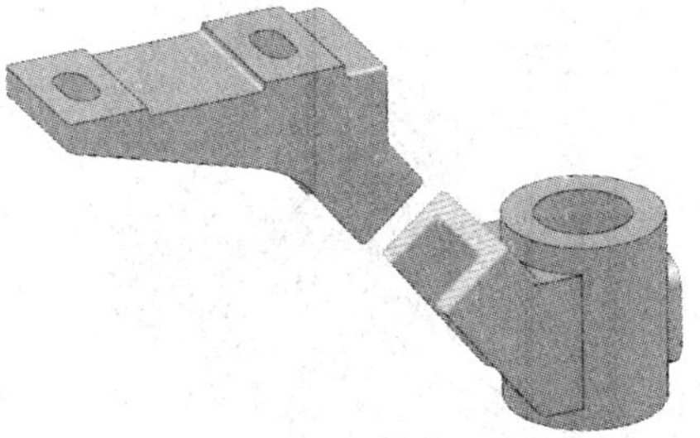

(a)

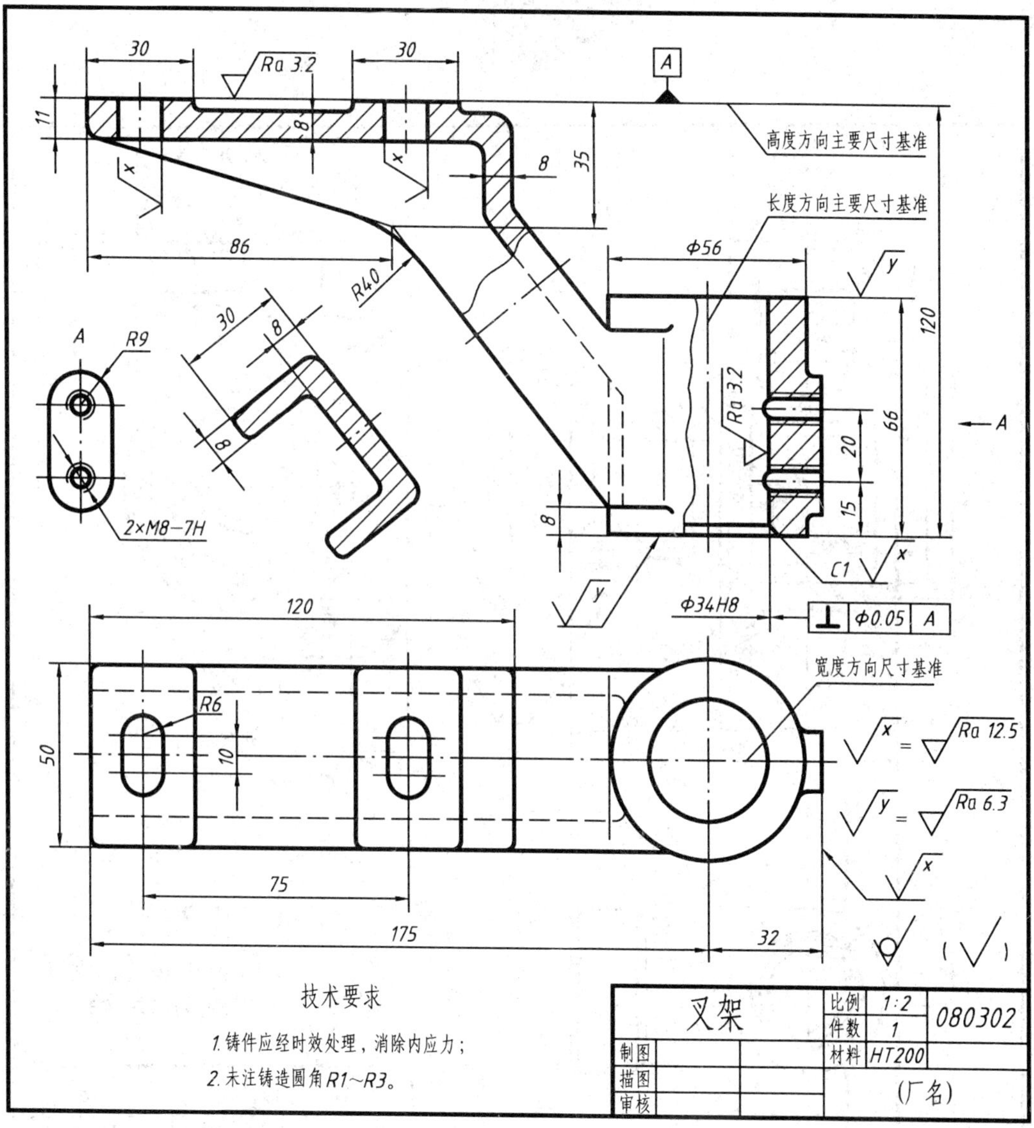

(b)

图 8－14　叉架

4．箱体类零件

箱体类零件用来支撑、包容、保护运动零件或其他零件。此类零件结构复杂，而且加工位置变化更多。一般为铸造件，经多道工序加工而成，如图 8－15 所示。

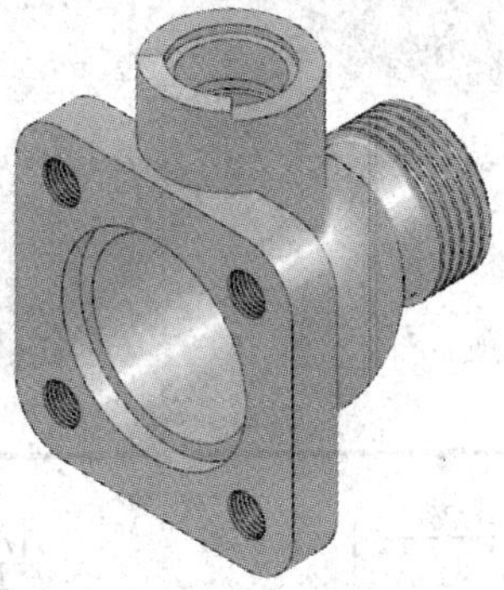

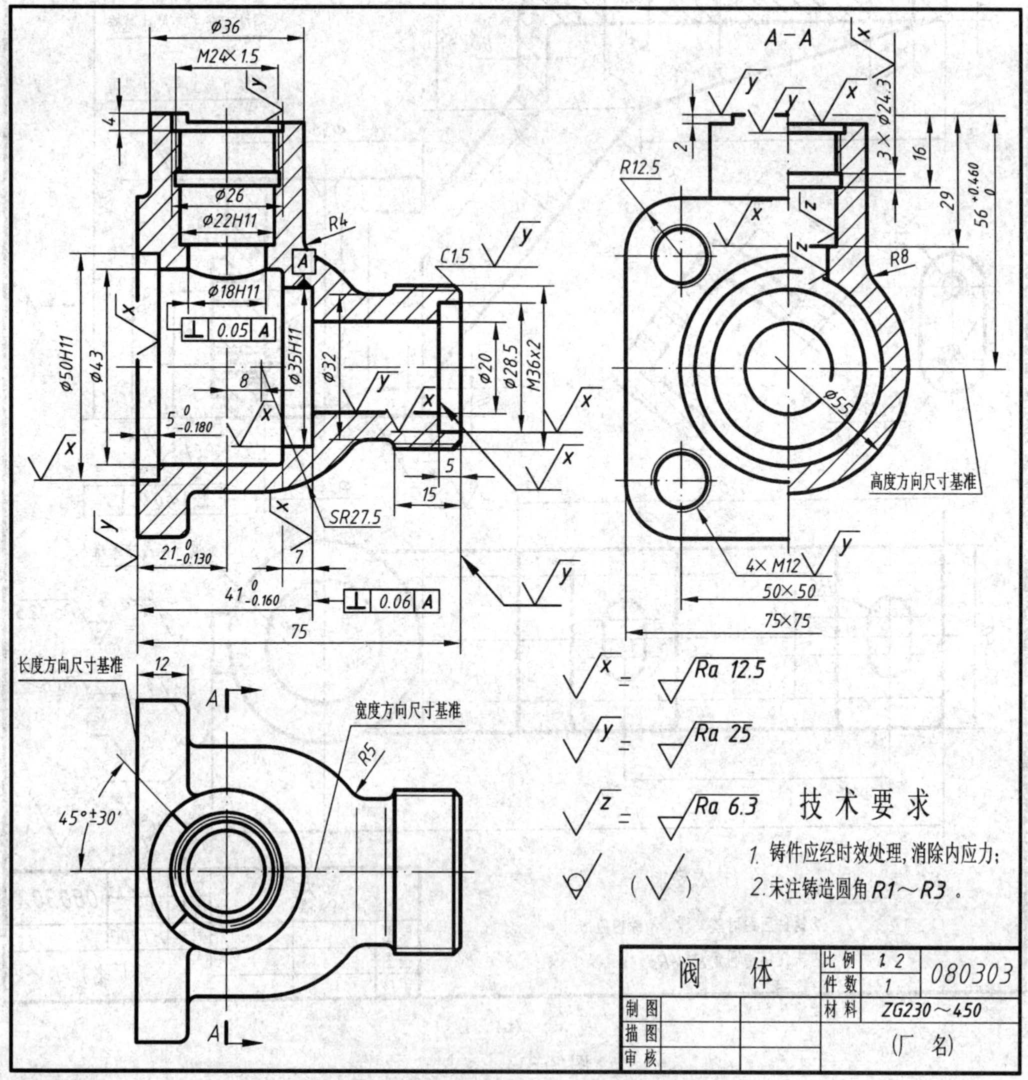

(b)

图 8－15　阀体

（1）视图选择

在选择视图时，主要以工作位置并反映其形状特征最明显的方向作为主视图，一般需要三个或三个以上基本视图及其他辅助图形，采用多种表达方法才能表达清楚内外部结构，如图8－15(a)为阀体立体图，图(b)为阀体零件图，其所示的阀体主视图由工作位置确定。

（2）尺寸标注

在标注箱体类零件的尺寸时，通常选用对称面、设计上要求的轴线、重要的安装面、接触面、重要的加工面等作为尺寸基准。箱体上需要切削加工的部分，应尽可能按便于加工和检验的要求来标注尺寸。在阀体中，采用横放的孔的轴线为高度方向的主要尺寸基准；阀体左端面是与阀盖安装的定位面为长度方向的主要尺寸基准；俯视图中的对称中心线为宽度方向的主要尺寸基准，如图8－15(b)所示。

8.4 零件图的技术要求

零件图中除了视图和尺寸外，还应有加工和检验的技术要求。技术要求一般包括表面结构、尺寸公差和形位公差、对材料的热处理和表面处理要求等。这些技术要求有的用国家标准规定代号或符号标注在图中，有的则以文字或数字说明写在标题栏的上方或左侧。

8.4.1 零件的表面结构

1. 表面结构的概念

零件的表面结构，主要指零件表面的微观几何特性，它是由获得表面的工艺方法形成的。零件在加工时，无论加工得多么光滑，在显微镜下都可以看到许多间距微小的峰谷，如图8－16所示。表面结构是评定零件表面质量的重要技术指标之一，对零件的使用寿命、配合性质、耐磨性、外观等质量均有直接的影响。因此，合理地选择表面结构的参数及其数值十分重要，对零件表面结构的要求必须在图样或其他技术产品文件中标注清楚。

2. 表面结构的评定参数

用零件的表面轮廓参数可评定零件的表面质量，国家标准规定了三种类型的表面轮廓，即 *R* 轮廓（粗糙度轮廓）、*W* 轮廓（波纹度轮廓）及 *P* 轮廓（原始轮廓）。常用的是 *R* 轮廓，其主要幅度参数有两个，如图8－17所示。

图8－16 表面轮廓

1）轮廓最大高度 *R*z 在取样长度(l)内，最大轮廓峰高 *R*p 和最大轮廓谷深 *R*v 之和的高度。

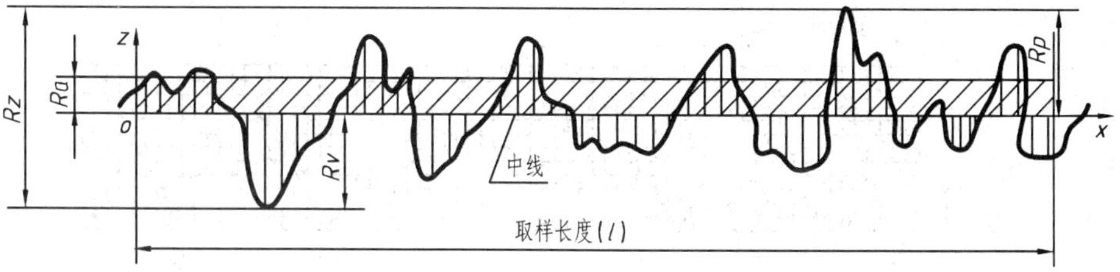

图8－17 表面结构 *R* 轮廓参数

$$Rz=Rp+Rv$$

2) 轮廓算数平均偏差 Ra　在取样长度(l)内，纵坐标 $Z(x)$绝对值的算术平均值。Ra 值越小，零件表面越光滑，但加工成本也越高。一般机械中常用的 Ra 值为 25，12.5，6.3，3.2，1.6，0.8(单位：μm)等。

$$Ra=\frac{1}{l}\int_0^l |Z(x)|\,dx$$

3. 表面结构标注的内容

表面结构标注的主要内容包括表面结构的图形符号、参数和补充要求。

(1)表面结构的图形符号

表面结构的图形符号有基本图形符号、扩展图形符号、完整图形符号和工件轮廓各表面的图形符号，其含义见表 8－2。

表 8－2　表面结构的图形符号

符　　号	意义及说明
基本图形符号 	用于未指定工艺方法的表面，通过注释解释时可单独使用，没有补充说明不能单独使用
去除材料的扩展图形符号 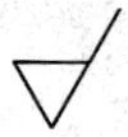	表示指定表面是用去除材料的加工方法获得，如通过车、铣、磨、钻等机械加工方法获得的表面。仅当其含义是“被加工表面”时可单独使用
不去除材料的扩展图形符号 	表示指定表面是用不去除材料的加工方法获得；也可用于表示保持上道工序形成的表面，不管这个表面是通过去除材料或不去除材料形成的
完整图形符号 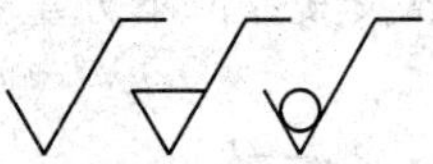	在基本或扩展图形符号的长边上加一横线，用于标注表面结构特征的补充信息，在报告和合同的文本中用 APA 表示 ；用 MRR 表示 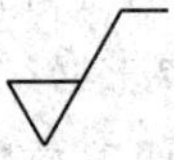；用 NMR 表示 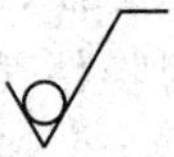
工件轮廓各表面的图形符号 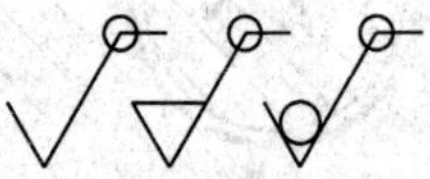	在完整图形符号上加一圆圈，标注在图样中封闭轮廓上，表示构成封闭轮廓的各表面具有相同的表面结构要求

表面结构图形符号的画法如图 8－18 所示。其中图形符号的尺寸见表 8－3。一般取 $d'=h/10$，$H_1=1.4h$(h 为数字和字母的高度)，H_2 取决于标注内容。

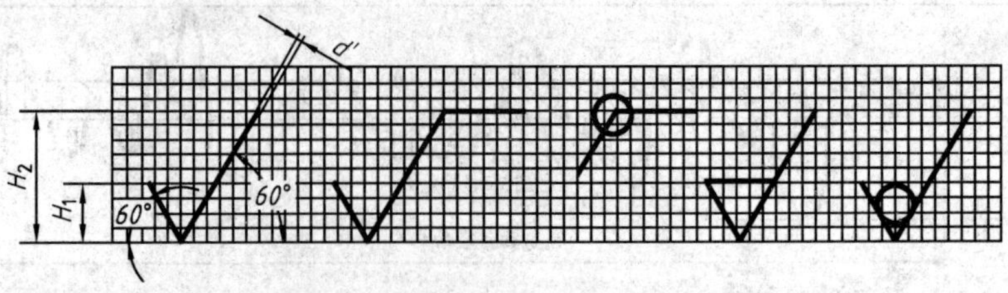

图 8－18　表面结构图形符号的画法

表 8—3　图形符号的尺寸　　单位：mm

数字和字母高 h	2.5	3.5	5	7	10	14	20
符号线宽（=字母线宽）d'	0.25	0.35	0.5	0.7	1	1.4	2
高度 H_1	3.5	5	7	10	14	20	28
高度 H_2（最小值）	7.5	10.5	15	21	30	42	60

（2）表面结构的参数

表面结构的参数包括结构参数代号和参数极限值，二者之间留一空格。表面结构参数代号包括轮廓代号（如粗糙度轮廓代号为 R）和参数特征代号（如轮廓最大高度代号为 z，轮廓算术平均偏差代号 a）等，例如 Ra 1.6 表示粗糙度轮廓算术平均偏差代号为 Ra，参数极限值为 1.6μm。

（3）表面结构的补充要求

为了明确表面结构要求，除标注表面结构参数代号和极限值外，必要时还应标注补充要求，如表面加工方法、表面纹理和方向、加工余量等，标注位置如图 8—19 所示。

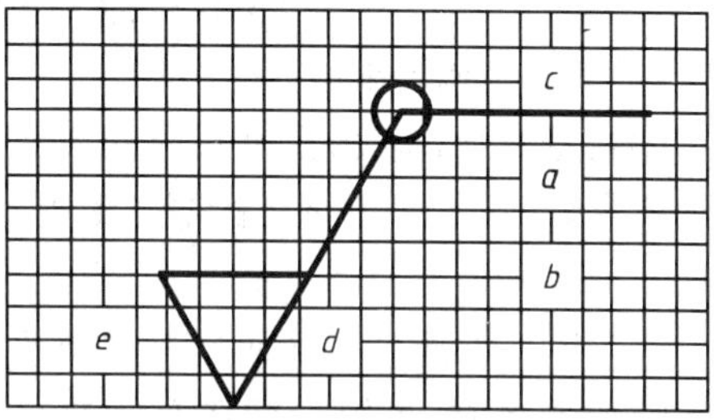

位置 a 为注写表面结构的单一要求；
位置 b 和 a 为注写两个或多个表面结构要求；
位置 c 为注写加工方法；
位置 d 为注写表面纹理和方向；
位置 e 为注写加工余量。

图 8—19　补充要求的注写位置

4. 表面结构要求在图样中的标注

表面结构要求对每个表面一般只标注一次，所标注的表面结构是对完工后的零件表面的要求。

（1）表面结构符号、代号的标注位置和方向

表面结构要求可标注在可见轮廓线及其延长线上，注写和读取方向与尺寸的注写和读取方向一致。在轮廓线上标注表面结构要求时，其符号应从材料外指向并接触表面。必要时可用带箭头或黑点的指引线引出标注，如图 8—20 所示。

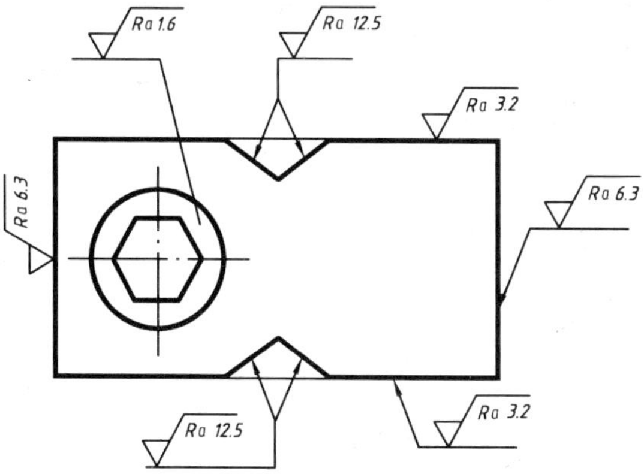

图 8—20　表面结构要求在轮廓线上的标注

在不致引起误解时，表面结构要求可标注在尺寸线及其延长线上，还可标注在形位公差框格上。如图 8－21 所示。

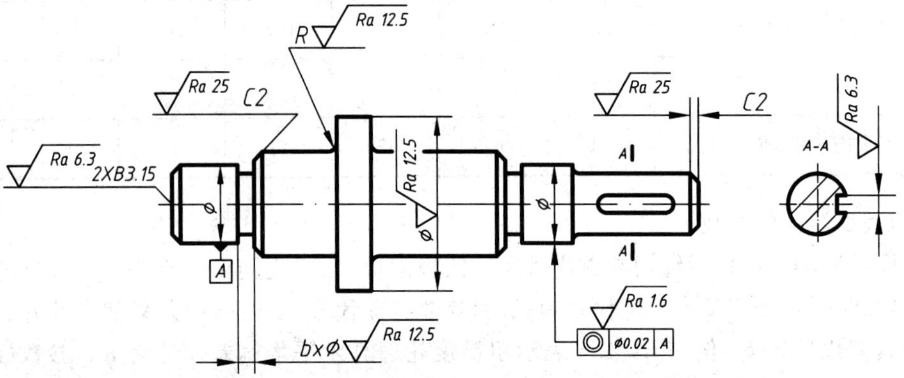

图 8－21　表面结构要求在尺寸线或公差框格上的标注

(2)表面结构要求的简化标注

①当零件所有表面具有相同的表面结构要求时，可统一标注在标题栏附近，如图 8－22 所示。

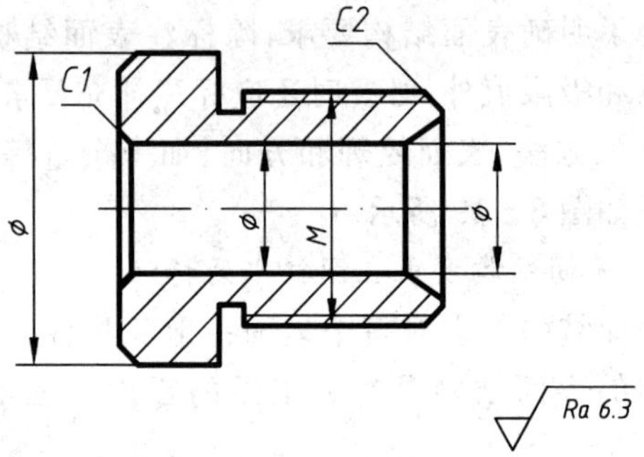

图 8－22　所有表面具有相同表面结构要求的简化注法

②当零件大部分的表面具有相同的表面结构要求时，可统一标注在标题栏附近，且在表面结构的符号后面括号内给出无任何其他标注的基本符号，或给出已注出的不同的表面结构要求，如图 8－23(a)和(b)所示。

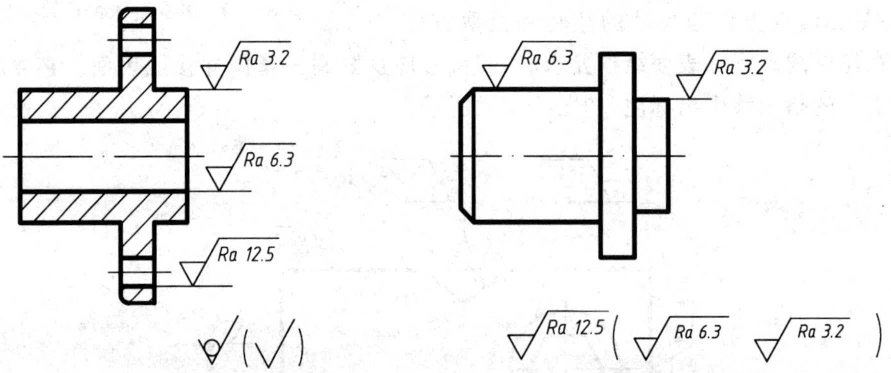

图 8－23　多数表面具有相同表面结构要求的简化标注

③若多个表面具有相同的表面结构要求或图中标注空间有限时，可用带字母的完整符号简化标注，但必须在标题栏附近用等式的形式给出这些简化标注表示的表面结构的要求，如图 8－24 所示。

④零件上用细实线连接的不连续的同一表面，其表面结构符号只标注一次，如图 8－24 所示。

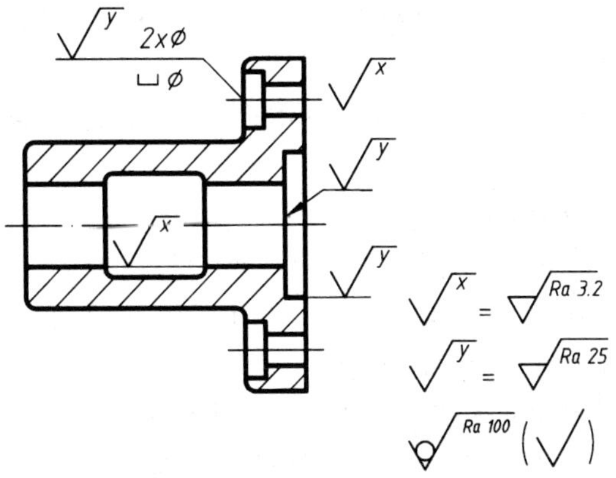

图 8－24　标注位置受到限制时表面结构的简化标注

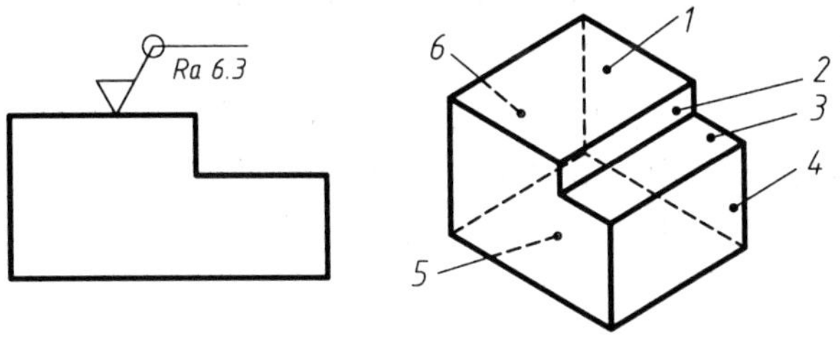

图 8－25　封闭轮廓的各表面具有相同表面结构要求的标注

⑤在标注不引起歧义，当图样某个视图上构成封闭轮廓的各表面有相同的表面结构要求时，标注方法如图 8－25 所示，图示的表面结构符号是指对图形中封闭轮廓的六个面的共同要求(不包括前后面)。

⑥同一表面具有不同的表面结构要求时，可用细实线作为分界线，并分别标注出相应的表面结构要求和尺寸，如图 8－26 所示。

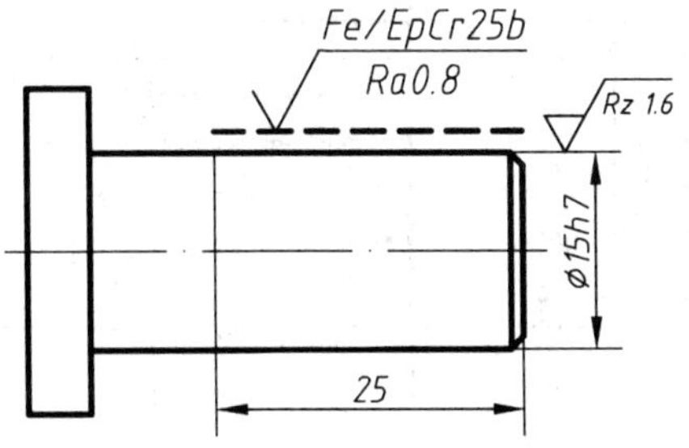

图 8－26　同一表面有不同表面结构要求的标注

8.4.2　极限与配合

极限与配合是图样中的一项重要的技术要求，也是检验产品质量的技术指标。

1. 极限与配合的基本概念

(1) 零件的互换性

从一批相同的零件中任取一件，不经任何修配就能装到机器上，并能保证使用性能要求，零件的这种性质，称为互换性。

零件具有互换性，不仅能组织大规模的现代化工业生产，而且可以提高产品的质量，降低成本，便于维修。

(2)尺寸公差

由于零件在制造过程中加工和测量等因素引起的误差，使得零件的尺寸不可能绝对准确，为了使零件具有互换性，必须限制尺寸的误差范围。同时，使用要求不同，两零件结合松紧程度也不同。为此，国家制定了极限与配合的标准。下面简单介绍它们的基本概念和在图样上的标注方法。

1)基本尺寸　设计时确定的尺寸。通过基本尺寸，应用上、下偏差可算出极限尺寸，如图8－27所示。

2)实际尺寸　零件制成后实际测量的尺寸。

3)极限尺寸　允许尺寸变化的两个界限值。两个界线值中较大的一个称为最大极限尺寸；最小的一个称为最小极限尺寸。实际尺寸应介于其中，也可达到极限尺寸。

4)极限偏差　上下偏差统称为极限偏差。

①上偏差即最大极限尺寸减其基本尺寸所得的代数差。

②下偏差即最小极限尺寸减其基本尺寸所得的代数差。

国标规定尺寸偏差代号为轴的上、下偏差分别用 es 和 ei 表示；孔的上、下偏差分别用 ES 和 EI 表示。上、下偏差可以是正值、负值或零，正、负号和零均不能省略。

5)尺寸公差(简称公差)　允许尺寸的变动量。它等于最大极限尺寸与最小极限尺寸之差；也等于上偏差与下偏差之差。尺寸公差恒为正，不加正号。

6)尺寸公差带(简称公差带)　由代表上、下偏差的两条直线所限定的区域称尺寸公差带。图8－28表示图8－27的公差带图。

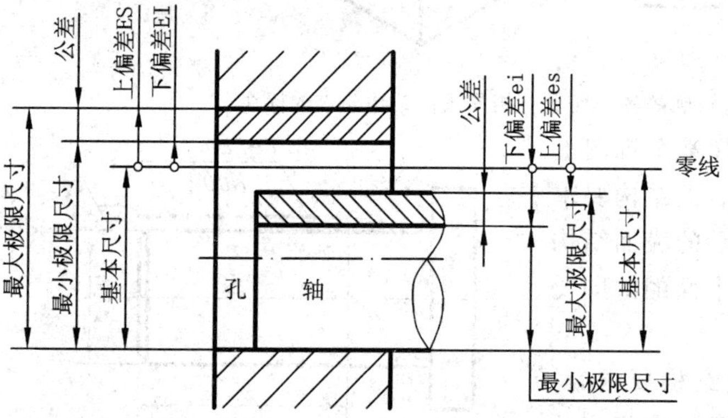

图8－27　极限与配合示意图

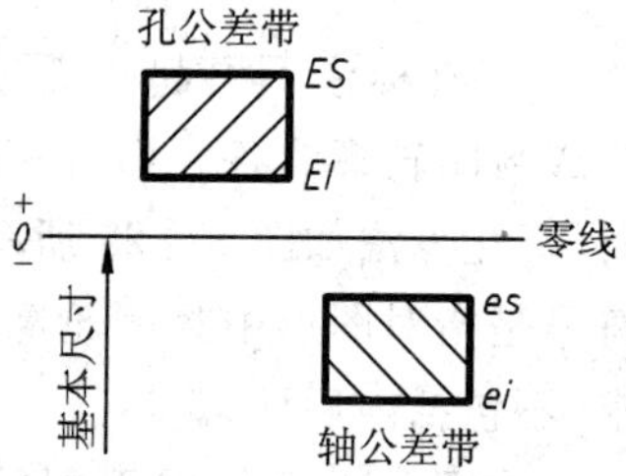

图8－28　孔、轴公差带图

7)零线　在公差带图中，表示基本尺寸的一条直线是确定偏差的基准直线，即零偏差线叫零线。

(3)标准公差与基本偏差

公差带由“公差带大小”和“公差带位置”两个要素组成。“公差带大小”由标准公差确定，“公差带位置”由基本偏差确定，如图8－29所示。

1)标准公差　国家标准《极限与配合》中规定的任一公差。标准公差分为20个等级，即IT01、IT0、IT1至IT18。字母IT表示标准公差是“国际公差”的符号，阿拉伯数字表示公差等级，它是反映尺寸精度的等级。从IT01至IT18等级依次降低，公差值逐渐增大。各级标准公差的数值可查阅附录四中1。

2)基本偏差　确定公差带相对零线位置的那个极限偏差。它可以是上偏差或下偏差，一般指靠近零线的那个偏差。当公差带在零线的上方时，基本偏差为下偏差；当公差带在零线的下方时，基本偏差为上偏差，如图8－29所示。

基本偏差共有28个，代号用拉丁字母表示，大写为孔，小写为轴。

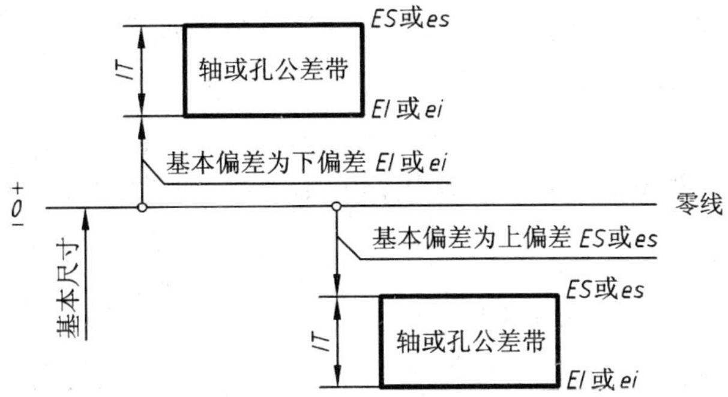

图 8－29　标准公差与基本偏差

基本偏差系列如图 8－30 所示。从图中可以看到：孔的基本偏差 A～H 为下偏差，J～ZC 为上偏差；轴的基本偏差 a～h 为上偏差，j～zc 为下偏差。JS 和 js 公差带对称分布于零线两边，孔和轴的上下偏差分别是＋IT/2 和－IT/2。基本偏差系列图只表示公差带的位置，不表示公差带的大小，因此，公差带的一端是开口的，开口的一端由标准公差限定。

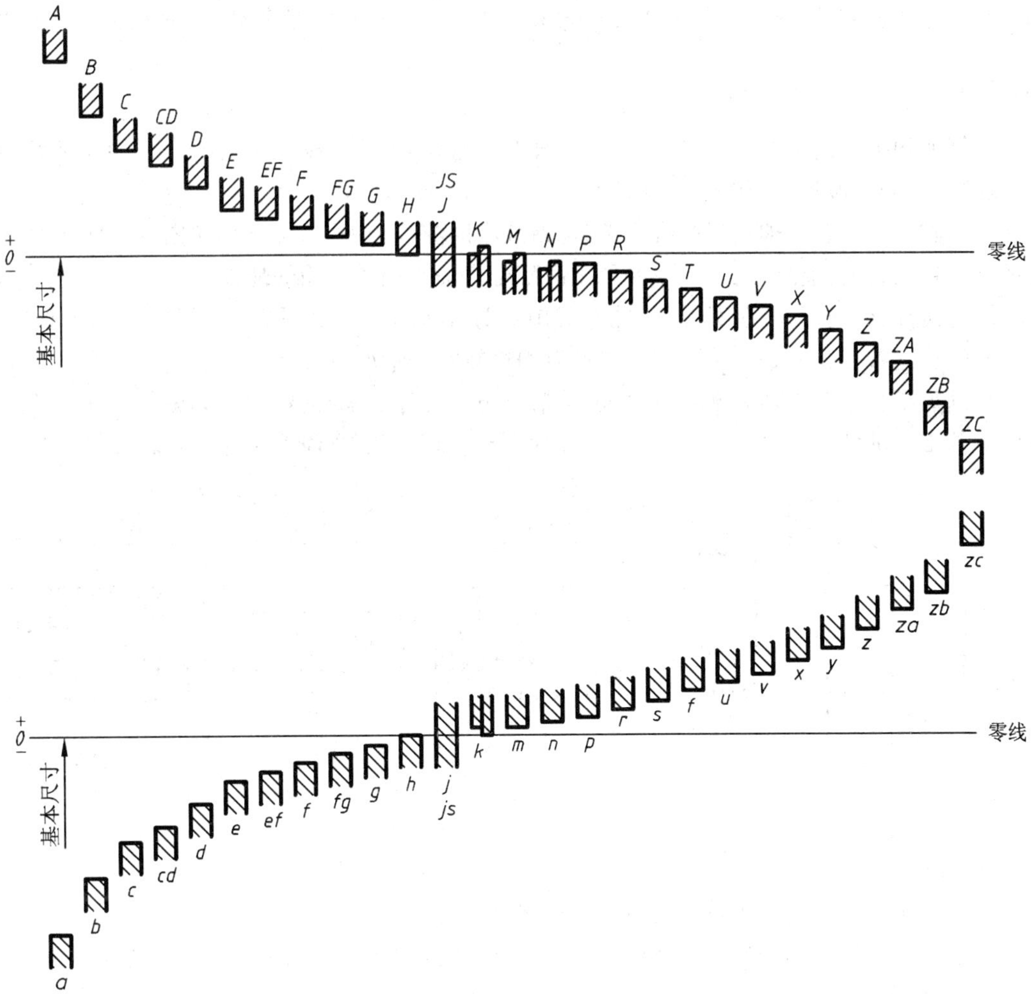

图 8－30　基本偏差系列图

根据尺寸公差的定义，基本偏差和标准公差的计算公式如下：

$$ES = EI + IT \quad 或 \quad EI = ES - IT$$

$$es = ei + IT \quad 或 \quad ei = es - IT$$

3)公差带代号　孔和轴的公差带代号由基本偏差代号的字母和公差等级的数字组成。例如：

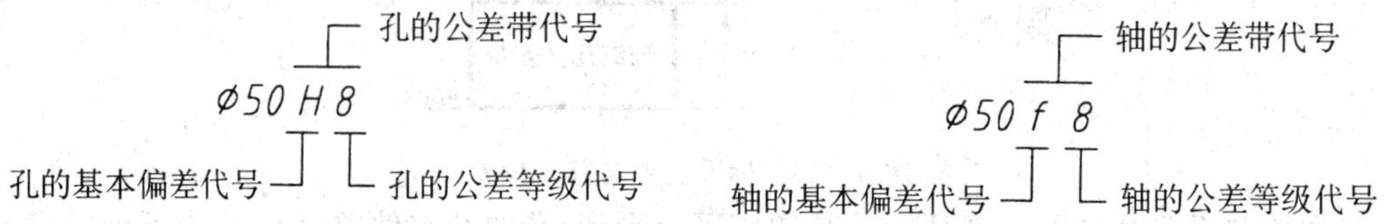

附录四中4和5摘录了国标规定的轴和孔的极限偏差数值，供查阅。

(4) 配合

基本尺寸相同的，相互结合的孔和轴公差带之间的关系称为配合。其配合代号由孔和轴的公差带代号组成，写成分式的形式为$\frac{孔的公差带代号}{轴的公差带代号}$或孔的公差带代号/轴的公差带代号。如：$\frac{H8}{f7}$或H8/f7 。

根据使用要求的不同，孔和轴之间的配合有松有紧，因而国标规定：配合分三类，即间隙配合、过盈配合和过渡配合，如图8－31所示。

1)间隙配合　孔与轴装配时有间隙(包括最小间隙等于零)的配合。如图8－31(a)所示，孔的公差带在轴的公差带之上。主要用于两配合表面有相对运动的地方。

2)过渡配合　孔与轴装配时，可能有间隙或过盈的配合。如图8－31(b)所示，孔的公差带与轴的公差带互相交叠。主要用于要求对中性较好的情况。

3)过盈配合　孔与轴装配时有过盈(包括最小过盈等于零)的配合。如图8－31(c)所示，孔的公差带在轴的公差带之下。主要用于两配合表面间要求紧固连接的场合。

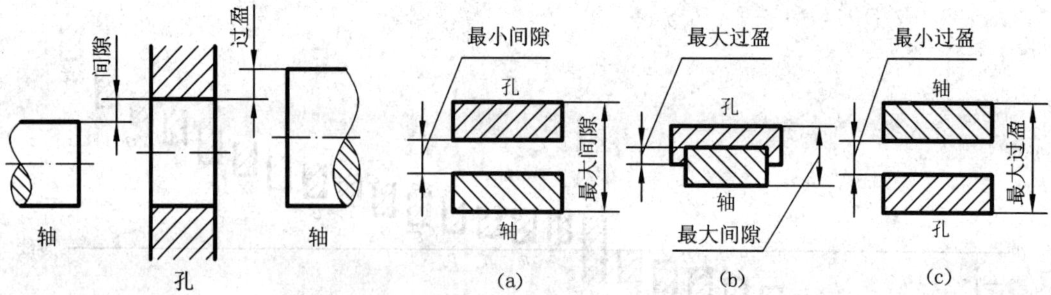

图8－31　配合种类

(5) 配合制度

国标对配合规定了基孔制和基轴制两种配合制度。

1)基孔制　基本偏差为一定的孔的公差带与不同基本偏差的轴的公差带形成配合的一种配合制度，如图8－32(a)所示。

基孔制配合的孔称为基准孔，其基本偏差代号为H，基本偏差为下偏差是零。

2)基轴制　基本偏差为一定的轴的公差带与不同基本偏差的孔的公差带形成配合的一种配合制度，如图 8－32(b)所示。

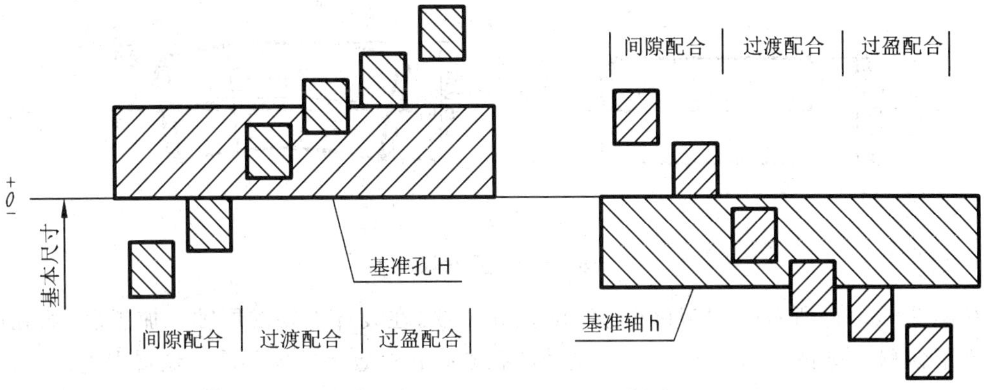

(a)　　　　(b)

图 8－32　基孔制和基轴制

基轴制配合的轴称为基准轴，其基本偏差代号为 h，基本偏差为上偏差是零。

一般情况下，应优先选用基孔制配合。附录四中 2 和 3 摘录了优先和常用配合，供查阅。

2. 极限与配合的标注

(1)装配图

在装配图上标注时，应在基本尺寸的右边用分式的形式注出孔、轴公差带代号。如：$\phi 18\,\frac{H7}{p6}$、$\phi 14\,\frac{F8}{h7}$等。标注示例见图 8－33(a)。

(2)零件图

在零件图上标注的方法有三种形式：在基本尺寸的右边注出公差带代号，如图 8－33(b)所示；在基本尺寸的右边注出极限偏差数值，如图 8－33(c)所示；在基本尺寸的右边同时注出公差带代号和极限偏差数值(数值前后加括号)，如图 8－33(d)所示。

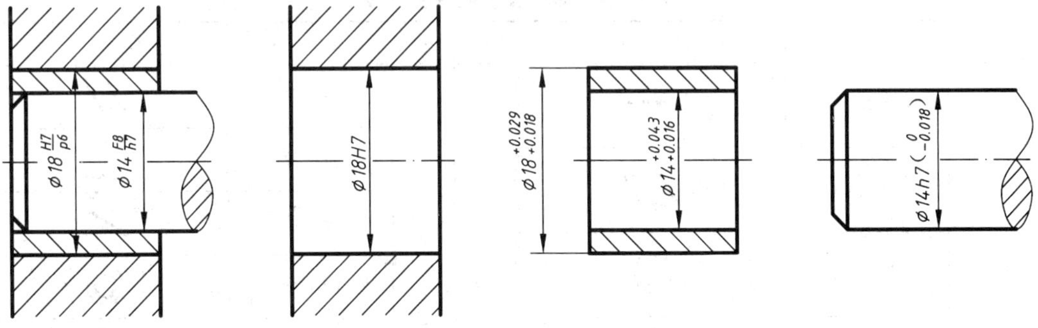

(a)　　　　(b)　　　　(c)　　　　(d)

图 8－33　在图样上极限与配合的标注方法

8.4.3　形状与位置公差简介

1. 形位公差的基本概念

零件在加工后，不仅存在尺寸误差，而且会产生几何形状和相对位置的误差。如图 8－34

(a)所示的圆柱体，加工后发现其形体弯曲了，如图 8－34(b)所示。这种形状上的不准确，属于形状误差。

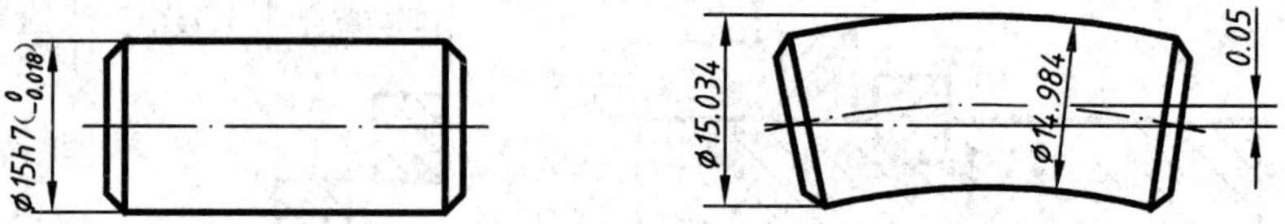

(a)　　　　　　　　(b)

图 8－34　形状误差

按图 8－35(a)所示的 ϕ10H8 和 ϕ8H8 两孔轴线，在设计上要求同轴。加工后，两孔的轴线出现了偏移 e，如图 8－35(b)所示。这种两孔轴线在位置上的偏移属于位置误差。

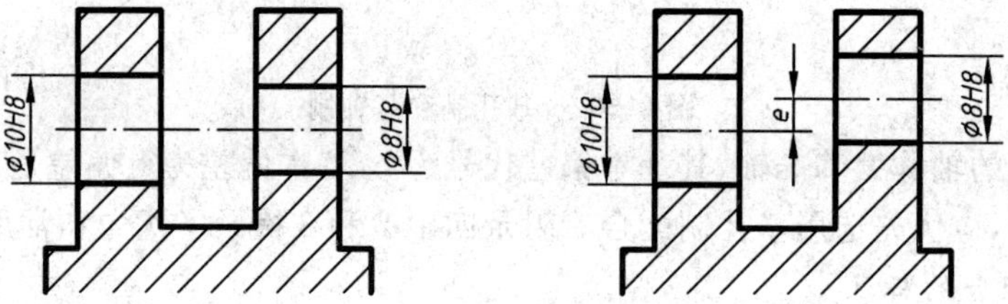

(a)　　　　　　　　(b)

图 8－35　位置误差

形状公差和位置公差简称形位公差，是指零件的实际形状和实际位置对理想形状和位置的允许变动量。

2. 形位公差的项目及符号

形位公差共有 14 项，如表 8－4 所示。形位公差的框格及指引线和有关符号等的绘制见图 8－36。框格内字的高度 h 与图样中尺寸数字相同。

表 8－4　形位公差项目及符号

<table>
<tr><th>公　差</th><th>项　目</th><th>符　号</th><th colspan="2">公　差</th><th>项　目</th><th>符　号</th></tr>
<tr><td rowspan="6">形状公差</td><td>直线度</td><td>—</td><td rowspan="8">位置公差</td><td rowspan="3">定向</td><td>平行度</td><td>//</td></tr>
<tr><td>平面度</td><td>▱</td><td>垂直度</td><td>⊥</td></tr>
<tr><td>圆　度</td><td>○</td><td>倾斜度</td><td>∠</td></tr>
<tr><td>圆柱度</td><td>⌭</td><td rowspan="3">定位</td><td>同轴度</td><td>◎</td></tr>
<tr><td>线轮廓度</td><td>⌒</td><td>对称度</td><td>⌯</td></tr>
<tr><td>面轮廓度</td><td>⌓</td><td>位置度</td><td>⌖</td></tr>
<tr><td></td><td></td><td></td><td rowspan="2">跳动</td><td>圆跳动</td><td>↗</td></tr>
<tr><td></td><td></td><td></td><td>全跳动</td><td>⌰</td></tr>
</table>

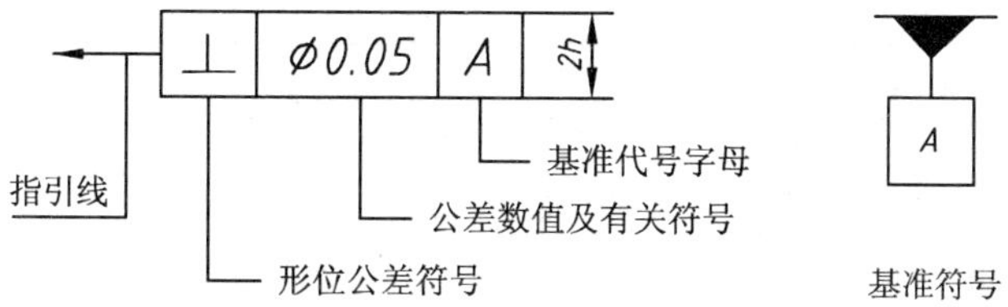

图 8－36　形位公差代号及基准代号的画法

3. 形位公差标注示例

图 8－37 所示是一根气门阀杆(在图中所标注的形位公差附近添加的文字,只是为了便于读者理解,在实际图样中不应注写)。从图中可以看到,当被测要素为线或表面时,从框格引出的指引线箭头应指在该要素的轮廓线或其延长线上。当被测要素为轴线时,应将箭头与该要素的尺寸线对齐,如 M8×1 的轴线的同轴度的注法。当基准要素是轴线时,应将基准符号与该要素的尺寸线对齐,如基准 A。

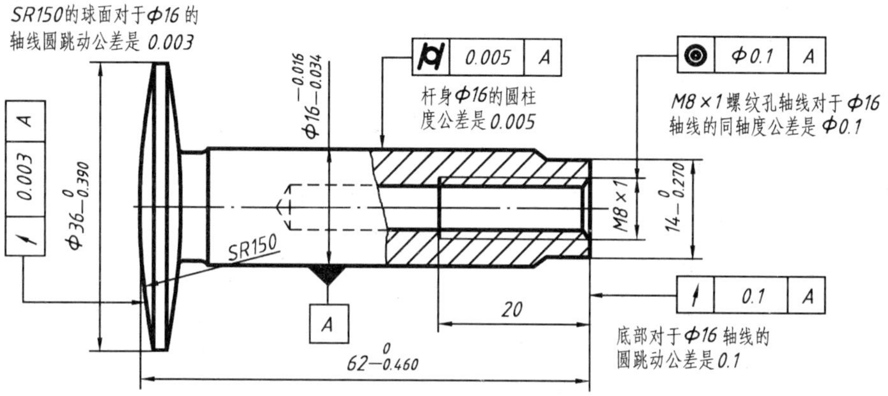

图 8－37　形位公差标注示例

8.5　画零件图

在仿制和修配机器或部件以及进行技术改造时,常常要进行零件的测绘,由实物画出零件图。下面以阀体为例介绍画零件图的方法和步骤。

1. 画图前的准备

①了解零件的用途、材料和相应的加工方法。

②分析零件的结构形状,确定零件图的视图表达方案。

在 8.3 节中已对阀体零件进行了形状和结构分析,确定了视图的表达方案(图 8－15)。

2. 画图的方法和步骤

(1)定图幅

根据视图的数量和大小,选择适当的图幅、比例,画出图框和标题栏。

(2)布置视图

根据各视图的尺寸,画出确定各视图位置的基线(对称线、轴线等),各视图之间要留出标注尺寸的位置,如图 8－38(a)所示。

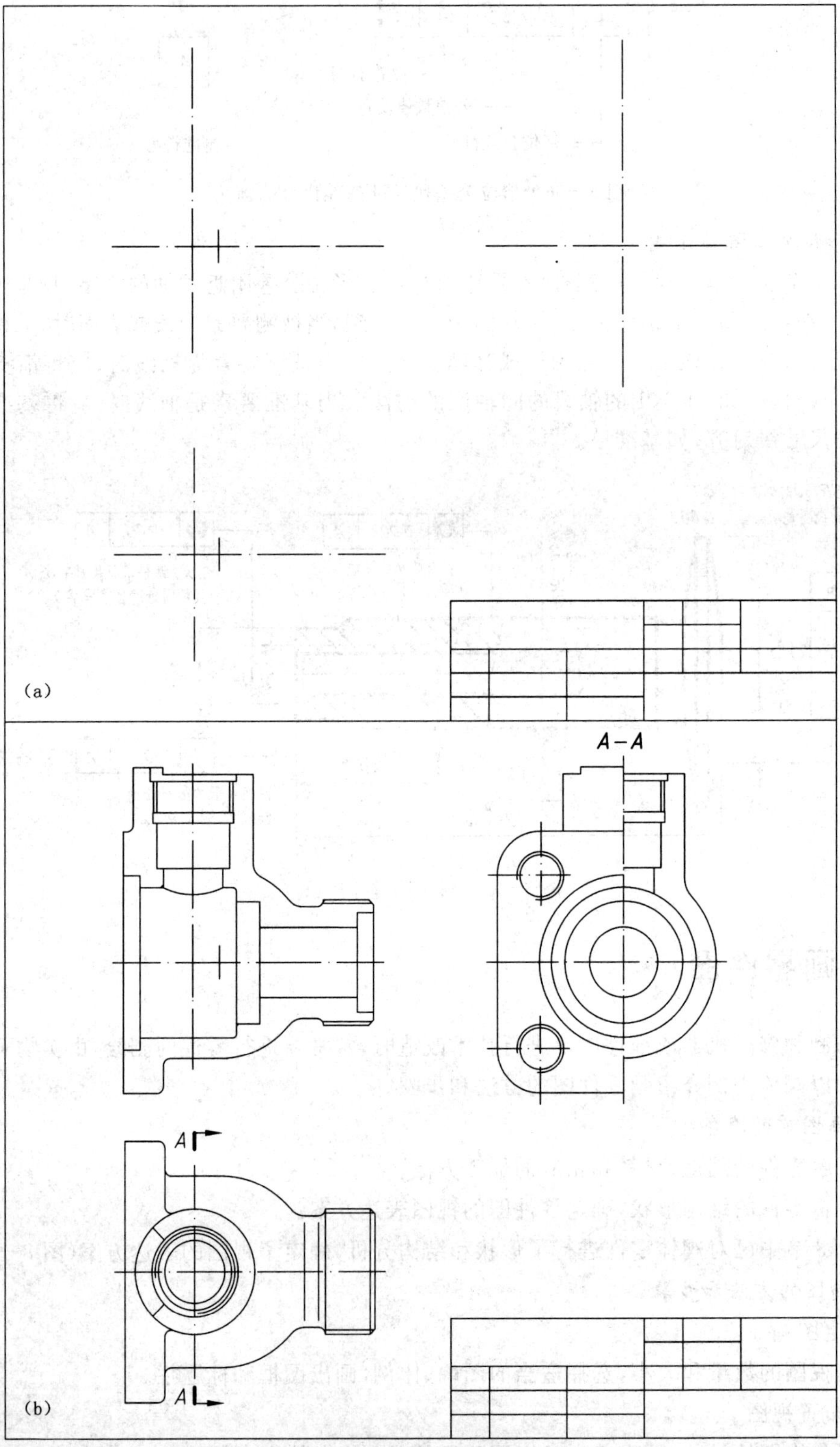

图 8—38 阀体零件图的画图步骤

(3)画底稿

画图的基本方法是：逐个形体画图，先画主要形体，后画次要形体；先定位置，后画形状；先画主要轮廓，后画细节。

画阀体零件图时，先画阀体左端方形结构、各圆柱面及球面，再画螺纹孔、倒角、退刀槽等工艺结构，如图 8－38(b)所示。

(4)完成零件图

检查无误后加深图线，并画剖面线，标注尺寸，写技术要求(如表面结构、尺寸公差、形位公差等)，填写标题栏，完成零件图，如图 8－15 所示。

8.6 读零件图

从事各种专业的技术人员，必须具备读零件图的能力。

8.6.1 读零件图的方法与步骤

1. 概括了解

从零件图的标题栏，了解零件的名称、材料、画图的比例等。

2. 分析视图，想象形状

分析零件图采用的表达方法，组合体的读图方法仍然适合于读零件图。从基本视图看出零件大体的内外形状；结合局部视图、斜视图等表达方法，读懂零件的局部或斜面形状等。

3. 分析尺寸和技术要求

读懂各方向的尺寸基准，了解各部分的定形尺寸、定位尺寸及总体尺寸。了解各配合表面的尺寸公差、有关的形位公差、各表面结构要求及其他技术要求等内容。

4. 综合考虑

将读懂的结构形状、尺寸标注和技术要求等内容综合起来，想象出零件的全貌，这样就读懂了一张零件图。

8.6.2 读图举例

现以图 8－39 泵体的零件图为例，说明读零件图的方法和步骤。

1. 概括了解

从图 8－39 可知，零件的名称为泵体，属于箱体类零件，其必有容纳其他零件的内腔结构。材料是铸铁，零件的毛坯是铸造而成，结构较复杂，加工工序较多。

2. 分析视图，想象形状

泵体用三个基本视图表达，主视图取全剖，俯视图取局部剖、左视图为外形图。从图可知，零件由泵体主体和两块安装板组成。

1)泵体主体部分　其外形为左面方形、右面半圆柱形状；内腔为圆柱形，容纳柱塞泵的柱塞等零件；后面和右面各有一个圆柱形的凸台，分别为进、出油孔与内腔相通。

2)安装板部分　从左视图和俯视图可知，在柱塞泵的左边有两块三角形安装板，其上有螺纹孔。通过以上分析，可以想象出泵体的整体形状如图 8－40 所示。

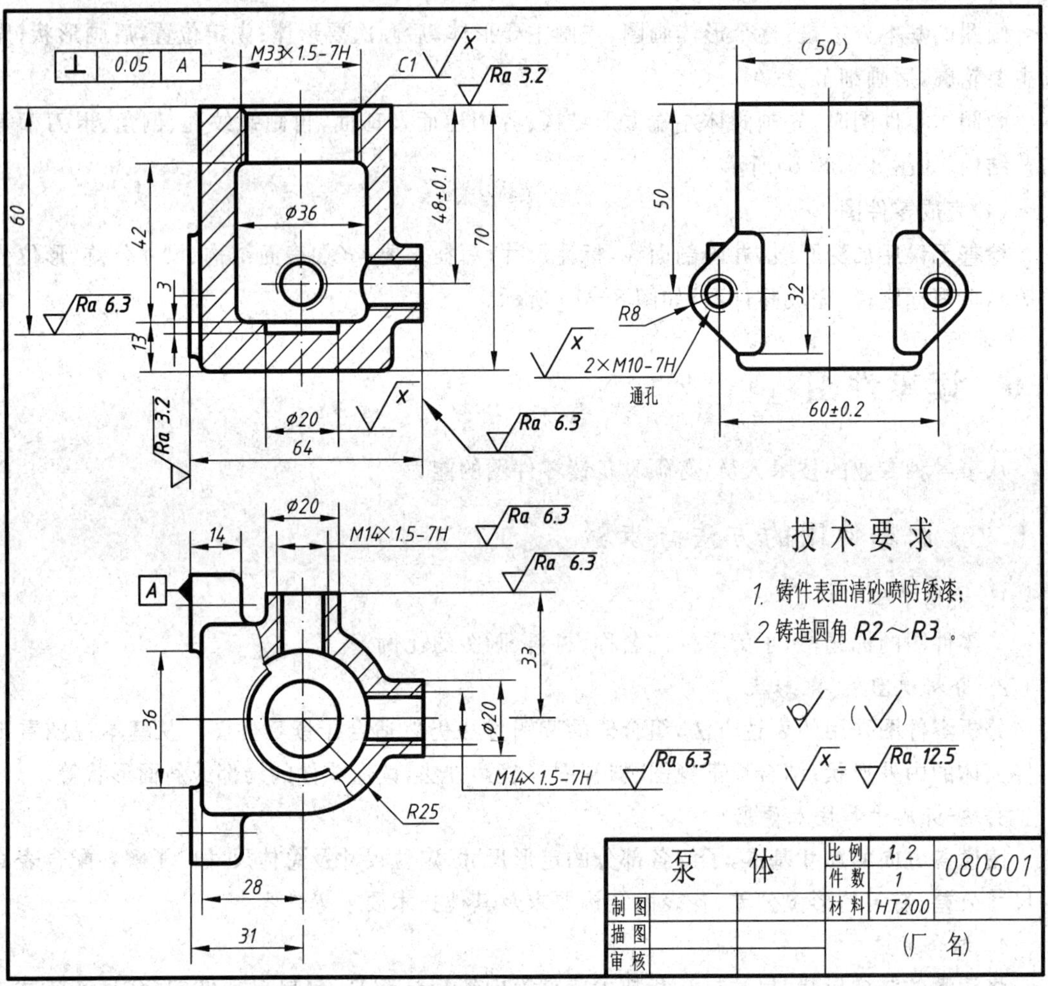

图 8－39　泵体零件图

3. 分析尺寸和技术要求

在图 8－39 中，从俯视图的尺寸 31 和 14 可知长度向的尺寸基准是安装板的左端面；从主视图的尺寸 70 和 48±0.1 可知高度方向的尺寸基准是泵体上面；从俯视图的尺寸 33 和左视图的尺寸 60±0.2 可知宽度方向的尺寸基准是泵体的前后基本对称面。进出油孔的中心高 48±0.1 和安装板两螺孔的中心距 60±0.2 的要求比较高，加工时必须保证。

分析表面结构时，要注意与尺寸的关系。还应了解零件制造、加工时的某些特殊要求。两螺孔端面及顶面等处的表面为零件的结合面，为防止漏油，表面结构要求较高。

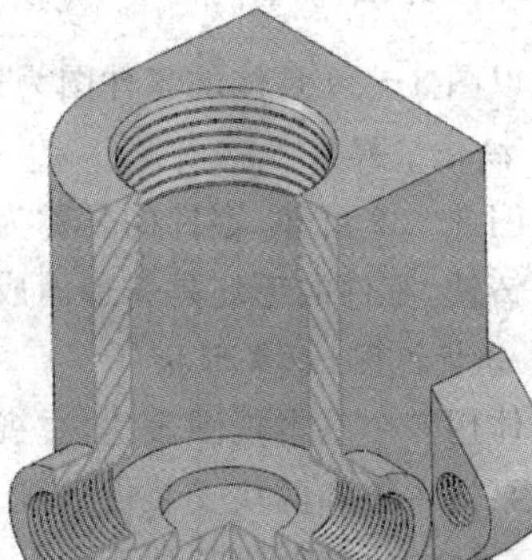

图 8－40　泵体轴测图

第9章　装　配　图

一台机器或一个部件是由若干个零件按一定的相互关系和技术要求装配而成。表达部件或机器的工作原理、装配关系、连接方式及其结构形状的图样，称为装配图。本章主要介绍部件装配图的表达方法和看图方法。

9.1　装配图的作用和内容

9.1.1　装配图的作用

在新产品设计和旧设备改造时，一般要先进行设计，画出装配图，然后根据装配图设计零件并绘制零件图。零件制成后，要按照装配图将零件装配成机器（或部件）。在安装、使用和维修机器时，也要看装配图及其说明，了解它的工作性能、装配结构和使用方法。因此，装配图是指导生产、装配、检验、安装、维修机器等工作的重要技术文件之一。另外，装配图还是了解部件结构，进行技术交流的重要资料。

9.1.2　装配图的内容

图 9－1 是球阀的立体结构图，该阀是管路系统中启闭及调节流体流量的一种装置。当扳手 13 处于图示位置时，阀门全部开启，管道畅通；转动扳手，阀杆 12 通过下端嵌入阀芯 4 上面凹槽内的扁榫转动阀芯，流体通道截面减小；当扳手沿顺时针方向旋转 90°时，阀门全部关闭，管道断流。在阀体与阀芯、阀体与阀杆、阀体与阀盖之间都装入填料，起密封作用。

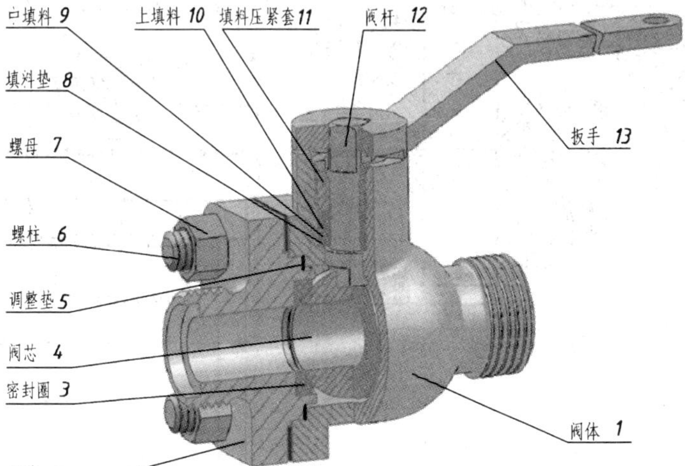

图 9－1　球阀的立体结构图

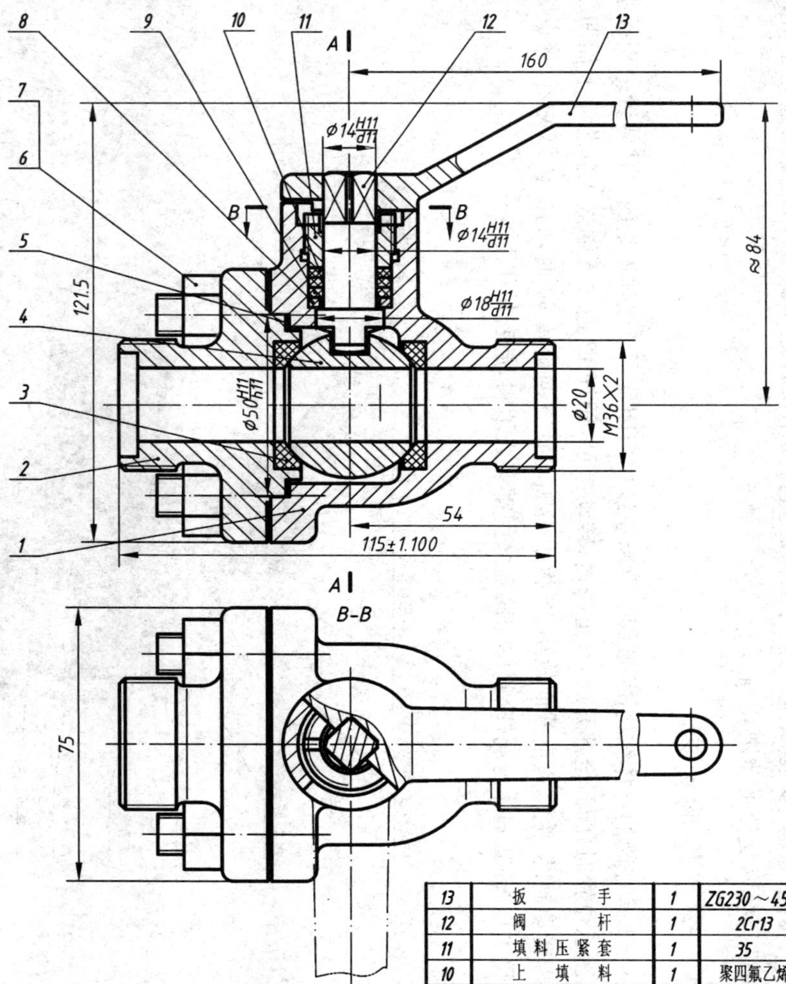

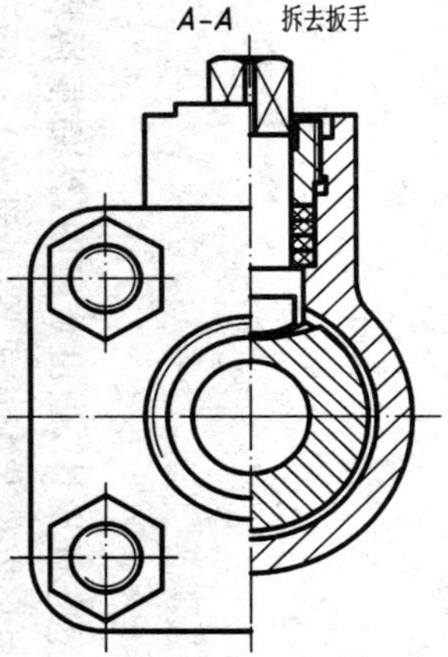

技 术 要 求

制造与验收技术条件应符合 JB2311-77 的规定。

序号	零件名称	数量	材料	备注
13	扳手	1	ZG230～450	
12	阀杆	1	2Cr13	
11	填料压紧套	1	35	
10	上填料	1	聚四氟乙烯	
9	中填料	2	聚四氟乙烯	
8	填料垫	1	2Cr13	
7	螺母 M12	4	Q235-A	GB/T 6170
6	螺柱 M12X30	4	35	GB/T 897
5	调整垫	1	聚四氟乙烯	
4	阀芯	1	2Cr13	
3	密封圈	2	填充聚四氟乙烯	
2	阀盖	1	ZG230～450	
1	阀体	1	ZG230～450	

球阀 Pg40 Dg20	比例	1∶2	01-00	
	重量	1		
设计	件数		共 1 张	第 1 张
制图	(厂 名)			
审核				

图 9—2 球阀的装配图

图 9—2 是球阀的装配图。从图中可知，装配图应包括以下四个方面的内容。

1)一组视图　用以表达机器或部件的工作原理，各组成零件之间的连接及装配关系。

2)必要的尺寸　注出与机器或部件的性能、规格、装配、安装有关的尺寸和部件的外形尺寸。

3)技术要求　说明机器或部件在装配、安装、检验和运行时应达到的技术指标。

4)标题栏、零部件序号及明细栏　在装配图中应对每个不同零部件进行编号，并在明细栏中依次填写零部件的序号、名称、数量、材料及标准件的标准号，在标题栏中应注明机器或部件的名称、规格、比例、图号和设计、制图及审核人员的签名。

9.2　装配图的表达方法

零件图的各种表达方法(如视图、剖视图、断面图、局部放大图、简化画法等)，都适用于装配图。但装配图与零件图的表达重点有所不同，装配图主要表达机器或部件的工作原理，各零件之间的装配关系、连接关系和传动关系，因此，装配图还有一些规定画法和特殊画法。

9.2.1　装配图的规定画法

①相邻两零件的接触面和配合面只画一条共有的轮廓线(图 9—3(a))，不接触面和不配合面分别画出各自的轮廓线，如图 9—3(b)所示。

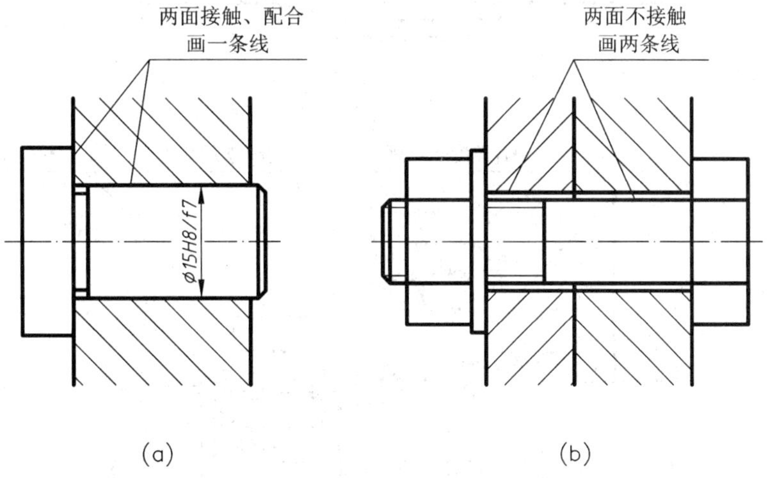

图 9—3　规定画法

②同一零件在各视图中的剖面线的倾斜方向和间隔必须一致；相邻两零件的剖面线的倾斜方向应相反或方向一致间隔不等，以便区分不同的零件，如图 9—3、图 9—5 所示。当零件厚度小于 2 mm 时，剖切后允许用涂黑代替剖面符号，如图 9—5 中垫片的画法。

③对于实心零件(如轴、杆、手柄等)和标准件(如螺钉、螺母、垫圈等)，若剖切平面通过其轴线时，均按不剖画出，如图 9—3、图 9—5 所示。当剖切平面垂直这些零件的轴线时，则应画出剖面线，如图 9—4 所示。

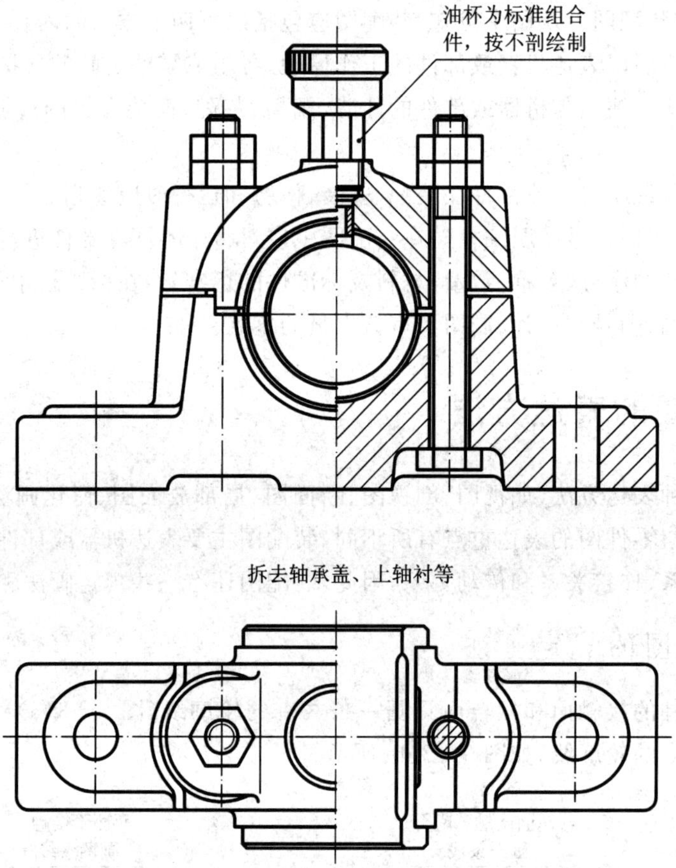

图 9－4　沿结合面剖切的画法

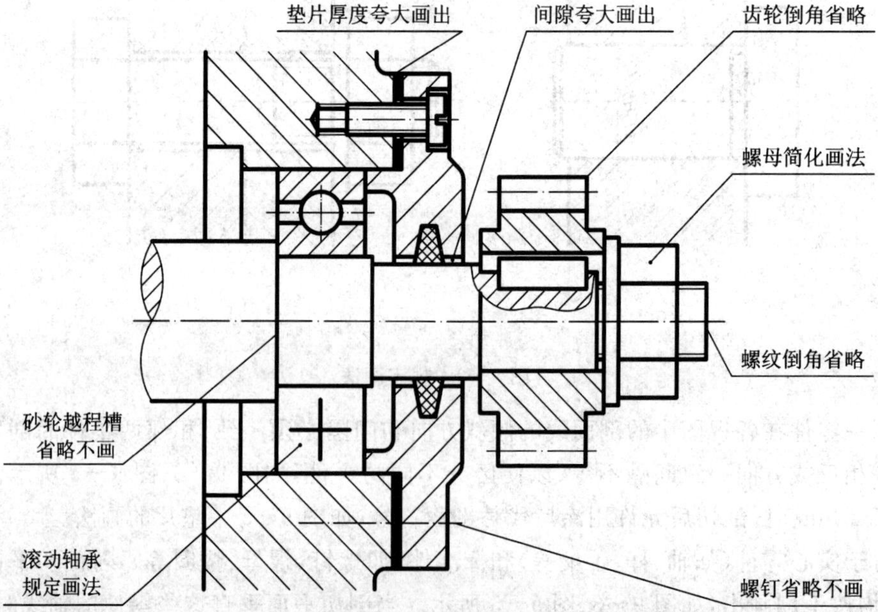

图 9－5　简化画法

9.2.2 装配图的特殊画法

为了正确、清晰地表达机器或部件的工作原理、装配关系、结构特点和主要零件的结构形状，除了前面介绍过的各种表达方法，装配图还可采取下列一些特殊表达方法。

1. 拆卸画法

为了把被遮挡的零件结构表达清楚，可以沿零件的结合面剖切或拆去某些零件后绘制。当需要说明时，可标注“拆去××”。图 9－4 所示的滑动轴承装配图中的俯视图，就是沿轴承盖和轴承座及上、下轴衬的阶梯结合面进行剖切，拆去结合面上部一些零件后画出的半剖视图，结合面不画剖面线，而被剖切开的零件(螺栓)应画出其剖面线。

2. 夸大画法

在装配图中，为了清楚表达薄的垫片、小的间隙和小于 2 mm 的孔等，此时按其实际尺寸很难在装配图中明显表达，可适当夸大画出，如图 9－5 中的垫片厚度(涂黑部分)的画法和油封处轴孔间隙的画法。

3. 简化画法

①对于装配图中若干相同的零件组(如螺钉连接等)可详细地画出一处或几处，其余的则以点画线表示其中心位置，如图 9－5 所示。

②在装配图中零件的工艺结构(如倒角、倒圆、退刀槽、越程槽等)可省略不画，如图 9－5 所示。

③当装配图中需要较详细表示滚动轴承的主要结构时，可采用规定画法(图 9－5)。

④在装配图中，当剖切平面通过某些部件为标准产品的轴线时，可按不剖绘制，如图 9－4 中的油杯。

4. 假想画法

(1)运动零(部)件极限位置表示法

在装配图中，当需要表示运动零(部)件的运动范围或极限位置时，可将运动件画在一个极限位置上，而另一极限位置则用细双点画线画出该件的外形轮廓。如图 9－6 中手柄转动 105°后的另一极限位置的假想画法。

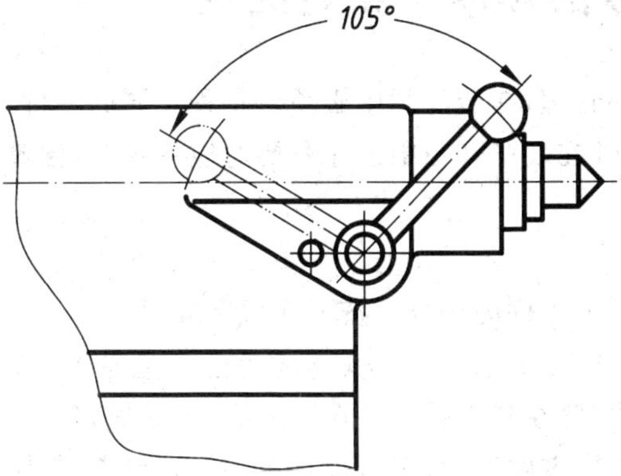

图 9－6 假想画法

(2)相邻零(部)件表示法

在装配图中,当需要表示与本部件有装配或安装关系的其他相邻零(部)件时,可用细双点画线画出该相邻零(部)件的外形轮廓。如图 9-20 中凸轮轮廓及与柱塞泵有安装关系的机架假想轮廓的画法。

9.3 装配图的尺寸

装配图上标注的尺寸,与零件图尺寸标注的目的不同,不必注全各零件的全部尺寸,只需注出与机器或部件的性能、装配、安装、运输等有关的下列几类尺寸。

1. 性能(规格)尺寸

表示机器或部件性能和规格的尺寸,是设计和选用机器或部件的依据。如图 9-2 中球阀的公称直径 $\phi20$。

2. 装配尺寸

表示零件之间装配关系的尺寸,包括配合尺寸和相对位置尺寸。

1)配合尺寸　表示两零件间配合性质的尺寸,由基本尺寸和配合代号组成,如图 9-2 中 $\phi50\,\frac{H11}{h11}$是阀体和阀盖的配合尺寸,$\phi18\,\frac{H11}{d11}$是阀体和阀杆的配合尺寸。

2)相对位置尺寸　表示设计或装配机器时需要保证的零件间较重要的相对位置的尺寸,如图 9-2 中的尺寸 54、115±1.100 和≈84。

3. 安装尺寸

安装机器或部件时需要的尺寸,在图 9-2 中与安装有关的尺寸有 M36×2、115±1.100。

4. 外形尺寸

表示机器或部件外形,即总长、总宽、总高的尺寸。外形尺寸为包装、运输、安装所需要的空间大小提供了依据,如图 9-2 中的 115±1.100、160、75 和 121.5。

5. 其他重要尺寸

除上述必须标注的四类尺寸外,有时还需注出其他重要尺寸,如运动零件的极限尺寸,主要零件的重要结构尺寸等。

9.4 装配图的零部件序号和明细栏

为了便于生产和图样管理,在装配图中必须对每种不同的零件或组合件编号,并在标题栏上方画出明细栏,每种零件在表中和图中的序号要对应一致,以便看图时进行对照。

9.4.1 零件序号

国家标准规定装配图中零件的序号应按下列规定编写。

①编号方法。如图 9-7(a)所示,在需编号零件的可见轮廓线以内画一个小圆点,由圆点起用细实线画一条指引线,并在其末端画一水平短线(细实线,约 10 mm)或一小圆(细实线),在水平短线上或小圆内注出零件序号,序号数字比图中尺寸数字大一号。若所指的零件很薄或是涂黑的剖面时,则用箭头代替小圆点,如图 9-7(b)所示。

②相同的零件只对其中一个编号，其数量填在明细栏内，如图 9－2 所示。

③指引线应尽可能均匀分布，不得相交，且不能与剖面线平行。必要时，指引线可画成折线，但只能曲折一次，如图 9－8(a)所示。

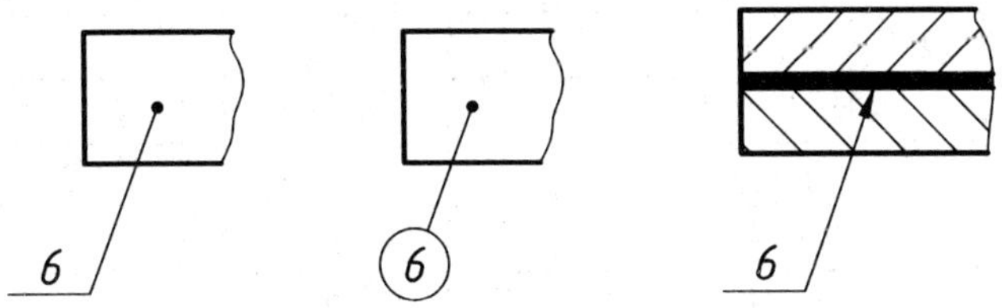

(a)　　(b)

图 9－7　零件序号的编写形式

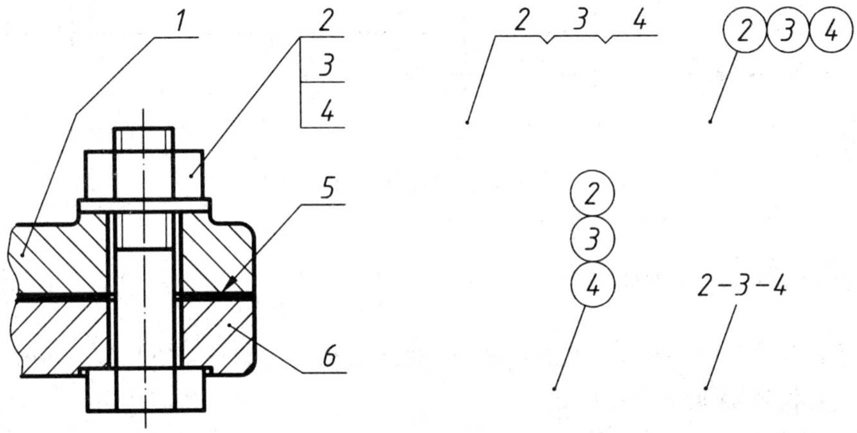

(a)　　(b)

图 9－8　零件组的编号形式

④一组紧固件或装配关系清楚的零件组，可采用公共的指引线进行编号。

⑤零件序号应按顺时针或逆时针方向顺序编写，按水平或垂直方向整齐排列在一条线上。为确保零件顺序排列，应先检查指引线无遗漏无重复后，再写零件序号。

9.4.2　明细栏

装配图的明细栏是机器或部件的详细目录，画在标题栏的上方，其内容包括：零件序号、名称、数量、材料、附注和标准。在装配图中的明细栏，其零件序号由下往上顺序填写，若上方位置不够时，可移一部分紧靠标题栏左边继续填写。明细栏中零件序号应与装配图中的编写序号完全一致，因此，应先在装配图中编零件序号，然后填写明细栏。

GB/T 10609.1—2008 和 GB/T 10609.2—2008 分别规定了标题栏和明细栏的格式。制图作业推荐使用图 9－9 所示的格式。

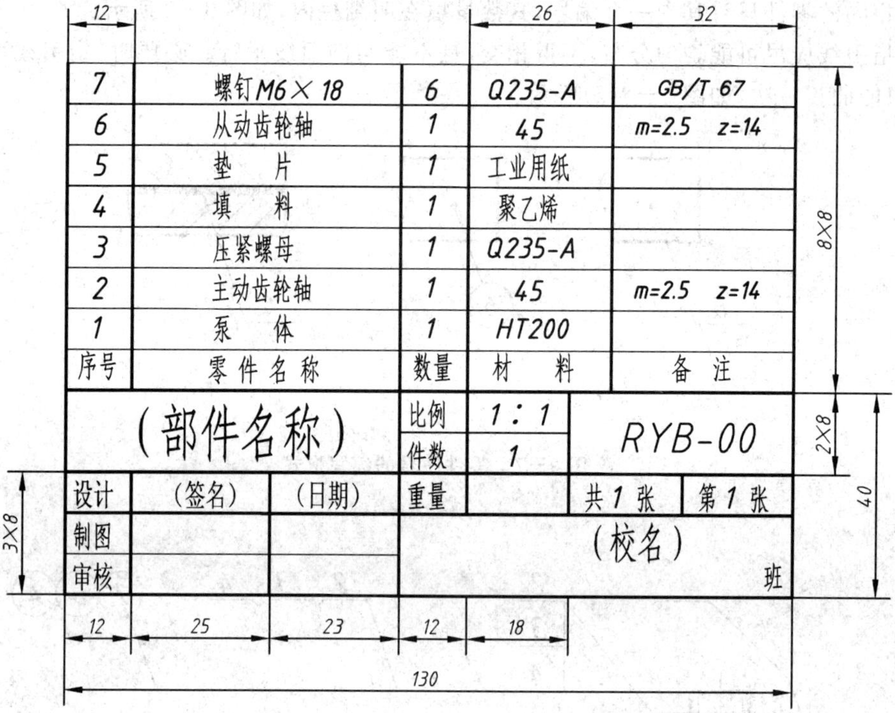

图 9—9 推荐使用的标题栏和明细栏格式

9.5 常见装配结构

机器或部件装配后达到设计要求并便于拆卸和维修。在设计和绘制装配图时，应考虑装配结构的合理性，常见的装配结构如下：

1. 轴肩与孔端面接触处的结构

轴孔配合时，为保证轴肩端面和孔端面接触良好，可在轴肩处加工出砂轮越程槽，或在孔端面加工出倒角，如图 9—10(b)所示。砂轮越程槽及倒角的尺寸可查阅有关标准。

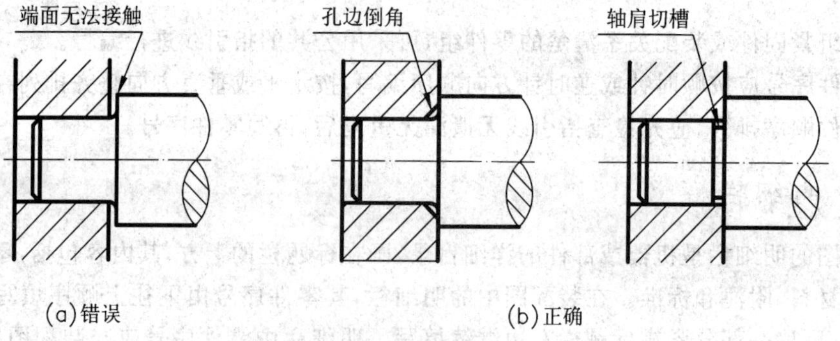

图 9—10 轴肩和孔端面接触处结构

2. 两零件在同一方向接触面处的结构

为满足装配要求，设计时两个零件在同一方向的接触面(图 9—11(a))或配合面(图 9—11

(b))应当只有一个，这样既能满足装配要求，制造也较方便。

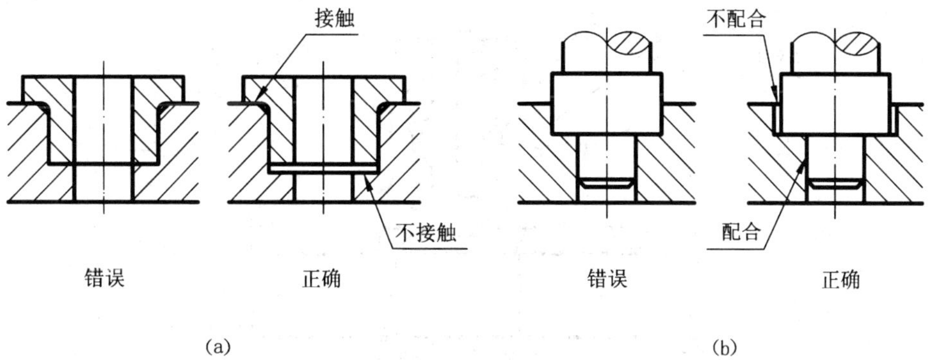

图 9－11　两零件在同一方向只能有一个接触面

3. 可拆卸连接处的结构

为便于装拆，在设计螺栓和螺钉的位置时，要留下装拆螺栓所需的扳手空间位置和安装螺钉所需的空间位置，如图 9－12 所示。

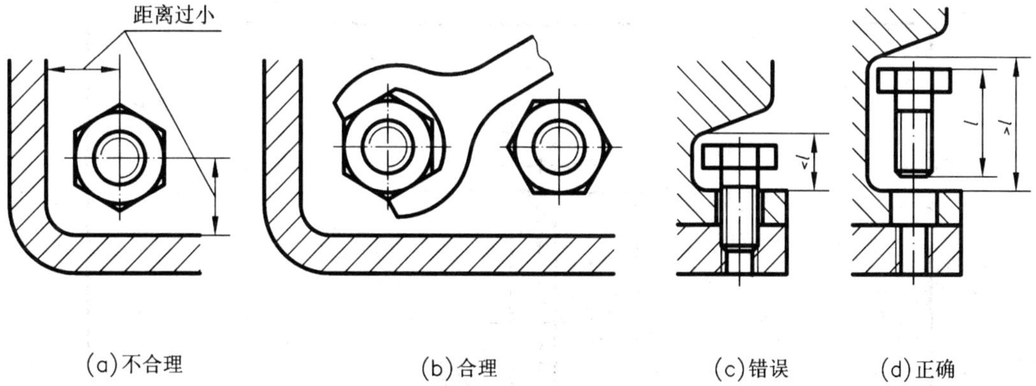

图 9－12　螺栓装拆空间

9.6　由零件图画装配图的方法和步骤

部件是由零件组成，根据零件图可以拼画部件的装配图。现以图 9－1 所示的球阀为例，讨论由零件图拼画装配图的方法和步骤。图 9－13 为球阀的装配示意图，球阀的零件图除阀盖和阀体的零件图在第 8 章图 8－13、图 8－15 已给出外，其他主要零件的零件图在图 9－14、图 9－15、图 9－16、图 9－17 和图 9－18 中给出。

9.6.1　了解部件的工作原理和装配关系

画图前首先要对部件(图 9－1)进行仔细的观察和分析，了解部件的工作原理及各零件间的相对位置和装配关系(见 9.1.2)，分析每个零件的作用和传动情况，以及各主要零件的结构形状，为正确选择表达方案作好准备。

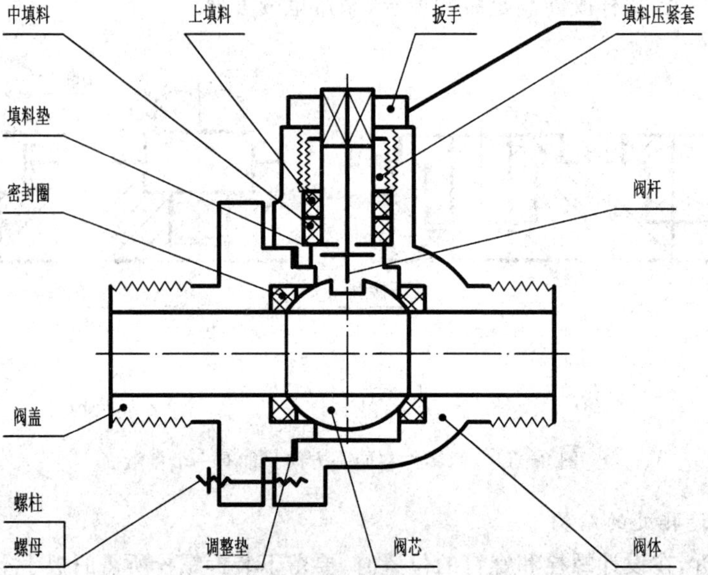

图 9—13　球阀装配示意图

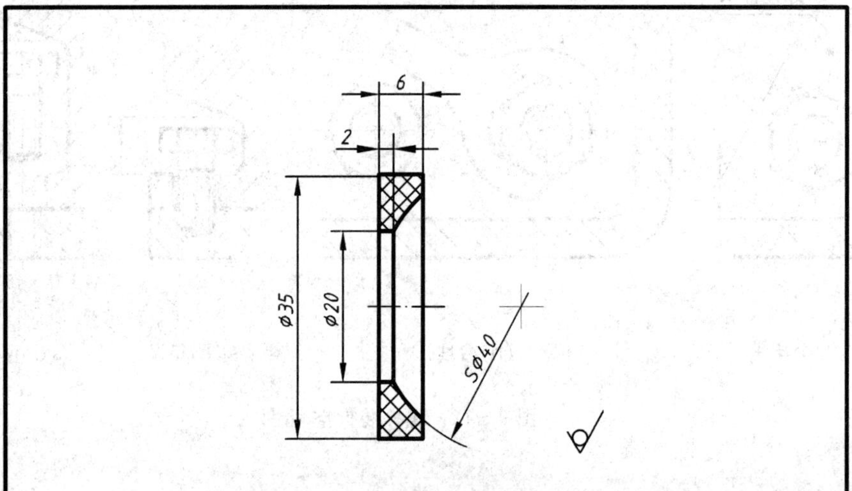

图 9—14　密封圈零件图

9.6.2　确定表达方案

装配图视图表达的重点是清晰地反映机器或部件的工作原理、装配关系及各零件的主要结构形状，而不侧重零件的全部结构形状。因此，选择装配图的表达方案时，应在满足上述表达重点的前提下，正确使用装配图的各种表达方法，并力求绘图简单，看图方便。

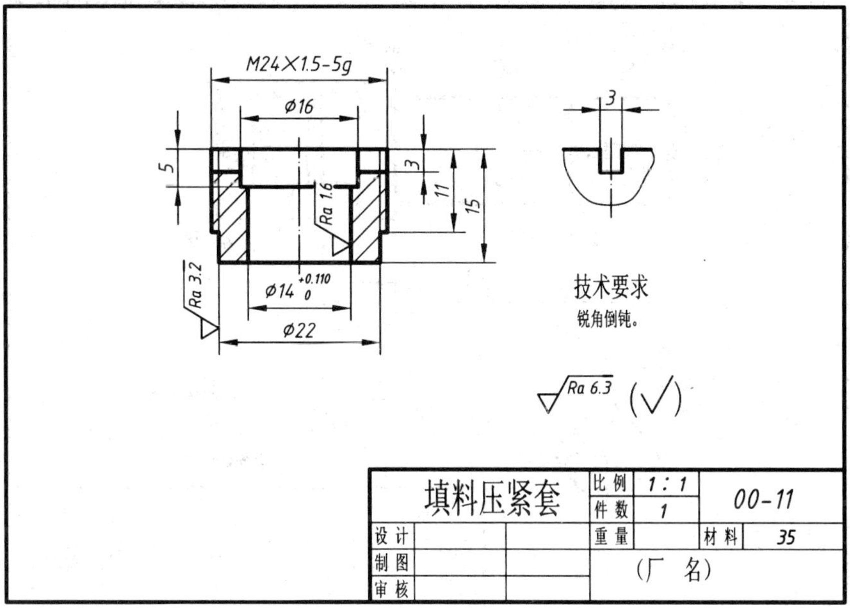

图 9－15 填料压紧套零件图

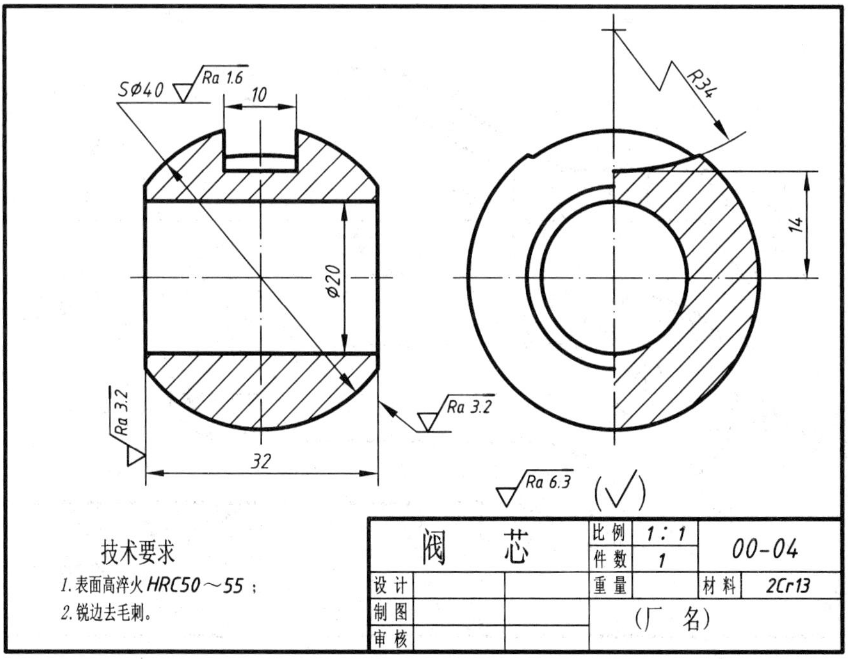

图 9－16 阀芯零件图

1. 分析部件，明确表达内容

在画图前，应首先对所表达的部件进行分析，了解部件的功用、性能、工作原理和装配关系，从而明确所要表达的具体内容。

2. 主视图的选择

选择视图时，应首先选择主视图。主视图的选择原则如下。

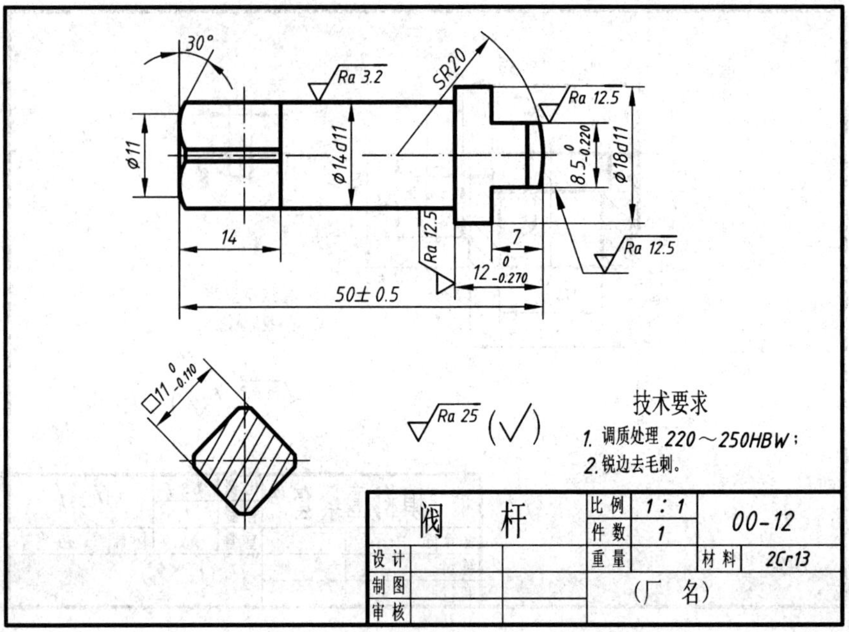

图 9－17 阀杆零件图

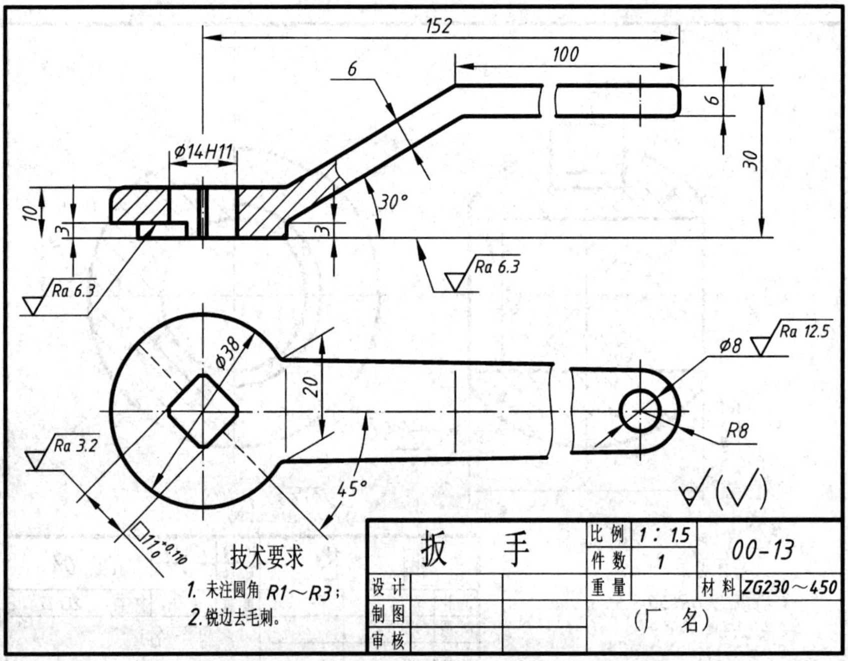

图 9－18 扳手零件图

①工作位置原则，应将机器或部件按工作位置放置。

②部件特征原则，应选取最能清楚反映部件工作原理和装配关系的方向作为主视图的投射方向，图 9－2 中球阀全剖的主视图就体现了这个原则。

3. 其他视图的选择

主视图确定以后，再根据装配图应表达的内容，检查还有那些内容没有表达清楚，据此选择适当数量的其他视图来补充主视图中尚未充分表达的结构形状和其他装配、安装关系。在图 9—2 中，球阀的主视图已表达了各零件的主要装配关系和球阀的工作原理，但球阀的外形结构以及其他一些装配关系还没有表达清楚。于是选取了半剖的左视图，补充反映它的外形结构；选取了局部剖的俯视图，补充扳手与阀体上定位凸块的关系。

9.6.3 画装配图

1. 准备工作

确定了球阀的表达方案以后，根据视图表达方案、部件的大小、尺寸、序号、标题栏、明细栏及技术要求所需面积，选取适当的绘图比例，确定图幅大小。

2. 画图步骤

①画图框线、标题栏及明细栏最外轮廓线。

②布置视图，画出各视图的基准线、主要轴线、对称中心线等。并注意在视图附近留出编写序号、注写尺寸及注写技术要求的位置。

③画视图底稿。由主视图入手，几个视图配合进行。画剖视图时，以装配干线为基准，根据零件的装配关系确定画图顺序，由内向外或由外向内逐个画出各零件。

④标注装配图尺寸。

⑤画剖面线。

⑥编写零件序号及技术要求，填写标题栏和明细栏。

⑦检查底稿，进行修改和清理，最后加深全部图形并签名。

图 9—19 为球阀装配图底稿的画图步骤，其中图(a)画各视图的主要轴线、对称中心线及作图基准线，图(b)画阀体的轮廓线，图(c)画阀盖的三视图，图(d)画其他零件和搬手的极限位置。图 9—2 为完成后的球阀装配图。

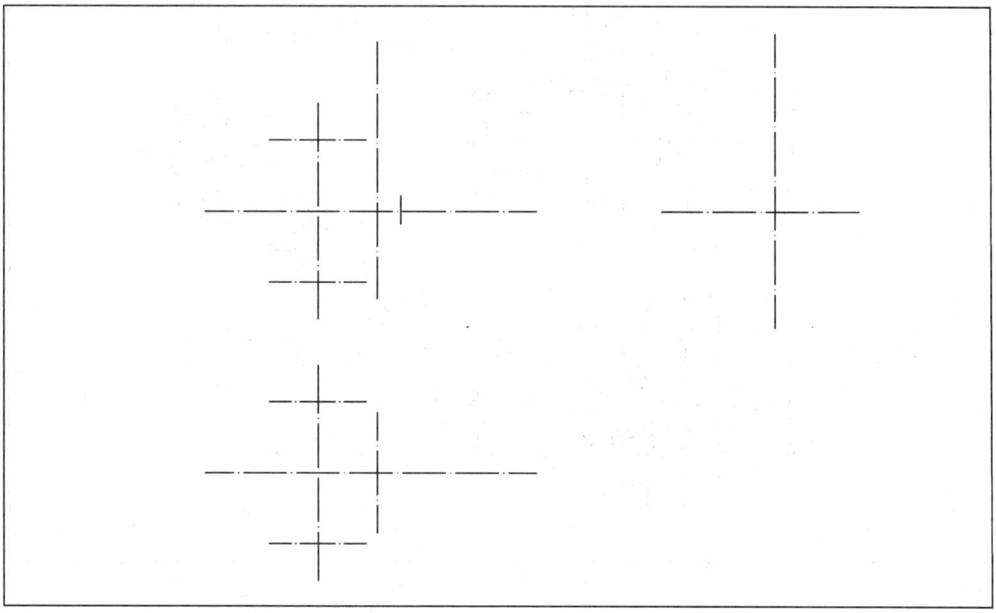

(a)

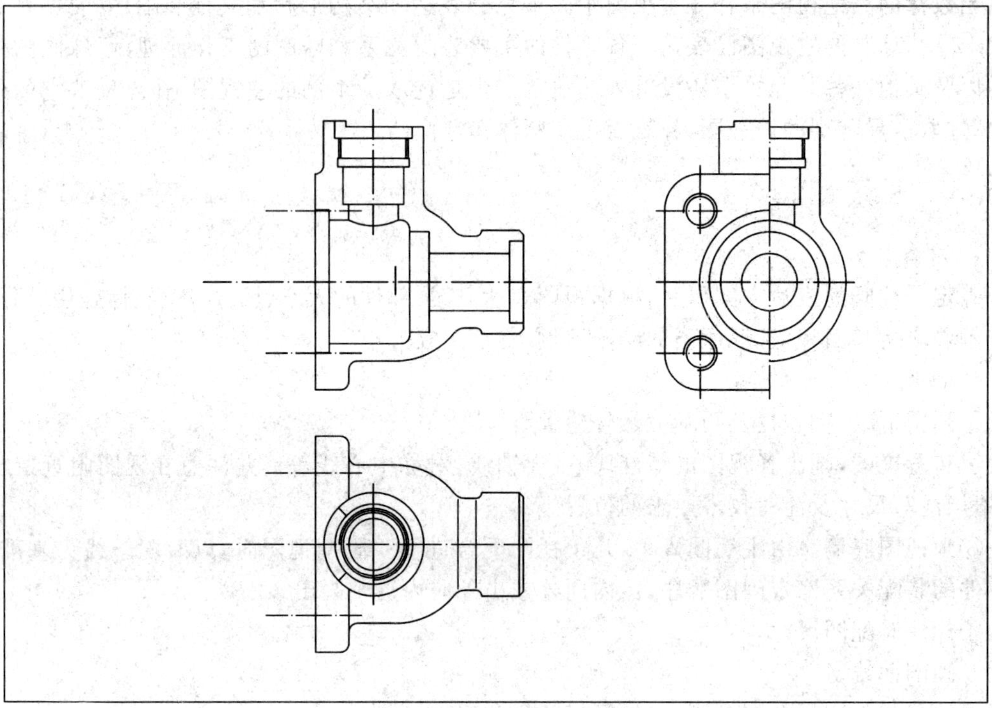

（b）画阀体的轮廓线

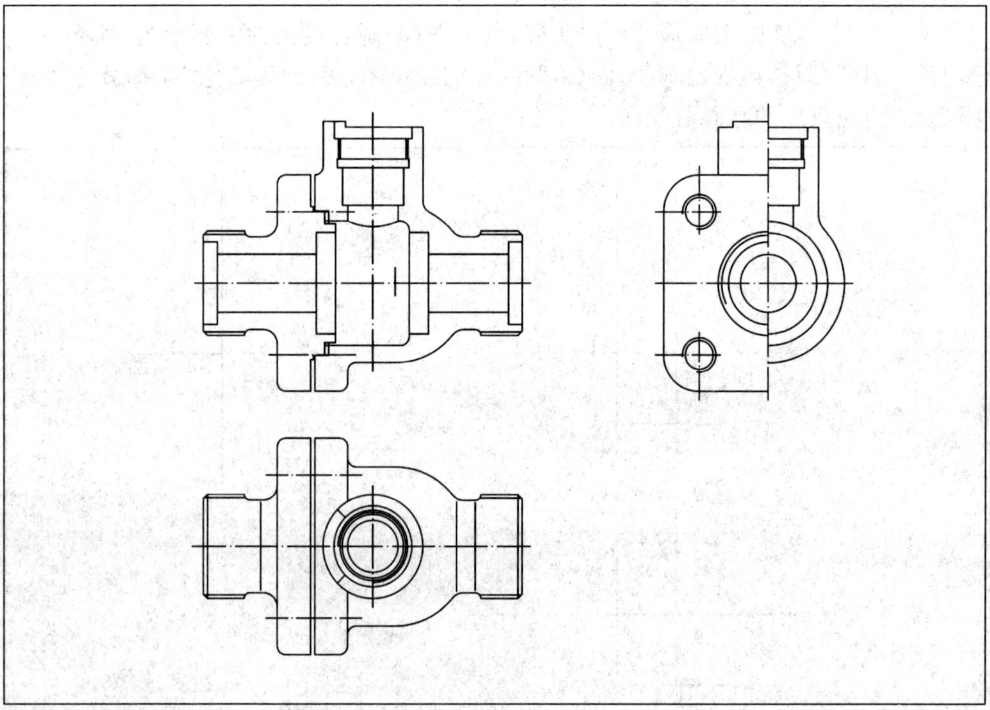

（c）

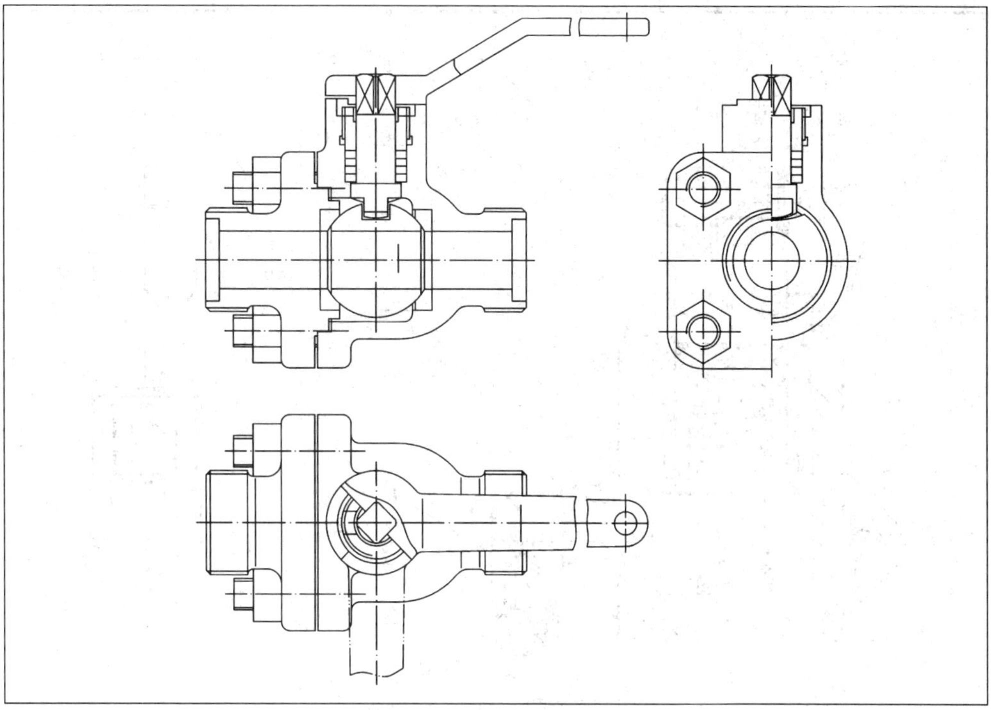

（d）画其他零件和扳手的极限位置

图 9—19　球阀装配图画图步骤

9.7　读装配图的方法和步骤

在机器或部件的设计、装配、安装、使用及技术交流时，都需要读懂装配图，以了解机器或部件的用途、性能、工作原理、装配关系、传动路线及结构特点，因此，必须掌握读装配图的方法和步骤。

现以图 9—20 所示的柱塞泵为例说明读装配图的方法和步骤。

1. 概括了解

(1)了解机器或部件的名称和用途

看标题栏，该部件的名称为柱塞泵。它是利用圆柱形活塞做往复直线运动输送流体的一种装置。

(2)了解部件的组成

看零件序号和明细栏，了解组成该部件的零件名称、数量、规格，找到它们在图中的位置。从图 9—20 明细栏可知，它由泵体 1、柱塞 5、柱塞套 6、弹簧 8、单向阀体 10 等 14 种零件组成，除零件 2 开口销、零件 11 滚珠是标准件，零件 8 和 13 弹簧是常用件，其余均为一般零件。

(3)分析视图

了解各视图的名称和投影关系及各自的表达重点

柱塞泵由两个基本视图和一个局部视图组成。主视图采用局部剖视表达了大部分零件的装配和工作情况，以及主要零件的结构形状。俯视图用 B—B 局部剖补充表达了入口单向阀的

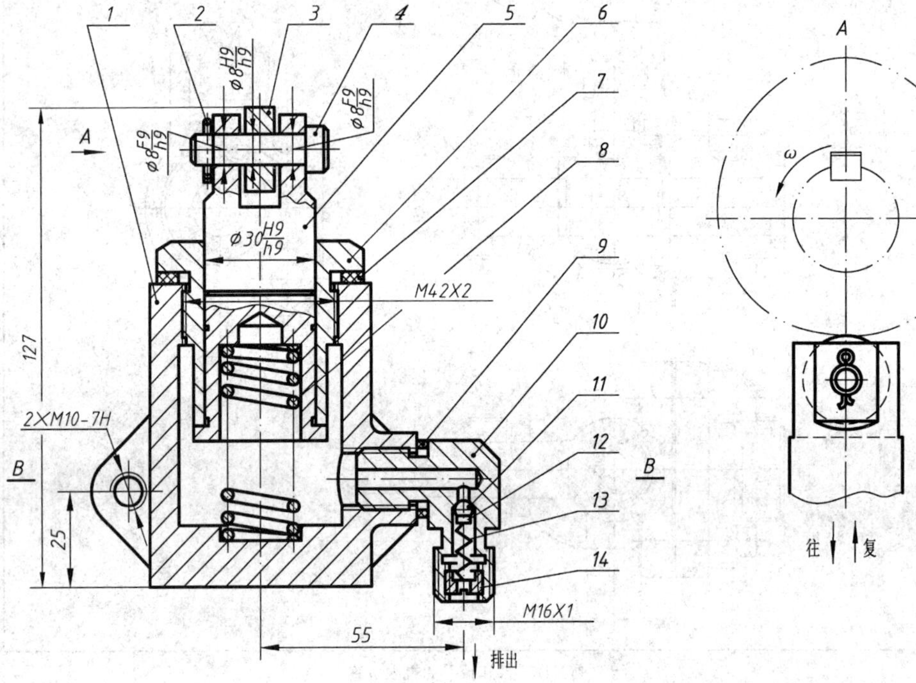

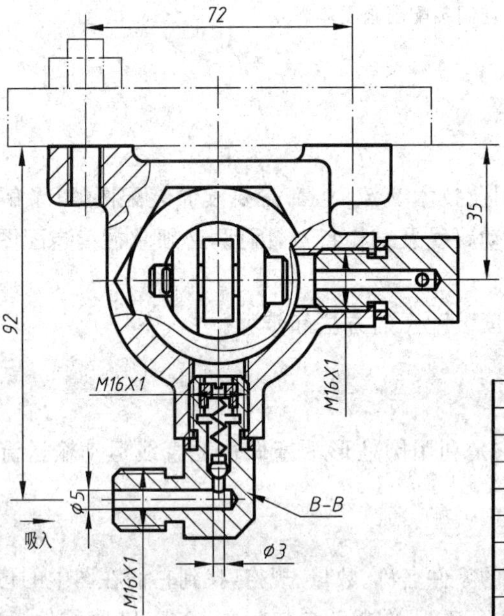

技术要求

1. 柱塞往复运动时，两个单向阀要一吸一排，滚珠活动灵活。
2. 柱塞泵吸油口、排油口与外接管连接后，在5个大气压下试验，能喷出雾状油液，方能使用。
3. 在工作压力下不渗漏。

序号	零件名称	数量	材料	备注
9	衬垫	1	工业用纸	
8	弹簧YA 2X18X50	1	65Mn	GB/T 2089
7	垫片	1	工业用纸	
6	柱塞套	1	45	
5	柱塞	1	45	
4	小轴	1	45	
3	小轮	1	45	
2	开口销 2X12	1	35	GB/T 91
1	泵体	1	HT200	

14	螺塞	2	35	
13	弹簧YA 1X5X12	2	65Mn	GB/T 2089
12	球托	2	35	
11	滚珠 4.762	2	Gr15	GB/T 308
10	单向阀体	2	35	

柱塞泵		比例	1:2	00-00
		重量	1	
设计		件数		共1张 第1张
制图		（厂名）		
审核				

图 9—20　柱塞泵装配图

装配位置和方向，显示了主要零件的俯视图形状，以细双点画线表达泵体在机器上的安装情况。A 向局部视图重点表达了原动机械（凸轮用细双点画线表示）与小轮的安装及传动关系。

2. 分析部件的装配关系和工作原理

对照视图仔细研究部件的装配关系和工作原理是看懂装配图的关键。这两项内容互相联系，应先看懂装配关系后，研究它的工作原理。

(1)分析部件的装配关系

要弄清零件间的配合关系，连接固定方式以及各零件的安装部位。

柱塞泵共有三条装配路线，即主体装配线、小轮装配线和单向阀装配线。

①主体装配线弹簧 8 装入泵体底部的凹坑中，垫片 7 放在泵体顶面，柱塞 5 由下端装入柱塞套 6 内，通过柱塞套上的外螺纹与泵体上口的内螺纹旋入泵体。垫片在柱塞套和泵体之间用来防漏，此时，弹簧也受到一定的压缩。$\phi 30\,\frac{H9}{h9}$是柱塞与柱塞套的配合尺寸，表明他们之间的配合为间隙配合，以确保柱塞上下滑动自如。此装配线为装配主干线。

②小轮装配线。在柱塞上端槽内装入小轮 3，并穿入小轴 4，插上开口销 2 以防小轴脱出。小轴与小轮及柱塞的配合分别为 $\phi 8\,\frac{H9}{h9}$和 $\phi 8\,\frac{F8}{h9}$，都是基轴制间隙配合，小轴与柱塞的配合较松，有利于小轴转动。

③单向阀装配线。滚珠 11、球托 12、弹簧 13 依次装入单向阀体 10 内，再旋入螺塞 14 固定，最后将单向阀装入泵体上 M16×1 的螺孔内。此时应注意，单向阀是以滚珠球面压着 $\phi 3$ 孔口圆锥面单方向堵塞通路的，流体只能沿单方向通过。因此，柱塞泵进口和出口处单向阀与泵体的装法不同，千万不能装错。如图 9－20 所示的装法才能得到图示的流向。

(2)分析工作原理

了解装配关系后，即可分析工作原理。由图 9－20 的主视图可知。弹簧 8 装配后略受压力顶起柱塞，但柱塞下端被柱塞套阻挡，柱塞与上端小轮处在最高点。此时小轮与凸轮外廓柱面最小半径处接触（见 A 向局部视图），泵体内容积最大。当凸轮旋转 180°后，其最大半径处的柱面将小轮、柱塞、弹簧压到最低点，泵体内流体受压经出口单向阀排出。当凸轮继续旋转 180°后（又回到图示位置时），弹簧伸长顶起柱塞和小轮，恢复原位。此时，泵体形成部分真空，将流体由入口处单向阀吸入泵体。凸轮如此不停地旋转，即可连续输送流体。

(3)分析零件，看清零件的结构形状

分析零件时的顺序：先看主要零件，后看次要零件；先从容易区分零件轮廓的视图开始，再看其他视图。

确定零件结构的方法如下。

①对投影，分析形体。首先分离零件。根据零件序号、剖面线方向和间隔的不同，实心体不剖及视图间的投影关系，将零件从各视图中分离出来。

②看尺寸，定形状。若尺寸前有“ϕ”符号，其形状可确定为回转面。

③将零件的作用、加工、装配工艺综合考虑。根据零件在部件中的作用，及与之相配的其他零件的结构，进一步弄懂零件的细部结构，并把分析零件的投影和作用、加工方法、装拆方便与否等因素综合起来考虑，最后确定并想象出零件的完整形状。

现以泵体为例，分析它的结构形状。通过分析泵体主、俯视图的投影关系，辨别剖面符号并分析泵体及局部结构的作用，以确定泵体的结构形状。泵体主体内腔容纳弹簧、柱塞，是圆柱孔，上口带有螺纹(M42×2)。从俯视图可知，主体外形是前圆后方的组合柱体，其前方和右侧各有一凸台和螺孔(M16×1)，且处于同一水平高度上，凸台应为圆柱并与螺孔同轴线。泵体后侧有两块形状对称的三角形底板，上有螺孔(2×M10)供安装用。根据装配和性能要求，泵体底板、凸台端面、顶部结合面、螺纹、支撑弹簧的圆坑均为加工面，其余为铸造面。

其他零件可用同样的方法进行分析，综合各零件的形状和装配关系，可以想象出柱塞泵的总体结构形状(图 9—21)。

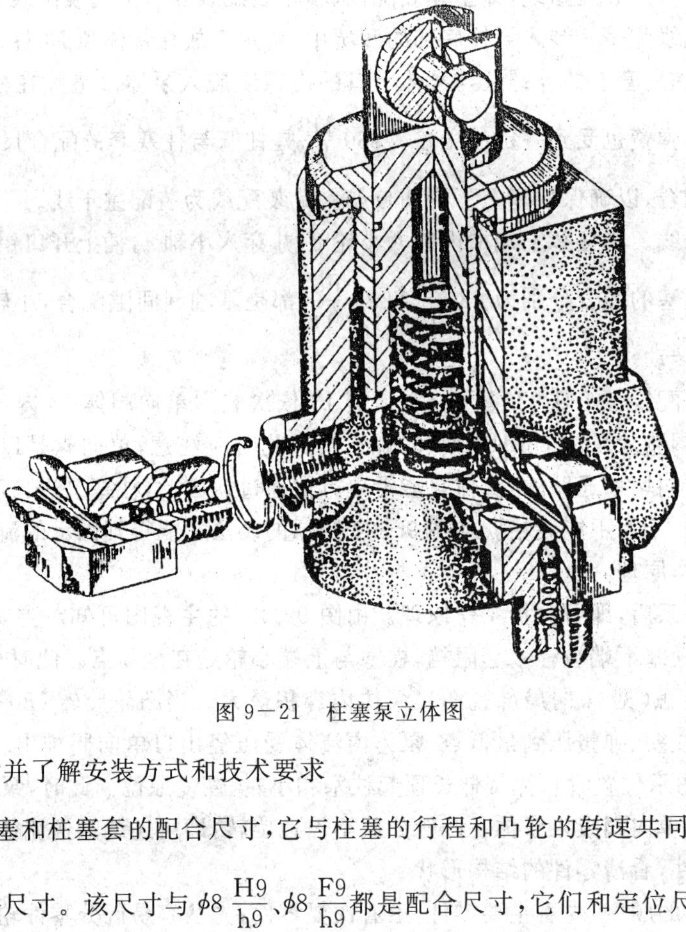

图 9—21　柱塞泵立体图

(4)分析尺寸并了解安装方式和技术要求

$\phi 30\ \frac{H9}{h9}$是柱塞和柱塞套的配合尺寸，它与柱塞的行程和凸轮的转速共同决定了柱塞泵的流量，是性能规格尺寸。该尺寸与$\phi 8\ \frac{H9}{h9}$、$\phi 8\ \frac{F9}{h9}$都是配合尺寸，它们和定位尺寸 35、螺纹尺寸 M16×1、M42×2 都属于装配尺寸。127 是外形尺寸，2×M10—7H 和 127 决定了柱塞泵的安装和凸轮的定位，92、25 和 35 决定了管道的安装位置，是安装尺寸。

技术要求如图 9—20 所示，提出了对装配、实验及使用的要求。

9.8　由装配图拆画零件图

在设计工作中，首先画出装配图，然后根据装配图拆画零件图(简称拆图)。拆图应在看懂装配图的基础上进行。拆图时，一般先画主要零件，再按装配顺序画其他零件，以保证相关的结构形状与尺寸相符。

零件图的内容、要求见第 8 章。现着重介绍拆画零件图时应注意的问题，并以图 9－20 所示柱塞泵为例，说明由装配图拆画零件图的方法与步骤。

1. 确定零件视图表达方案

装配图中的视图是按表达部件的要求设置的。零件图与装配图表达的重点不同，拆画零件图时要将零件的结构补充表达完整，重新选择视图的表达方案，不能完全照搬装配图中的视图表达方法。装配图中省略（如圆角、倒角、退刀槽等）或被遮挡未画出的结构，都要详细画出。如柱塞 5 属于轴套类零件，其主视图应按加工位置（轴线水平）布置，如图 9－22 所示。为表示各孔，可采用局部剖视图。孔端面原来被小轴、弹簧遮住的投影要补充齐全。柱塞的主视图已基本表达清楚柱塞的结构，为表达圆柱端开槽后的形状，另增加左视图和一局部视图进行补充。

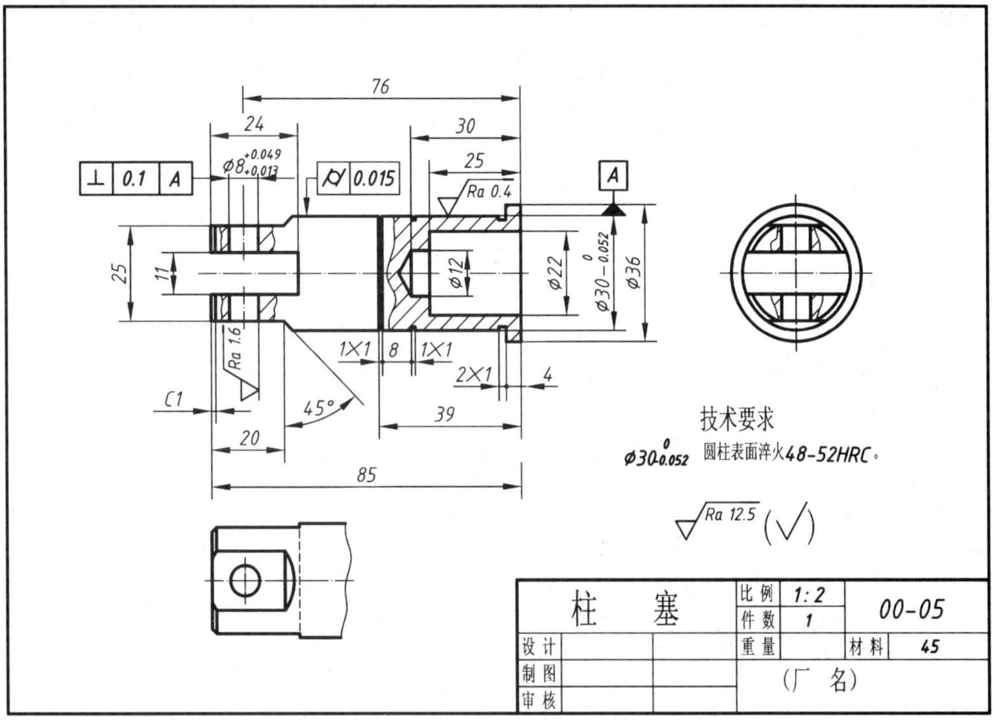

图 9－22　柱塞零件工作图

2. 确定零件的尺寸

尺寸标注除按第 8 章提出的完整、正确、清晰与合理四项基本要求外，还应注意要按以下几项原则确定。

①装配图中已经注出的有关该零件的尺寸，一般均为重要尺寸，应按原尺寸数据注出，不能随意改动和遗漏。如 ϕ30h9、ϕ8F9 等尺寸，均应照抄或查出其极限偏差数值一并注出。

②零件的标准结构（如螺栓通孔直径、螺孔深度、倒角、键槽、退刀槽等的尺寸），应查阅有关标准后再进行标注。

③齿轮分度圆、两啮合齿轮中心距尺寸，需要计算后注出。

④其他尺寸均应按比例直接量取注出，一般情况下，应尽量取标准系列值或整数。

⑤认真核对与其相配合或相邻零件的有关尺寸和基准，确保相符。如 ϕ30h9、ϕ8F9 分别应与小轴和柱塞套的尺寸相符，孔径 ϕ22 应略大于弹簧的外径。

3. 确定零件表面结构和其他技术要求

根据零件表面的作用、技术要求和加工方法，合理确定其表面结构要求。如柱塞材料为45号优质碳素结构钢，一般用圆形棒材加工制造，因此，全部表面均需切削加工。ϕ30h9圆柱面、ϕ8F9轴孔是配合表面，精度要求较高，其 Ra 的参数值为0.4和1.6，其余表面 Ra 的参数值为12.5。同时ϕ30h9圆柱面、2×ϕ8F9孔轴线分别注出了形位公差代号。另外ϕ30h9圆柱面作上下往复直线运动，要求耐磨，注出了表面淬火的技术要求。

4. 校核零件图

零件图完成后，除对该图进行校核外，还要参照有关零件检查其装配结构、尺寸及公差配合、表面结构、形位公差是否相符。检查无误后，加深图线并填写标题栏。图9－22是完成后的零件图。

第10章　计算机绘图

计算机辅助设计(Commputer Aided Design,简称CAD)技术是一个国家科学技术和工业现代化水平的重要标志。计算机绘图则是CAD的基础,在计算机技术迅猛发展的今天,工程技术人员必须熟练掌握计算机绘图技术。

AutoCAD是由美国欧派克(Autodesk)公司在20世纪80年代推出的通用计算机辅助设计软件,版本经多次升级,功能日趋完善。AutoCAD具有强大的二维、三维绘图功能及良好的交互绘图界面,是当今世界上最流行的绘图软件之一,已广泛应用在机械、建筑、电子电气、广告、家居、服装和地理信息等行业。

AutoCAD 2016是目前的较新版本,其社会化协同设计能力得到进一步增强,命令操作更加简洁而高效,一些常用的功能得到增强。本章以AutoCAD 2016简体中文版为例,主要介绍其常用的基本命令。通过本章的学习,应能熟练掌握AutoCAD软件的使用方法,并能绘制出简单的二维图形。

10.1　AutoCAD 2016的基本知识

10.1.1　AutoCAD的主要功能

1.绘图功能

1) 绘制二维图形　用户可以使用基本绘图命令(画线、圆、圆弧、多义线等)绘制常用的二维图形。

2) 三维对象建模　包括网格建模、曲面建模和实体建模。

2.参数化设计功能

AutoCAD 2016具有较强的参数化图形绘制功能。参数化是一项用于使用约束进行设计的技术,所谓约束是应用于二维几何图形的关联和限制。应用约束后,对对象所做的更改操作会自动调整其他对象。

3.图形编辑功能

AutoCAD 2016具有强大的图形编辑功能,使用复制、移动、旋转、缩放、修剪、镜像、阵列、倒角等图形编辑功能,使绘图质量和速度得以提高;布尔运算使得三维复杂实体的生成更加简单并易于掌握。

4.尺寸标注及文字书写功能

AutoCAD 2016能够自动标注实体的真实尺寸,而且能够方便地设置、修改尺寸标注样式和标注比例;可以在绘图窗口内任意位置书写文本。

5.辅助功能

AutoCAD 2016具有对象捕捉功能(Osnap)、正交绘图功能(Ortho)、对象追踪功能(Otrack)、动态输入功能(Dyn)、图层设置功能(Layer)等。使用这些功能,可使绘图更加方便、快捷和准确。

6. 图形打印输出功能

AutoCAD 2016 可以方便地通过绘图机、打印机将图形输出，也可以以不同的文件格式传输给其他软件使用，便于数据共享。如用 AutoCAD 绘制的三维实体可以传输到 3DSMAX 软件中进行渲染和动画制作。

7. 网络传输功能

使用该功能，用户可以浏览世界各地网站，获取有用的信息，下载需要的图形，也可以将绘制好的图形通过网络传输出去。

10.1.2 AutoCAD 2016 的工作界面

1. AutoCAD 2016 的启动

双击桌面上的 AutoCAD 2016 快捷图标，如图 10－1 所示，即可启动 AutoCAD 2016 进入其初始界面，如图 10－2 所示。

图 10－1 AutoCAD 2016 快捷图标

该初始界面包含一个“开始”选项卡，主要提供“快速入门”、“最近使用过的文档”、“连接”等方面的内容。

2. AutoCAD 2016 工作界面简介

AutoCAD 2016 的工作界面与工作空间息息相关，AutoCAD 2016 提供了 3 种预定义好的工作空间，分别是“草图与注释”、“三维基础”和“三维

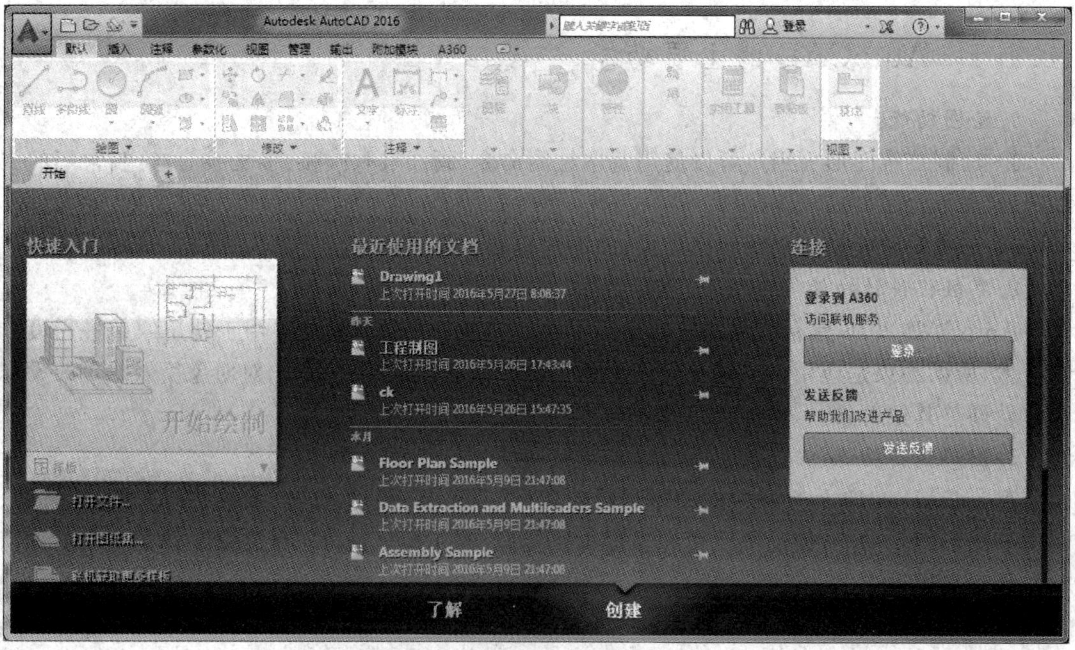

图 10－2 AutoCAD 2016 初始界面

建模”。二维绘图在“草图与注释”空间中进行。

要切换工作空间，则在“快速访问”工具栏的“工作空间”下拉列表框中选择所需的工作空间即可，也可在状态栏中单击“切换工作空间”按钮 ，并从弹出的菜单列表中选择相应的

工作空间选项，如图 10－3 所示。

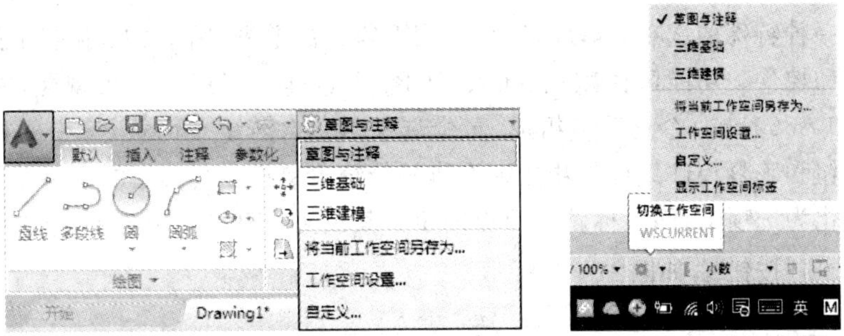

（a）使用“快速访问”工具栏的工作空间　　（b）在状态栏中切换工作空间

图 10－3　切换工作空间

使用“草图与注释”工作空间的工作界面主要由“应用程序”按钮、“快速访问”工具栏、标题栏、功能区、图形窗口、浮动命令行窗口、导航栏和状态栏等元素组成，如图 10－4 所示。

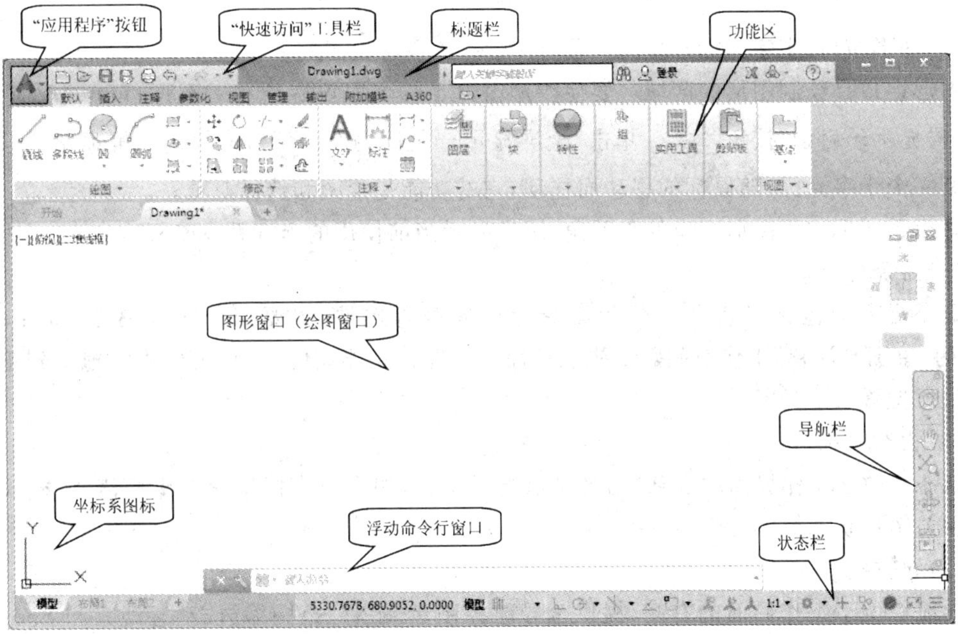

图 10－4　AutoCAD 2016 工作界面

（1）“应用程序”按钮

“应用程序”按钮位于工作界面的左上角，单击该按钮，打开相应的应用程序菜单。

（2）标题栏与“快速访问”工具栏

标题栏位于 AutoCAD 2016 工作界面的最上方，用于显示正在运行的软件名称、版本和当前窗口图形的文件名信息。标题栏右端提供了最小化按钮 – 、最大化按钮 □ 和关闭按钮 ✕ ，分别用于最小化、最大化和关闭 AutoCAD 2016 应用程序工作界面。

“快速访问”工具栏提供了若干个常用工具。用户可以根据设计需要向“快速访问”工具栏添加更多的工具。

(3)功能区

功能区是一种特殊的选项板，默认时位于图形窗口的上方，用于显示和基于任务的工作空间相关的按钮和控件。功能区由默认、插入、注释、参数化、三维工具、可视化、视图、管理、输出、附加模块和 A360 十一个选项卡组成，每个选项卡包含若干个面板，每个面板包含若干个归组的命令按钮和工具控件。可将功能区看作是传统菜单栏和工具栏的主要替代工具。功能区可以被最小化为选项卡、面板标题或面板按钮。其设置方法是在功能区的选项卡标签行中单击“功能区选项”按钮，如图 10－5 所示。

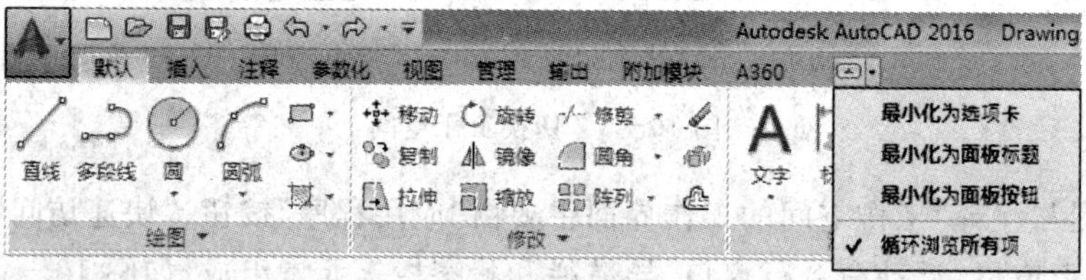

图 10－5 设置功能区最小化方案

(4)图形窗口、十字光标和坐标系图标

图形窗口是绘制图形的区域。要使图形窗口足够大以更好地查看图形，可单击状态栏中的“全屏显示－启动”按钮。单击“全屏显示－关闭”按钮，可取消全屏显示。绘图窗口内有一个十字光标，随鼠标的移动而移动，它的功能是绘图和选择对象。

坐标系图标位于图形窗口的左下角，用来显示当前使用的坐标系及坐标方向。

(5)命令行窗口

命令行窗口包含当前命令行和命令历史列表等控件，主要用于输入命令。AutoCAD 2016 的“草图与注释”工作空间默认提供的命令行窗口是浮动的，用户可以将它拖动到工作界面的任意位置。

(6)状态栏

状态栏位于工作界面的底部，用来显示绘图状态，如当前光标位置的坐标值、各模式的状态和相关图形状态等。

(7)导航栏

导航栏位于工作界面的右侧，提供全导航控制盘、平移、范围缩放、动态观察和 ShowMotion 操作按钮。

(8)菜单栏

AutoCAD 2016 在初始默认的工作空间中不显示传统菜单栏。如要显示菜单栏，可以在“快速访问”工具栏中单击“自定义快速访问工具栏”按钮，接着在打开的下拉菜单中选择“显示菜单栏”即可。菜单栏将显示在标题栏的下方，其上提供了文件(F)、编辑(E)、视图(V)、插入(I)、格式(O)、工具(T)、绘图(D)、标注(N)、修改(M)、参数(P)、窗口(W)和帮助(H)十二个菜单选项。

单击任一菜单选项，即可弹出下拉菜单，如图 10－6 所示。利用下拉菜单可执行 AutoCAD 的绝大部分命令。下拉菜单的命令有以下三种情况：

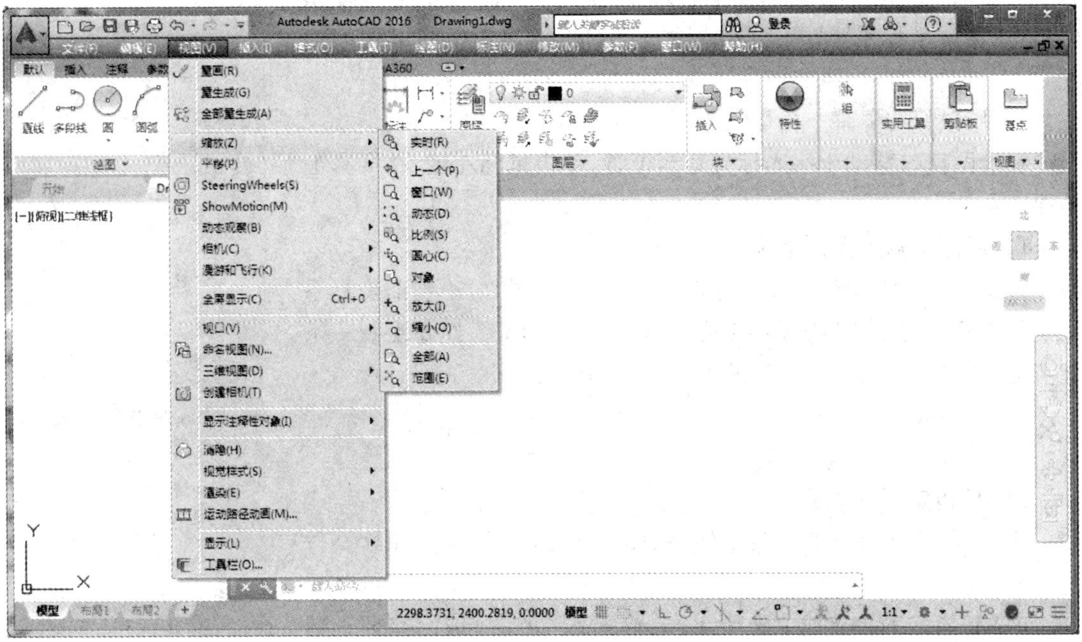

图 10－6　下拉菜单

①右边有小三角符号“ > ”的命令，表示后面还有子菜单；

②右边有省略号的命令，如“绘图设置(F)...”选择后则弹出一个对话框；

③右边没有任何符号的命令，选择后则执行相应的 AutoCAD 命令。

(9)工具栏

AutoCAD 2016 提供了众多的工具栏，利用工具栏中的图标按钮，可以方便地实现各种命令的操作。默认状态下，工作界面不显示工具栏。可通过菜单栏工具(T) －工具栏－AutoCAD 调出工具栏选项面板，如图 10－7 所示，单击相应选项，即可弹出或关闭相应的工具栏。

10.1.3　AutoCAD 2016 的基本操作

1. 绘图命令的几种典型激活方式

AutoCAD 2016 命令激活方式有以下几种。

1)通过命令行激活　在命令行中输入命令或命令别名来激活或响应相关的命令操作。例如输入“LINE”或“L”，接着按<Enter>键或空格键，即可激活画直线段命令。

2)下拉菜单栏输入　绘图(D)→直线(L)。

3)功能区输入　“默认”选项卡→“绘图”面板→ 。

4)重复命令的输入　当 AutoCAD 执行完某个命令后，如果还要立即重复执行这个命令，则只需在“输入命令”提示下按回车键或空格键即可。

2. 点的坐标输入方式

AutoCAD 二维绘图是在 *XY* 平面内绘图，*X* 轴为水平方向，*Y* 轴为竖直方向，两轴交点为坐标原点(0,0)。默认状态在绘图窗口的左下角。

绘图时，经常要输入一些点，AutoCAD 一般使用直角坐标系（笛卡儿直角坐标系）或极坐标系输入点的坐标。常用的方法有三种。

(1)用鼠标在屏幕上拾取点

在绘图窗口移动十字光标到适当位置，单击鼠标左键，在屏幕上拾取一点。

(2)用键盘输入点的坐标

1)输入绝对直角坐标值　绝对直角坐标是指相对于当前坐标系原点的坐标。对于二维图形，应输入 X,Y 的坐标值。如要绘制一条起点为(5,5)，终点为(20,17)的直线，操作方法如下：

命令：Line↙

LINE 指定第一点：5，5↙

LINE 指定下一点或［放弃(U)］：20，17↙

执行后，即可绘制出一条直线，如图 10－8(a)所示。继续操作过程如下：

LINE 指定下一点或［放弃(U)］：输入下一点↙（或直接回车结束操作）

LINE 指定下一点或［闭合(C)/放弃(U)］：输入下一点或输入字母“C”↙

执行结果：绘制了连续的直线段（输入“C”时，下一点将自动回到第一点形成封闭的图形；输入“U”时，则取消上一步操作）。

2)输入相对直角坐标值　相对直角坐标是指相对于前一个输入点的坐标。需在相对于上一点的坐标值的增量 ΔX，ΔY 前加一个“@”符号。上例若用相对坐标输入，其方法为：

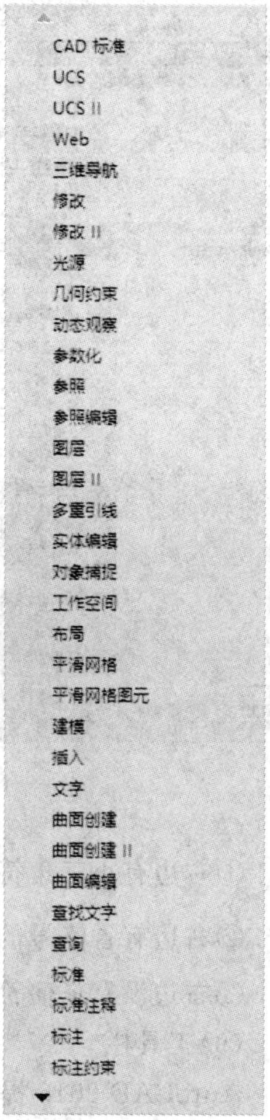

图 10－7　工具栏选项面板

命令行：Line↙

指定第一点：5，5↙

指定下一点或［放弃(U)］：@15，12↙

执行后，即可绘制出一条直线，如图 10－8(b)所示。

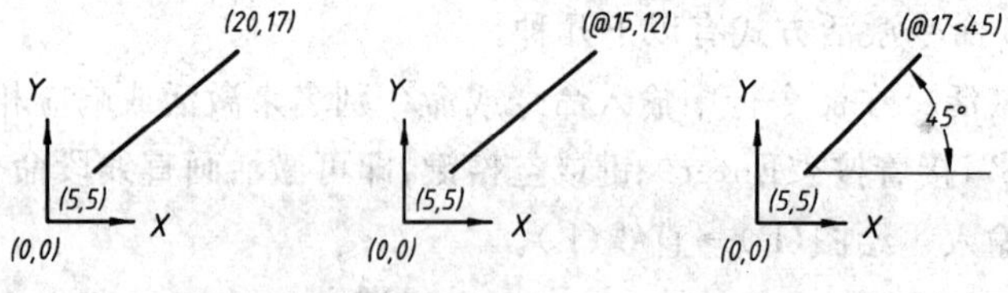

(a)　　(b)　　(c)

图 10－8　坐标输入方法

3)输入相对极坐标值　相对极坐标是指相对于上一点的距离和角度。如要绘制一条长 17 mm、与水平线夹角为 45°的直线，输入方法为：

命令行：Line↙

指定第一点：5,5↙

指定下一点或［放弃(U)］：@17<45↙

执行后，即可绘制出这条直线，如图10－8(c)所示。

(3)用对象捕捉模式捕捉一些特殊点

绘图时有些点难以准确确定其坐标，如切点、圆心、垂足等，此时可利用AutoCAD提供的对象捕捉功能，迅速准确地捕捉到对象上的特殊点，而不必输入坐标或进行计算。

常用的对象捕捉模式如下。

1)端点(Endpoint)　捕捉直线、圆弧、多义线、样条曲线等对象距光标最近的端点。

2)中点(Midpoint)　捕捉线段(直线段或圆弧段)的中点。

3)交点(Intersectoin)　捕捉两对象(如直线、圆弧段、圆、样条曲线等)的交点。

4)中心点(Center)　捕捉圆、圆弧、椭圆、椭圆弧的中心点。

5)象限点(Quadrant)　捕捉圆、圆弧、椭圆、椭圆弧的象限点。

6)切点(Tangent)　捕捉与圆、圆弧、椭圆、椭圆弧及样条曲线相切的切点。

7)垂足(Perpendicular)　捕捉从一点向所选对象所作垂线的垂足。

对象捕捉模式的执行方法如下。

1)自动捕捉方法　在AutoCAD中，最方便使用对象捕捉模式的方法是自动捕捉，即事先对对象捕捉模式进行相关设置，当光标移动到符合捕捉模式的对象时，显示捕捉标记和提示，即可进行自动捕捉。所设置的捕捉模式在用户关闭图形之前始终有效。

命令输入方式如下：

命令行：OSNAP

下拉菜单栏：工具(T)→ 绘图设置(F)

状态栏：右击“对象捕捉”按钮 → 对象捕捉设置...

操作步骤：

命令：OSNAP↙

弹出“草图设置”对话框，如图10－9所示。在对话框中选择“启用对象捕捉”选项，并选择常用的捕捉模式。

如果要选择所有对象捕捉模式，可单击对话框中“全部选择”按钮；如果要关闭所有对象捕捉模式，可单击对话框中“全部清除”按钮。

2)单点优先捕捉方法　单点是指所设置的对象捕捉模式只对点的一次输入有效，优先是优先于OSNAP命令设置的对象捕捉方法。

在命令运行中，当提示要求输入点时，可以输入对象捕捉模式名称的前三个字符，或在按<shift>

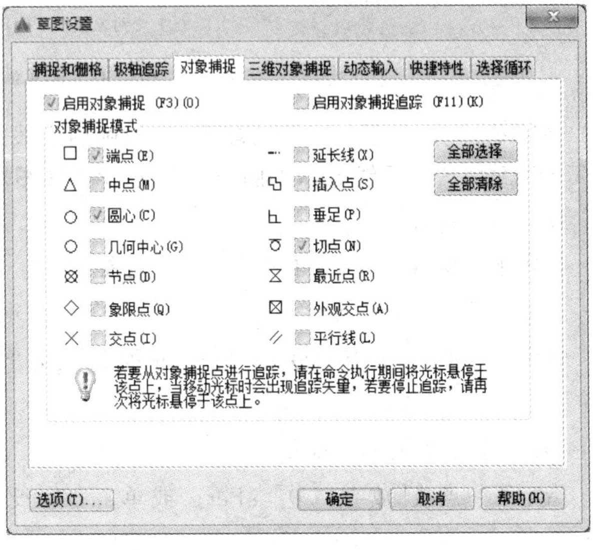

图10－9　“自动捕捉模式”对话框

键的同时单击右键并从弹出的快捷菜单中选择相应的捕捉模式，如图 10－10(a)所示。也可以直接单击鼠标右键从弹出的快捷菜单中选择“捕捉替代”级联菜单中的一个所需的捕捉选项，如图 10－10(b)所示。也可以从工具条中选择捕捉模式，如图 10－10(c)所示。

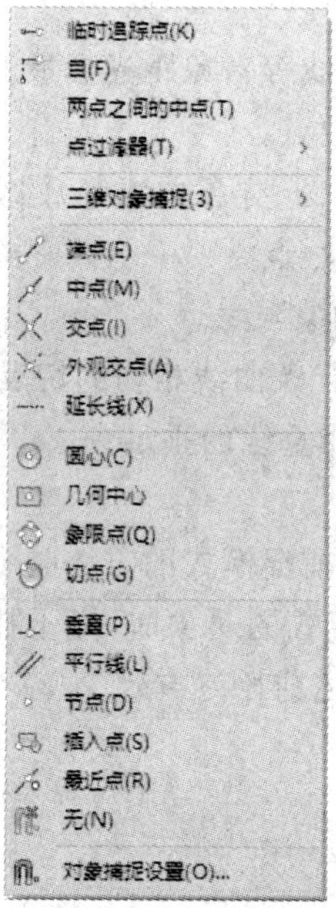

(a) 快捷菜单1

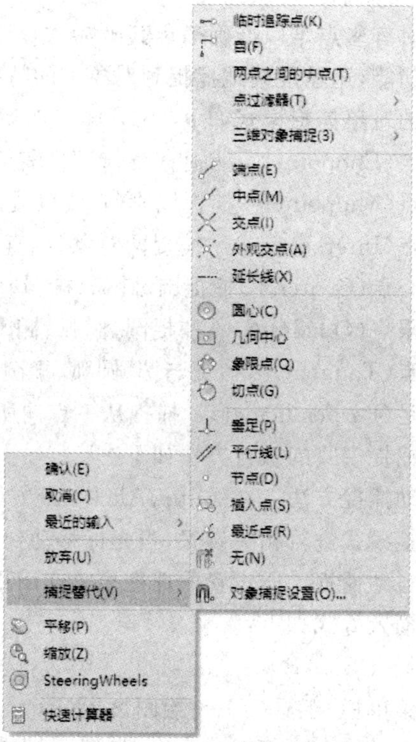

(b) 快捷菜单2

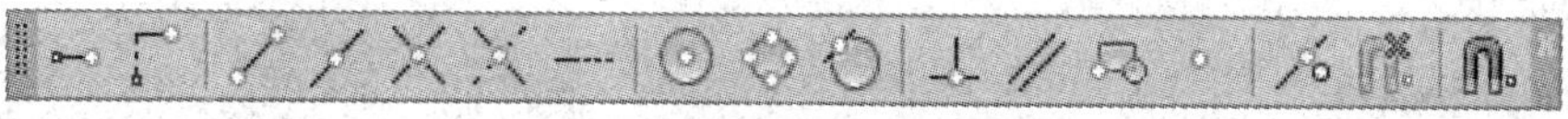

(c) “对象捕捉”工具条

图 10－10　单点优先捕捉模式

[**例 10－1**]　过直线 AB 的端点 A，向圆引切线 AT，再由点 T 向直线 AB 引垂线 TP，如图 10－11 所示。作图步骤如下：

命令行：Line↙

指定第一点：END↙或单击 ⁄ (设置捕捉端点)

endp 于(拾取端点 A)

指定下一点或[放弃(U)]：Tan↙或单击 ◌ (设置捕捉切点)

_ tan 到(拾取圆上一点 T)

指定下一点或[放弃(U)]：Per↙或单击 ⊥ (设置捕捉垂足)

_ per 到(拾取直线上一点 P)

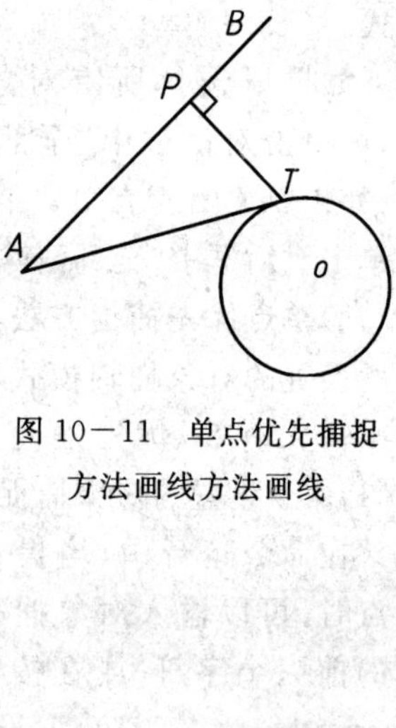

图 10－11　单点优先捕捉方法画线方法画线

指定下一点或[闭合(C)/放弃(U)]:↙(结束操作)

3.角度输入方式

AutoCAD的角度一般是以“度”为单位的,X轴正向为零度,逆时针方向为正,顺时针方向为负。当出现输入角度的提示时输入角度值。如对图形进行旋转操作时命令行中提示:指定旋转角度,或[复制(C)/参照(R)]<0>:45↙(对操作对象旋转45°)

10.1.4 AutoCAD 2016 错误的修正

在绘图过程中,难免会出现一些错误,如一次误操作,激活一个错误的命令,输入一个错误的数据等,都可以采取相应的措施进行修正。

1.图形的删除与恢复

如果所画的图形是错误的,就必须把它从屏幕上清除掉。删除一个图形对象,可使用“删除”命令。激活删除命令时,屏幕上的十字光标变为小正方形框,称为“拾取框”。移动拾取框到要被删除的对象上并单击鼠标左键,选中要删除的对象,被选中的对象高亮显示,最后单击鼠标右键或按回车键确认。

删除命令执行方式如下:

命令行:Erase

下拉菜单:修改(M)→删除(E)

功能区:“默认”选项卡→“修改”面板→

操作步骤:

命令: Erase↙

选择对象:(选择要擦除的对象)

选择对象:↙(确认选择)

如果被删除的对象不该删除,可使用“Oops”命令恢复刚刚被删除的对象。执行方式为:

命令行:Oops↙

注:“Oops”命令只能恢复最近一次被删除的对象。

2.取消最近一次的操作

如果在绘图过程中进行了一次误操作,如删除了不该删除的图形,则可用“Undo”(放弃)命令取消这次操作。执行方式如下:

命令行:U↙

下拉菜单:编辑(E)→放弃(U)

“快速访问”工具栏:单击“放弃”按钮

如果要恢复被“Undo”命令取消的操作,则使用“Redo”(重做)命令。执行方式如下:

命令行:Redo↙

下拉菜单:编辑(E)→重做(R)

“快速访问”工具栏:单击“重做”按钮

注:“重做”命令只能恢复最近一次的“放弃”操作。

3.终止正在执行的命令

要终止正在执行的命令,可按键盘左上角的“Esc”键。

10.1.5 AutoCAD 2016 图形文件管理

图形文件管理包括新建图形文件、打开已有图形文件、保存现有图形文件等操作。

1.新建图形文件

功能：创建一个空白的图形文件，开始绘制一张新图。

命令输入方式如下：

命令行：NEW

下拉菜单栏：文件(F)→新建(N)…

“快速访问”工具栏：单击“新建”按钮

“应用程序”按钮：单击按钮，在弹出的应用程序菜单中选择“新建”→“图形”

操作步骤：命令输入后弹出“选择样板”对话框，如图 10－12 所示。单击“打开”按钮，建立一个新的绘图文件，文件名将显示在标题栏上。单击对话框右下角“打开”按钮右边的三角形符号，弹出一个选项卡，各选项含义如下。

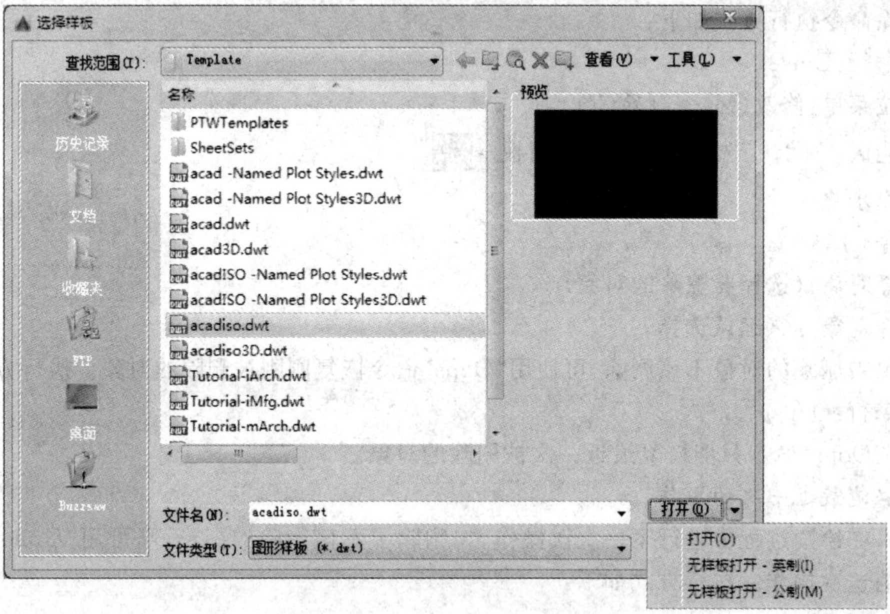

图 10－12 “选择样板”对话框

1)打开(O) 将新建一个有样板打开的绘图文件。

2)无样板打开—英制(I) 将新建一个英制的无样板打开的绘图文件。

3)无样板打开—公制(M) 将新建一个公制的无样板打开的绘图文件。

2.打开已有的图形文件

功能：打开现有的图形文件，进行编辑和继续绘图。

命令输入方式如下：

命令行：OPEN

下拉菜单栏：文件(F)→打开(O)

"快速访问"工具栏：单击"打开"按钮

"应用程序"按钮：单击按钮，在弹出的应用程序菜单中选择"打开"→"图形"

操作步骤：命令执行以后，弹出"选择文件"对话框，如图 10－13 所示。单击"查找范围(I)"窗口右侧的小三角形符号，对话框中将弹出路径列表，找到要打开的文件（预览窗口将显示该图形），单击"打开"按钮，即可打开图形文件。

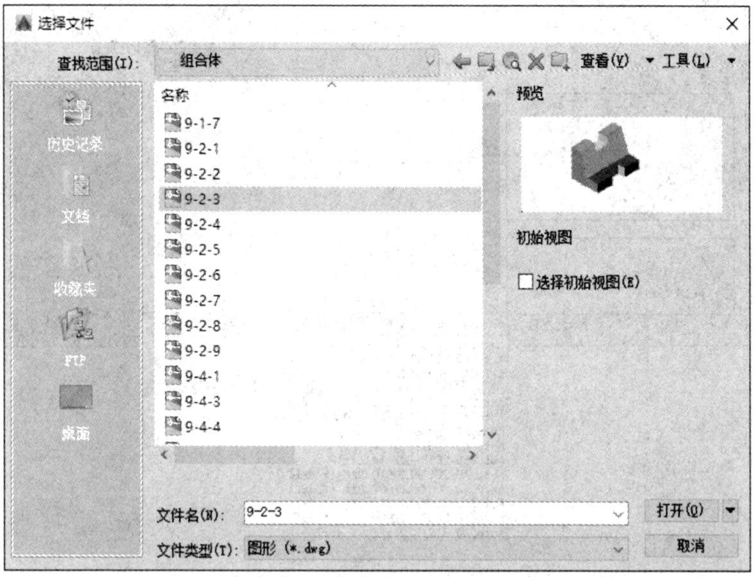

图 10－13 "选择文件"对话框

3. 保存现有的图形文件

功能：将当前的图形文件存盘备用。

命令输入方式如下：

命令行：SAVE

下拉菜单栏：文件(F)→另存为(A)

"快速访问"工具栏：单击"保存"按钮（已经保存过的文件，单击该按钮不出现对话框）

"应用程序"按钮：单击按钮，在弹出的应用程序菜单中选择"保存"

操作步骤：命令执行后弹出"图形另存为"文件对话框，如图 10－14 所示。

单击保存于窗口右边的小三角形符号，对话框中将弹出路径列表，指定文件的保存路径，单击"保存"按钮，即可将该图形文件存盘（文件类型下拉列表用于选择文件存储的类型）。

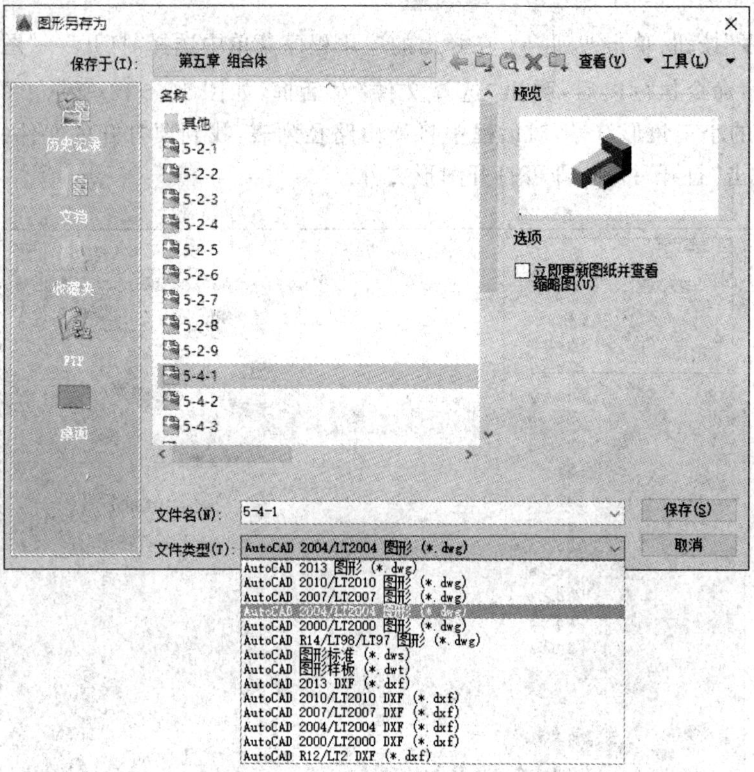

图 10－14 “图形另存为”对话框

10.1.6 退出 AutoCAD 2016

退出 AutoCAD 2016 的方法有五种。

1.使用“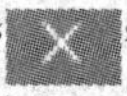”退出 AutoCAD 2016

单击工作界面右上角的关闭图标，可以退出。如果当前图形没有存盘，则会在屏幕上弹出一个对话框，如图 10－15 所示。

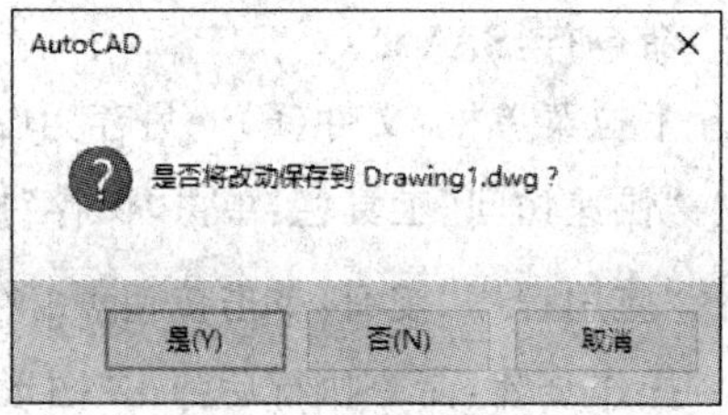

图 10－15 “是否存盘”对话框

①单击“是(Y)”，表示存盘退出。

②单击“否(N)”，表示不存盘退出。

③单击“取消”，表示取消退出操作。

2.使用快捷键退出 AutoCAD 2016

按 Ctrl＋Q 快捷键，可以退出。

3.使用下拉菜单退出 AutoCAD 2016

单击文件(F)→“退出(X)”菜单，可以退出。

4.使用 QUIT 命令退出 AutoCAD 2016

命令：QUIT↙可以退出。

5.单击“应用程序”按钮，在弹出的菜单中点击

，退出 AutoCAD 2016。

10.2 AutoCAD 2016 二维绘图

10.2.1 绘图环境设置

用 AutoCAD 绘图，首先要进行环境设置。环境设置包括绘图界限、绘图单位、图层及图层特性等的设置。

1. 绘图界限的设置（LIMITS）命令

功能：该命令用来设置绘图界限（图纸幅面）。

命令输入方式如下：

命令行：LIMITS

下拉菜单栏：格式（O）→图形界限（I）

操作步骤（以 A4 图幅横放为例）：

命令：LIMITS↙

重新设置模型空间界限：

指定左下角点或[开（ON）/关（OFF）]＜当前值＞：0，0↙（左下角坐标值）

指定右上角点＜当前值＞：297，210↙（右上角坐标值）

执行结果，就设置了 A4 图幅横放的绘图界限（AutoCAD 2016 的默认值是 A3 图幅）。

完成图形界限设置后，用户可以在图形窗口左下角区域单击“布局 1”或“布局 2”选项卡，此时可以看到图纸空间的绘图区域。

命令：ZOOM↙（屏幕显示）

[全部（A）/中心（C）/动态（D）/ 范围（E）/ 上一个（P）/ 比例（S）/窗口（W）/ 对象（O）]＜ 实时＞：A↙（将 A4 图幅全屏幕显示）

2. 绘图单位的设置（UNITS）命令

功能：该命令用来设置绘图的长度单位、角度单位及单位的格式和精度等。

命令输入方式如下：

命令行：UNITS

下拉菜单栏：格式（O）→单位（U）

操作步骤：

命令：UNITS↙

屏幕弹出图形单位对话框，如图 10－16 所示。

该对话框各区的功能如下。

（1）长度选项区

通常在类型窗口选择小数，在精度窗口选择整数“0”。

（2）角度选项区

通常在类型窗口选择十进制度数，在精度窗口选择整数“0”。

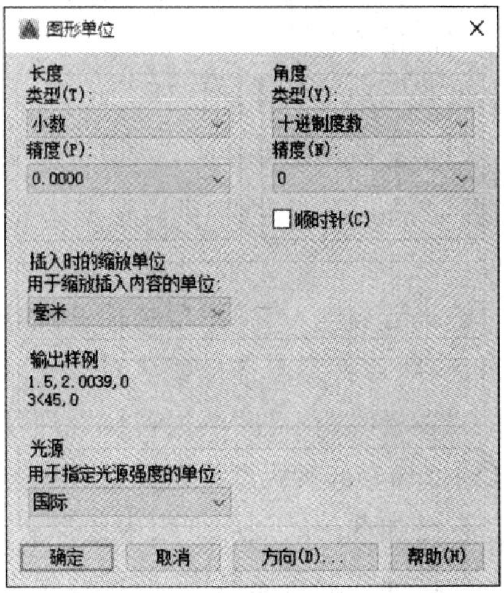

图 10－16 “图形单位”对话框

(3)输出样例

在对话框下部输出样例栏显示了当前长度单位和角度设置的样例。

3. 图层及图层特性的设置

(1)图层的概念

图层相当于没有厚度的透明纸,不同的线型画在不同的图层上,将各图层重叠在一起就形成一幅完整的图纸,如图10-17所示。

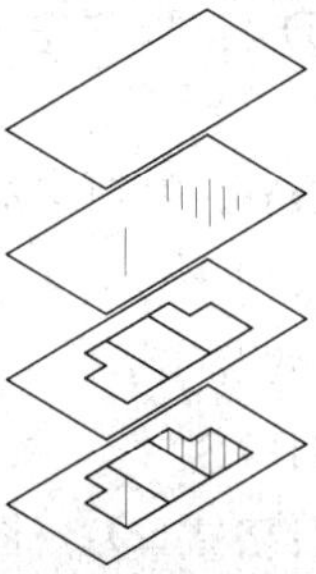

图 10-17　图层概念

(2)图层的特性

①除了"0"层是默认的图层外,每个图层都有一个由用户自己定义的名字。

②每一幅图形中建立的图层数量没有限制。

③同一图层上的对象只能是一种线型、一个轮廓线层线宽、一种颜色,但用户可以改变他们。

④用户只能在当前图层上进行绘图操作。

⑤同一幅图形中的各图层具有相同的坐标系、图形界限和显示缩放倍数。

⑥用户可以对图层的状态进行操作,如打开与关闭、冻结与解冻、锁定与解锁等。

(3)图层的建立与设置 (LAYER)命令

命令输入方式如下:

命令行:LAYER

下拉菜单栏:格式(O)→图层(L)

功能区:"默认"选项卡→"图层"面板→

操作步骤:

命令:LAYER↙

输入命令后,弹出"图层特性管理器"对话框,如图10-18所示。通过该对话框,可以实现对图层的设置。

设置图层的具体操作如下。

1)建立新图层　单击"图层特性管理器"对话框中"新建图层"按钮,就会建立一个名为"图层1"的新图层,用户可以根据需要更改图层的名字,单击"图层1",在文本框中输入图层名即可。

2)设置颜色　在"图层特性管理器"对话框的图层列表中单击"颜色"列的相应层的颜色,如白色,屏幕将弹出选择颜色对话框,如图10-19所示。选取所需的颜色即可完成设置。

3)设置线型　在"图层特性管理器"对话框的图层列表中单击"线型"列的相应层的线型,如Continuous(实线型),打开选择线型对话框,如图10-20所示。

在已加载的线型的列表中选择所需的线型,然后单击"确定"按钮即可。

在选择线型对话框中,若没有列出所需的线型,可单击"加载(L)"按钮,打开"加载或重载线型"对话框,如图10-21所示。

在"加载或重载线型"对话框中,显示AutoCAD线型库中的线型,用户可以从这些线型中

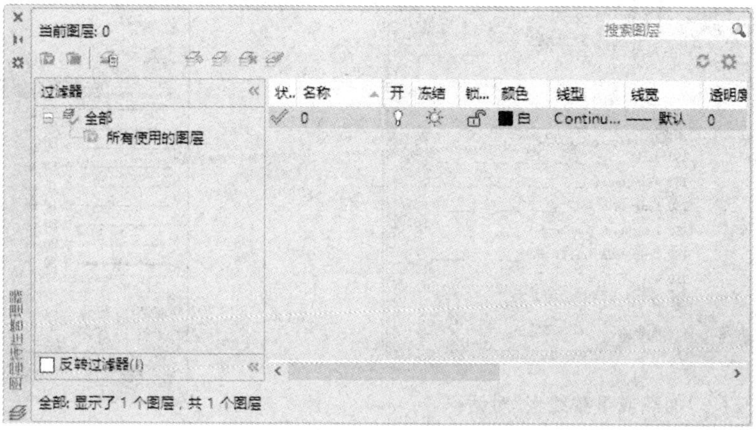

图 10—18 “图层特性管理器”对话框

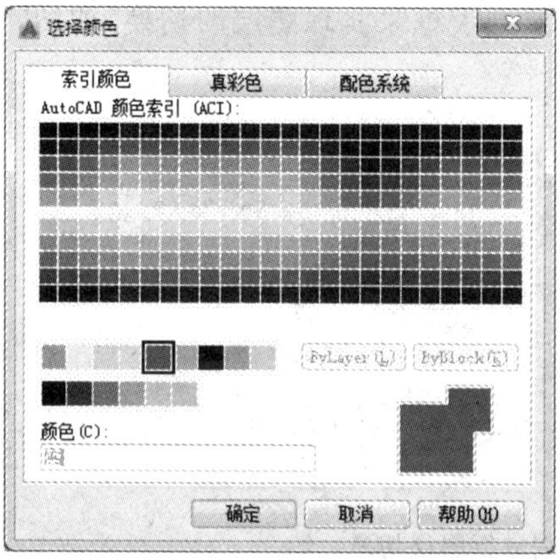

图 10—19 “选择颜色”对话框

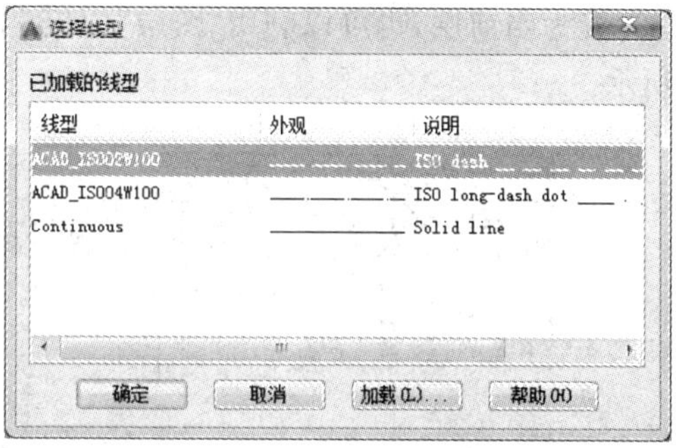

图 10—20 “选择线型”对话框

进行选择并加载，单击所需线型，被选中的线型高亮显示，单击“确定”按钮即可。

4)设置线宽　线宽是指在图层上绘图时所使用的线型的宽度。在绘图过程中，用户需根据《机械制图》国家标准的要求对线型进行线宽设置，若不设置，系统将默认所有新建图层的线宽为 0.25。

在“图层特性管理器”对话框的图层列表中单击线宽列的默认，打开线宽对话框，如图 10—22 所示。选择所需的线宽，单击“确定”按钮即可。

5)设置线型比例　如果线型的显示效果不理想，可以通过线型比例(LTSCALE)命令来进行调整，具体操作方法如下：

命令：LTSCALE↙

输入新线型比例因子＜1.0000＞：(输入显示比例)↙

在线型库中，每种线型各组成部分的间隙、长度是按线宽为 1 设置的，因此，新线型比例因子一般设置为所画线的线宽(如 0.25)。

6)切换当前层　用户在屏幕上绘制的图形对象被系统指定画在当前层上，并拥有当前层设置的各种信息。因此，用户在绘图时，应随时进行当前层的切换。操作方法如下：

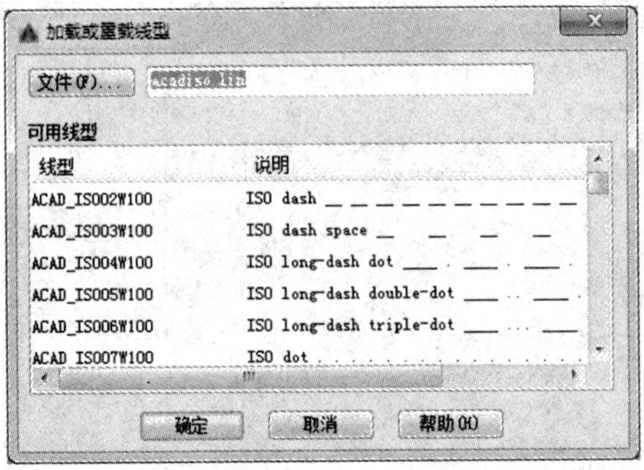

图 10－21 “加载或重载线型”对话框

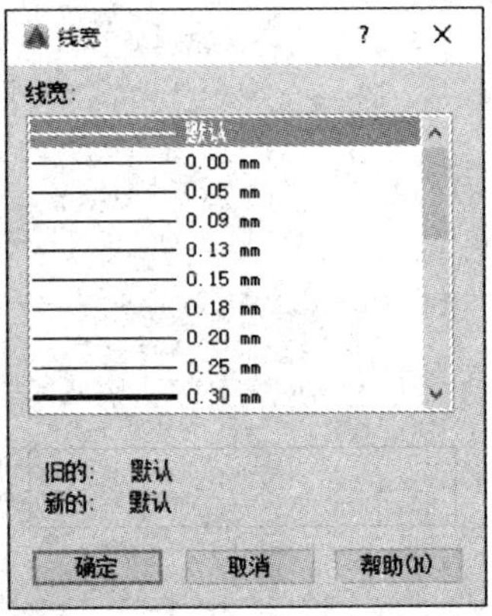

图 10－22 “线宽”设置对话框

在“图层特性管理器”对话框的图层列表中选择某一图层后，单击“置为当前”按钮，即将该图层设置为当前层，也可以利用“图层”面板 “图层”下拉列表框来实现图层的切换，如图 10－23 所示。

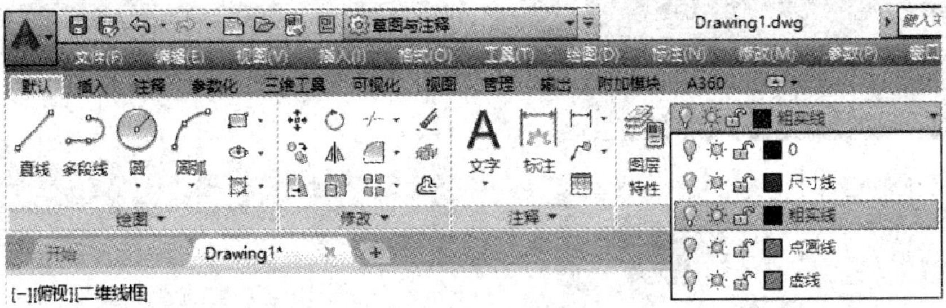

图 10－23 利用“图层”下拉列表进行图层切换

注：AutoCAD 在标注尺寸时，自动生成一“DEFPOINTS”图层，保存有关标注点的位置等信息。在该图层绘制的图形只能显示不能打印，建议不要在“DEFPOINTS”图层绘制图形。

10.2.2 常用绘图命令

AutoCAD 绘图命令工具栏如图 10－24 所示。

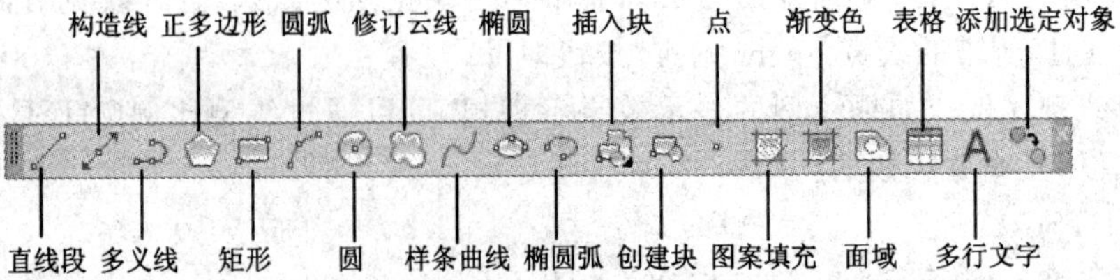

图 10－24 “绘图”命令工具栏

常用的绘图命令如下：

1. 绘制直线段(LINE)命令

(见“10.1.3 AutoCAD 2016 的基本操作”一节)

2. 绘制圆(CIRCLE)命令

命令输入方式如下:

命令行:CIRCLE

下拉菜单栏:绘图(D)→圆(C)

功能区:“默认”选项卡→“绘图”面板→

操作步骤:

命令:CIRCLE↙

指定圆的圆心或[三点(3P)/两点(2P)/相切、相切、半径(T)]:输入圆心坐标↙

指定圆的半径或[直径(D)]<当前值>:输入圆的半径值↙

或输入选项“D”,指定圆的直径,完成圆的绘制。

在“指定圆的圆心或[三点(3P)/两点(2P)/相切、相切、半径(T)]:”提示中,其他选项含义如下。

1)三点(3P)　输入三个点,通过这三个点绘制圆。

2)两点(2P)　输入两个点,通过这两个点作为直径端点绘制圆。

3)相切、相切、半径(T)　绘制与两已知对象相切且半径为指定值的圆。

[例 10-2]　绘制半径为 10 mm 的圆,分别与已知直线 AB 及圆心为 O_1 的圆相切。

命令:CIRCLE↙

指定圆的圆心或[三点(3P)/两点(2P)/相切、相切、半径(T)]:T↙

指定对象与圆的第一个切点:指定与圆相切的第一个对象上一点。此时,将光标移向切点 M 附近,当出现相切标志“ ”时,单击左键确定。

指定对象与圆的第二个切点:指定与圆相切的第二个对象上一点。此时,将光标移向切点 N 附近,当出现相切标志“ ”时,单击左键确定。

指定圆的半径〈当前值〉:10↙(输入圆的半径)即可画出如图 10-25 所示的圆。

Circle 命令含有多种选项,每个选项对应着不同的画圆方法,也可通过下拉菜单“绘图(D)”→“圆(C)”下的各选项执行。图 10-26 所示是画圆的子菜单,共有六种方式。

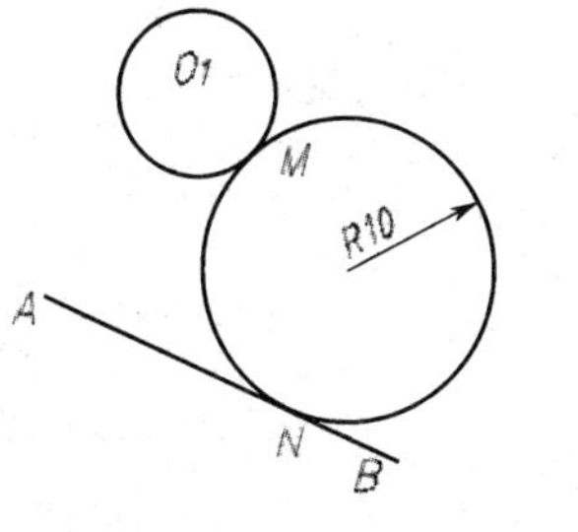

图 10-25　利用 TTR 方式画圆

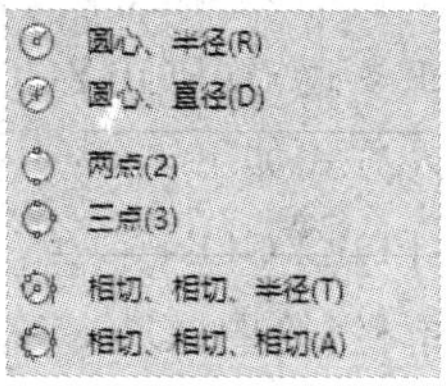

图 10-26　画圆的六种方式

3. 绘制圆弧(ARC)命令

命令输入方式如下:

命令行:ARC

下拉菜单栏:绘图(D)→圆弧(A)

功能区:“默认”选项卡→“绘图”面板→

操作步骤:

命令: ARC↙

指定圆弧的起点或[圆心(c)]:

根据作图需要,按提示进行画圆弧的操作。

Arc 命令含有多种选项,每个选项对应着不同的画圆弧方法,图 10—27 所示是下拉菜单中画圆弧的子菜单,共有十一种方式。

注:AutoCAD 绘制圆弧,当角度或弦长为正值时,逆时针画弧;角度或弦长为负值时,顺时针画弧。

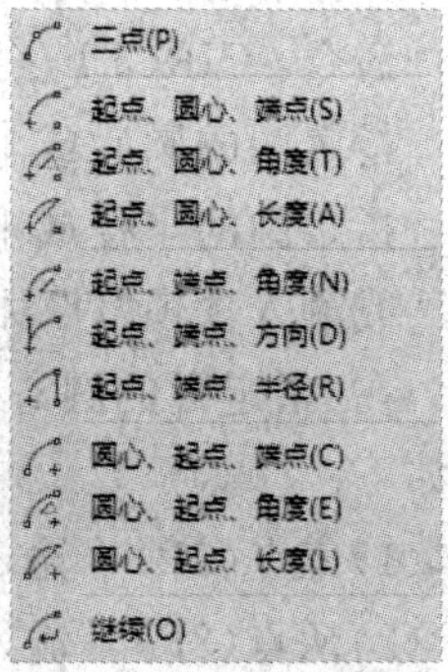

图 10—27 画圆弧的十一种方式

4. 绘制矩形(RECTANG)命令

命令输入方式如下:

命令行:RECTANG

下拉菜单栏:绘图(D)→矩形(G)

功能区:“默认”选项卡→“绘图”面板→

操作步骤:

命令: RECTANG↙

指定第一个角点或[倒角(C)/标高(E)/圆角(F)/厚度(T)/宽度(W)]:

根据作图需要,按提示进行画矩形的操作,图 10—28 是绘制的矩形、带倒角和带圆角的矩形的图例。

(a) (b) (c)

图 10—28 绘制矩形

5. 绘制正多边形(POLYGON)命令

命令输入方式如下:

命令行:POLYGON

下拉菜单栏:绘图(D)→多边形(Y)

功能区:“默认”选项卡→“绘图”面板→

操作步骤:

命令: POLYGON↙

输入侧面数<当前值>:输入边数↙

指定正多边形的中心点或[边(E)]:指定中心点↙

输入选项[内接于圆(I)/外切于圆(C)]<I>:↙

各选项含义如下：

输入“I”，用内接于圆方式画正多边形；输入“C”，用外切于圆方式画正多边形。

指定圆的半径：输入半径值↙

画出的正多边形如图 10－29(a)和(b)所示。若在提示后输入“E”，则按给出的边长绘制正多边形。

指定正多边形的中心点或［边(E)］：E↙

指定边的第一个端点：输入 1 点↙

指定边的第二个端点：输入 2 点↙

执行结果如图 10－29(c)所示。

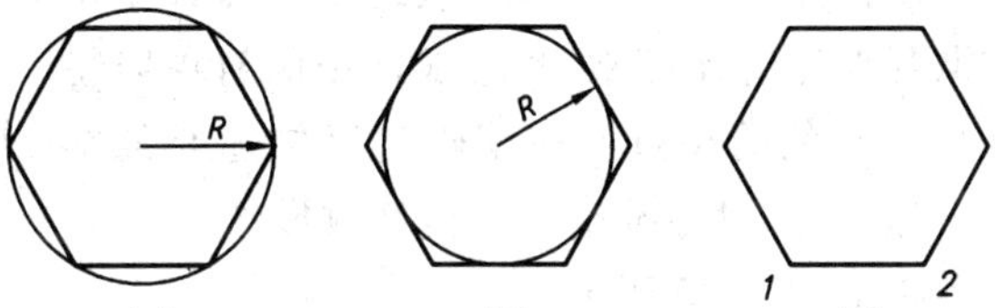

(a)　　(b)　　(c)

图 10－29　绘制正多边形

6. 绘制样条曲线(SPLINE)命令

命令输入方式如下：

命令行：SPLINE

下拉菜单栏：绘图(D)→样条曲线(S)→拟合点(F)(或控制点(C))

功能区：“默认”选项卡→“绘图”面板→(样条曲线拟合)、(样条曲线控制点)

操作步骤：(以样条曲线拟合为例)

命令：SPLINE↙

指定第一个点或［方式(M)/节点(K)/对象(O)］：输入第一点↙

输入下一个点或［起点切向(T)/公差(L)］：输入下一点↙

输入下一个点或［端点相切(T)/公差(L)/放弃(U)］：输入下一点↙

输入下一个点或［端点相切(T)/公差(L)/放弃(U)/闭合(C)］：

各选项含义如下。

1)指定下一个点　可以连续输入下一个点绘制样条曲线，若想停止绘制样条曲线，按回车键即可。

2)闭合(C)　输入“C”即可绘制一条闭合的样条曲线。

3)拟合公差(F)　输入“F”设置拟合公差。如果公差等于 0，样条曲线精确通过数据点；如果公差大于 0，样条曲线在指定公差内逼近数据点。

其他绘图命令请参阅 AutoCAD 使用说明。

10.3　平面图形的编辑

平面图形的编辑是指对所画图形进行修改，主要包括删除、移动、复制、镜像、旋转、偏移等操作。通过编辑操作，可以简化绘图过程，提高绘图效率和质量。常用的修改对象的方法如下：

①键盘输入各种编辑命令；

②在“修改”下拉菜单中选择编辑命令；

③在功能区“修改”面板工具中选择编辑命令；

④用夹点(Grip)进行编辑；

⑤用“特性(Properties)”对话框编辑对象的特性；

⑥在“修改”工具栏中选择编辑命令。

在 AutoCAD 中，要想对图形对象进行编辑，需先输入一个编辑命令，此时十字光标变为“ロ”小方框，称为选择框。当命令行出现提示“选择对象：”时，可以选择要修改的对象，被选中的对象以特定加亮线或虚线显示。也可以先选择对象，此时被选中的对象以特定加亮线或虚线显示并出现蓝色的夹点。在编辑过程中还要经常对图形进行实时缩放和实时平移，以便准确地进行修改操作。

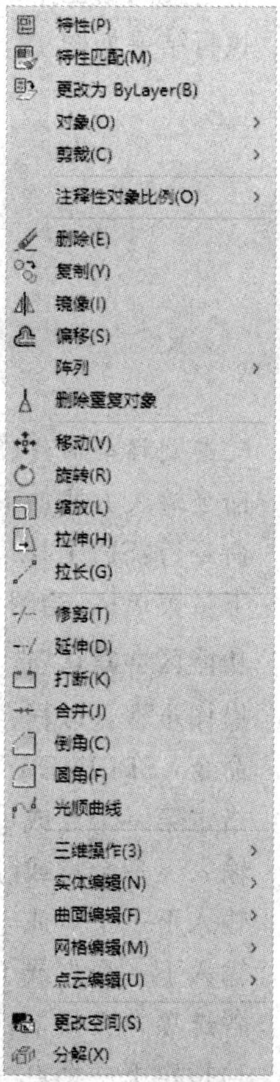

图 10－30 “修改”常用命令菜单栏

修改常用命令菜单栏如图 10－30 所示。

1. 选择对象

选择对象常用的方法有以下四种。

(1)直接点选方式

这是最常用的方法，用鼠标移动选择框，直接在被选择的对象上单击左键，一次选择一个对象，直到被选择的对象全部以特定加亮线或虚线显示为止。

(2)矩形窗口(Window)方式

在命令行“选择对象：”提示下输入 “W”，即可用鼠标指定矩形的两个对角点拖出一个矩形窗口，或在命令行“选择对象：”提示下，直接从左到右拖出一个矩形窗口。凡是完全落在矩形窗口内的对象均被选中(虚线表示)，如图 10－31(a)所示。

(3)矩形交叉窗口(Crossing)方式

在命令行“选择对象：”提示下输入 “C”，即可用鼠标指定矩形的两个对角点拖出一个矩形窗口，或在命令行“选择对象：”提示下，直接从右到左拖出一个矩形窗口。凡是完全落在矩形窗口内或与该窗口相交的对象均被选中(虚线表示)，如图 10－31(b)所示。

(4)全选方式(All)

在命令行“选择对象：”提示下输入“ALL”，即可选择非冻结图层上的所有对象。

2. 图形显示

绘制或编辑复杂对象时，经常要观察图形的细节或总体轮廓，则要对图形进行放大、缩小、平移、恢复等操作。对图形显示的操作一般常用标准工具栏中的几个图标按钮，如图 10－32 所示。也可利用导航栏中的缩放、平移图标按钮进行操作。

注：对图形视图显示的操作只改变图形在屏幕上的显示，图形本身的大小和位置均未改变。

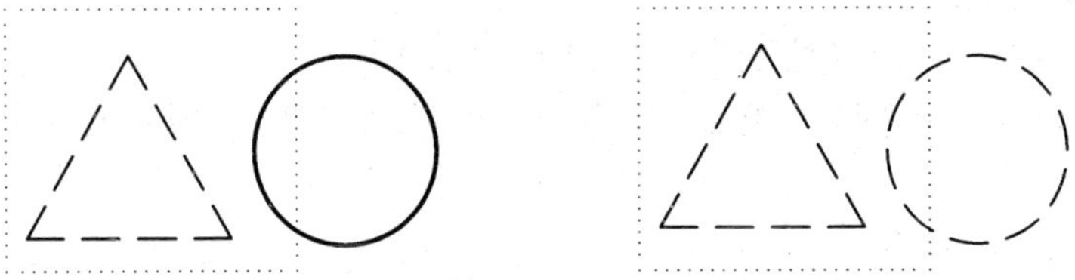

(a)　　　　　　(b)

图 10－31　两种矩形窗口的选择效果

3. 常用编辑命令

(1)删除(ERASE)命令

见"10.1.4 错误的修正"一节。

(2)平移(MOVE)命令

将选定的图形对象从一个位置移动到另一个指定位置,如图 10－33 所示。

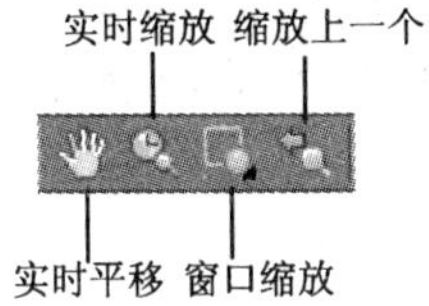

图 10－32　图形显示图标工具

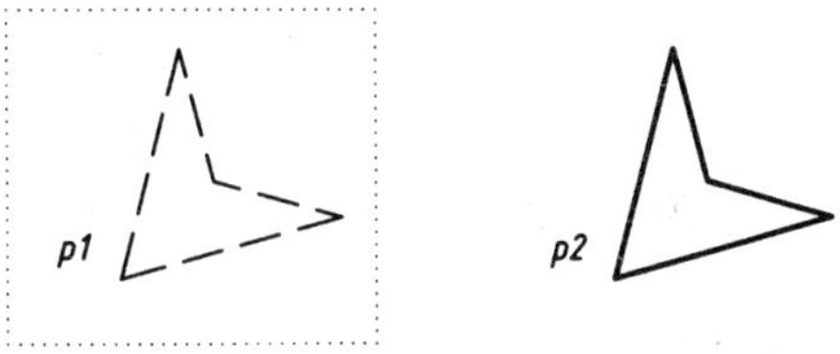

图 10－33　图形的平移

命令输入方式如下:

命令行:MOVE

下拉菜单栏:修改(M)→移动(V)

功能区:"默认"选项卡→"修改"面板→

操作步骤:

命令: MOVE↙

选择对象:选择要平移的对象

选择对象:继续选择要平移的对象(或回车确认)

指定基点或[位移(D)] ＜位移＞:输入一点

指定第二个点或＜使用第一个点作为位移＞:输入第二个点(或直接回车)

(3)旋转(ROTATE)命令

将选定的图形对象绕给定的旋转基点按指定角度旋转到指定位置,如图 10－34 所示。

命令输入方式如下:

命令行:ROTATE

下拉菜单栏:修改(M)→旋转(R)

功能区:"默认"选项卡→"修改"面板→

操作步骤:

命令:ROTATE↙

选择对象:选择要旋转的对象

选择对象:继续选择要旋转的对象(或回车确认)

指定旋转基点:指定基点(见图 10－34 中的 p1 点)

指定旋转角度,或[复制(C)/参照(R)]<0>:输入旋转角(逆时针旋转角为正值,顺时针旋转角为负值)↙

(4)缩放(SCALE)命令

将选定的图形对象在 X 和 Y 方向放大或缩小相同的比例(比例系数不能取负值),如图 10－35 所示。

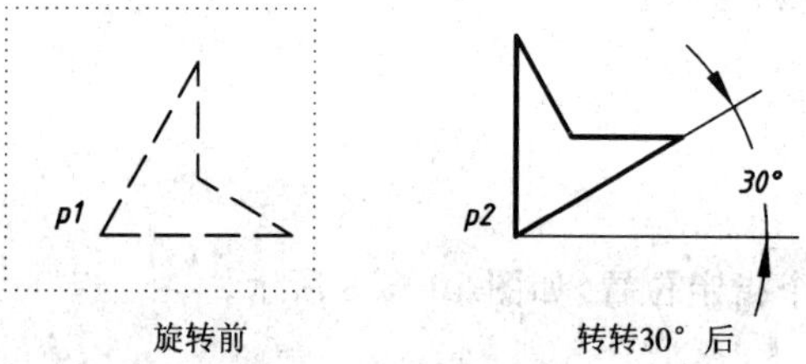

图 10－34　图形的旋转

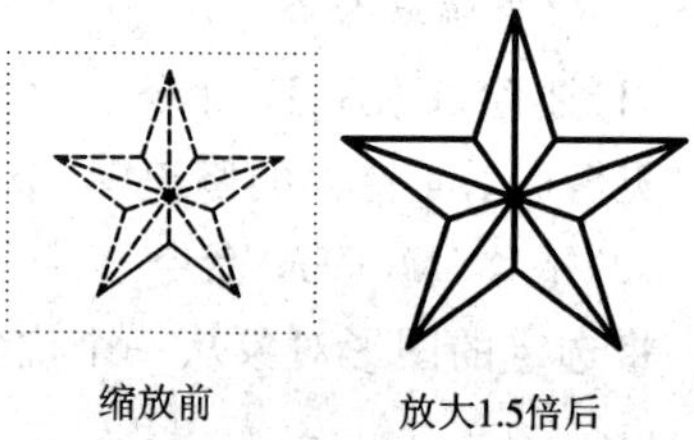

图 10－35　图形的缩放

命令输入方式如下:

命令行:SCALE

下拉菜单栏:修改(M)→缩放(L)

功能区:“默认”选项卡→“修改”面板→

操作步骤:

命令: SCALE↙

选择对象:选择要缩放的对象

选择对象:继续选择要缩放的对象(或回车确认)

指定基点:指定缩放基点(图 10－35 中心点)

指定比例因子或 [复制(C)/参照(R)] <1.0000>:输入比例系数↙

(5)复制(COPY)命令

将选定的图形对象从一个位置复制到另一个指定位置,而原对象不受任何影响,如图 10－36 所示。

命令输入方式如下:

命令行:COPY↙

下拉菜单栏:修改(M) →复制(Y)

功能区:“默认”选项卡→“修改”面板→

操作步骤:

命令:COPY↙

选择对象:选择要复制的对象

选择对象: 继续选择要复制的对象(或回车确认)

指定基点或 [位移(D) /模式(O)] <位移>:输入一点(或输入 O)

指定第二个点或[阵列(A)] <使用第一个点作为位移>:指定第二点(或回车用第一点

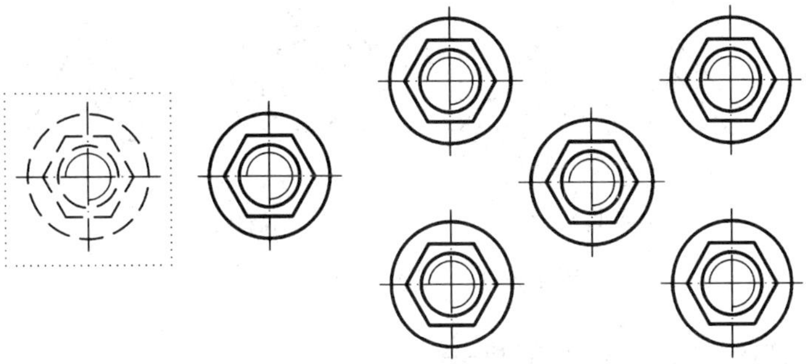

复制1次　　　　多重复制（5次）

图 10－36　图形的复制

坐标值作为位移）

前一选项的操作与平移命令的操作完全一样。若在提示后输入“O”，则设置复制方式，其后续提示如下：

输入复制模式选项［单个(S)/多个(M)］＜多个＞：↙

指定基点或［位移(D)/模式(O)］＜位移＞：指定复制基点

指定第二个点或［阵列(A)］＜使用第一个点作为位移＞：第二个位移点

指定第二个点或［阵列(A) 退出(E) 放弃(U)］＜退出＞：第三个位移点

继续执行可实现重复复制对象，直到回车结束复制。

(6)镜像(MIRROR)命令

将选定的图形对象进行对称（镜像）变换，在一条指定的直线（对称轴线）的对称方向形成一个反向的对象。原对象可以保留，也可以删除，如图 10－37 所示。

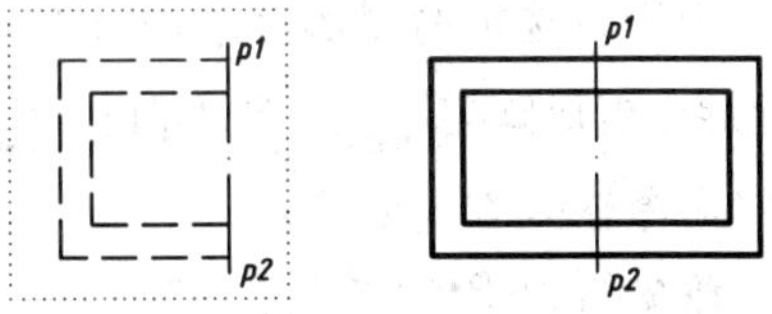

镜像前　　　　镜像后（保留原图）

图 10－37　图形的镜像

命令输入方式如下：

命令行：MIRROR

下拉菜单栏：修改(M)→镜像(I)

功能区：“默认”选项卡→“修改”面板→

操作步骤：

命令：MIRROR↙

选择对象：选择要镜像的源对象

选择对象：↙

指定镜像线的第一点：指定镜像线上第一点（见图 10－37 中的 p1）

指定镜像线的第二点：指定镜像线上第二点（见图 10－37 中的 p2）

要删除源对象吗？［是(Y)/否(N)］＜N＞：↙

(7)偏移(OFFSET)命令

从指定的图形或通过指定的点创建等距偏移的新对象。见图 10－38 的同心圆、平行线。

命令输入方式如下：

命令行：OFFSET

下拉菜单栏：修改(M)→偏移(S)

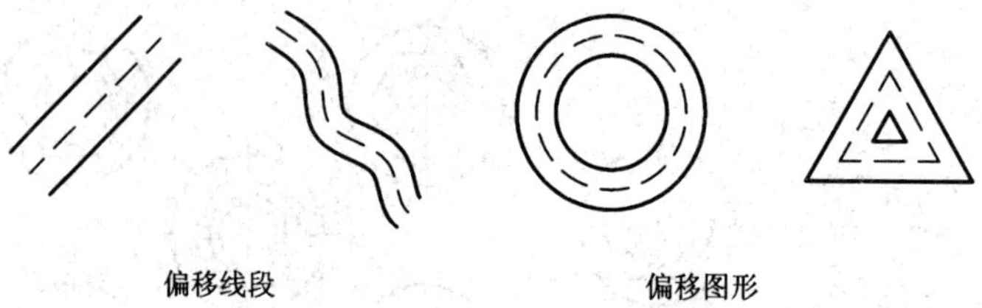

图 10－38 线段与图形的偏移

功能区："默认"选项卡→"修改"面板→

操作步骤：

命令：OFFSET↙

指定偏移距离或［通过(T) / 删除(E) / 图层(L)］<通过>：输入距离↙

选择要偏移的对象，或［退出(E) / 放弃(U)］<退出>：选择偏移的对象

指定要偏移的那一侧上的点，或［退出(E) / 多个(M) / 放弃(U)］<退出>：在所选对象的一侧任意指定一点用来确定新对象的位置，直到回车结束偏移。

在提示信息中，其他选项的含义及功能如下：

通过(T)：通过选择对象的通过点来偏移复制对象。偏移操作完成后，选中的对象将按指定的通过点进行偏移复制。

删除(E)：用于设置偏移后是否删除源对象。

图层(L)：用于设置偏移后生成的对象所在的图层。

(8)阵列(ARRAY)命令

用于将选定的图形对象进行有规律的多重复制。AutoCAD 2016 提供了 3 种阵列工具，分别为"矩形阵列"、"环形阵列"和"路径阵列"。

命令输入方式如下：

命令行：ARRAY

下拉菜单栏：修改(M)→阵列(A)

功能区："默认"选项卡→"修改"面板→

操作步骤：

命令：ARRAY↙

选择对象：选择要阵列的源对象↙

输入阵列类型[矩形(R) / 路径(PA) /极轴(PO)] <矩形>：↙

类型＝矩形　　关联＝是

选择夹点以编辑阵列或[关联(AS) /基点(B) /计数(COU) /间距(S) /列数(COL) /行数(R) /层数(L) /退出(X)]<退出>

此时在图形窗口中显示默认的矩形阵列。在阵列预览中，拖曳相应的夹点以调整间距及行数和列数，如图 10－39 所示。也可以在功能区出现的"阵列创建"上下文选项卡中修改相关的值，如图 10－40 所示。设置完毕，在"阵列创建"上下文选项卡中单击"关闭阵列"按钮。

若选择环形阵列方式，在功能区出现的"阵列创建"上下文选项卡中修改相关的值，如图 10－41 所示，图 10－42 为环形阵列效果图，利用夹点可以调整相关参数，如图 10－43 所示。

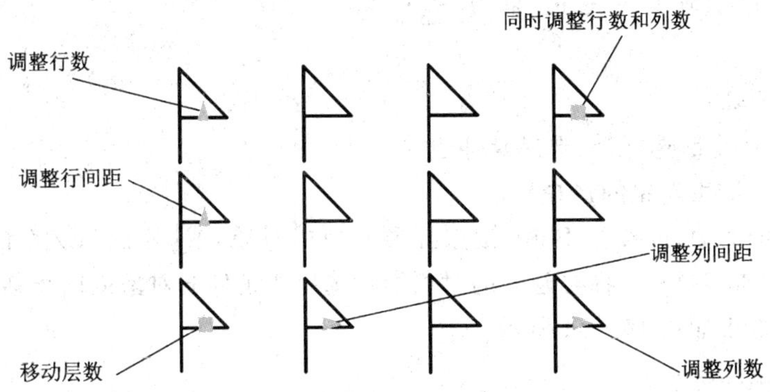

图 10－39　利用夹点调整矩形阵列参数

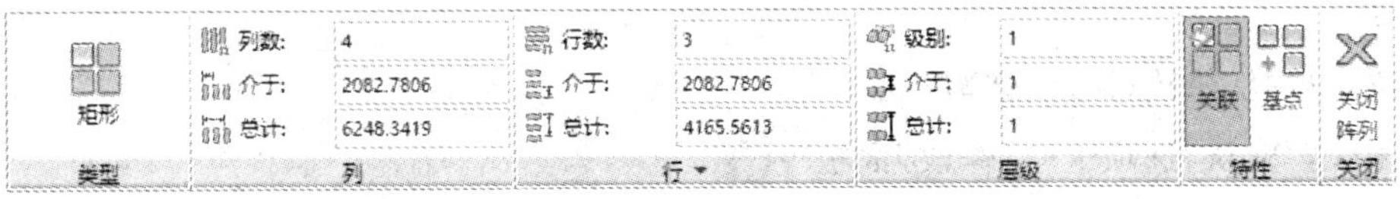

图 10－40　矩形“阵列创建”上下文选项卡

路径阵列略。

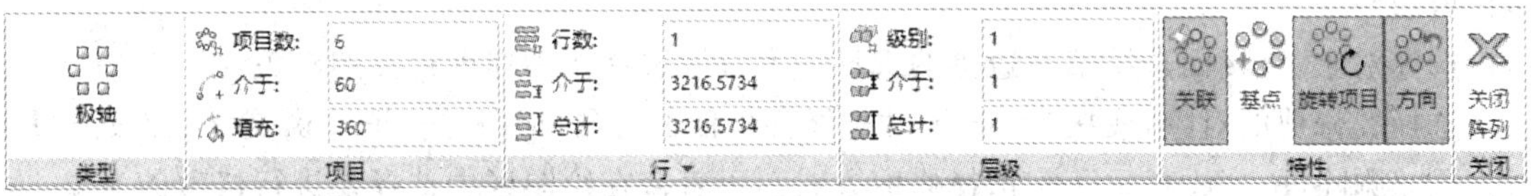

图 10－41　环形“阵列创建”上下文选项卡

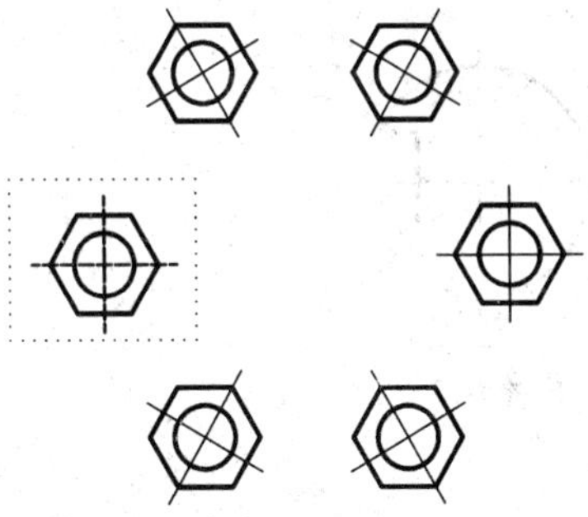

图 10－42　环形阵列效果图

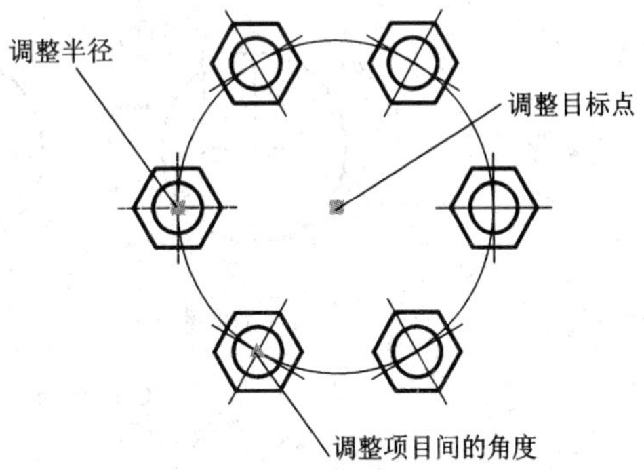

图 10－43　利用夹点调整环形阵列参数

(9)延伸(EXTEND)命令

延伸所选定的图形对象，使它们精确地延伸到由其他对象所定义的边界。

命令输入方式如下：

命令行：EXTEND

下拉菜单栏：修改(M)→延伸(D)

功能区:“默认”选项卡→“修改”面板→

操作步骤:

命令: EXTEND↙

选择对象或 <全部选择>:选择延伸边界

选择对象:↙(结束对象的选择)

选择要延伸的对象,或按住 Shift 键选择要修剪的对象,或[栏选(F) / 窗交(C) / 投影(P) / 边(E) / 放弃(U)]:选择要延伸的对象继续选择要延伸的对象或回车结束操作。

延伸对象的效果如图 10－44 所示。

(10)修剪(TRIM)命令

修剪所选定的图形对象,使它们精确地终止于由其他对象所定义的切割边。

命令输入方式如下:

命令行:TRIM

下拉菜单栏:修改(M)→修剪(T)

功能区:“默认”选项卡→“修改”面板→

操作步骤:

命令: TRIM↙

选择对象或 <全部选择>:选择作为修剪边界的对象或回车确认(直接回车全部对象都是修剪边)

选择对象:直接回车结束对边界的选择或者继续选择作为修剪边界的对象

选择要修剪的对象,或按住 Shift 键选择要延伸的对象,或[栏选(F) /窗交(C) /投影(P) /边(E) /删除(R) /放弃(U)]:选择修剪方式。可直接在绘图区中选择要进行修剪的对象,也可通过选择 F、C、P、E 等选项进行修剪。

修剪对象的效果如图 10－44 所示。

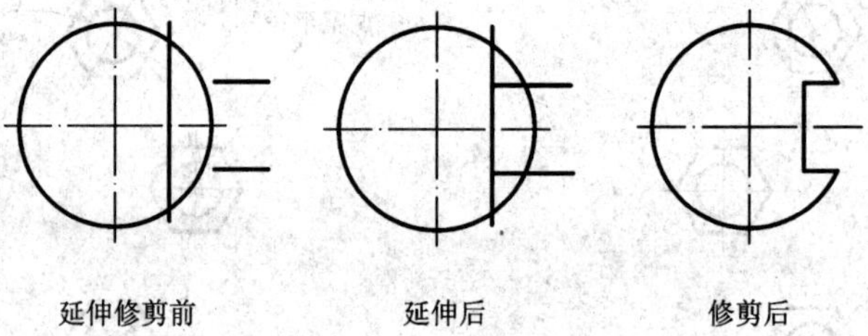

图 10－44　延伸与修剪效果图

(11)打断(Break)命令

删除部分对象或断开所选定的图形对象,将对象分为两部分。

命令输入方式如下:

命令行:BREAK

下拉菜单栏:修改(M)→打断(K)

功能区:“默认”选项卡→“修改”面板→

操作步骤:

命令：BREAK↙

选择对象：在对象上单击，选择对象并以此点作为第一断开点

指定第二个打断点或［第一点(F)］：指定第二个断开点，或输入“F”↙

若输入“F”，则重新选择第一点，接着再指定第二点。

命令执行后即把对象分为两部分。如果在指定第二个断开点的提示下输入“@”，则第一点与第二点重合，对象从断点处分为两个实体。功能区修改面板中的“打断于点”按钮“ ”就是完成这一功能的。

断开对象的效果如图 10－45 所示。

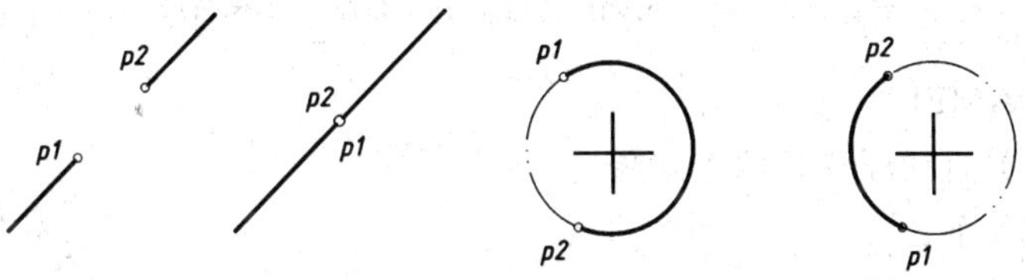

断开直线　　两点重合断开线　　逆时针断开圆　　P1、P2换位断开大圆弧

图 10－45　直线及圆弧断开效果图

注：圆及圆弧的断开，其断开点按逆时针进行。

(12)倒圆角(FILLET)命令

通过一个指定半径的圆弧来光滑地连接两个对象。

命令输入方式如下：

命令行：FILLET

下拉菜单栏：修改(M)→倒圆角(F)

功能区：“默认”选项卡→“修改”面板→

操作步骤：

命令：FILLET↙

当前设置：模式 ＝ 修剪，半径 ＝ ＜当前值＞

选择第一个对象或［放弃(U)/多段线(P)/半径(R)/修剪(T)/多个(M)］：R↙(用于指定圆角半径)

指定圆角半径 ＜当前值＞：输入圆角半径↙

选择第一个对象或［放弃(U)/多段线(P)/半径(R)/修剪(T)/多个(M)］：选择第一个对象

选择第二个对象，或按住 Shift 键选择对象，以应用角点或［半径(R)］：

各选项含义如下：

①放弃(U)表示该选项可以取消用户先前所进行的设置；

②多段线(P)表示为多段线倒圆角；

③半径(R)表示更改圆角半径；

④修剪(T)表示倒圆角后是否剪去圆角外的部分，如修剪和不修剪；

⑤多个(M)表示一次命令给多个对象倒圆角。

注：对于不平行的两线段，若有一个长度小于圆角半径时，不能倒圆角，此命令可以为两平

行线倒圆角(以平行线的间距为圆角的直径)。倒圆角的效果如图 10－46(a)、(b)所示。

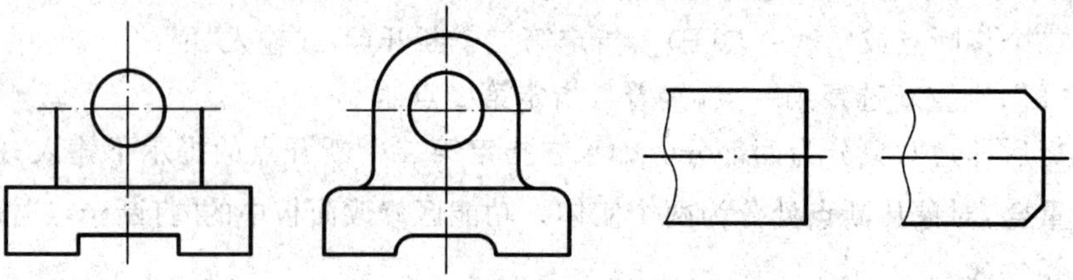

(a)　　(b)　　(c)　　(d)

图 10－46　倒圆角和倒角

(a)倒圆角前　(b)倒圆角后　(c)倒角前　(d)倒角后

(13)倒角(CHAMFER)命令

通过一条指定的直线段连接两个对象。

命令输入方式如下：

命令行:CHAMFER

下拉菜单栏:修改(M)→倒直角(C)

功能区:“默认”选项卡→“修改”面板→

操作步骤：

命令：CHAMFER↙

(“修剪”模式) 当前倒角距离 1 ＝ 当前值,距离 2 ＝当前值

选择第一条直线或［放弃(U)/多段线(P)/距离(D)/角度(A)/修剪(T)/方式(E)/多个(M)］：d↙(输入“d”,用于指定倒角距离)

指定第一个倒角距离 ＜当前值＞:输入第一个倒角距离↙

指定第二个倒角距离 ＜当前值＞:输入第二个倒角距离↙(或直接回车确认)

选择第一条直线或［放弃(U)/多段线(P)/距离(D)/角度(A)/修剪(T)/方式(E)/多个(M)］：选择第一条线

选择第二条直线,或按住 Shift 键选择要应用角点的直线:选择第二条线

各选项含义如下：

①放弃(U)表示该选项可以取消用户先前所进行的设置；

②多段线(P)表示为整个多段线中的每两条线段相交处倒角；

③距离(D)表示更改倒角距离；

④角度(A)表示用倒角距离和角度来设置倒角大小；

⑤修剪(T)表示倒角后是否剪去倒角外的部分；

⑥多个(M)表示一次命令给多个对象倒角。

倒直角的效果如图 10－46(c)、(d)所示。

10.4　剖面线的绘制(图案填充)

10.4.1　图案填充(HATCH)命令

图案填充是使用指定线条图案来充满指定区域的图形对象,常常用于表达剖切面和不同类型物体对象的外观纹理等,最常用的是绘制各种剖面符号。

1. 命令输入方式

命令行:HATCH

下拉菜单栏:绘图(D) → 图案填充(H) …

功能区:“默认”选项卡→“绘图”面板→

2. 命令操作步骤

命令: HATCH↙

在功能区打开如图 10－47 所示的“图案填充创建”上下文选项卡。用户可以设置图案填充时的图案特性,填充角度和比例等。设置完成后,单击选项卡左侧的“拾取点”按钮,系统切换到作图屏幕。在需要填充的区域内拾取一点,填充图案填满所选闭合区域。回车或单击右侧的“关闭图案填充创建”按钮后系统返回对话框,即完成图案填充的操作。

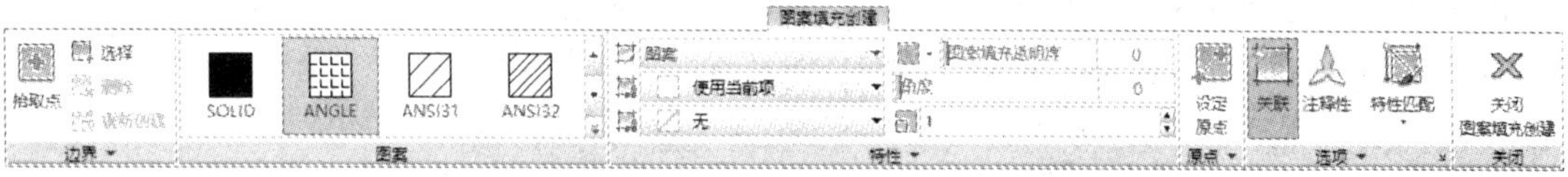

图 10－47　“图案填充创建”上下文选项卡

“图案填充创建”上下文选项卡包括以下几个面板。

(1)“边界”面板

该面板提供了“拾取点”“选择”“删除”“重新创建”和“显示边界对象”等工具。其中“拾取点”工具用于通过选择由一个或多个对象形成的封闭区域内的点来确定图案填充边界;“选择”工具用于基于选定对象的图案填充边界;“删除”工具用于从边界定义中删除之前添加的对象;“重新创建”工具用于围绕选定的图案填充或填充对象创建多段线或面域。

(2)“图案”面板

显示所有预定义和自定义图案的预览图像。

(3)“特性”面板

查看并设置图案填充类型、图案填充颜色或渐变色、背景色或渐变色、图案填充缩放、图案填充间距等。

(4)“原点”面板

用于控制填充图案生成的起始位置。

(5)“选项”面板

用于控制几个常用的图案填充或填充选项,如关联性、注释性、特性匹配、允许的间隙和孤岛检测选项等。

(6)“关闭”面板

单击该面板中的“关闭图案填充创建”按钮,则退出“HATCH”并关闭“图案填充创建”上下文选项卡。

如果当前工作界面没有激活功能区,在菜单栏选择“绘图”→“图案填充”命令时,将弹出如图 10—48 所示的“图案填充和渐变色”对话框。在该对话框中进行的图案填充操作与在功能区出现的“图案填充创建”上下文选项卡上进行图案填充操作相同。

10.4.2 图案填充的编辑

在完成了图案填充以后,还可以对它进行编辑修改。

1. 命令输入方式

命令行:HATCHEDIT

下拉菜单栏:修改(M) → 对象(O) → 图案填充(H)…

功能区:“默认”选项卡→“修改”面板→

2. 命令操作步骤

命令: HATCHEDIT↙

选择图案填充对象: 选择要编辑的图案

选择后屏幕上弹出“图案填充编辑”对话框,与图 10—48 所示的“图案填充和渐变色”对话框相同,可根据需要对图案的设置进行修改。

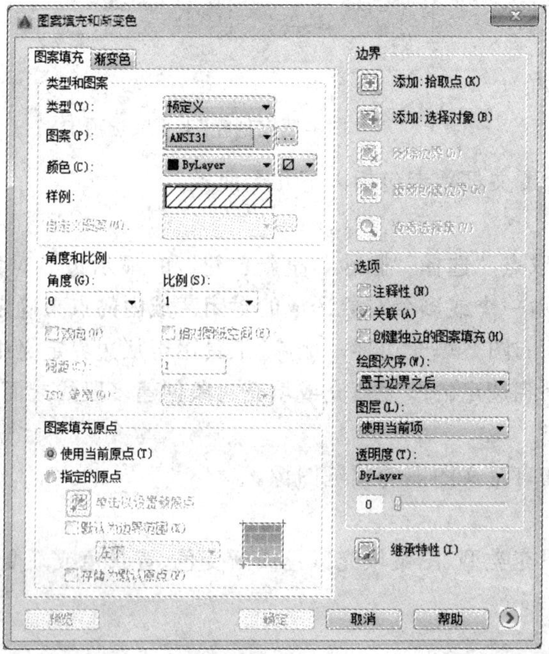

图 10—48 “图案填充和渐变色”对话框

或直接单击要编辑的填充图案,在功能区出现的“图案填充创建”上下文选项卡中进行编辑。

10.5 AutoCAD 2016 文本书写

在工程图样中，除了图形以外，还常常需要书写数字、字母和汉字等文本内容。文本书写包括单行文本和多行文本书写。在书写文本之前要根据“机械制图”国家标准规定对文字样式进行设置。

10.5.1 工程制图国标字形设置

AutoCAD 2016 提供了符合国家制图标准中的中文字体“gbcbig. shx”，以及用于标注正体的英文字体“gbenor. shx”和用于标注斜体的英文字体“gbeitc. shx”。

1. 命令输入方式

命令行：STYLE

下拉菜单栏：格式(O) → 文字样式(S)…

功能区：“默认”选项卡→“注释”面板→

2. 命令操作步骤

命令：STYLE↙

系统显示“文字样式”对话框，如图 10－49 所示。单击“新建(N) …”按钮，弹出“新建文字样式”对话框，如图 10－50 所示。输入新样式名后按“确定”按钮，返回“文字样式”对话框。定义书写数字、字母和汉字的文字样式时，在“SHX 字体(X)”下拉列表框中选择“gbeitc. shx”，并勾选“使用大字体(U)”复选框。然后在“大字体(B)”下拉列表框中选择“gbcbig. shx”。宽度因子设为 1，倾斜角度设为 0。如果高度值为 0，则在书写文字时会提示用户输入字高，否则将不提示用户输入字高，而采用这里指定的高度。其他选项取默认值。单击 “应用(A)”按钮并关闭对话框。

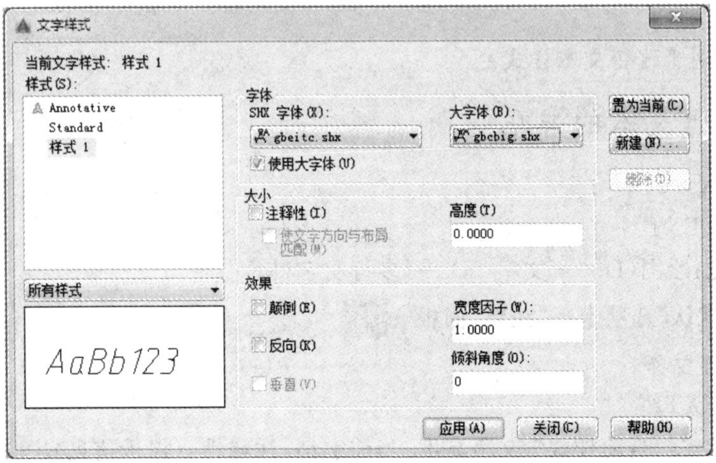

图 10－49 “文字样式”对话框

3. 特殊字符的输入方法

在输入文本时，有些特殊字符无法从键盘上直接输入，为此 AutoCAD 提供了一些控制

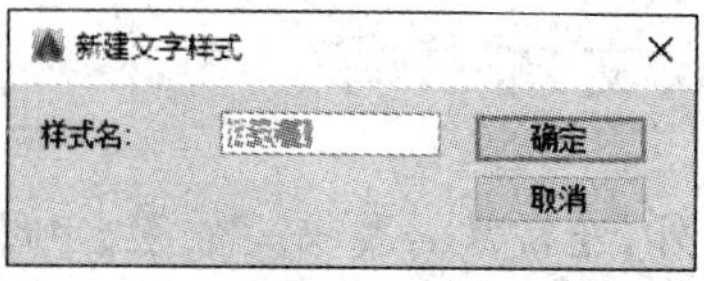

图 10－50 “新建文字样式”对话框

码。在键盘上输入控制码,即可得到相应的字符。常用的控制码有：

%%C — 直径符号“ϕ”；　　%%D — 角度符号“°”；　　%%P — 正负号“±”；

%%O — 上划线“¯”；　　%%U — 下划线“_”；

10.5.2 单行文本的书写

1. 命令输入方式

命令行:TEXT

下拉菜单栏:绘图(D) → 文字(X) → 单行文字(S)

2. 命令操作步骤

命令：TEXT↙

当前文字样式:“当前文字样式名” 文字高度:当前字高　注释性:(提示信息)

指定文字的起点或 [对正(J)/样式(S)]:指定文本的起始点(或指定一个选项)

指定高度<当前值>：输入文字的高度↙

指定文字的旋转角度<当前值>：输入文字的旋转角度↙

此时屏幕上出现闪烁的光标,输入一行或多行文字,按回车键换行。每行文字都是独立的对象,可以重新定位、调整格式或进行其他修改。

在“指定文字的起点或 [对正(J)/样式(S)]:”提示中有以下选项：

①对正(J)用于设置文本对齐方式,即文本行相对于起始点的位置,如居中、右、左上、右上等；

②样式(S)用于改变文本样式。

10.5.3 多行文本的书写

1. 命令输入方式

命令行:MTEXT

下拉菜单栏:绘图(D) → 文字(X) → 多行文字(M)…

功能区：“默认”选项卡→“注释”面板→

2. 命令操作步骤

命令：MTEXT↙

当前文字样式:“当前样式” 文字高度:当前字高 注释性:(提示信息)

指定第一角点:指定矩形框的第一个角点

指定对角点或 [高度(H)/对正(J)/行距(L)/旋转(R)/样式(S)/宽度(W)/栏(C)]:指定矩形框的另一个角点(或指定一个选项)

此时,以这两个角点形成一个矩形,该矩形的宽度为文本的宽度,第一个角点为文本的起始点。同时弹出功能区“文字编辑器”上下文选项卡(图 10－51)和文字输入框(图 10－52)。

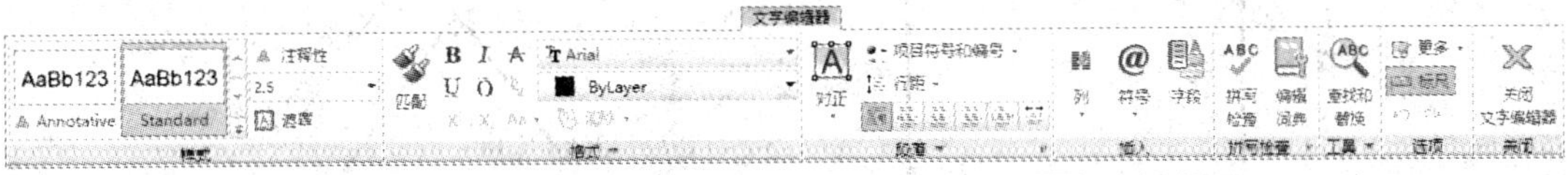

图 10－51 “文字编辑器”功能区上下文选项卡

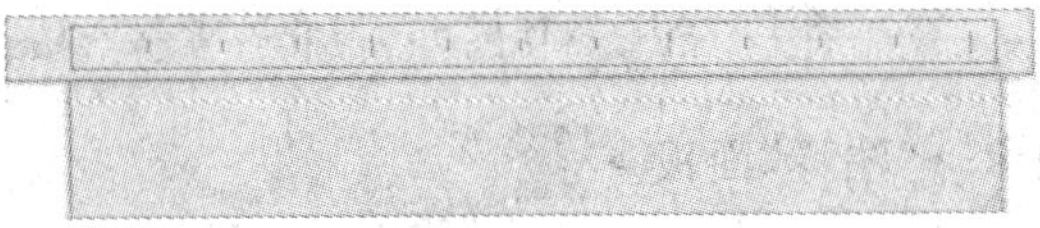

图 10－52 文字输入框

用户可以在文字输入框输入多行文本。使用功能区“文字编辑器”上下文选项卡更改选定文字的字体、高度、应用颜色等。最后单击“关闭文字编辑器”按钮,保存更改并退出编辑器。

10.5.4 文本的编辑

1. 命令输入方式

命令行:DDEDIT

下拉菜单栏:修改(M) → 对象(O) → 文字(T) → 编辑(E)…

工具栏:“文字” → 

2. 命令操作步骤

命令: DDEDIT↙

选择注释对象: 选择要编辑的文字

如果要编辑的文字是多行文本,选择后弹出功能区“文字编辑器”上下文选项卡和文字输入框,可对已输入的文本进行编辑。如果要编辑的文字是单行文本,选择后直接对文本进行编辑。

10.6 尺寸标注

尺寸标注是工程图样的一项重要内容,AutoCAD 提供了丰富的尺寸标注功能。本节主要介绍尺寸标注的方法及尺寸标注样式的设置。

10.6.1 线性尺寸与对齐尺寸的标注

1. 线性尺寸的标注(DIMLINEAR)命令

线性尺寸的标注用于标注线段或两点之间的水平尺寸、垂直尺寸和旋转尺寸,如图 10－53 所示。

(1)命令输入方式

命令行:DIMLINEAR

下拉菜单栏:标注(N) → 线性(L)

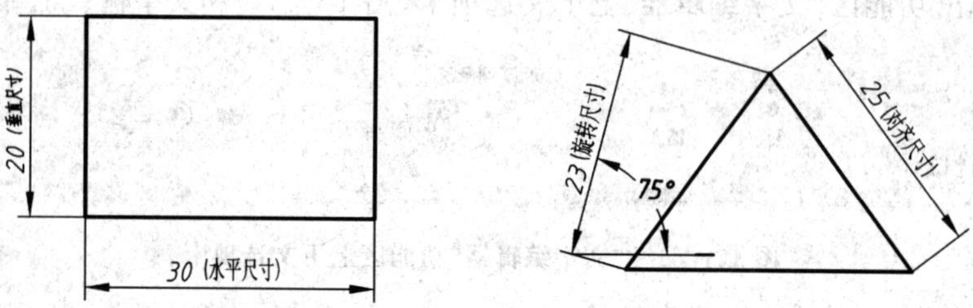

图 10－53　线性尺寸与对齐尺寸

功能区:“默认”选项卡→“注释”面板→

(2)命令操作步骤

命令: DIMLINEAR↙

指定第一条尺寸界线原点或 ＜选择对象＞: 指定第一条尺寸界线的起点

指定第二条尺寸界线原点:指定第二条尺寸界线的起点

指定尺寸线位置或[多行文字(M)/文字(T)/角度(A)/水平(H)/垂直(V)/旋转(R)]: 拖住鼠标在合适的位置单击左键,以确定尺寸线的位置,即可完成水平或垂直尺寸的标注。若标注旋转尺寸,输入 R↙,将出现新提示:

指定尺寸线的角度 ＜当前值＞:75 ↙(输入尺寸线的旋转角度)

2. 对齐尺寸的标注(DIMALIGNED)命令

对齐尺寸标注用于创建尺寸线与两条尺寸界线起点的连线平行的尺寸,或和所标注的对象平行的尺寸。如图 10－53 所示,25 为对齐尺寸,尺寸线与斜线平行。

(1)命令输入方式

命令行:DIMALIGNED

下拉菜单栏:标注(N) → 对齐(G)

功能区: “默认”选项卡→“注释”面板→

(2)命令操作步骤

与线性尺寸的标注过程相同。

10.6.2　角度尺寸的标注

用于标注圆弧的圆心角、圆上某段圆弧的圆心角、两条不平行直线的夹角,或根据给定的三点标注角度,如图 10－54 所示。

(1)命令输入方式:

命令行:DIMANGULAR

下拉菜单栏:标注(N) → 角度(A)

功能区: “默认”选项卡→“注释”面板→

(2)命令操作步骤

命令: DIMANGULAR↙

选择圆弧、圆、直线或 ＜指定顶点＞:

在此提示下,若依次拾取两直线,则可以标注两直线的夹角(图 10－54(a));若拾取一段圆弧，则可以标注该圆弧所对的圆心角(图 10－54(b))；若依次拾取圆上两点(图 10－54(c)中的 A 点和 B 点)，则可以标注两点间圆弧所对的圆心角；若直接回车，则可依次拾取一个角的顶点(图 10－54(d)中的 D 点)及两个端点(图 10－54(d)中的 A 点和 B 点)。

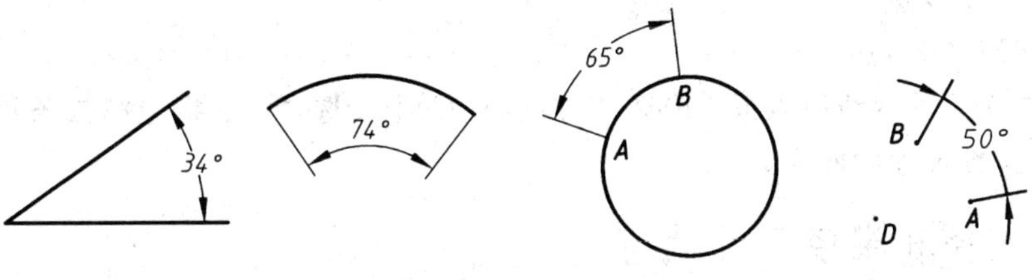

(a)　　(b)　　(c)　　(d)

图 10－54　角度尺寸标注

10.6.3　基线尺寸和连续尺寸的标注

1. 基线尺寸

基线尺寸是以最近一次标注的尺寸为基准，标注几个共用第一条尺寸界线的尺寸，如图 10－55(a)所示。

(1)命令输入方式

命令行：DIMBASE

下拉菜单栏：标注(N) → 基线(B)

功能区："默认"选项卡→"注释"面板→

命令行选择输入 B↙

(2)命令操作步骤

命令：DIMBASE↙

指定第二个尺寸界线原点或［选择(S)/放弃(U)］＜选择＞：指定第二条尺寸界线的起点，即可完成基线尺寸的标注。

2. 连续尺寸

连续尺寸是以最近一次标注的尺寸为基准，标注几个首尾相连的尺寸，即第一个尺寸的第二条尺寸界线作为第二个尺寸的第一条尺寸界线，如图 10－55(b)所示。

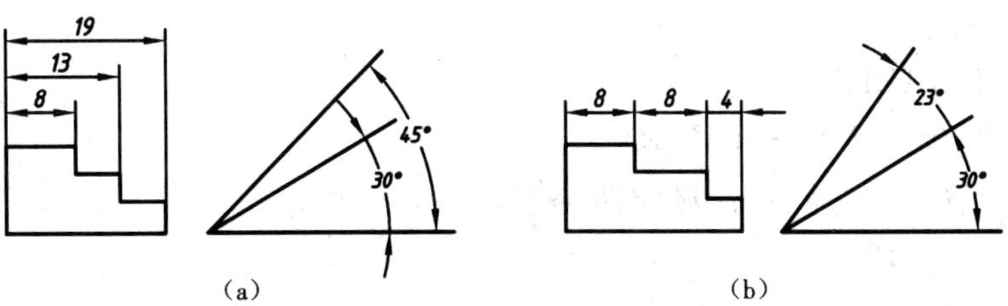

(a)　　(b)

图 10－55　基线尺寸和连续尺寸标注

(1)命令输入方式：

命令行：DIMCONT

下拉菜单栏：标注(N)→ 连续(C)

功能区："默认"选项卡→"注释"面板→

命令行选择输入 C↙

(2)命令操作步骤

命令：DIMCONT↙

指定第二个尺寸界线原点或［选择(S)/放弃(U)］＜选择＞：指定第二条尺寸界线的起点，即可完成连续尺寸的标注。

10.6.4 直径和半径尺寸的标注

1. 直径尺寸

直径尺寸是标注整圆及大于半圆的圆弧的尺寸，如图 10－56(a)所示。

(1)命令输入方式

命令行：DIMDIAMETER

下拉菜单栏：标注(N) → 直径(D)

功能区："默认"选项卡→"注释"面板→

(2)命令操作步骤

命令：DIMDIAMETER↙

选择圆弧或圆：拾取要标注尺寸的圆或圆弧，即可完成直径的尺寸标注。

2. 半径尺寸

半径尺寸是标注半圆及小于半圆的圆弧的尺寸，如图 10－56(b)所示。

(a)　　(b)

图 10－56　直径尺寸和半径尺寸的标注

(1)命令输入方式

命令行：DIMRADIUS

下拉菜单栏：标注(N) → 半径(R)

功能区："默认"选项卡→"注释"面板→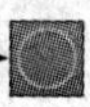

(2)命令操作步骤

与直径尺寸的标注过程相同。

10.6.5 尺寸标注样式设置

要使尺寸标注样式符合我国国家标准规定，在标注尺寸前要先按照国家标准的规定，对尺寸标注样式(如尺寸线、尺寸界线、尺寸文本和箭头等)进行设置。

1. 设置尺寸标注样式(DIMSTYLE)命令

命令行:DIMSTYLE

下拉菜单栏:标注(N) → 标注样式(S)…或格式(O) → 标注样式(D)…

功能区:"默认"选项卡→"注释"面板→

命令执行后,弹出"标注样式管理器"对话框,如图 10－57 所示。对话框中主要选项的功能如下:

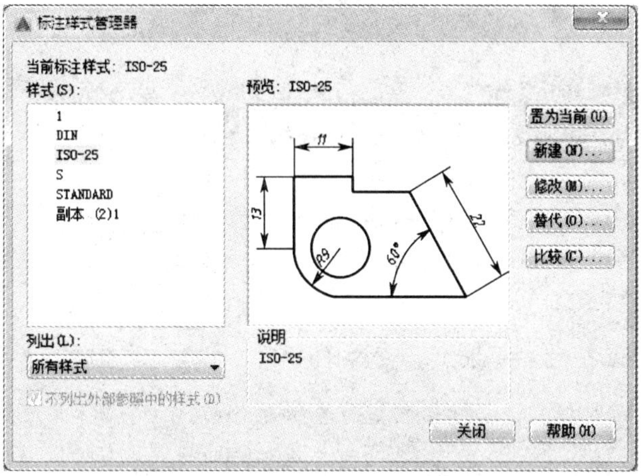

图 10－57 "标注样式管理器"对话框

①"当前标注样式"用于显示当前标注样式名;

②"样式(S)"显示已建立的标注样式名称;

③"预览"显示在"样式"框中被选择的标注样式的效果图;

④"置为当前(U)"按钮是将样式(S)框中选中的样式设置为当前样式;

⑤"修改(M)…"按钮用来修改某一尺寸标注样式;

⑥"替代(O)…"按钮用来设置当前样式的替代样式;

⑦"比较(C)…"按钮是对两个尺寸标注样式进行比较或查看某一尺寸标注样式。

2. 设置新的尺寸标注样式

在标注样式管理器对话框中,单击 "新建(N)…",弹出"创建新标注样式"对话框,如图 10－58 所示。在该对话框中设置新标注样式的名称,选择新标注样式的基础样式,并指定新样式的应用范围。设置完成后,单击"继续"按钮,弹出如图 10－59 所示"新建标注样式" 对话框,在该对话框中通过各选项卡进行新标注样式的设置。

(1)"线"选项卡

设置尺寸线和尺寸界线的格式。

尺寸线选项区如下:

① "颜色(C)"下拉列表框用于设置尺寸线的颜色;

② "线型(L)"下拉列表框用于设置尺寸线的线型;

③ "线宽(G)"下拉列表框用于设置尺寸线的线宽;

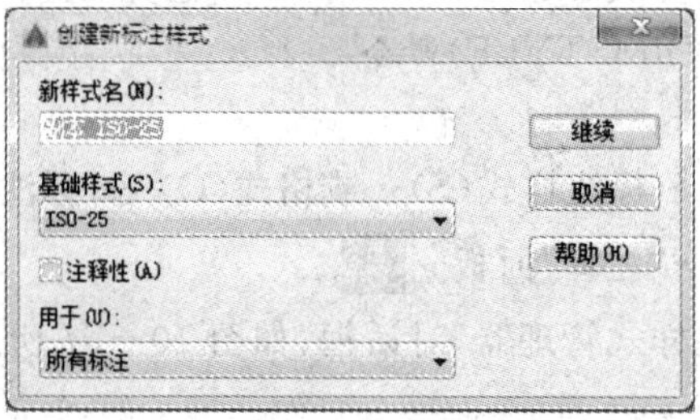

图 10－58 “创建新标注样式”对话框

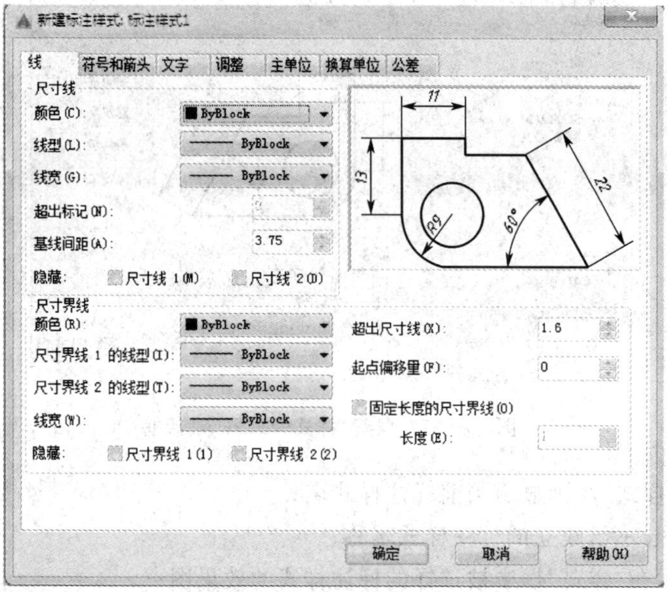

图 10－59 “新建标注样式”对话框

④“基线间距(A)”用于设置基线尺寸两平行尺寸线的间距；

⑤“隐藏”复选框用于控制尺寸线的显示，使其显现或隐藏。

尺寸界线选项区如下：

①“颜色(R)”下拉列表框用于设置尺寸界线的颜色；

②“尺寸界线 1 的线型(I)”下拉列表框用于设置第一条尺寸界线的线型；

③“尺寸界线 2 的线型(T)”下拉列表框用于设置第二条尺寸界线的线型；

④“线宽(W)”下拉列表框用于设置尺寸界线的线宽；

⑤“超出尺寸线(X)”输入框用于设置尺寸界线超出尺寸线的长度；

⑥“起点偏移量(F)”输入框用于设置尺寸界线的起点与标注定义点的距离；

⑦“隐藏”用于控制尺寸界线的显示，使其显现或隐藏。

(2)“符号和箭头”选项卡

该选项卡用于设置箭头、圆心标记、弧长符号和折弯半径标注的格式和位置，如图 10－60 所示。

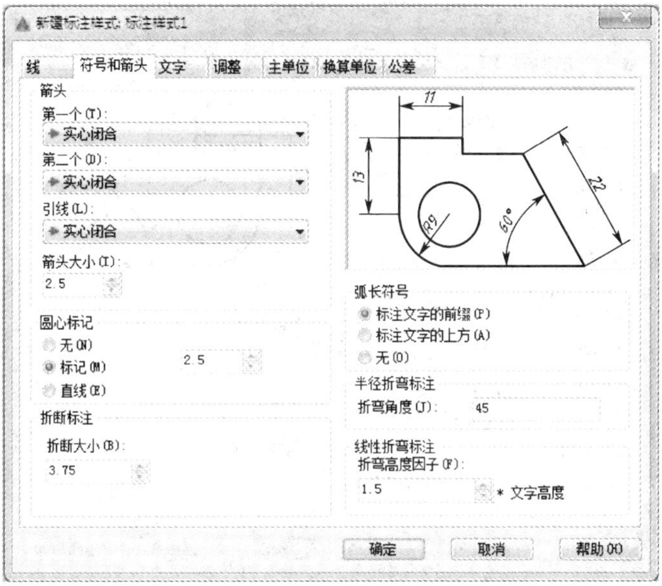

图 10－60 “符号和箭头”选项卡

①“箭头”选项区用于设置尺寸线及引线箭头的样式和大小；

②“圆心标记”选项区用于控制直径标注和半径标注的圆心标记和中心线的样式和大小；

③“折断标注”用于控制折断标注的间距宽度；

④“弧长符号”用于控制弧长标注中圆弧符号的显示；

⑤“半径折弯标注”用于控制折弯(Z 字型)半径标注的显示；

⑥“线性折弯标注”用于控制线性标注折弯的显示。

(3)“文字”选项卡

用于设置尺寸文字，如图 10－61 所示。

文字外观选项区如下：

① “文字样式(Y)”下拉列表框用于选择标注文字的样式；

② “文字颜色(C)”下拉列表框用于选择标注文字的颜色；

③ “填充颜色(L)”下拉列表框用于设置标注中文字背景的颜色；

④ “文字高度(T)”输入框用于设置标注文字的高度；

⑤ “绘制文字边框(F)”复选框，选择此项，将在尺寸文本的四周画一个方框。

文字位置选项区如下：

① “垂直(V)”下拉列表框用来设置标注文字相对于尺寸线在垂直方向的位置；

② “水平(Z)”下拉列表框用来设置标注文字相对于尺寸线在水平方向的位置；

③ “从尺寸线偏移(O)”输入框用来设置标注文字与尺寸线之间的距离。

文字对齐(A)选项区用于设置标注文字水平或与尺寸线平行，其操作方法如下。

① 选中“水平”按钮，标注文字水平放置。

② 选中“与尺寸线对齐”按钮，标注文字与尺寸线平行。

③ 选中“ISO 标准”按钮，标注文字按 ISO 标准放置。当文字在尺寸界线之内时，方向与

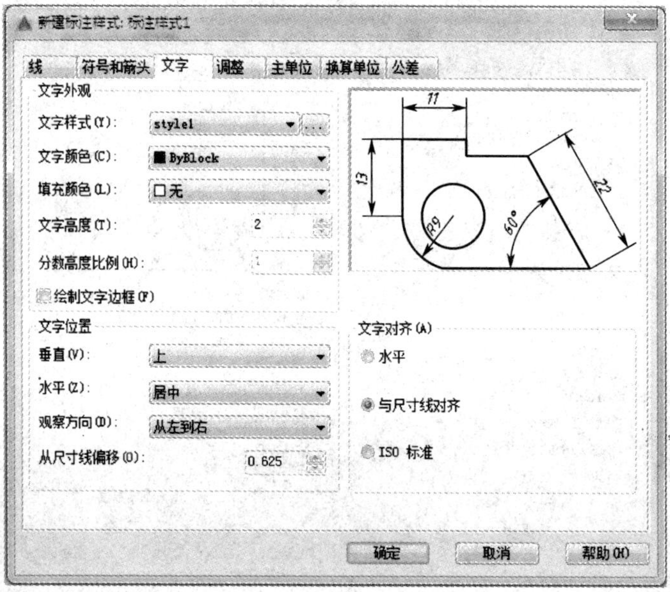

图 10－61 “文字”选项卡

尺寸线一致;当文字在尺寸界线之外时,水平放置。

(4)“调整”选项卡

调整尺寸箭头、文字、引线和尺寸线的放置位置,如图 10－62 所示。

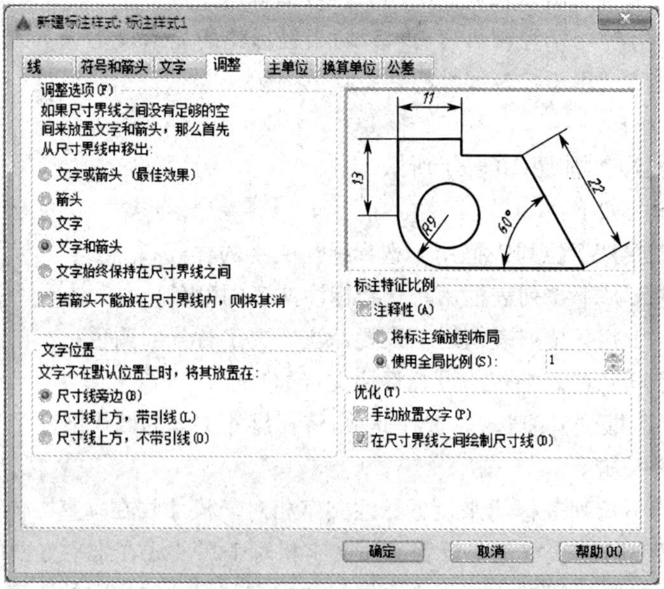

图 10－62 “调整”选项卡

1)“调整选项(F)”选项区　当尺寸箭头和文字在两尺寸界线之间放置不下时,可根据需要设置首先从尺寸界线中移出的选项。各选项分别为“文字或箭头(最佳效果)”、“箭头”、“文字”、“文字和箭头”以及“使文字始终保持在尺寸界线之间”。

2)“文字位置”选项区　设置文字的放置位置。

3)“标注特征比例”选项区　设置标注尺寸的特性比例。

4)“优化(T)选项区　对标注文字和尺寸线作细微的调整。

(5)“主单位”选项卡

用于设置线性标注及角度标注的单位和精度，一般选小数和整数，如图 10－63 所示。

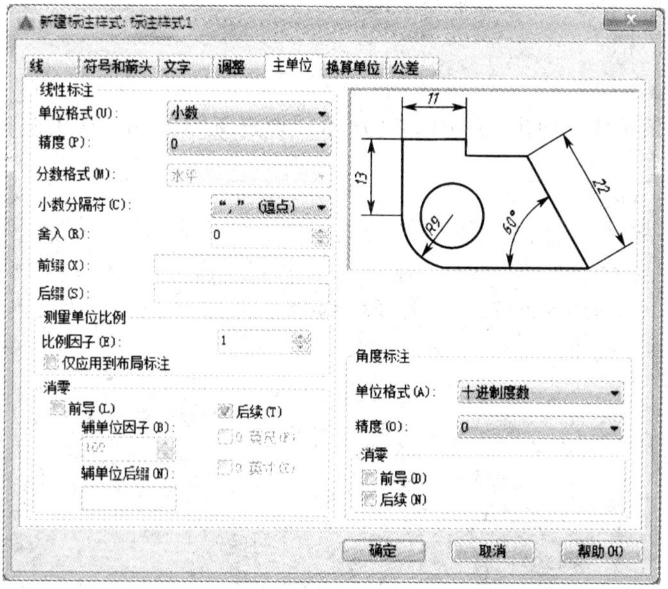

图 10－63　“主单位”选项卡

(6)“换算单位”选项卡

指定标注测量值中换算单位的显示并设置其格式和精度。

(7)“公差”选项卡

控制标注文字中公差的格式及显示。

10.7　块与块属性

在绘图过程中，经常会遇到相同或相似的图形(如螺栓、螺母、表面结构代号等)。利用 AutoCAD 提供的块功能，将常用的图形定义为块并存于磁盘中，供绘图时调用。还可以在块中加入不同的文本信息，以提高绘图的效率，节省绘图时间。

10.7.1　块的概念

块是一个或多个对象形成的对象的集合，各个对象可以分别绘制在不同的图层上。通过建立块，用户可以把块作为单一的对象来处理。

10.7.2 定义块(BLOCK)命令

功能:将已经绘制好并在屏幕上可见的图形对象定义为块。

1. 命令输入方式

命令行:BLOCK(BMAKE)

下拉菜单栏:绘图(D) → 块(K) → 创建(M)…

功能区:“默认”选项卡→“块”面板→

2. 命令操作步骤

命令:BLOCK↙

命令执行后,在屏幕上弹出(图 10－64 所示)“块定义”对话框,利用该对话框可以定义块。

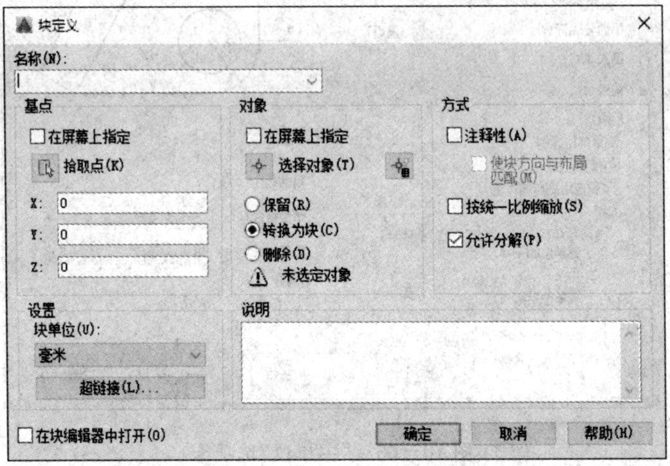

图 10－64 “块定义”对话框

1)“名称(N)”下拉列表框　用来输入块名。

2)“基点”选项区　用来确定块的基点(即插入点)。单击“拾取点”按钮,切换到绘图屏幕,用鼠标在绘图区拾取块的特征点作为插入点,拾取后系统返回到对话框。

3)“对象”选项区　用来确定组成块的图形对象。单击“选择对象”按钮,切换到绘图屏幕,选择要定义为块的图形对象,回车后系统返回到对话框。

4)“方式”选项区　用来指定块的方式。

5)“说明”编辑区　用来输入与块定义相关的说明信息。

单击“确定”按钮,完成块的定义。

10.7.3 块的存储(WBLOCK)命令

块的存储是将块或图形对象保存到一个独立的图形文件中。该图形文件在其他图形中作为块使用。

1. 命令输入方式

命令行:WBLOCK

2. 命令操作步骤

命令：WBLOCK↙

命令执行后，在屏幕上弹出“写块”对话框，如图 10－65 所示，各选项如下。

(1)“源”选项区

①“块(B)”单选按钮，将定义好的块保存为图形文件。

②“整个图形(E)”单选按钮，把当前整个图形保存为图形文件。

③“对象(O)”单选按钮，用鼠标在屏幕上选择所需的图形对象并保存为图形文件。

(2)“基点”选项区

该选项区用来确定块的基点(即插入点)。

(3)“对象”选项区

该选项区用来确定组成块的图形对象。

单击“确定”按钮，完成块文件的定义(存储)。

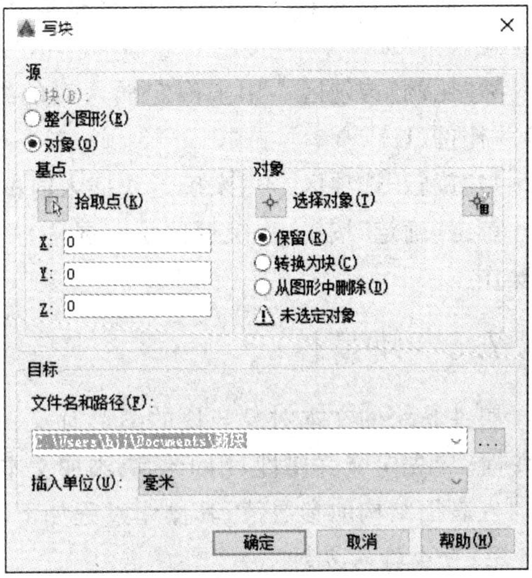

图 10－65 “写块”对话框

10.7.4 块的插入(INSERT)命令

将已经定义好的块或块文件插入到当前图形中。

1. 命令输入方式

命令行：INSERT

下拉菜单栏：插入(I) → 块(B)…

功能区：“默认”选项卡→“块”面板→

2. 命令操作步骤

命令：INSERT↙

命令执行后，在屏幕上弹出“插入”对话框，如图 10－66 所示。

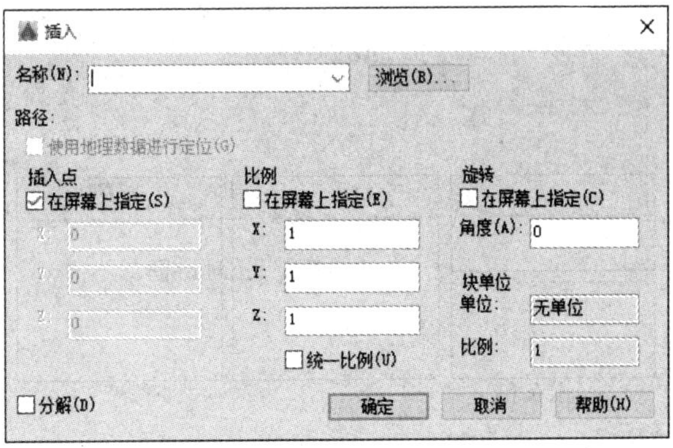

图 10－66 “插入”对话框

1)“名称(N)”下拉列表框　用户输入或选择块的名称。

2)“插入点”选项区　选取“在屏幕上指定(S)”复选框，表示用鼠标在屏幕上确定插入点的位置。

3)“比例”选项区　用来确定插入时的缩放比例，当需要三个方向的比例相同时，应选中“统一比例(U)”项。

4)“旋转”选项区　用来确定块插入时的旋转角度。

单击“确定”按钮，系统返回绘图屏幕，用鼠标选取一点作为块的插入点，即完成了块的插入操作。

10.7.5　块属性

属性是块的文本对象与块的图形对象一起共同组成块的全部内容。在定义一个带有属性的块时，应先定义其属性，用于给块添加文本注释。例如，将表面结构图形符号定义为块时，还需加入表面结构的参数值，其操作过程如下。

1. 命令输入方式

命令行：ATTDEF

下拉菜单栏：绘图(D) → 块(K) → 定义属性(D)…

功能区：“默认”选项卡→“块”面板→

2. 命令操作步骤(以定义表面结构标注属性为例)

命令：ATTDEF↙

命令执行后，在屏幕上弹出“属性定义”对话框，如图 10－67 所示。

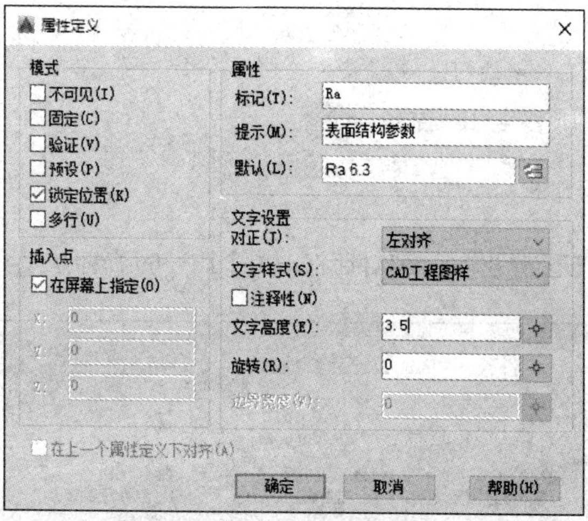

图 10－67　“属性定义”对话框

(1)“属性”选项区

该选项区包含以下三个输入框：

① 标记(T)，输入“Ra”；

② 提示(M)，输入“表面结构参数”；

③ 默认(L)，输入值“Ra 6.3”。

(2)“文字设置”选项区

该选项区的内容如下：

①对正(J)，选择文字对正方式“左对齐”；

②文字样式(S)，选择文字样式“CAD 工程图样”(需要先设置文字样式，参见“10.5.1 节”)；

③文字高度(E)，输入文字高度“3.5”(与尺寸数字高度相同)；

④旋转(R)，输入旋转角度“0”。

(3)“插入点”选项组

“在屏幕上指定(O)”复选框表示用鼠标在屏幕上拾取文本的定位点，或者直接输入坐标值，以确定文本的定位点。

单击“确定”按钮，完成块属性的定义。

10.7.6 表面结构的标注步骤

(1)画表面结构图形符号

如图 10－68(a)所示。

(2)设置表面结构标注的属性值

参见 10.7.5 节，执行后含有属性的表面结构标记如图 10－68(b)所示。

(3)建立块(Block)

①在“块定义”对话框的“名称(N)”栏中输入 Ra。

②单击“拾取点(K)”按钮，在屏幕上捕捉三角形的最下点作为插入基点。

③单击“选择对象(T)”按钮，在屏幕上将表面结构图形符号及属性全部选中。

④单击“确定”按钮，出现“编辑属性”对话框，用户可更改 Ra 默认的属性值(Ra 6.3)。若不更改，直接单击“确定”按钮，就将表面结构图形符号及属性一起定义为一个块。此时，表面结构标注的标记如图 10－68(c)所示。

(4)在图形中插入表面结构的标记(Insert)

在“插入”对话框的“名称(N)”栏中输入块名 Ra，单击“确定”按钮，系统提示：

指定插入点或［基点(B)/比例(S)/X/Y/Z/旋转(R)］：用鼠标在屏幕图形的适当位置确定一点(插入点)，用来插入表面结构标注的标记。

Ra＜Ra 6.3＞：Ra 3.2(新的属性值)↙

插入零件图中的表面结构标注如图 10－68(d)所示。

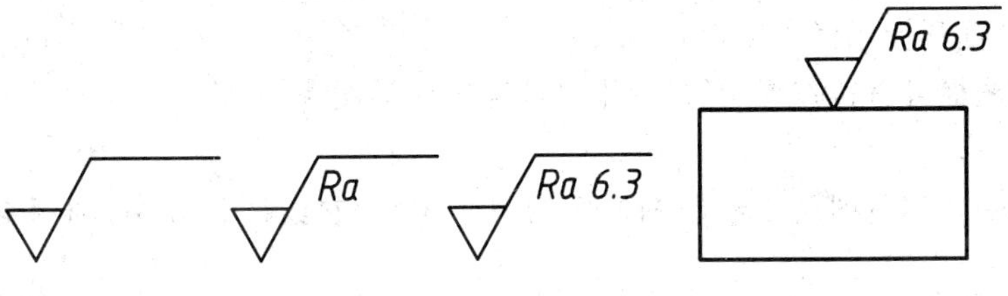

(a)　　(b)　　(c)　　(d)

图 10－68　表面结构标注图块的建立及插入

10.8 绘图步骤

绘制如图 10－69 所示扳手零件图的步骤如下。

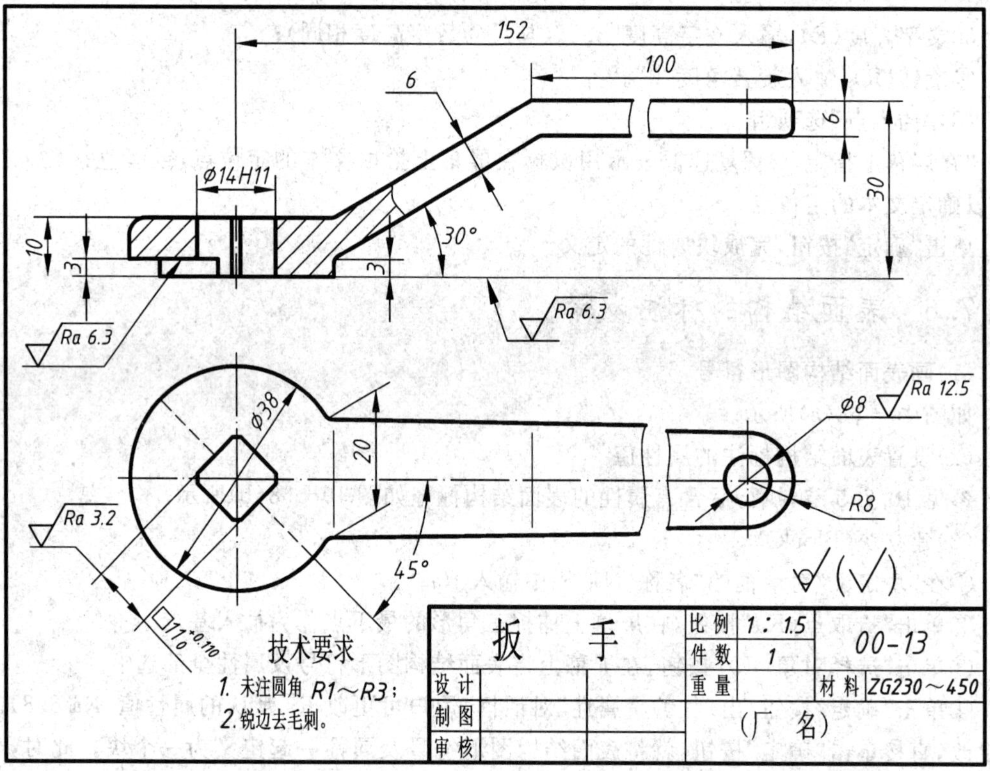

图 10－69　扳手

(1)设置绘图环境

①根据该零件尺寸设置图幅(本例设为 A4，297×210)，将长边置于水平位置使用。

②用图层(LAYER)命令设置图层、颜色和线型。

③用文字样式(STYLE)命令设置文字样式。

④根据图中尺寸标注形式设置尺寸标注样式。

⑤如需要，可将上述设置保存为样板图，以备画其他图时使用。

(2)绘制图框和标题栏

图框和标题栏可直接在图中绘制，也可预先定义为图块，再将其插入图中。

(3)绘制图形

用绘图命令在相应图层中绘制图样中的各条图线，在绘图过程中，利用编辑命令进行修改。

(4)填充剖面线

用图案填充(HATCH)命令填充剖面线。

(5)标注尺寸

用尺寸标注命令标注所有尺寸。

(6)标注表面结构要求

表面结构的图形符号可用绘图方式标注,也可用图块方式标注。

(7)填写标题栏

将定义好的汉字、数字和字母的文字样式作为当前文字样式,用文本命令填写标题栏及技术要求的内容。

(8)整理存图

对图中的各项内容进行认真仔细审核,并将视图进行合理布局(注意保持视图间的投影对应关系),检查无误后存储图形。

附　　录

附录一　常用螺纹及螺纹紧固件

1. 普通螺纹的基本尺寸(GB/T 196—2003)和直径与螺距(GB/T 193—2003)

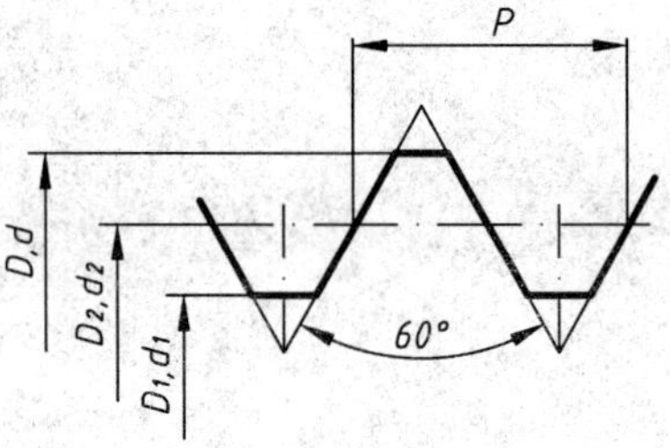

标记示例：

M24(单线粗牙普通螺纹,公称直径 24 mm,螺距 3 mm,右旋的外螺纹,中径和顶径公差带代号均为 6g,中等旋合长度)

M24×1.5—6H7H—LH (单线细牙普通螺纹,公称直径 24 mm,螺距 1.5 mm,左旋的内螺纹,中径公差带代号 6H,顶径公差带代号为 7H,中等旋合长度)

附表 1—1　普通螺纹的基本尺寸、直径和螺距　　单位:mm

公称直径 D、d		螺距 P		粗牙小径 D_1，d_1	公称直径 D、d		螺距 P		粗牙小径 D_1，d_1
第一系列	第二系列	粗牙	细牙		第一系列	第二系列	粗牙	细牙	
3		0.5	0.35	2.459		22	2.5	2，1.5，1，(0.75)，(0.5)	19.294
	3.5	(0.6)		2.850	24		3	2，1.5，1，(0.75)	20.752
4		0.7	0.5	3.242		27	3	2，1.5，1，(0.75)	23.752
	4.5	(0.75)		3.688	30		3.5	(3)，2，1.5，1，(0.75)	26.211
5		0.8		4.134		33	3.5	(3)，2，1.5，(1)，(0.75)	29.211
6		1	0.75，(0.5)	4.917	36		4	3，2，1.5 (1)	31.670
8		1.25	1，0.75，(0.5)	6.647		39	4		34.670
10		1.5	1.25，1，0.75，(0.5)	8.376	42		4.5	(4)，3，2，1.5，(1)	37.129
12		1.75	1.5，1.25，1，(0.75)，(0.5)	10.106		45	4.5		40.129
	14	2	1.5，(1.25)，1，(0.75)，(0.5)	11.835	48		5		42.587
16		2	1.5，1，(0.75)，(0.5)	13.835		52	5		46.587
	18	2.5	2，1.5，1，(0.75)，(0.5)	15.294	56		5.5	4，3，2，1.5，(1)	50.046
20		2.5		17.294					

注：1. 优先选用第一系列，括号内尺寸尽可能不用。第三系列未列入。

2. 中径 D_2、d_2 未列入。

附表 1—2　细牙普通螺纹螺距与小径的关系　　单位：mm

螺距 P	小径 D_1、d_1	螺距 P	小径 D_1、d_1	螺距 P	小径 D_1、d_1
0.35	$D(d)-1+0.621$	1	$D(d)-2+0.917$	2	$D(d)-3+0.835$
0.5	$D(d)-1+0.459$	1.25	$D(d)-2+0.647$	3	$D(d)-4+0.752$
0.75	$D(d)-1+0.188$	1.5	$D(d)-2+0.376$	4	$D(d)-1+0.670$

2. 55°非密封管螺纹（GB/T 7307—2001）

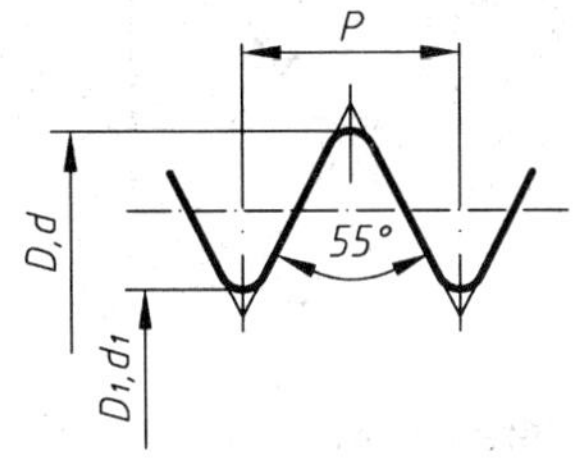

标记示例：

G1/2A：（尺寸代号为 1/2 的 55°非密封管螺纹，外螺纹，右旋，公差等级为 A 级）

G1/2B—LH：（尺寸代号为 1/2 的 55°非密封管螺纹，外螺纹，左旋，公差等级为 B 级）

G1/2：（尺寸代号为 1/2 的 55°非密封管螺纹，内螺纹，右旋）

附表 1—3　55°非密封管螺纹　　单位：mm

尺寸代号	每 25.4 mm 内的牙数 n	螺距 P	基本直径	
			大径 D、d	小径 D_1、d_1
1/8	28	0.907	9.728	8.566
1/4	19	1.337	13.157	11.445
3/8	19	1.337	16.662	14.950
1/2	14	1.814	20.955	18.631
5/8	14	1.814	22.911	20.587
3/4	14	1.814	26.441	24.117
7/8	14	1.814	30.201	27.877
1	11	2.309	33.249	30.291
$1\frac{1}{8}$	11	2.309	37.897	34.939
$1\frac{1}{4}$	11	2.309	41.910	38.952
$1\frac{1}{2}$	11	2.309	47.803	44.845
$1\frac{3}{4}$	11	2.309	53.746	50.788
2	11	2.309	59.614	56.656
$2\frac{1}{4}$	11	2.309	65.710	62.752
$2\frac{1}{2}$	11	2.309	75.184	72.226
$2\frac{3}{4}$	11	2.309	81.534	78.576
3	11	2.309	87.884	84.926

3. 梯形螺纹的基本尺寸（GB/T 5796.3—2005）和直径与螺距（GB/T 5796.2—2005）

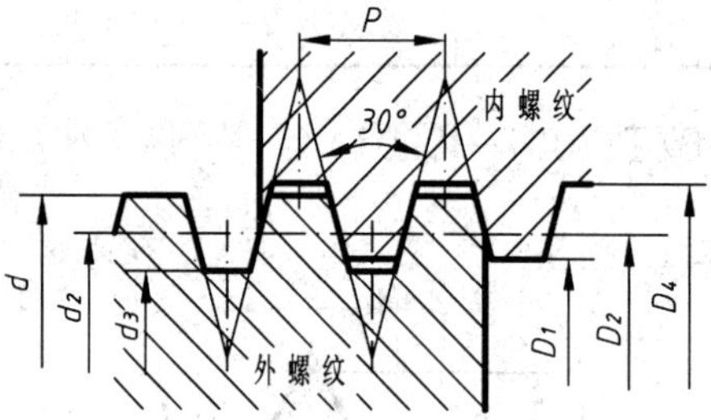

标记示例：

Tr28×5—7H：（公称直径 28 mm，螺距 5 mm，中径公差带代号为 7H，单线右旋梯形内螺纹，中等旋合长度）

Tr28×10（P5）LH—8e—L：（公称直径 28 mm，导程 10 mm，螺距 5 mm，中径公差带代号为 8e，双线左旋梯形外螺纹，长旋合长度）

附表 1—4　梯形螺纹的基本尺寸、直径与螺距　　单位：mm

公称直径 d		螺距	中径	大径	小径		公称直径 d		螺距	中径	大径	小径	
第一系列	第二系列	P	$d_2=D_2$	D_4	d_3	D_1	第一系列	第二系列	P	$d_2=D_2$	D_4	d_3	D_1
8		1.5	7.25	8.30	6.20	6.50		26	3	24.50	26.50	22.50	23.00
	9	1.5	8.25	9.30	7.20	7.50			5	23.50	26.50	20.50	21.00
		2	8.00	9.50	6.50	7.00			8	22.00	27.00	17.00	18.00
10		1.5	9.25	10.30	8.20	8.50	28		3	26.50	28.50	24.50	25.00
		2	9.00	10.50	7.50	8.00			5	25.50	28.50	22.50	23.00
	11	2	10.00	11.50	8.50	9.00			8	24.00	29.00	19.00	20.00
		3	9.50	11.50	7.50	8.00		30	3	28.50	30.50	26.50	27.00
12		2	11.00	12.50	9.50	10.00			6	27.00	31.00	23.00	24.00
		3	10.50	12.50	8.50	9.00			10	25.00	31.00	19.00	20.00
	14	2	13.00	14.50	11.50	12.00	32		3	30.50	32.50	28.50	29.00
		3	12.50	14.50	10.50	11.00			6	29.00	33.00	25.00	26.00
16		2	15.00	16.50	13.50	14.00			10	27.00	33.00	21.00	22.00
		4	14.00	16.50	11.50	12.00		34	3	32.50	34.50	30.50	31.00
	18	2	17.00	18.50	15.50	16.00			6	31.00	35.00	27.00	28.00
		4	16.00	18.50	13.50	14.00			10	29.00	35.00	23.00	24.00
20		2	19.00	20.50	17.50	18.00	36		3	34.50	36.50	32.50	33.00
		4	18.00	20.50	15.50	16.00			6	33.00	37.00	29.00	30.00
	22	3	20.50	22.50	18.50	19.00			10	31.00	37.00	25.00	26.00
		5	19.50	22.50	16.50	17.00		38	3	36.50	38.50	34.50	35.00
		8	18.00	23.00	13.00	14.00			7	34.50	39.00	30.00	31.00
24		3	22.50	24.50	20.50	21.00			10	33.00	39.00	27.00	28.00
		5	21.50	24.50	18.50	19.00	40		3	38.50	40.50	36.50	37.00
		8	20.00	25.00	15.00	16.00			7	36.50	41.00	32.00	33.00
									10	35.00	41.00	29.00	30.00

注：(1) 优先选用第一系列直径；

(2) 每一直径的螺距系列中第一个数为优先选用的螺距。

4. 六角头螺栓（GB/T 5782—2000）和全螺纹六角头螺栓（GB/T 5783—2000）

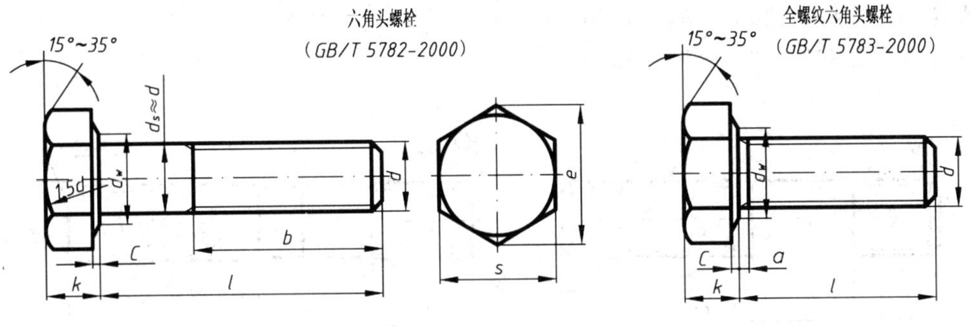

标记示例：

螺栓 GB/T 5782 M12×80（螺纹规格 d=M12，公称长度 l=80 mm，性能等级为 8.8 级，表面氧化，A 级的六角头螺栓）

若为全螺纹，其标记为：螺栓 GB/T 5783　M12×80

附表 1—5　六角头螺栓　　　单位：mm

螺纹规格 d			M3	M4	M5	M6	M8	M10	M12	M16	M20	M24
e min		A	6.01	7.66	8.79	11.05	14.38	17.77	20.03	26.75	33.53	39.98
		B	5.88	7.50	8.63	10.89	14.20	17.59	19.85	26.17	32.95	39.55
k 公称			2	2.8	3.5	4	5.3	6.4	7.5	10	12.5	15
s 公称=max			5.5	7	8	10	13	16	18	24	30	36
c		max	0.4	0.4	0.5	0.5	0.6	0.6	0.6	0.8	0.8	0.8
		min	0.15	0.15	0.15	0.15	0.15	0.15	0.15	0.2	0.2	0.2
dw min		A	4.57	5.88	6.88	8.88	11.63	14.63	16.63	22.49	28.19	33.61
		B	4.45	5.74	6.74	8.74	11.47	14.47	16.47	22	27.7	33.25
GB/T 5782—2000	b 参考	l≤125	12	14	16	18	22	26	30	38	46	54
		125<l≤200	18	20	22	24	28	32	36	44	52	60
		l>200	31	33	35	37	41	45	49	57	65	73
	l 公称		20～30	25～40	25～50	30～60	40～80	45～100	50～120	65～160	80～200	90～240
GB/T 5783—2000	a max		1.5	2.1	2.4	3	4	4.5	5	6	7.5	9
	l 公称		6～30	8～40	10～50	12～60	16～80	20～100	25～120	30～160	40～200	50～240

长度 l 系列：6，8，10，12，16，20，25，30，35，40，45，50，55，60，65，70，80，90，100，110，120，130，140，150，160，180，200，220，240，……

注：A 和 B 为产品等级，A 级用于 d≤24 和 l≤10d 或 l≤150 mm 的螺栓，B 级用于 d>24 或 l>10d 或 l>150 mm 的螺栓。

5．双头螺柱（GB/T 897—1988～GB/T 900—1988）

螺柱 GB/T 897—1988　$b_m=1d$

螺柱 GB/T 898—1988　$b_m=1.25d$

螺柱 GB/T 899—1988　$b_m=1.5d$

螺柱 GB/T 900—1988　$b_m=2d$

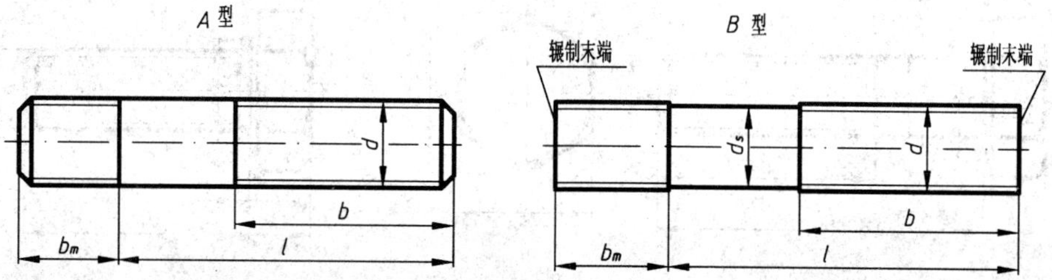

标记示例：

螺柱 GB/T 898 AM10×40（螺纹规格 d=M10，$b_m=1.25d$，公称长度 l=40 mm，性能等级为 4.8 级，不经表面处理，按 A 型制造的双头螺柱）

螺柱 GB/T 897 M10×45（螺纹规格 d=M10，$b_m=1d$，公称长度 l=45 mm，性能等级为 4.8 级，不经表面处理，按 B 型制造的双头螺柱）

附表 1－6　双头螺柱　　单位：mm

螺纹规格 d	b_m（公称）				d_s=max	l/b
	GB/T897—1988	GB/T898—1988	GB/T899—1988	GB/T900—1988		
M5	5	6	8	10	5	16～22/10，25～50/16
M6	6	8	10	12	6	20～22/10，25～30/14，32～75/18
M8	8	10	12	16	8	20～22/12，25～30/16，32～90/22
M10	10	12	15	20	10	25～28/14，30～38/16，40～120/26
M12	12	15	18	24	12	25～30/16，32～40/20，45～120/30
M16	16	20	24	32	16	30～38/20，40～55/30，60～120/38
M20	20	25	30	40	20	35～40/25，45～65/35，70～120/46
M24	24	30	36	48	24	45～50/30，55～75/45，80～120/54
M30	30	38	45	60	30	60～65/40，70～90/50，95～120/60，130～200/72
M36	36	45	54	72	36	65～70/45，80～110/60，120/78，130～200/84
M42	42	52	65	84	42	65～80/50，85～110/70，120/90，130～200/96

长度 l 系列：16，(18)，20，(22)，25，(28)，30，(32)，35，(38)，40，45，50，(55)，60，(65)，70，(75) 80，(85)，90，(95)，100，110，120，130，140，150，160，170，…

6. 开槽圆柱头螺钉（GB/T 65—2000）

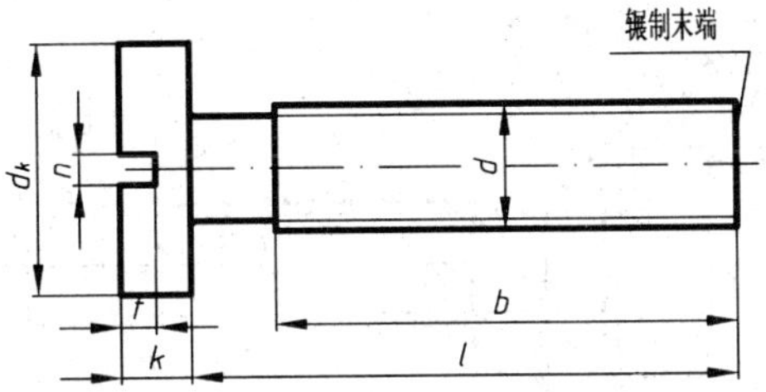

标记示例：

螺钉 GB/T 65 M10×45（螺纹规格 d=M10，公称长度 l=45 mm，性能等级为 4.8 级，不经表面处理的 A 级开槽圆柱头螺钉）

附表 1—7　开槽圆柱头螺钉　　　　单位：mm

螺纹规格 d	$dk_{公称}$=max	$k_{公称}$=max	t_{min}	n	l	b
M4	7	2.6	1.1	1.2	5～40	l≤40 为全螺纹 l>40，b_{min}=38
M5	8.5	3.3	1.3	1.2	6～50	
M6	10	3.9	1.6	1.6	8～60	
M8	13	5	2	2	10～80	
M10	16	6	2.4	2.5	12～80	
长度 l 系列：4，5，6，8，10，12，(14)，16，20，25，30，35，40，45，50，(55)，60，(65)，70，(75)，80，…						

7. 开槽盘头螺钉（GB/T 67—2000）

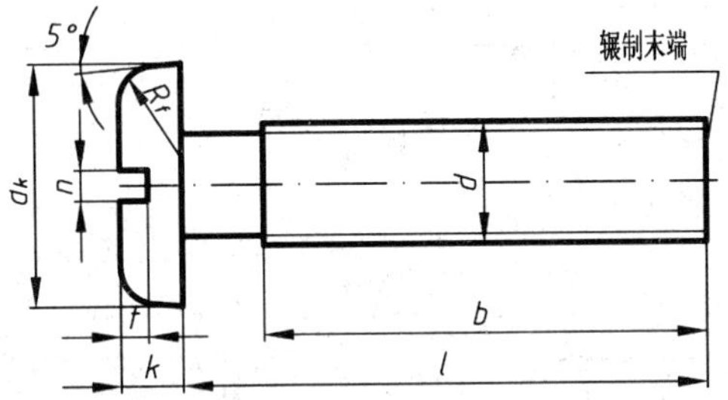

标记示例：

螺钉 GB/T 67 M10×45（螺纹规格 d=M10，公称长度 l=45 mm，性能等级为 4.8 级，不经表面处理的开槽盘头螺钉）

附表 1—8　开槽盘头螺钉　　　　单位：mm

螺纹规格 d	$dk_{公称}$=max	$k_{公称}$=max	t_{min}	n	R_f（参考）	l	b
M3	5.6	1.8	0.7	0.8	0.9	4～30	l≤40 为全螺纹 l>40，b_{min}=38
M4	8	2.4	1	1.2	1.2	5～40	
M5	9.5	3	1.2	1.2	1.5	6～50	
M6	12	3.6	1.4	1.6	1.8	8～60	
M8	16	4.8	1.9	2	2.4	10～80	
M10	20	6	2.4	2.5	3	12～80	
长度 l 系列：4，5，6，8，10，12，(14)，16，20，25，30，35，40，45，50，(55)，60，(65)，70，(75)，80，…							

8. 开槽沉头螺钉（GB/T 68—2000）

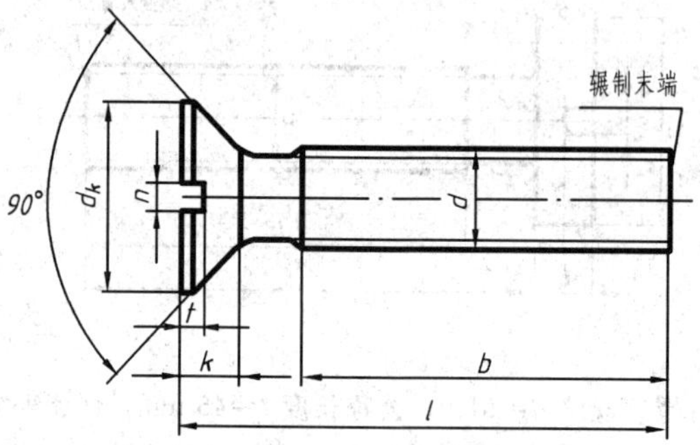

标记示例：

螺钉 GB/T 68 M10×50（螺纹规格 d=M10，公称长度 l=50 mm，性能等级为 4.8 级，不经表面处理的开槽沉头螺钉）

附表 1—9　开槽沉头螺钉　　单位：mm

螺纹规格 d	$d_{k公称}$=max	$k_{公称}$=max	n	t_{min}	l	b
M4	9.4	2.7	1.2	1	6～40	l≤45 为全螺纹 l>45，b_{min}=38
M5	10.4	2.7	1.2	1.1	8～50	
M6	12.6	3.3	1.6	1.2	8～60	
M8	17.3	4.65	2	1.8	10～80	
M10	20	5	2.5	2	12～80	
长度 l 系列：4，5，6，8，10，12，(14)，16，20，25，30，35，40，45，50，(55)，60，(65)，70，(75)，80，…						

9. 紧定螺钉

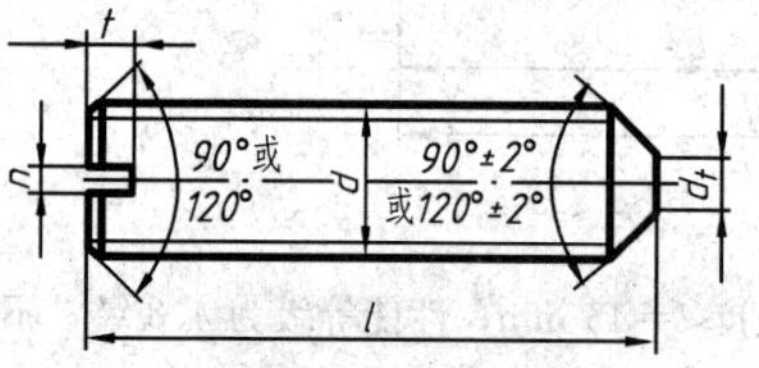

开槽锥端紧定螺钉
(GB/T 71—1985)

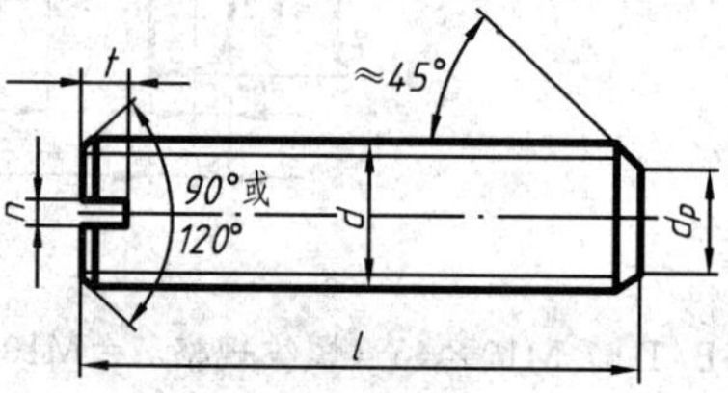

开槽平端紧定螺钉
(GB/T 73—1985)

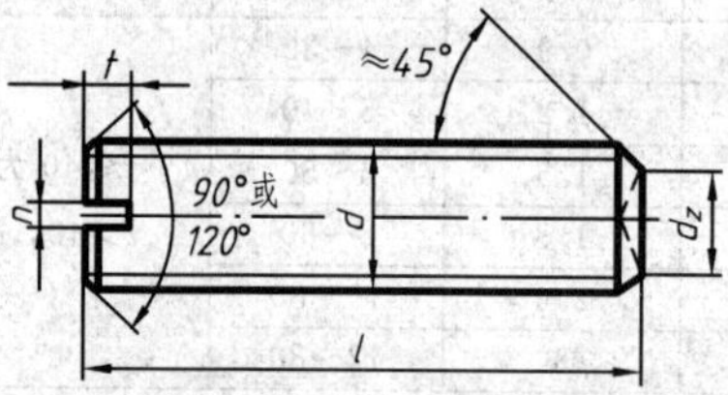

开槽凹端紧定螺钉
(GB/T 74—1985)

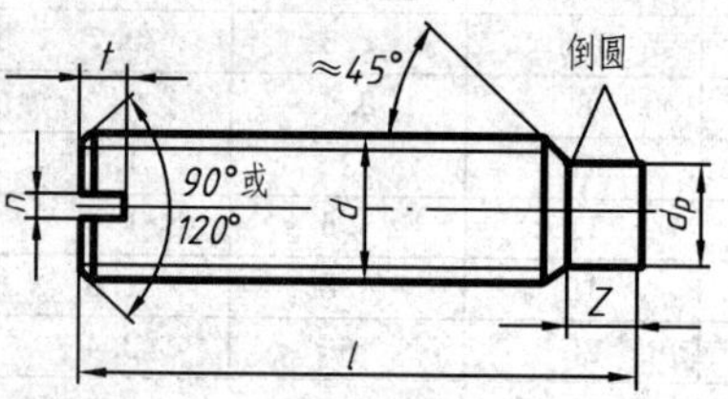

开槽圆柱端紧定螺钉
(GB/T 75—1985)

标记示例：

螺钉 GB/T 71 M10×50（螺纹规格 d=M10，公称长度 l=50 mm，性能等级为 14 级，表面氧化的开槽锥端紧定螺钉）

附表 1—12　紧定螺钉　　　　单位：mm

螺纹规格 d		M1.6	M2	M2.5	M3	M4	M5	M6	M8	M10	M12
n		0.25	0.25	0.4	0.4	0.6	0.8	1	1.2	1.6	2
t_{max}		0.74	0.84	0.95	1.05	1.42	1.63	2	2.5	3	3.6
dz		0.8	1	1.2	1.4	2	2.5	3	5	6	8
dt_{max}		0.16	0.2	0.25	0.3	0.4	0.5	1.5	2	2.5	3
dp_{max}		0.8	1	1.5	2	2.5	3.5	4	5.5	7	8.5
z_{max}		1.05	1.25	1.5	1.75	2.25	2.75	3.25	4.3	5.3	6.3
公称长度 l	GB/T 71	2～8	3～10	3～12	4～16	6～20	8～25	8～30	10～40	12～50	14～60
	GB/T 73	2～8	2～10	2.5～12	3～16	4～20	5～25	6～30	8～40	10～50	12～60
	GB/T 74	2～8	2.5～10	3～12	3～16	4～20	5～25	6～30	8～40	10～50	12～60
	GB/T 75	2.5～8	3～10	4～12	5～16	6～20	8～25	10～30	10～40	12～50	14～60
长度系列 l		2，2.5，3，4，5，6，8，10，12，(14)，16，20，25，30，35，40，45，50，(55)，60，…									

10. 1 型六角螺母—A 级和 B 级（GB/T 6170—2000）

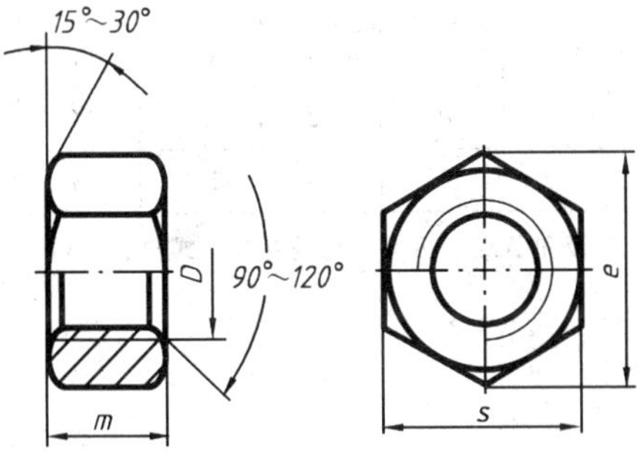

标记示例：

螺母 GB/T 6170 M12（螺纹规格 D=M12，性能等级为 8 级，不经表面处理，产品等级为 A 级的 1 型六角螺母）

附表 1—11　六角头螺母　　　　单位：mm

螺纹规格 D	e_{min}	$s_{公称}$=max	m_{max}
M3	6.01	5.5	2.4
M4	7.66	7	3.2
M5	8.79	8	4.7
M6	11.05	10	5.2
M8	14.38	13	6.8
M10	17.77	16	8.4

续表

螺纹规格 D	e_{min}	$s_{公称}=max$	m_{max}
M12	20.03	18	10.8
M16	26.75	24	14.8

注：产品等级 A，B 是由公差取值大小决定的，A 级公差数值小。A 级用于 $D \leqslant 16$ 的螺母；B 级用于 $D>16$ 的螺母。

11. 平垫圈（GB/T 97.1—2002）、平垫圈—倒角型（GB/T 97.2—2002）

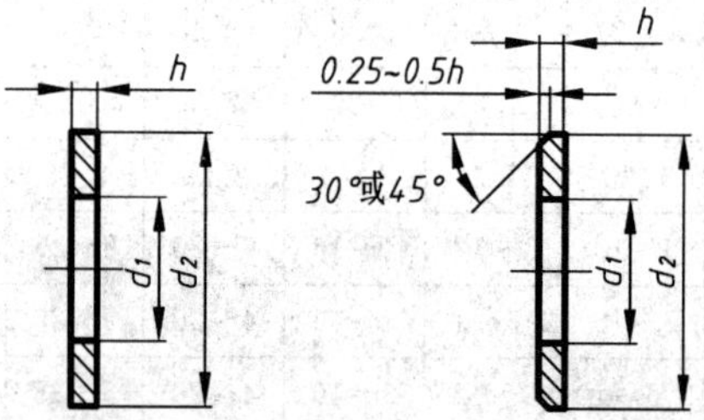

标记示例：

垫圈 GB/T 97.1 10（公称规格 $d=10$ mm，性能等级为 140 HV 级，不经表面处理的平垫圈）

附表 1－12　平垫圈　　单位：mm

公称规格 d（螺纹大径）	3	4	5	6	8	10	12	16	20	24
内径 d_1（min）	3.2	4.3	5.3	6.4	8.4	10.5	13	17	21	25
外径 d_2（max）	7	9	10	12	16	20	24	30	37	44
厚度 h	0.5	0.8	1	1.6	1.6	2	2.5	3	3	4

注：GB 97.2 适用于 5～36 mm，A 级和 B 级，标准六角的螺栓、螺钉和螺母。

12. 弹簧垫圈（GB/T 93—1987）

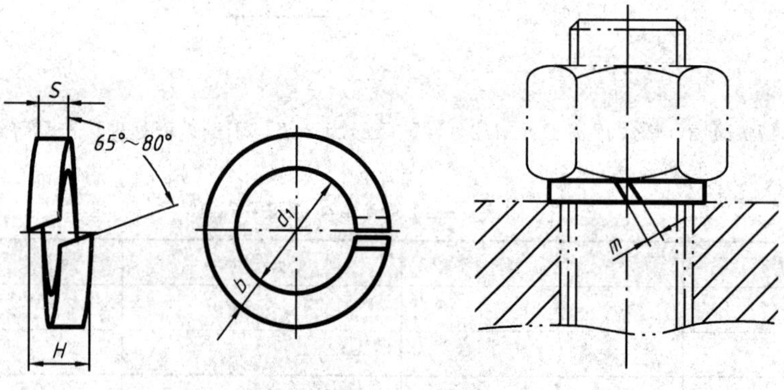

标记示例：

垫圈 GB/T 93 16（公称规格 $d=16$ mm，材料为 65Mn，表面氧化的标准型弹簧垫圈）

附表 1—13　弹簧垫圈　　　　单位：mm

公称规格 d（螺纹大径）	3	4	5	6	8	10	12	16	20	24
d_1	3.1	4.1	5.1	6.1	8.1	10.2	12.2	16.2	20.2	24.5
S (b)	0.8	1.1	1.3	1.6	2.1	2.6	3.1	4.1	5	6
H min	1.6	2.2	2.6	3.2	4.2	5.2	6.2	8.2	10	12
$m\leqslant$	0.4	0.55	0.65	0.8	1.05	1.3	1.55	2.05	2.5	3

13. 紧固件通孔及沉孔尺寸

附表 1—14　紧固件通孔及沉孔尺寸　　　　单位：mm

螺栓或螺钉直径 d				M3	M4	M5	M6	M8	M10	M12	M14	M16	M20	M24	M30
通孔直径 dh（GB/T 5277—1985）	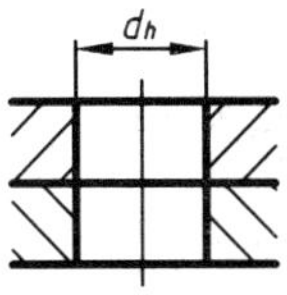	精装配		3.2	4.3	5.3	6.4	8.4	10.5	13	15	17	21	25	31
		中等装配		3.4	4.5	5.5	6.6	9	11	13.5	15.5	17.5	22	26	33
		粗装配		3.6	4.8	5.8	7	10	12	14.5	16.5	18.5	24	28	35
沉头用沉孔（GB/T 152.2—1988）	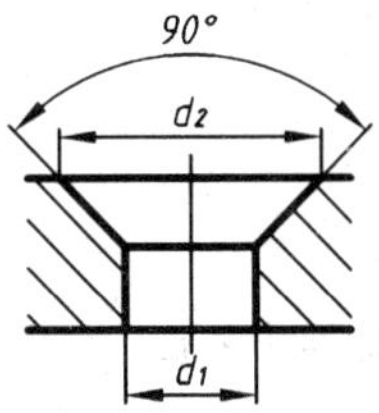	d_2		6.4	9.6	10.6	12.8	17.6	20.3	24.4	28.4	32.4	40.4	—	—
圆柱头沉孔（GB/T 152.3—1988）	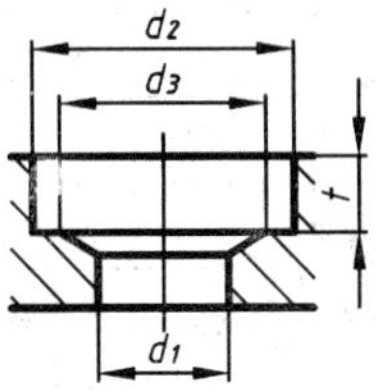	d_2		6	8	10	11	15	18	20	24	26	33	40	48
		d_3		—	—	—	—	—	—	16	18	20	24	28	36
		t	①	3.4	4.6	5.7	6.8	9	11	13	15	17.5	21.5	25.5	32
			②	—	3.2	4	4.7	6	7	8	9	10.5	12.5	—	—
六头螺栓和六角螺母用沉孔（GB/T 152.4—1988）	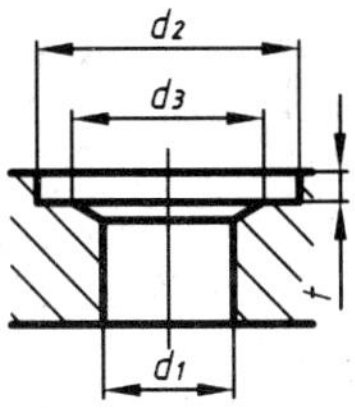	d_2		9	10	11	13	18	22	26	30	33	40	48	61
		d_3		—	—	—	—	—	—	16	18	20	24	28	36
		t		只要能制出与通孔轴线垂直的圆平面即可											

注：1. 图中 d_1 的尺寸均按中等装配的通孔确定；

2. t 值①用于内六角圆柱头螺钉；t 值②用于开槽圆柱头螺钉。

附录二 常用键和销

1. 普通平键的型式和尺寸(GB/T 1096—2003)、键槽的剖面尺寸(GB/T 1095—2003)

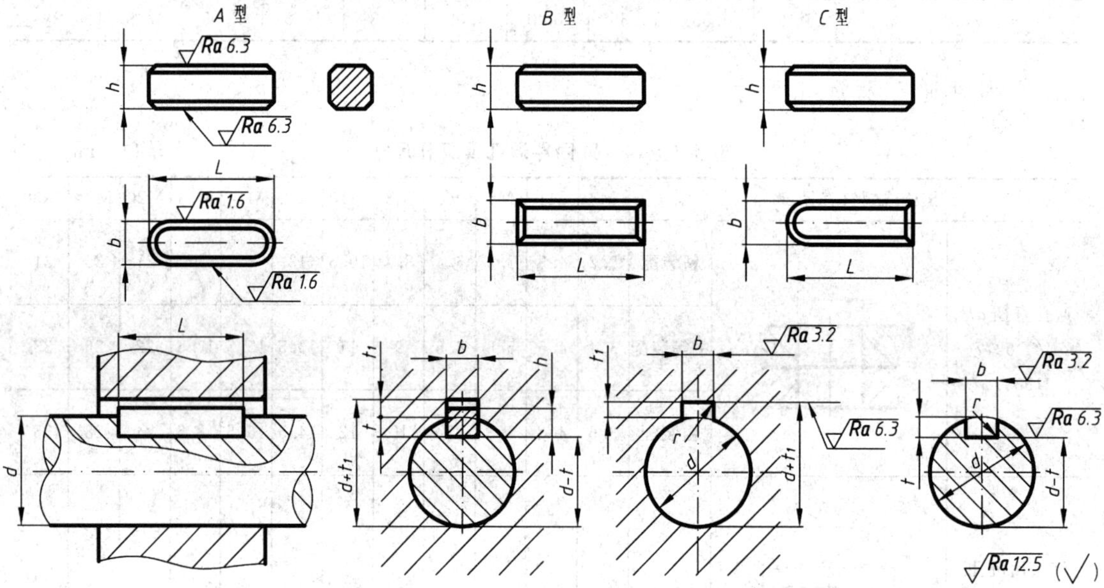

标记示例：

GB/T 1096 键 16×10×100 (b=16 mm，h=10 mm，L=100 mm 的圆头普通平键 (A 型))

GB/T 1096 键 B 16×10×100 (b=16 mm，h=10 mm，L=100 mm 的平头普通平键 (B 型))

GB/T 1096 键 C 16×10×100 (b=16 mm，h=10 mm，L=100 mm 的单圆头普通平键 (C 型))

附表 2—1 普通平键和键槽的剖面尺寸 单位：mm

键		键槽											
键尺寸 $b\times h$	长度 (L) 范围	宽度 b						深度				半径 r	
		基本尺寸	极限偏差					轴 t		毂 t_1			
			正常联结		紧密联结	松联结		基本尺寸	极限偏差	基本尺寸	极限偏差	min	max
			轴 N9	毂 Js9	轴和毂 P9	轴 H9	毂 D10						
2×2	6～20	2	−0.004	±0.012 5	−0.006	+0.025	+0.060	1.2	+0.1	1	+0.1	0.08	0.16
3×3	6～36	3	−0.029		−0.031	0	+0.020	1.8	0	1.4	0		
4×4	8～45	4	0	±0.015	−0.012	+0.030	+0.078	2.5		1.8			
5×5	10～56	5	−0.030		−0.042	0	+0.030	3.0		2.3		0.16	0.25
6×6	14～70	6						3.5		2.8			
8×7	18～90	8	0	±0.018	−0.015	+0.036	+0.098	4.0	+0.2	3.3	+0.2		
10×8	22～110	10	−0.036		−0.051	0	+0.040	5.0	0		0	0.25	0.40

键		键槽											
键尺寸 $b\times h$	长度（L）范围	宽度 b						深度				半径 r	
		基本尺寸	极限偏差					轴 t		毂 t_1			
			正常联结		紧密联结	松联结		基本尺寸	极限偏差	基本尺寸	极限偏差	min	max
			轴 N9	毂 Js9	轴和毂 P9	轴 H9	毂 D10						
12×8	28～140	12	0 −0.043	±0.021 5	−0.018 −0.061	+0.043 0	+0.120 +0.050	5.0	+0.2 0	3.3	+0.2 0	0.25	0.40
14×9	36～160	14						5.5		3.8			
16×10	45～180	16						6.0		4.3			
18×11	50～200	18						7.0		4.4			
20×12	56～220	20	0 −0.052	±0.026	−0.022 −0.074	+0.052 0	+0.149 +0.065	7.5		4.9		0.40	0.60
22×14	63～250	22						9.0		5.4			
25×14	70～280	25						9.0					
28×16	80～320	28						10.0		6.4			
长度 L 系列：6，8，10，12，14，16，18，20，22，25，28，32，36，40，45，50，56，63，70，80，100，110，125，140，160，180，200，220，250，280，320…													

注：1. 本标准公称直径 d 的范围从 6～500，长度 L 范围从 6～500，本表仅选一部分。

2. 在工作图中，轴槽深用（$d-t$）标注，轮毂槽深用（$d+t_1$）标注。

2. 开口销（GB/T 91—2000）

标记示例：

销 GB/T 91 5×50（公称规格为 5 mm，长度 l=50 mm，材料为 Q215 或 Q235，不经表面处理的开口销）

附表 2—2　开口销　　单位：mm

公称规格（销孔直径）	d_{max}	C_{max}	$b\approx$	a_{max}	l
0.6	0.5	1.0	2	1.6	4～12
0.8	0.7	1.4	2.4	1.6	5～16
1	0.9	1.8	3	1.6	6～20
1.2	1.0	2.0	3	2.5	8～25
1.6	1.4	2.8	3.2	2.5	8～32
2	1.8	3.6	4	2.5	10～40
2.5	2.3	4.6	5	2.5	12～50
3.2	2.9	5.8	6.4	3.2	14～63

续表

公称规格（销孔直径）	d_{max}	C_{max}	$b\approx$	a_{max}	l
4	3.7	7.4	8	4	18～80
5	4.6	9.2	10	4	22～100
6.3	5.9	11.8	12.6	4	32～125
8	7.5	15	16	4	40～160
10	9.5	19	20	6.3	45～200

长度 l 系列：4，5，6，8，10，12，14，16，18，20，22，25，28，32，36，40，45，50，56，63，71，80，90，100，112，125，140，160，180，200，…

3. 圆柱销（GB/T 119.1—2000）

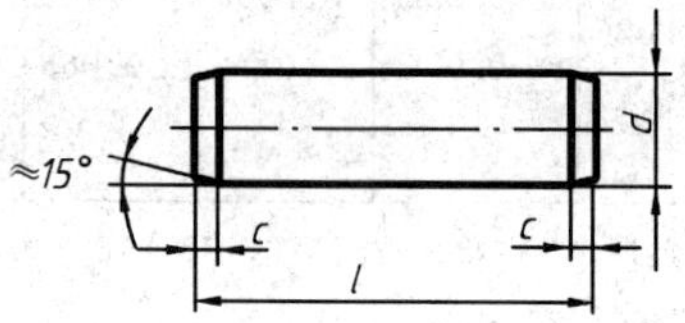

标记示例：

销 GB/T 119.1 8m6×30（公称直径 d=8 mm，公差为 m6，公称长度 l=30 mm，材料为钢，不经淬火，不经表面处理的圆柱销）

附表 2—3 圆柱销 单位：mm

d	2.5	3	4	5	6	8	10	12	16	20	25	30
$c\approx$	0.4	0.5	0.63	0.80	1.2	1.6	2.0	2.5	3.0	3.5	4.0	5.0
l	6～24	8～30	8～40	10～50	12～60	14～80	18～95	22～140	26～180	35～200	50～200	60～200

l 系列：6，8，10，12，14，16，18，20，22，24，26，28，30，32，35，40，45，50，55，60，65，70，75，80，85，90，…

注：圆柱销的公称直径 d 从 0.6～50mm，长度 l 从 2～200mm，本表仅选一部分。

4. 圆锥销（GB/T 117—2000）

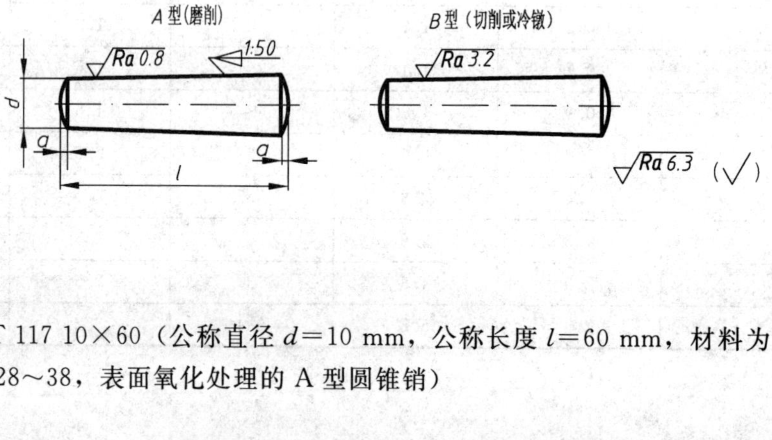

标记示例：

销 GB/T 117 10×60（公称直径 d=10 mm，公称长度 l=60 mm，材料为 35 钢，热处理硬度 HRC28～38，表面氧化处理的 A 型圆锥销）

附表 2—4　圆锥销　单位：mm

d	2.5	3	4	5	6	8	10	12	16	20	25	30
$a\approx$	0.3	0.4	0.5	0.63	0.80	1.0	1.2	1.6	2.0	2.5	3.0	4.0
l	10～35	12～45	14～55	18～60	22～90	22～120	26～160	32～180	40～200	45～200	50～200	55～200
l系列：6，8，10，12，14，16，18，20，22，24，26，28，30，32，35，40，45，50，55，60，65，70，75，80，85，90，…												

注：圆锥销的公称直径 d 从 0.6～50 mm，长度 l 从 2～200 mm，本表仅选一部分。

附录三 滚 动 轴 承

1. 深沟球轴承（60000 型）（GB/T 276—1994）

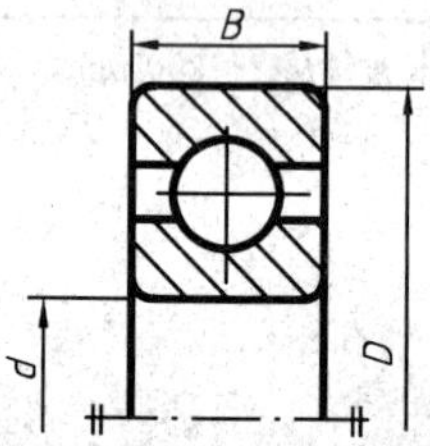

标记示例：

滚动轴承 6204 GB/T 276（内径 d 为 ϕ20 mm，尺寸系列代号为 2 的 60000 型深沟球轴承）

附表 3－1 深沟球轴承

单位：mm

轴承型号		外形尺寸			轴承型号		外形尺寸		
		d	D	B			d	D	B
0 尺寸系列	6004	20	42	12	3 尺寸系列	6304	20	52	15
	6005	25	47	12		6305	25	62	17
	6006	30	55	13		6306	30	72	19
	6007	35	62	14		6307	35	80	21
	6008	40	68	15		6308	40	90	23
	6009	45	75	16		6309	45	100	25
	6010	50	80	16		6310	50	110	27
	6011	55	90	18		6311	55	120	29
	6012	60	95	18		6312	60	130	31
	6013	65	100	18		6313	65	140	33
	6014	70	110	20		6314	70	150	35
	6015	75	115	20		6315	75	160	37
	6016	80	125	22		6316	80	170	39
	6017	85	130	22		6317	85	180	41
	6018	90	140	24		6318	90	190	43
	6019	95	145	24		6319	95	200	45
	6020	100	150	24		6320	100	215	47
2 尺寸系列	6204	20	47	14	4 尺寸系列	6404	20	72	19
	6205	25	52	15		6405	25	80	21
	6206	30	62	16		6406	30	90	23
	6207	35	72	17		6407	35	100	25
	6208	40	80	18		6408	40	110	27
	6209	45	85	19		6409	45	120	29
	6210	50	90	20		6410	50	130	31
	6211	55	100	21		6411	55	140	33
	6212	60	110	22		6412	60	150	35
	6213	65	120	23		6413	65	160	37
	6214	70	125	24		6414	70	180	42
	6215	75	130	25		6415	75	190	45
	6216	80	140	26		6416	80	200	48
	6217	85	150	28		6417	85	210	52
	6218	90	160	30		6418	90	225	54
	6219	95	170	32		6419	95	240	55
	6220	100	180	34		6420	100	250	58

2. 圆锥滚子轴承（30000 型）（GB/T 297—1994）

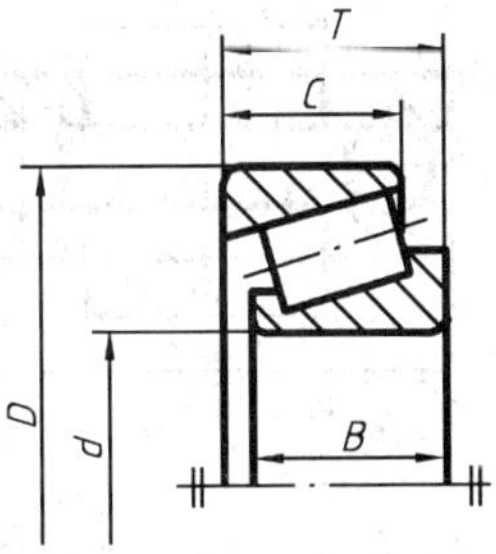

标记示例：

滚动轴承 30204 GB/T 297（内径 d 为 ϕ20 mm，尺寸系列代号为 02 的 30000 型圆锥滚子轴承）

附表 3－2　圆锥滚子轴承　　　单位：mm

轴承型号		外形尺寸					轴承型号		外形尺寸				
		d	D	T	B	C			d	D	T	B	C
02 尺寸系列	30204	20	47	15.25	14	12	22 尺寸系列	32204	20	47	19.25	18	15
	30205	25	52	16.25	15	13		32205	25	52	19.25	18	16
	30206	30	62	17.25	16	14		32206	30	62	21.25	20	17
	30207	35	72	18.25	17	15		32207	35	72	24.25	23	19
	30208	40	80	19.75	18	16		32208	40	80	24.75	23	19
	30209	45	85	20.75	19	16		32209	45	85	24.75	23	19
	30210	50	90	21.75	20	17		32210	50	90	24.75	23	19
	30211	55	100	22.75	21	18		32211	55	100	26.75	25	21
	30212	60	110	23.75	22	19		32212	60	110	29.75	28	24
	30213	65	120	24.75	23	20		32213	65	120	32.75	31	27
	30214	70	125	26.25	24	21		32214	70	125	33.25	31	27
	30215	75	130	27.25	25	22		32215	75	130	33.25	31	27
	30216	80	140	28.25	26	22		32216	80	140	35.25	33	28
	30217	85	150	30.50	28	24		32217	85	150	38.50	36	30
	30218	90	160	32.50	30	26		32218	90	160	42.50	40	34
	30219	95	170	34.50	32	27		32219	95	170	45.50	43	37
	30220	100	180	37	34	29		32220	100	180	49	46	39
03 尺寸系列	30304	20	52	16.25	15	13	23 尺寸系列	32304	20	52	22.25	21	18
	30305	25	62	18.25	17	15		32305	25	62	25.25	24	20
	30306	30	72	20.75	19	16		32306	30	72	28.75	27	23
	30307	35	80	22.75	21	18		32307	35	80	32.75	31	25
	30308	40	90	25.25	23	20		32308	40	90	35.25	33	27
	30309	45	100	27.25	25	22		32309	45	100	38.25	36	30
	30310	50	110	29.25	27	23		32310	50	110	42.25	40	33
	30311	55	120	31.50	29	25		32311	55	120	45.50	43	35
	30312	60	130	33.50	31	26		32312	60	130	48.50	46	37
	30313	65	140	36	33	28		32313	65	140	51	48	39
	30314	70	150	38	35	30		32314	70	150	54	51	42
	30315	75	160	40	37	31		32315	75	160	58	55	45
	30316	80	170	42.50	39	33		32316	80	170	61.50	58	48
	30317	85	180	44.50	41	34		32317	85	180	63.50	60	49
	30318	90	190	46.50	43	36		32318	90	190	67.50	64	53
	30319	95	200	49.50	45	38		32319	95	200	71.50	67	55
	30320	100	215	51.50	47	39		32320	100	215	77.50	73	60

3. 推力球轴承（51000 型）（GB/T 301—1995）

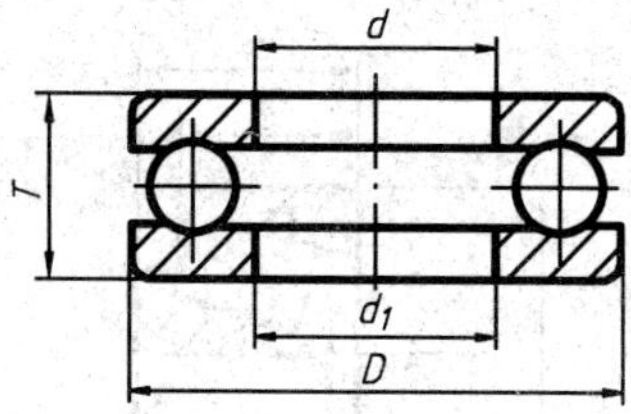

标记示例：

滚动轴承 51208 GB/T 301（轴圈内径 d 为 ϕ40 mm，尺寸系列代号为 12 的 51000 型推力球轴承）

附表 3－3　推力球轴承　　单位：mm

轴承型号		外形尺寸				轴承型号		外形尺寸			
		d	d_1	D	T			d	d_1	D	T
11 尺寸系列（51000 型）	51104	20	21	35	10	13 尺寸系列（51000 型）	51304	20	22	47	18
	51105	25	26	42	11		51305	25	27	52	18
	51106	30	32	47	11		51306	30	32	60	21
	51007	35	37	52	12		51307	35	37	68	24
	51108	40	42	60	13		51308	40	42	78	26
	51109	45	47	65	14		51309	45	47	85	28
	51110	50	52	70	14		51310	50	52	95	31
	51111	55	57	78	16		51311	55	57	105	35
	51112	60	62	85	17		51312	60	62	110	35
	51113	65	67	90	18		51313	65	67	115	36
	51114	70	72	95	18		51314	70	72	125	40
	51115	75	77	100	19		51315	75	77	135	44
	51116	80	82	105	19		51316	80	82	140	44
	51117	85	87	110	19		51317	85	88	150	49
	51118	90	92	120	22		51318	90	93	155	50
	51120	100	102	135	25		51320	100	103	170	55
12 尺寸系列（51000 型）	51204	20	22	40	14	14 尺寸系列（51000 型）	51405	25	27	60	24
	51205	25	27	47	15		51406	30	32	70	28
	51206	30	32	52	16		51407	35	37	80	32
	51207	35	37	62	18		51408	40	42	90	36
	51208	40	42	68	19		51409	45	47	100	39
	51209	45	47	73	20		51410	50	52	110	43
	51210	50	52	78	22		51411	55	57	120	48
	51211	55	57	90	25		51412	60	62	130	51
	51212	60	62	95	26		51413	65	68	140	56
	51213	65	67	100	27		51414	70	73	150	60
	51214	70	72	105	27		51415	75	78	160	65
	51215	75	77	110	27		51416	80	83	170	68
	51216	80	82	115	28		51417	85	88	180	72
	51217	85	88	125	31		51418	90	93	190	77
	51218	90	93	135	35		51420	100	103	210	85
	51220	100	103	150	38		51422	110	113	230	95

附录四　极限与配合

1. 标准公差数值（GB/T 1800.3—1998）

附表 4－1　标准公差数值

基本尺寸 mm		标准公差等级																	
		IT1	IT2	IT3	IT4	IT5	IT6	IT7	IT8	IT9	IT10	IT11	IT12	IT13	IT14	IT15	IT16	IT17	IT18
大于	至	μm											mm						
—	3	0.8	1.2	2	3	4	6	10	14	25	40	60	0.1	0.14	0.25	0.4	0.6	1	1.4
3	6	1	1.5	2.5	4	5	8	12	18	30	48	75	0.12	0.18	0.3	0.48	0.75	1.2	1.8
6	10	1	1.5	2.5	4	6	9	15	22	36	58	90	0.15	0.22	0.36	0.58	0.9	1.5	2.2
10	18	1.2	2	3	5	8	11	18	27	43	70	110	0.18	0.27	0.43	0.7	1.1	1.8	2.7
18	30	1.5	2.5	4	6	9	13	21	33	52	84	130	0.21	0.33	0.52	0.84	1.3	2.1	3.3
30	50	1.5	2.5	4	7	11	16	25	39	62	100	160	0.25	0.39	0.62	1	1.6	2.5	3.9
50	80	2	3	5	8	13	19	30	46	74	120	190	0.3	0.46	0.74	1.2	1.9	3	4.6
80	120	2.5	4	6	10	15	22	35	54	87	140	220	0.35	0.54	0.87	1.4	2.2	3.5	5.4
120	180	3.5	5	8	12	18	25	40	63	100	160	250	0.4	0.63	1	1.6	2.5	4	6.3
180	250	4.5	7	10	14	20	29	46	72	115	185	290	0.46	0.72	1.15	1.85	2.9	4.6	7.2
250	315	6	8	12	16	23	32	52	81	130	210	320	0.52	0.81	1.3	2.1	3.2	5.2	8.1
315	400	7	9	13	18	25	36	57	89	140	230	360	0.57	0.89	1.4	2.3	3.6	5.7	8.9
400	500	8	10	15	20	27	40	63	97	155	250	400	0.63	0.97	1.55	2.5	4	6.3	9.7

注：1. 基本尺寸大于 500 mm 的 IT1～IT5 的标准公差数值为试行的。
　　2. 基本尺寸小于或等于 1 mm 时，无 IT14～IT18。

2. 基孔制优先常用配合（GB/T 1801—1999）

附表 4－2　基孔制优先常用配合

基准孔	轴																				
	a	b	c	d	e	f	g	h	js	k	m	n	p	r	s	t	u	v	x	y	z
	间隙配合								过渡配合			过盈配合									
H6						H6/f5	H6/g5	H6/h5	H6/js5	H6/k5	H6/m5	H6/n5	H6/p5	H6/r5	H6/s5	H6/t5					
H7						H7/f6	▲H7/g6	▲H7/h6	H7/js6	▲H7/k6	H7/m6	▲H7/n6	▲H7/p6	H7/r6	▲H7/s6	H7/t6	▲H7/u6	H7/v6	H7/x6	H7/y6	H7/z6
H8					H8/e7	▲H8/f7	H8/g7	▲H8/h7	H8/js7	H8/k7	H8/m7	H8/n7	H8/p7	H8/r7	H8/s7	H8/t7	H8/u7				
					H8/d8	H8/e8	H8/f8		H8/h8												

基准孔	轴																				
	a	b	c	d	e	f	g	h	js	k	m	n	p	r	s	t	u	v	x	y	z
	间隙配合								过渡配合			过盈配合									
H9			$\frac{H9}{c9}$	◤$\frac{H9}{d9}$	$\frac{H9}{e9}$	$\frac{H9}{f9}$		◤$\frac{H9}{h9}$													
H10			$\frac{H10}{c10}$	$\frac{H10}{d10}$				$\frac{H10}{h10}$													
H11	$\frac{H11}{a11}$	$\frac{H11}{b11}$	◤$\frac{H11}{c11}$	$\frac{H11}{d11}$				◤$\frac{H11}{h11}$													
H12		$\frac{H12}{b12}$						$\frac{H12}{h12}$													

注：1. $\frac{H6}{n5}$，$\frac{H7}{p6}$在基本尺寸小于或等于 3 mm 时和$\frac{H8}{r7}$在小于或等于 100 mm 时，为过渡配合。

2. 标注◤的配合为优先配合。

3. 基轴制优先常用配合（GB/T 1801—1999）

附表 4—3　基轴制优先常用配合

基准轴	孔																				
	A	B	C	D	E	F	G	H	JS	K	M	N	P	R	S	T	U	V	X	Y	Z
	间隙配合								过渡配合			过盈配合									
h5						$\frac{F6}{h5}$	$\frac{G6}{h5}$	$\frac{H6}{h5}$	$\frac{JS6}{h5}$	$\frac{K6}{h5}$	$\frac{M6}{h5}$	$\frac{N6}{h5}$	$\frac{P6}{h5}$	$\frac{R6}{h5}$	$\frac{S6}{h5}$	$\frac{T6}{h5}$					
h6						$\frac{F7}{h6}$	◤$\frac{G7}{h6}$	◤$\frac{H7}{h6}$	$\frac{JS7}{h6}$	◤$\frac{K7}{h6}$	$\frac{M7}{h6}$	◤$\frac{N7}{h6}$	◤$\frac{P7}{h6}$	$\frac{R7}{h6}$	◤$\frac{S7}{h6}$	$\frac{T7}{h6}$	◤$\frac{U7}{h6}$				
h7					$\frac{E8}{h8}$	◤$\frac{F8}{h7}$		◤$\frac{H8}{h7}$	$\frac{JS8}{h7}$	$\frac{K8}{h7}$	$\frac{M8}{h7}$	$\frac{N8}{h7}$									
h8				$\frac{D8}{h8}$	$\frac{E8}{h8}$	$\frac{F8}{h8}$		$\frac{H8}{h8}$													
h9				◤$\frac{D9}{h9}$	$\frac{E9}{h9}$	$\frac{F9}{h9}$		◤$\frac{H9}{h9}$													
h10				$\frac{D10}{h10}$				$\frac{H10}{h10}$													
h11	$\frac{A11}{h11}$	$\frac{B11}{h11}$	◤$\frac{C11}{h11}$	$\frac{D11}{h11}$				◤$\frac{H11}{h11}$													
h12		$\frac{B12}{h12}$						$\frac{H12}{h12}$													

注：标注◤的配合为优先配合。

4. 轴极限偏差（GB/T 1800.4—1999）

附表 4—4　常见及优先轴极限偏差　　单位：μm

基本尺寸 mm		常用及优先公差带（带括号者为优先公差带）												
		a	b		c			d				e		
大于	至	11	11	12	9	10	(11)	8	(9)	10	11	7	8	9
—	3	−270 −330	−140 −200	−140 −240	−60 −85	−60 −100	−60 −120	−20 −34	−20 −45	−20 −60	−20 −80	−14 −24	−14 −28	−14 −39
3	6	−280 −345	−140 −215	−140 −260	−70 −100	−70 −118	−70 −145	−30 −48	−30 −60	−30 −78	−30 −150	−20 −32	−20 −38	−20 −50
6	10	−280 −370	−150 −240	−150 −300	−80 −116	−80 −138	−80 −170	−40 −62	−40 −76	−40 −98	−40 −130	−25 −40	−25 −47	−25 −61
10	14	−290	−150	−150	−95	−95	−95	−50	−50	−50	−50	−32	−32	−32
14	18	−400	−260	−330	−138	−165	−205	−77	−93	−120	−160	−50	−59	−75
18	24	−300	−160	−160	−110	−110	−110	−65	−65	−65	−65	−40	−40	−40
24	30	−430	−290	−370	−162	−194	−240	−98	−117	−149	−195	−61	−73	−92
30	40	−310 −470	−170 −330	−170 −420	−120 −182	−120 −220	−120 −280	−80 −119	−80 −142	−80 −180	−80 −240	−50 −75	−50 −89	−50 −112
40	50	−320 −480	−180 −340	−180 −430	−130 −192	−130 −230	−130 −290							
50	65	−340 −530	−190 −380	−190 −490	−140 −214	−140 −260	−140 −330	−100 −146	−100 −174	−100 −220	−100 −290	−60 −90	−60 −106	−60 −134
65	80	−360 −550	−200 −390	−200 −500	−150 −224	−150 −270	−150 −340							
80	100	−380 −600	−220 −440	−220 −570	−170 −257	−170 −310	−170 −390	−120 −174	−120 −207	−120 −260	−120 −340	−72 −107	−72 −126	−72 −159
100	120	−410 −630	−240 −460	−240 −590	−180 −267	−180 −320	−180 −400							
120	140	−460 −710	−260 −510	−260 −660	−200 −300	−200 −360	−200 −450	−145 −208	−145 −245	−145 −305	−145 −395	−85 −125	−85 −148	−85 −158
140	160	−520 −770	−280 −530	−280 −680	−210 −310	−210 −370	−210 −460							
160	180	−580 −830	−310 −560	−310 −710	−230 −330	−230 −390	−230 −480							
180	200	−660 −950	−340 −630	−340 −800	−240 −355	−240 −425	−240 −530	−170 −242	−170 −285	−170 −355	−170 −460	−100 −146	−100 −172	−100 −215
200	225	−740 −1 030	−380 −670	−380 −840	−260 −375	−260 −445	−260 −550							
225	250	−820 −1 110	−420 −710	−420 −880	−280 −395	−280 −465	−280 −570							
250	280	−920 −1 240	−480 −800	−480 −1 000	−300 −430	−300 −510	−300 −620	−190 −271	−190 −320	−190 −400	−190 −510	−110 −162	−110 −191	−110 −240
280	315	−1 050 −1 370	−480 −860	−540 −1 060	−330 −460	−330 −540	−330 −650							
315	355	−1 200 −1 560	−600 −960	−600 −1 170	−360 −500	−360 −590	−360 −720	−210 −299	−210 −350	−210 −440	−210 −570	−125 −182	−125 −214	−125 −265
355	400	−1 350 −1 710	−680 −1 040	−680 −1 250	−400 −540	−400 −630	−400 −760							
400	450	−1 500 −1 900	−760 −1 160	−760 −1 390	−440 −595	−440 −690	−440 −940	−230 −327	−230 −385	−230 −480	−230 −630	−135 −198	−135 −232	−135 −290
450	500	−1 650 −2 050	−840 −1 240	−840 −1 470	−480 −635	−480 −730	−480 −880							

注：基本尺寸小于 1 mm 时，各级的 a 和 b 均不采用。

基本尺寸 mm		常用及优先公差带（带括号者为优先公差带）															
		f					g			h							
大于	至	5	6	(7)	8	9	5	(6)	7	5	(6)	(7)	8	(9)	10	(11)	12
—	3	−6 −10	−6 −12	−6 −16	−6 −20	−6 −31	−2 −6	−2 −8	−2 −12	0 −4	0 −6	0 −10	0 −14	0 −25	0 −40	0 −60	0 −100
3	6	−10 −15	−10 −18	−10 −22	−10 −28	−10 −40	−4 −9	−4 −12	−4 −16	0 −5	0 −8	0 −12	0 −18	0 −30	0 −48	0 −75	0 −120
6	10	−13 −19	−13 −22	−13 −28	−13 −35	−13 −49	−5 −11	−5 −14	−5 −20	0 −6	0 −9	0 −15	0 −22	0 −36	0 −58	0 −90	0 −150
10	14	−16 −24	−16 −27	−16 −34	−16 −43	−16 −59	−6 −14	−6 −17	−6 −24	0 −8	0 −11	0 −18	0 −27	0 −43	0 −70	0 −100	0 −180
14	18																
18	24	−20 −29	−20 −33	−20 −41	−20 −53	−20 −72	−7 −16	−7 −20	−7 −28	0 −9	0 −13	0 −21	0 −33	0 −52	0 −84	0 −130	0 −210
24	30																
30	40	−25 −36	−25 −41	−25 −50	−25 −64	−25 −87	−9 −20	−9 −25	−9 −34	0 −11	0 −16	0 −25	0 −39	0 −62	0 −100	0 −160	0 −250
40	50																
50	65	−30 −43	−30 −49	−30 −60	−30 −76	−30 −104	−10 −23	−10 −29	−10 −40	0 −13	0 −19	0 −30	0 −46	0 −74	0 −120	0 −190	0 −300
65	80																
80	100	−36 −51	−36 −58	−36 −71	−36 −90	−36 −123	−12 −27	−12 −34	−12 −47	0 −15	0 −22	0 −35	0 −54	0 −87	0 −140	0 −200	0 −350
100	120																
120	140	−43 −61	−43 −68	−43 −83	−43 −106	−43 −143	−14 −32	−14 −39	−14 −54	0 −18	0 −25	0 −40	0 −63	0 −100	0 −160	0 −250	0 −400
140	160																
160	180																
180	200	−50 −70	−50 −79	−50 −96	−50 −122	−50 −165	−15 −35	−15 −44	−15 −61	0 −20	0 −29	0 −46	0 −72	0 −115	0 −185	0 −290	0 −460
200	225																
225	250																
250	280	−56 −79	−56 −88	−56 −108	−56 −137	−56 −186	−17 −40	−17 −49	−17 −69	0 −23	0 −32	0 −52	0 −81	0 −130	0 −210	0 −320	0 −520
280	315																
315	355	−62 −87	−62 −98	−62 −119	−62 −151	−62 −202	−18 −43	−18 −54	−18 −75	0 −25	0 −36	0 −57	0 −89	0 −140	0 −230	0 −360	0 −570
355	400																
400	450	−68 −95	−68 −108	−68 −131	−68 −165	−68 −223	−20 −47	−20 −60	−20 −83	0 −27	0 −40	0 −63	0 −97	0 −155	0 −250	0 −400	0 −630
450	500																

续表

基本尺寸 mm		常用及优先公差带（带括号者为优先公差带）														
		js			k			m			n			p		
大于	至	5	6	7	5	(6)	7	5	6	7	5	(6)	7	5	(6)	7
—	3	±2	±3	±5	+4 0	+6 0	+10 0	+6 +2	+8 +2	+12 +2	+8 +4	+10 +4	+14 +4	+10 +6	+12 +6	+16 +6
6	10	±3	±4.5	±7	+7 +1	+10 +1	+16 +1	+12 +6	+15 +6	+21 +6	+16 +10	+19 +10	+25 +10	+21 +15	+24 +15	+30 +15
10	14	±4	±5.5	±9	+9 +1	+12 +1	+19 +1	+15 +7	+18 +7	+25 +7	+20 +12	+23 +12	+30 +12	+26 +18	+29 +18	+36 +18
14	18															
18	24	±4.5	±6.5	±10	+11 +2	+15 +2	+23 +2	+17 +8	+21 +8	+29 +8	+24 +15	+28 +15	+36 +15	+31 +22	+35 +22	+43 +22
24	30															
30	40	±4.5	±8	±12	+13 +2	+18 +2	+27 +2	+20 +9	+25 +9	+34 +9	+28 +17	+33 +17	+42 +17	+37 +26	+42 +26	+51 +26
40	50															
50	65	±6.5	±9.5	±15	+15 +2	+21 +2	+32 +2	+24 +11	+30 +11	+41 +11	+33 +20	+39 +20	+50 +20	+45 +32	+51 +32	+62 +32
65	80															
80	100	±7.5	±11	±17	+18 +3	+25 +3	+38 +3	+28 +13	+35 +13	+48 +13	+38 +23	+45 +23	+58 +23	+52 +37	+59 +37	+72 +37
100	120															
120	140	±9	±12.5	±20	+21 +3	+28 +3	+43 +3	+33 +15	+40 +15	+55 +15	+45 +27	+52 +27	+67 +27	+61 +43	+68 +43	+83 +43
140	160															
160	180															
180	200	±10	±14.5	±23	+24 +4	+33 +4	+50 +4	+37 +17	+46 +17	+63 +17	+54 +31	+60 +31	+77 +31	+70 +50	+79 +50	+96 +50
200	225															
225	250															
250	280	±11.5	±16	±26	+27 +4	+36 +4	+56 +4	+43 +20	+52 +20	+72 +20	+57 +34	+66 +34	+86 +34	+79 +56	+88 +56	+108 +56
280	315															
315	255	±12.5	±18	±28	+29 +4	+40 +4	+61 +4	+46 +21	+57 +21	+78 +21	+62 +37	+73 +37	+94 +37	+87 +62	+98 +62	+119 +62
355	400															
400	450	±13.5	±20	±31	+32 +5	+45 +5	+68 +5	+50 +23	+63 +23	+86 +23	+67 +40	+80 +40	+103 +40	+95 +68	+108 +68	+131 +68
450	500															

续表

基本尺寸 mm		常用及优先公差带（带括号者为优先公差带）														
		r			s			t			u		v	x	y	z
大于	至	5	6	7	5	(6)	7	5	6	7	(6)	7	6	6	6	6
—	3	+14 +10	+16 +10	+20 +10	+18 +14	+20 +14	+24 +14	—	—	—	+24 +18	+28 +18	—	+26 +20	—	+32 +26
3	6	+20 +15	+23 +15	+27 +15	+24 +19	+27 +19	+31 +19	—	—	—	+31 +23	+35 +23	—	+36 +28	—	+43 +35
6	10	+25 +19	+28 +19	+34 +19	+29 +23	+32 +23	+38 +23	—	—	—	+37 +28	+43 +28	—	+43 +34	—	+51 +42
10	14	+31 +23	+34 +23	+41 +23	+36 +28	+39 +28	+46 +28	—	—	—	+44 +33	+51 +33	—	+51 +40	—	+61 +50
14	18							—	—	—			+50 +39	+56 +45	—	+71 +60
18	24	+37 +28	+41 +28	+49 +28	+44 +35	+48 +35	+56 +35	—	—	—	+54 +41	+62 +41	+60 +54	+67 +54	+76 +63	+86 +73
24	30							+50 +41	+54 +41	+62 +41	+61 +48	+69 +48	+68 +55	+77 +64	+88 +75	+101 +88
30	40	+45 +34	+50 +34	+59 +34	+54 +43	+59 +43	+68 +43	+59 +48	+64 +48	+73 +48	+76 +60	+85 +60	+84 +68	+96 +80	+110 +94	+128 +112
40	50							+65 +54	+70 +54	+79 +54	+86 +70	+95 +70	+97 +81	+113 +97	+130 +114	+152 +136
50	65	+54 +41	+60 +41	+71 +41	+66 +53	+72 +53	+83 +53	+79 +66	+85 +66	+96 +66	+106 +87	+117 +87	+121 +102	+141 +122	+163 +144	+191 +172
65	80	+56 +43	+62 +43	+73 +43	+72 +59	+78 +59	+89 +59	+88 +75	+94 +75	+105 +75	+121 +102	+132 +102	+139 +120	+165 +146	+193 +174	+229 +210
80	100	+66 +51	+73 +51	+86 +51	+86 +71	+93 +71	+106 +71	+106 +91	+113 +91	+126 +91	+146 +124	+159 +124	+168 +146	+200 +178	+236 +214	+280 +258
100	120	+69 +54	+76 +54	+89 +54	+94 +79	+101 +79	+114 +79	+110 +104	+126 +104	+139 +104	+166 +144	+179 +144	+194 +172	+232 +210	+276 +254	+332 +310
120	140	+81 +63	+88 +63	+103 +63	+110 +92	+117 +92	+132 +92	+140 +122	+147 +122	+162 +122	+195 +170	+210 +170	+227 +202	+273 +248	+325 +300	+390 +365
140	160	+83 +65	+90 +65	+105 +65	+118 +100	+125 +100	+140 +100	+152 +134	+159 +134	+174 +134	+215 +190	+230 +190	+253 +228	+305 +280	+365 +340	+440 +415
160	180	+86 +68	+93 +68	+108 +68	+126 +108	+133 +108	+148 +108	+164 +146	+171 +146	+168 +146	+235 +210	+250 +210	+227 +252	+335 +310	+405 +380	+490 +465
180	200	+97 +77	+106 +77	+123 +77	+142 +122	+151 +122	+168 +122	+186 +166	+195 +166	+212 +166	+265 +236	+282 +236	+313 +284	+379 +350	+454 +425	+549 +520
200	225	+100 +80	+109 +80	+126 +80	+150 +130	+159 +130	+176 +130	+200 +180	+209 +180	+226 +180	+287 +258	+304 +258	+339 +310	+414 +385	+499 +470	+604 +575
225	250	+104 +84	+113 +84	+130 +84	+160 +140	+169 +140	+186 +140	+216 +196	+225 +196	+242 +196	+313 +284	+330 +284	+369 +340	+454 +425	+549 +520	+669 +640
250	280	+117 +94	+126 +94	+146 +94	+181 +158	+290 +158	+210 +158	+241 +218	+250 +218	+270 +218	+347 +315	+367 +315	+417 +385	+507 +475	+612 +580	+742 +710
280	315	+121 +98	+130 +98	+150 +98	+193 +170	+202 +170	+222 +170	+263 +240	+272 +240	+292 +240	+382 +350	+402 +350	+457 +425	+557 +525	+682 +650	+822 +790
315	355	+133 +108	+144 +108	+165 +108	+215 +190	+226 +190	+247 +190	+293 +268	+304 +268	+325 +268	+426 +390	+447 +390	+511 +475	+626 +590	+766 +730	+936 +900
355	400	+139 +144	+150 +144	+171 +114	+233 +208	+244 +208	+265 +208	+319 +294	+330 +294	+351 +294	+471 +435	+492 +435	+566 +530	+696 +660	+856 +820	+1 036 +1 000
400	450	+153 +126	+166 +126	+189 +126	+259 +232	+272 +232	+295 +232	+357 +330	+370 +330	+393 +330	+530 +490	+553 +490	+635 +595	+780 +740	+960 +920	+1 140 +1 100
450	500	+159 +132	+172 +132	+195 +132	+279 +252	+292 +252	+315 +252	+387 +360	+400 +360	+423 +360	+580 +540	+603 +540	+700 +660	+860 +820	+1 040 +1 000	+1 290 +1 250

5. 孔极限偏差（GB/T 1800.4—1999）

附表 4—5　常见及优先孔极限偏差　　单位：μm

基本尺寸 mm		常用及优先公差带（带括号者为优先公差带）													
		A	B		C	D				E		F			
大于	至	11	11	12	(11)	8	(9)	10	11	8	9	6	7	(8)	9
—	3	+330 +270	+200 +140	+240 +140	+120 +60	+34 +20	+45 +20	+60 +20	+80 +20	+28 +14	+39 +14	+12 +6	+16 +6	+20 +6	+31 +6
3	6	+345 +270	+215 +140	+260 +140	+145 +70	+48 +30	+60 +30	+78 +30	+105 +30	+38 +20	+50 +20	+18 +10	+22 +10	+28 +10	+40 +10
6	10	+370 +280	+240 +150	+300 +150	+170 +80	+62 +40	+76 +40	+98 +40	+130 +40	+47 +25	+61 +25	+22 +13	+28 +13	+35 +13	+49 13
10	14	+400 +290	+260 +150	+330 +150	+205 +95	+77 +50	+93 +50	+120 +50	+160 +50	+59 +32	+75 +32	+27 +16	+34 +16	+43 +16	+59 +16
14	18														
18	24	+430 +300	+290 +160	+370 +160	+240 +110	+98 +65	+117 +65	+149 +65	+195 +65	+73 +40	+92 +40	+33 +20	+41 +20	+53 +20	+72 +20
24	30														
30	40	+470 +310	+330 +170	+420 +170	+280 +120	+119 +80	+142 +80	+180 +80	+240 +80	+89 +50	+112 +50	+41 +25	+50 +25	+64 +25	+87 +25
40	50	+480 +320	+340 +180	+430 +180	+290 +130										
50	65	+530 +340	+380 +190	+490 +190	+330 +140	+146 +100	+170 +100	+220 +100	+290 +100	+106 +60	+134 +60	+49 +30	+60 +30	+76 30	+104 +30
65	80	+550 +360	+390 +200	+500 +200	+340 +150										
80	100	+600 +380	+440 +220	+570 +220	+390 +170	+174 +120	+207 +120	+260 +120	+340 +120	+126 +72	+159 +72	+58 +36	+71 +36	+90 +36	+123 +36
100	120	+630 +410	+460 +240	+590 +240	+400 +180										
120	140	+710 +460	+510 +260	+660 +260	+450 +200	+208 +145	+245 +145	+305 +145	+395 +145	+148 +85	+185 +85	+68 +43	+83 +43	+106 +43	+143 +43
140	160	+770 +520	+530 +280	+680 +280	+460 +210										
160	180	+830 +580	+560 +310	+710 +310	+480 +230										
180	200	+950 +660	+630 +340	+800 +340	+530 +240	+242 +170	+285 +170	+355 +170	+460 +170	+172 +100	+215 +100	+79 +50	+96 +50	+122 +50	+165 +50
200	225	+1 030 +740	+670 +380	+840 +380	+550 +260										
225	250	+1 110 +820	+710 +420	+880 +420	+570 +280										
250	280	+1 240 +920	+800 +480	+1 000 +480	+620 +300	+272 +190	+320 +190	+400 +190	+510 +190	+191 +110	+240 +110	+88 +56	+108 +56	+137 +56	+186 +56
280	315	+1 370 +1 050	+860 +540	+1 060 +540	+650 +330										
315	355	+1 560 +1 200	+960 +600	+1 170 +600	+720 +360	+299 +210	+350 +210	+440 +210	+570 +210	+214 +125	+265 +125	+98 +62	+119 +62	+151 +62	+202 +62
355	400	+1 710 +1 350	+1 040 +680	+1 250 +680	+760 +400										
400	450	+1 900 +1 500	+1 160 +760	+1 390 +760	+840 +440	+327 +230	+385 +230	+480 +230	+630 +230	+232 +135	+290 +135	+108 +68	+131 +68	+165 +68	+223 +68
450	500	+2 050 +1 650	+1 240 +840	+1 470 +840	+880 +480										

注：基本尺寸小于 1 mm 时，各级的 A 和 B 均不采用。

续表

基本尺寸 mm		常用及优先公差带（带括号为优先公差带）																	
		G		H							JS			K			M		
大于	至	6	（7）	6	（7）	（8）	（9）	10	（11）	12	6	7	8	6	（7）	8	6	7	8
—	3	+8 +2	+12 +2	+6 0	+10 0	+14 0	+25 0	+40 0	+60 0	+100 0	±3	±5	±7	0 −6	0 −10	0 −14	−2 −8	−2 −12	−2 −16
3	6	+12 +4	+16 +4	+8 0	+12 0	+18 0	+30 0	+48 0	+75 0	+120 0	±4	±6	±9	+2 −6	+3 −9	+5 −13	−1 −9	0 −12	+2 −16
6	10	+14 +5	+20 +5	+9 0	+15 0	+22 0	+36 0	+58 0	+90 0	+150 0	±4.5	±7	±11	+2 −7	+5 −10	+6 −16	−3 −12	0 −15	+1 −21
10	14	+17 +6	+24 +6	+11 0	+18 0	+27 0	+43 0	+70 0	+110 0	+180 0	±5.5	±9	±13	+2 −9	+6 −12	+8 −19	−4 −15	0 −18	+2 −25
14	18																		
18	24	+20 +7	+28 +7	+13 0	+21 0	+33 0	+52 0	+84 0	+130 0	+210 0	±6.5	±10	±16	+2 −11	+6 −15	+10 −23	−4 −17	0 −21	+4 −29
24	30																		
30	40	+25 +9	+34 +9	+16 0	+25 0	+39 0	+62 0	+100 0	+160 0	+250 0	±8	±12	±19	+3 −13	+7 −18	+12 −27	−4 −20	0 −25	+5 −34
40	50																		
50	65	+29 +10	+40 +10	+19 0	+30 0	+46 0	+84 0	+120 0	+190 0	+330 0	±9.5	±15	±23	+4 −15	+9 −21	+14 −32	−5 −24	0 −30	+5 −41
65	80																		
80	100	+34 +12	+47 +12	+22 0	+35 0	+54 0	+87 0	+140 0	+220 0	+350 0	±11	±17	±27	+4 −18	+10 −25	+16 −38	−6 −28	0 −35	+6 −48
100	120																		
120	140	+39 +14	+54 +14	+25 0	+40 0	+63 0	+100 0	+160 0	+250 0	+400 0	±12.5	±20	±31	+4 −21	+12 −28	+20 −43	−8 −33	0 −40	+8 −55
140	160																		
160	180																		
180	200	+44 +15	+61 +15	+29 0	+46 0	+72 0	+115 0	+185 0	+290 0	+460 0	±14.5	±23	±36	+5 −24	+13 −33	+22 −50	−8 −37	0 −46	+9 −63
200	225																		
225	250																		
250	280	+49 +17	+69 +17	+32 0	+52 0	+81 0	+130 0	+210 0	+320 0	+520 0	±16	±26	±40	+5 −27	+16 −36	+25 −56	−9 −41	0 −52	+9 −72
280	315																		
315	355	+54 +18	+75 +18	+36 0	+57 0	+89 0	+140 0	+230 0	+360 0	+570 0	±18	±28	±44	+7 −29	+17 −40	+28 −61	−10 −26	0 −57	+11 −78
355	400																		
400	450	+60 +20	+83 +20	+40 0	+63 0	+97 0	+155 0	+250 0	+400 0	+630 0	±20	±31	±48	+8 −32	+18 −45	+29 −68	−10 −50	0 −63	+11 −86
450	500																		

续表

基本尺寸（mm）		常用及优先公差带（带括号者为优先公差带）											
		N			P		R		S		T		U
大于	至	6	（7）	8	6	（7）	6	7	6	（7）	6	7	（7）
—	3	−4 −10	−4 −14	−4 −18	−6 −12	−6 −16	−10 −16	−10 −20	−14 −20	−14 −24	—	—	−18 −28
3	6	−5 −13	−4 −16	−2 −20	−9 −17	−8 −20	−12 −20	−11 −23	−16 −24	−15 −27	—	—	−19 −31
6	10	−7 −16	−4 −19	−3 −25	−12 −21	−9 −24	−16 −25	−13 −28	−20 −29	−17 −32	—	—	−22 −37
10	14	−9 −20	−5 −23	−3 −30	−15 −26	−11 −29	−20 −31	−16 −34	−25 −36	−21 −39	—	—	−26 −44
14	18												
18	24	−11 −24	−7 −28	−3 −36	−18 −31	−14 −35	−24 −37	−20 −41	−31 −44	−27 −48	—	—	−33 −54
24	30										−37 −50	−33 −54	−40 −61
30	40	−12 −28	−8 −33	−3 −42	−21 −37	−17 −42	−29 −45	−25 −50	−38 −54	−34 −59	−43 −59	−39 −64	−51 −76
40	50										−49 −65	−45 −70	−61 −86
50	65	−14 −33	−9 −39	−4 −50	−26 −45	−21 −51	−35 −54	−30 −60	−47 −66	−42 −72	−60 −79	−55 −85	−76 −106
65	80						−37 −56	−32 62	−53 −72	−48 −78	−69 −88	−64 −94	−91 −121
80	100	−16 −38	−10 −45	−4 −58	−30 −52	−24 −59	−44 −66	−38 −73	−64 −86	−58 −93	−84 −106	−78 −113	−111 −146
100	120						−47 −69	−41 −76	−72 −94	−66 −101	−97 −119	−91 −126	−131 −166
120	140	−20 −45	−12 −52	−4 −67	−36 −61	−28 −68	−56 −81	−48 −88	−85 −110	−77 −117	−115 −140	−107 −147	−155 −195
140	160						−58 −83	−50 −90	−93 −118	−85 −125	−127 −152	−119 −159	−175 −215
160	180						−61 −86	−53 −93	−101 −126	−93 −133	−139 −164	−131 −171	−195 −235
180	200	−22 −51	−14 −60	−5 −77	−41 −70	−33 −79	−68 −93	−60 −106	−113 −142	−105 −151	−157 −186	−149 −195	−219 −265
200	225						−71 −100	−63 −109	−121 −150	−113 −159	−171 −200	−163 −209	−241 −287
225	250						−75 −104	−67 −113	−131 −160	−123 −169	−187 −216	−179 −225	−267 −313
250	280	−25 −57	−14 −66	−5 −86	−47 −79	−36 −88	−85 −117	−74 −126	−149 −181	−138 −190	−209 −241	−198 −250	−295 −347
280	315						−89 −121	−78 −130	−161 −193	−159 −202	−231 −263	−220 −272	−330 −382
315	355	−26 −62	−16 −73	−5 −94	−51 −87	−41 −98	−87 −133	−87 −144	−179 −215	−169 −226	−257 −293	−247 −304	−369 −426
355	400						−103 139	−93 150	−197 233	−187 −244	−283 −319	−273 −330	−414 −471
400	450	−27 −67	−17 −80	−6 −103	−55 −95	−45 −108	−113 −153	−103 −166	−219 −259	−209 −272	−317 −357	−307 −370	−467 −530
450	500						−119 −159	−109 −172	−239 −279	−229 −292	−347 −387	−337 −400	−517 −580

附录五　尺寸符号和缩写词

附表 5-1　尺寸符号和缩写词（GB/T 4458.4—2003）

名称	符号或缩写词	名称	符号或缩写词
直径	Φ	45°倒角	C
半径	R	深度	↧
球直径	$S\Phi$	沉孔或锪平	⌴
球半径	SR	埋头孔	⌵
厚度	t	均布	EQS
正方形	□	弧长	⌒